AF356424

QUESTIONS

DE

GÉOMÉTRIE

ÉLÉMENTAIRE

MÉTHODES ET SOLUTIONS

AVEC

UN EXPOSÉ DES PRINCIPALES THÉORIES ET DE NOMBREUX
EXERCICES PROPOSÉS

Ouvrage destiné

AUX ÉLÈVES DES LYCÉES DEPUIS LA CLASSE DE TROISIÈME JUSQU'A CELLE
DES MATHÉMATIQUES SPÉCIALES INCLUSIVEMENT

Par M. DESBOVES

Agrégé et Docteur ès sciences,
Membre de l'Académie des Sciences, des Lettres et des Arts d'Amiens.

TROISIÈME ÉDITION REVUE ET AUGMENTÉE

PARIS

LIBRAIRIE CH. DELAGRAVE

15, RUE SOUFFLOT, 15

1880

OUVRAGES DU MÊME AUTEUR :

Théorèmes et Problèmes sur les normales aux coniques.

Propriétés nouvelles des normales aux surfaces du second ordre.

Questions de Trigonométrie.

Solutions des exercices proposés dans *les Questions de Trigonométrie.*

Questions d'Algèbre.

Étude sur Pascal et les Géomètres Contemporains.

Imp. CELLARIUS, 22, rue de l'Hôtel-Colbert. — Paris.

PRÉFACE

Voici d'abord quelles sont les principales améliorations introduites dans cette troisième édition.

La théorie de l'inversion a été augmentée d'un grand nombre de théorèmes, lieux géométriques et problèmes. On remarquera surtout les nouvelles questions relatives à la transformation du mouvement circulaire en mouvement rectiligne par des systèmes de tiges articulées; questions qui ont tant occupé les géomètres dans ces derniers temps.

La théorie, qui m'appartient entièrement, des cercles coupant d'autres cercles ou des droites sous des angles donnés, a été à la fois simplifiée et étendue. J'ai surtout cherché à éviter, autant que possible, tout calcul algébrique.

Tous les problèmes relatifs aux cercles passant par deux points donnés ont été étendus au cas où les deux points sont imaginaires conjugués : quelques cas seulement avaient été traités dans la précédente édition.

Le chapitre XII de la première partie, qui renferme quelques principes et applications de Géométrie Infinitésimale, a été complété par quelques propositions. En particulier, on y donne une démonstration extrêmement simple du théorème de Roberval relatif à l'aire de la Cycloïde. J'aurais bien voulu aussi faire connaître la méthode suivie par Pascal pour la rectification de la même courbe; mais je n'ai pas osé, de peur qu'on ne me reprochât d'être sorti des bornes que l'on doit s'imposer dans un ouvrage élémentaire.

Je crois cependant que le chapitre, tel qu'il est, pourra servir d'utile introduction aux excellents traités de MM. Duhamel et Bertrand qui y ont fait un si heureux emploi des considérations de Géométrie Infinitésimale.

Enfin beaucoup d'exercices nouveaux ont été ajoutés.

Qu'il me soit permis en terminant de rappeler le plan de cet ouvrage.

La première partie contient d'abord les propositions tout-à-fait essentielles ; puis les propositions d'une moindre importance sont exposées dans la seconde partie comme théorèmes, lieux géométriques ou problèmes, et les autres, d'un ordre secondaire, sont proposées comme exercices.

On remarquera encore que quelques questions, principalement celles qui ont été données au concours, sont résolues de plusieurs manières différentes, pour apprendre aux élèves à envisager une question sous toutes ses faces.

Souvent ainsi les démonstrations des théorèmes ou les solutions des problèmes ne sont indiquées que d'une manière sommaire afin de laisser à l'élève le soin de les compléter. C'est ainsi qu'à la page 200 on trouvera l'indication sommaire de sept démonstrations différentes d'un même théorème, dues à un illustre géomètre qui n'a pas dédaigné de s'occuper pendant quelques instants d'une simple question de Mathématiques Élémentaires.

QUESTIONS

DE

GÉOMÉTRIE ÉLÉMENTAIRE

PREMIÈRE PARTIE

THÉORIES GÉNÉRALES

CHAPITRE PREMIER

THÉORIE DES TRANSVERSALES.

1. Théorème I. *Une transversale détermine sur les trois côtés d'un triangle, prolongés s'il est nécessaire, six segments tels, que le produit de trois segments non consécutifs est égal au produit des trois autres.*

ABC étant le triangle donné, et DF la transversale qui coupe BC, AC, BC, respectivement, en D, E, F, il faut démontrer que l'on a

$$(1) \qquad FA \times EC \times DB = EA \times FB \times DC.$$

Deux cas peuvent se présenter : les trois points D, E, F, sont sur les prolongements des côtés, ou deux sont sur les côtés et un sur le prolongement du troisième.

Dans la figure 1, qui se rapporte au dernier cas, menons CG parallèle à AB : les triangles DCG, ECG, sont respectivement semblables aux triangles DBF, AEF, et l'on a

$$\frac{FB}{CG} = \frac{DB}{DC}, \quad \frac{CG}{FA} = \frac{EC}{AE}.$$

1*

Multipliant ensuite, membre à membre, les égalités précédentes et chassant les dénominateurs, on obtient la relation (1) demandée.

Dans le deuxième cas de figure, la démonstration est la même.

REMARQUE. Il est souvent commode, pour les applications, de prendre la relation entre les six segments sous la forme suivante :

$$(2) \qquad \frac{DB}{DC} \times \frac{EC}{EA} \times \frac{FA}{FB} = 1.$$

2. Théorème II. RÉCIPROQUEMENT. *Trois points* D, E, F. *sont en ligne droite, lorsque deux sont sur les côtés et un sur le prolongement du troisième, ou que tous les trois sont sur les prolongements des côtés, s'ils déterminent six segments tels, que le produit de trois segments non consécutifs soit égal au produit des trois autres.*

En effet, soit D' le point ou la droite EF vient rencontrer le prolongement de BC : on a, d'après le théorème précédent,

$$FA \times EC \times D'B = EA \times FB \times D'C.$$

Si alors on divise, membre à membre, cette égalité et l'égalité (2) qui a lieu par hypothèse, il vient

$$\frac{D'C}{D'B} = \frac{DC}{DB}.$$

Comme d'ailleurs les points D et D' sont tous deux sur le prolongement de BC, ils se confondent, et, par suite, les trois points D, E, F sont en ligne droite,

3. Théorème III. *Trois droites* AD, BE, CF, *qui partent des trois sommets d'un triangle* ABC *et se coupent en un même point* G *du plan, déterminent, sur les côtés du triangle ou sur leurs prolongements, six segments tels, que le produit de trois segments non consécutifs est égal au produit des trois autres.*

Suivant que le point G est intérieur ou extérieur au triangıe, les trois points D, E, F sont sur les côtés eux-mèmes, ou un est placé sur l'un des côtés et deux sur les prolongements des deux autres. Considérons le premier cas (*fig.* 2).

Si l'on applique successivement le théorème **I** aux triangles ABD, ADC coupés, le premier, par la transversale CF, le second, par la transversale BE, on a

(1) $\qquad$ FA $\times$ GD $\times$ CB $=$ GA $\times$ FB $\times$ CD,

(2) $\qquad$ GA $\times$ EC $\times$ BD $=$ EA $\times$ GD $\times$ BC;

Multipliant ensuite ces égalités, membre à membre, et supprimant les facteurs communs, on obtient la relation demandée

(3) $\qquad$ FA $\times$ EC $\times$ DB $=$ EA $\times$ FB $\times$ DC;

on peut aussi lui donner la forme

(4) $\qquad \dfrac{DB}{DC} \times \dfrac{EC}{EA} \times \dfrac{FA}{FB} = 1.$

La démonstration est la même pour le second cas.

4. **Théorème IV**. RÉCIPROQUEMENT. *Si trois points D, E, F, sont sur les côtés d'un triangle. ou un sur l'un des côtés et deux sur les prolongements des deux autres, et que, de plus, le produit de trois segments non consécutifs soit égal au produit des trois autres; les droites qui joignent les sommets du triangle aux trois points donnés se coupent en un même point.*

La démonstration est analogue à celle qu'on a donnée pour le théorème **II**.

5. Applications des théorèmes précédents. On fait usage de ces théorèmes pour démontrer que trois points sont en ligne droite ou que trois droites se coupent en un même point.

1. *Dans tout triangle ABC (fig. 3), lespieds E, F de deux bissectrices intérieures et le piedD de la bissectrice extérieure qui correspond au troisième sommet sont en ligne droite.*

En effet, on a

$$\frac{DB}{DC} = \frac{AB}{AC}, \quad \frac{EC}{EA} = \frac{BC}{AB}, \quad \frac{FA}{FB} = \frac{AC}{BC};$$

et en multipliant, membre à membre, les deux égalités, on obtient

$$\frac{DB}{DC} \times \frac{EC}{EA} \times \frac{FA}{FB} = 1;$$

les trois points D, E, F sont donc en ligne droite (th. **II**).

On prouverait de même que *les pieds des trois bissectrices extérieures* sont en ligne droite.

2. *Un cercle étant circonscrit à un triangle ABC (fig. 4), si par chaque sommet du triangle on mène une tangente ou cercle et qu'on la prolonge jusqu'à la rencontre du côté opposé, les trois points de rencontre seront en ligne droite.*

Soit D le point où la tangente en A rencontre le côté BC : les deux triangles semblables ABD, ACD donnent

$$\frac{DB}{AD} = \frac{AB}{AC}, \quad \frac{AD}{DC} = \frac{AB}{AC};$$

et en multipliant, membre à membre, ces égalités, on a

$$\frac{DB}{DC} = \frac{\overline{AB}^2}{\overline{AC}^2}.$$

Si E et F sont les points où les tangentes en B et C rencontrent les côtés opposés, on a de même

$$\frac{EC}{EA} = \frac{\overline{BC}^2}{\overline{AB}^2}, \quad \frac{FA}{FB} = \frac{\overline{AC}^2}{\overline{BC}^2};$$

et en multipliant, membre à membre, les trois dernières égalités, on obtient

$$\frac{DB}{DC} \times \frac{EC}{EA} \times \frac{FA}{FB} = 1;$$

le théorème est donc démontré.

3. **Hexagone de Pascal.** *Lorsque l'on prolonge jusqu'à leur rencontre les côtés opposés d'un hexagone ABCDEF inscrit dans un cercle (fig. 5), les trois points d'intersection G, H, I sont en ligne droite.*

En effet, considérons le triangle LMN formé par les côtés AB,CD,EF prolongés, et appliquons le théorème **I** à ce triangle coupé par les trois autres côtés BC, DE et AF de l'hexagone, on aura les égalités suivantes :

$$BL \times HN \times CM = HL \times BM \times CN,$$
$$DM \times GL \times EN = GM \times DN \times EL,$$
$$AL \times FN \times IM = FL \times AM \times IN.$$

Multipliant ces égalités, membre à membre, et observant qu'on a, en vertu d'un théorème connu,

$$AL \times BL = EL \times FL, \quad AM \times BM = CM \times DM.$$
$$(2) \quad CN \times DN = EN \times FN,$$

on obtient, toutes simplifications faites,

$$GL \times HN \times IM = HL \times GM \times IN.$$

Comme d'ailleurs les trois points G, I, H sont tous les trois sur les prolongements des côtés, ou deux sur deux côtés et un sur le prolongement du troisième, on en conclut (th. **II**) qu'ils sont en ligne droite,

REMARQUE I. La démonstration s'applique à l'hexagone convexe ou concave,

REMARQUE II. Dans le théorème de l'hexagone, les côtés ne figurent que par leur direction.Il en résulte que, si deux sommets consécutifs se rapprochent jusqu'à ce qu'ils se confondent, le côté correspondant devient une tangente au cercle. On pourra donc appliquer le théorème de Pascal au pentagone, au quadrilatère et au triangle, en complétant ces figures par les tangentes en un ou plusieurs sommets, prises comme des côtés des polygones. Le cas du triangle a été traité directement dans l'exemple précédent.

4. *Si deux triangles* ABC *et* A'B'C' *(fig.* 6) *ont leurs sommets* A *et* A', B *et* B' , C *et* C' *situés, deux à deux, sur trois droites* SL, SM, SN *qui concourent eu un même point* S, *les*

points de rencontre D, E, F, *des côtés opposés sont en ligne droite.*

En effet, si l'on considère les trois triangles SAB, SAC, SBC coupés respectivement par les transversales FA'B', EC'A', DB'C', on a

$$FB \times B'S \times A'A = B'B \times FA \times A'S,$$
$$EA \times A'S \times C'C = A'A \times EC \times C'S,$$
$$DC \times C'S \times B'B = C'C \times DB \times B'S;$$

et en multiplfant ces égalités, membre à membre, après avoir supprimé les facteurs communs, on obtient

$$FB \times DC \times EA = DB \times FA \times EC;$$

les trois points D, E, F, sont donc en ligne droite (th. **II**).

5. RÉCIPROQUEMENT. *Si les points de rencontre* D, E, **F,** *des côtés des deux triangles* ABC', A'B'C', *pris deux à deux, sont en ligne droite, les trois droites* AA', BB', CC' *se coupent en un même point* S.

Soit S le point de rencontre de BB' et CC'; il faut prouver que les trois points A, A', S sont en ligne droite.

Pour cela, appliquons le théorème précédent aux deux triangles FBB', ECC' dont les sommets sont situés, deux à deux, sur les trois droites DB, DF, DB' qui concourent en un même point D. On voit que A, A' S sont les points de rencontre des côtés des deux triangles, qui sont opposés respectivement aux sommets B' et C', B et C, F et E situés, deux à deux, sur les trois droites concourantes : les trois points A, A', S sont donc en ligne droite.

REMARQUE. Les deux démonstrations précédentes s'appliquent, quand les triangles donnés ne sont pas dans un même plan.

Définition. Les triangles ABC, A'B'C' sont dits *homologiques.* S est le centre et la droite DEF *l'axe d'homologie.*

6. On démontre facilement, par l'application du **théorème**

IV, *que, dans tout triangle les trois médianes, les trois bissectrices, les trois hauteurs, les droites qui joignent les sommets aux points de contact du cercle inscrit se coupent, trois à trois, en un même point.*

CHAPITRE II

DIVISION HARMONIQUE D'UNE DROITE. — FAISCEAUX HARMONIQUES — POLE ET POLAIRE PAR RAPPORT A UN SYSTÈME DE DEUX DROITES. — PÔLE ET PLAN POLAIRE PAR RAPPORT A DEUX PLANS.

6. Définition. a, b, c étant trois nombres quelconques rangés par ordre de grandeur décroissante, on dit qu'ils forment une *proportion harmonique* lorsqu'ils satisfont à la relation

$$\frac{a - b}{b - c} = \frac{a}{c},$$

et le nombre b est dit la *moyenne harmonique* entre les deux autres.

De l'égalité précédente on déduit

$$\frac{1}{b} = \frac{1}{2} \times \left(\frac{1}{a} + \frac{1}{c} \right)$$

c'est-à-dire que *l'inverse de la moyenne harmonique de deux nombres est moyenne arithmétique entre les inverses de ces mêmes nombres.*

Étant donnés (*fig.* 7) deux points A et B sur une droite indéfinie, deux points C et D situés sur la même droite sont dits *conjugués harmoniques* par rapport aux deux premiers, lorsque les rapports de leurs distances à ceux-ci sont égaux ; c'est-à-dire lorsqu'on a

$$(1) \qquad \frac{CA}{CB} = \frac{DA}{DB}.$$

Si dans cette égalité on change les moyens de place, il vient

$$(2) \qquad \frac{CA}{DA} = \frac{CB}{DB};$$

on voit ainsi que réciproquement *les points* A *et* B *sont conjugées harmoniques par rapport à* C *et* D.

Les trois distances DA, DC, DB *forment une proportion harmonique*, comme on le voit en remplaçant dans l'égalité (1) CA et CB par DA — DC et DC — DB : c'est pourquoi on dit que quatre points en ligne droite forment une *division harmonique* de cette droite, lorsque deux points sont les conjugués harmoniques des deux autres.

REMARQUE I. Quand on donne trois points A, B, C d'une division harmonique, le quatrième D conjugué du point C est déterminé par l'égalité (1); car, suivant que le point C est intérieur ou extérieur au segment AB, le point D est extérieur ou intérieur au[même segment.

REMARQUE II. Si le point C marche du milieu O de AB au point B, le rapport $\dfrac{CB}{CA}$ décroit depuis 1 jusqu'à zéro, et il en est de même du rapport $\dfrac{DB}{DA}$. Les deux points C et D marchent donc simultanément vers le point B et s'y confondent à la limite. Ils arriveraient de même ensemble au point A.

PROPRIÉTÉS DE LA DIVISION HARMONIQUE.

7. **Théorème I**. *Lorsque deux points* C *et* D *sont conjugnés harmoniques de deux points* A *et* B *situés sur la même droite (fig. 7), la moitié du segment* AB *est moyenne proportionnelle entre les distances de son milieu* O *aux deux points* C *et* D.

En effet, de l'égalité (1) du numéro précédent on déduit la proportion

$$\frac{CA - CB}{CA + CB} = \frac{DA - DB}{DA + DB}.$$

Mais le point O étant le milieu de AB, on a

$$CA - CB = 2OC, \quad CA + CB = 2OA,$$
$$DA - DB = 2OA, \quad DA + DB = 2OD,$$

et en substituant dans la proportion les valeurs des quatre termes donnés par les égalités précédentes, on obtient

$$\frac{OC}{OA} = \frac{OA}{OD}.$$

COROLLAIRE I. *Le cercle décrit sur* AB *comme diamètre coupe orthogonalement tous les cercles qui passent par les points* C *et* D. Car E étant l'un des points d'intersection des deux cercles, le rayon OE, qui est égal à OA, sera la moyenne proportionnlle entre OC et OD, et sa direction, par suite, sera tangente au second cercle.

COROLLAIRE II. *Les carrés des distances des points* C *et* D *au point* A *sont entre eux comme les distances de ces mêmes points au point* O. Car de l'égalité (2) du n° **6** on déduit

$$\frac{CA}{DA} = \frac{CA + CB}{DA + DB} = \frac{OA}{OD},$$

et en élevant au carré les deux membres de l'égalité précédente, puis remplaçant $\overline{OA}^2$ par $OC \times OD$, on a

$$\frac{\overline{CA}^2}{\overline{DA}^2} = \frac{OC}{OD}.$$

REMARQUE. On a vu (**6**) que les trois segments DA, DC, DB d'une droite divisée harmoniquement par les points A et B et leurs conjugués C et D formaient une proportion harmonique : alors on a

$$\frac{1}{DC} = \frac{1}{2}\left(\frac{1}{DA} + \frac{1}{DB}\right),$$

ou

$$\frac{DA + DB}{2} \times DC = DA \times DB,$$

ou encore, en remplaçant $\dfrac{DA + DB}{2}$ par DO,

$$DO \times DC = DA \times DB.$$

8. **Théorème II**. Réciproquement. *Si la moitié d'une droite* AB *est moyenne proportionnelle entre les distances de son milieu* O *à deux points* C *et* D *pris sur sa direction et du même côté par rapport au point* O, *les points* C *et* D *sont conjugués harmoniques des points* A *et* B.

En effet, de la proportion

$$\frac{OC}{OA} = \frac{OA}{OD}$$

qui a lieu par hypothèse, on déduit

$$\frac{OA + OC}{OA - OC} = \frac{OD + OA}{OD - OA},$$

ou

$$\frac{CA}{CB} = \frac{DA}{DB}.$$

Corollaire. *Quand deux cercles se coupent orthogonalement, ils divisent harmoniquement toute droite passant par le centre de l'un deux.* La démonstration est analogue à celle du corollaire (**7**).

FAISCEAUX HARMONIQUES.

Définition. Quatre droites, qui se rencontrent en un même point, forment un *faisceau harmonique*, lorsqu'elles déterminent une division harmonique sur une transversale quelconque; et celles des quatres droites qui passent par deux points conjugués harmoniques sont dites *conjuguées*.

9. **Théorème I**: *Lorsqu'un faisceau de quatre droites, qui se rencontrent en un même point, est coupé par une pa-*

rallèle à l'une d'elles, et que cette parallèle est partagée en deux parties égales par les trois autres, le faisceau est harmonique (fig. 8).

Soient OABCD le faisceau, et EG une parallèle à la droite OD partagée en deux parties égales au point F : il faut démontrer qu'une transversale quelconque MHLK est divisée harmoniquement par le faisceau.

A cet effet, menons par le point L la droite NP parallèle à OD. Comme les triangles NLK, LHP sont respectivement semblables aux triangles MOK, OHM, on a

$$\frac{NL}{OM} = \frac{KL}{KM}, \quad \frac{LP}{OM} = \frac{LH}{MH}.$$

Or les deux segments NL et LP sont égaux ; il vient donc

$$\frac{KL}{KM} = \frac{LH}{MH};$$

c'est ce qu'il fallait démontrer.

REMARQUE. Le théorème précédent démontre l'existence des faisceaux harmoniques. En effet, si l'on prend sur une droite deux segments consécutifs égaux EF et FG, que, par un point O extérieur à la droite, on lui mène une parallèle OD, puis qu'on tire les droites OE, OF, OG, les quatre dernières droites formeront un faisceau harmonique.

10. Théorème II. RÉCIPROQUEMENT. *Si un faisceau harmonique est coupé par une transversale parallèle à l'une des droites du faisceau, les trois autres droites divisent la transversale en deux parties égales.*

Soient (fig. 8) le faisceau harmonique OABCD et la transversale NLP parallèle à OD. Menant par le point L une transversale quelconque KLHM, on a, comme dans la démonstration du théorème I,

$$\frac{NL}{OM} = \frac{KL}{KM}, \quad \frac{LP}{OM} = \frac{LH}{MH}.$$

Mais la transversale KM étant divisée harmoniquement par les quatre points, K, L, H, **M**, on a

$$\frac{KL}{KM} = \frac{LH}{HM},$$

et, par suite, les segments NL et LP sont égaux.

COROLLAIRE. *Quand les deux droites conjuguées OB et OD sont rectangulaires, elles sont les bissectrices de l'angle AOC et de son supplément.* En effet, la droite OB, étant perpendiculaire sur le milieu L de NP, est la bissectrice de l'angle AOC dans le triangle isocèle NOP.

11. **Théorème III**. *Si l'on joint les points d'une droite divisée harmoniquement à un point hors de cette droite, les quatre droites de jonction forment un faisceau harmonique.*

Soit (*fig.* 8) OKLM le faisceau obtenu en joignant un point O quelconque aux quatre points K, L, H, M, de la division harmonique d'une droite KM. Menant NP parallèle à OM, on voit, comme pour le théorème **II**, que les segments NL et LP sont égaux; le faisceau est donc harmonique (th. **I**)

12. **Théorème IV**. *Dans un faisceau harmonique, on peut remplacer une ou plusieurs droites par leurs prolongements.*

Je dis, par exemple, que, dans le faisceau OABCD (*fig.* 8), on peut remplacer la droite OD par son prolongement OI.

En effet, une droite NP parallèle à OD est en même temps parallèle à son prolongement OI : mais L est le milieu de NP, donc (th. **I**), le faisceau OABCI est harmonique.

PÔLE ET POLAIRE PAR RAPPORT A DEUX DROITES D'UN MÊME PLAN. — PÔLE ET PLAN POLAIRE PAR RAPPORT A DEUX PLANS.

13. **Théorème I**. *Etant donnés deux droites LM, NQ (fig.9) qui se coupent en O et un point P dans leur plan, si par ce dernier point on mène une transversale quelconque PAB, et qu'on prenne le point C conjugué harmonique du point P par* *rapport aux deux points* A *et* B *où la transversale coupe les deux droites données; le lieu du point* C *est une ligne droite passant par le point* O.

En effet, si l'on mène les droites OP et OC, les quatre droites OP, OA, OC, OB forment un faisceau harmonique (**11**); et alors une transversale quelconque, menée par le point P, sera divisée harmoniquement par les quatre droites du faisceau : la droite OC est donc le lieu demandé.

Le point P, autour duquel tourne la sécante, s'appelle le *pôle* de la droite OC, et cette droite est dite la *polaire* du point P.

REMARQUE. Les deux droites conjuguées OP et OC sont telles, que chacun des points de l'une, considéré comme pôle, a l'autre droite pour polaire, et il en est de même des deux autres droites OA et OB.

Quand les deux droites données sont parallèles, la polaire d'un point de leur plan est parallèle à leur direction.

14. **Théorème II.** *Si, par un point* P *pris dans le plan de deux droites qui se coupent* (fig. 9), *on mène deux transversales* PAB, PMN, *le lieu du point d'intersection* D *des diagonales du quadrilatère* ABNM *est la polaire du point* P.

Soit C le point conjugué harmonique de P par rapport à A et B : tirons les droites DP, DC, et prolongeons cette dernière jusqu'à sa rencontre en E avec la transversale PN. Le faisceau DPACB est harmonique (**11**): or dans ce faisceau on peut remplacer DA, DC, DB par leurs prolongements DN, DE, DM (**12**) : le faisceau DPEMN est donc harmonique, et le point E est conjugué du point P par rapport aux points M et N. Ainsi, la droite CDE contient deux points C et E de la polaire du point P, et elle est, par conséquent, cette droite elle-même.

15. **Théorème III.** *Étant donnés deux plans* M *et* N *qui se coupent et un point* P, *si par ce point on mène une droite quelconque qui rencontre les deux plans, le lieu des points* *conjugués harmoniques du point* P, *par rapport aux points de rencontre des deux plans et de la transversale, est un plan passant par l'intersection des deux plans donnés.*

En effet. menons les deux transversales PAB, PA'B' qui coupent les deux plans en A et B, A' et B'. et soient C et C', lés conjugués harmoniques de P, le premier, par rapport à A et B, et le second, par rapport à A' et B'. Les deux droites AA', BB', étant dans le plan des deux transversales, se couperont évidemment en un point D de l'intersection XY des deux plans donnés. Mais, en vertu du théorème **I** appliqué aux deux droites DA et DB, les trois points D, C, C' sont en ligne droite; donc le point C' correspondant à une transversale quelconque est dans un plan déterminé par le point C et la droite XY.

Le point P s'appelle le *pôle* du plan CXY, et ce plan est dit le *plan polaire* du point P.

Quand les deux plans donnés sont parallèles, le plan polaire d'un point quelconque leur est parallèle.

16. **Théorème.** *Étant donné deux plans qui se coupent et un point* P, *si par ce point on mène deux transversales quelconques* PAB. *PA'B', le lieu des points d'intersection des diagonales du quadrilatère* ABB'A' *est le plus polaire du point* P.

Le théorème est une conséquence immédiate des théorèmes **II** et **III**.

<h1 style="text-align:center">CHAPITRE III</h1>

PÔLE ET POLAIRE DANS LE CERCLE. — PÔLE ET PLAN POLAIRE
PAR RAPPORT A UNE SPHÈRE.

17. **Théorème I**. *Si, par un point* P, *situé dans le plan d'un cercle* C (*fig.* 10), *on mène une transversale quelconque* PAB, *et qu'on prenne le point* G *conjugué harmonique du point* P *par rapport aux points* A *et* B *où la transversale* *coupe le cercle, le lieu du point G est une droite perpendiculaire à celle qui joint le point P au centre du cercle.*

Sur la figure, le point P est supposé extérieur au cercle. Soient F le point conjugué harmonique du point P, situé sur la transversale PE qui passe par le centre, et IH la perpendiculaire en F à cette droite : le théorème sera démontré, si l'on prouve que le point G, où la droite IH rencontre la transversale PB, est le conjugué harmonique du point P par rapport aux points A et B.

Or la circonférence, décrite sur ED comme diamètre, est le lieu géométrique des points tels, que le rapport de leurs distances aux deux points F et P est constant ; et, par suite, si l'on tire FA et FB, on aura

$$\frac{FB}{PB} = \frac{FA}{PA} \quad \text{ou} \quad \frac{FB}{FA} = \frac{PB}{PA}.$$

La droite FP est donc la bissectrice de l'angle AFL extérieur au triangle BFA, et, par suite, la droite FG, perpendiculaire à FP, est la bissectrice de l'angle BFA : le point G est donc bien le conjugué harmonique du point P par rapport aux points A et B.

La démonstration serait la même si le point P était intérieur au cercle.

Le point P s'appelle le *pôle* de la droite IH, et cette droite est dite la *polaire* du point P par rapport au cercle C.

Remarque I. Les quatre points P, D, F, E formant une division harmonique, et le point C étant le milieu de ED, si l'on désigne par R le rayon du cercle, on aura, pour déterminer la position du point F, la relation

$$CF \times CP = R^2.$$

Il en résulte que, lorsque CP varie depuis l'infini jusqu'à zéro, CP varie depuis zéro jusqu'à l'infini, et, que, suivant que CP est supérieure, égale ou inférieure à R, CF est inférieure, égale ou supérieure à cette même quantité.

Remarque. II. Lorsque le pôle P est extérieur au cercle, la polaire IH est la corde de contact qni correspond aux deux tangentes au cercle partant du point P ; car les deux points de contact I et H sont les conjugués harmoniques du pôle sur les deux tangentes.

18. **Théorème II**. *Les polaires de tous les points d'une droite, par rapport à un cercle, passent par le pôle de la droite.*

Soient AB la droite donnée (*fig.* 11), ED la polaire, par rapport au cercle C, d'un point A de la droite, et H le point de rencontre de ED et de la perpendiculaire abaissée du centre C sur la droite donnée. En tirant la droite CA, qui rencontre en I la polaire du point P, on a

$$CI \times CA = R^2.$$

Mais les quatre points A, I, H, B étant sur un même cercle puisque les angles I et B sont droits, on a aussi

$$CH \times CB = CI \times CA \ ;$$

donc le produit $CH \times CB$ est égal à R^2, et le point H, par lequel passe la polaire du point A, est bien le pôle de la droite AB. (Remarque I, **17**.)

19. **Théorème III**. Réciproquement. *Les pôles de toutes les droites passant par un point donné dans le plan d'un cercle sont tous sur la polaire du point par rapport au cercle.*

En effet, soient le point H donné (*fig.* 11), et ED l'une des droites passant par ce point. Abaissons du centre C une perpendiculaire CI sur ED, et prolongeons-la jusqu'à sa rencontre en A avec la polaire AB du point H. On a d'abord (**17**)

$$CH \times CB = R^2.$$

Mais les quatre points I, A, B, H appartenant à un même cercle, on a aussi

$$CI \times CA = CH \times CB;$$

donc le produit CI $\times$ CA est égal à R², et, par suite, le point A de la droite AB est le pôle de la droite ED.

REMARQUE. En vertu des théorèmes **II** et **III**, les deux questions de prouver que des droites se coupent en un même point ou que des points sont en ligne droite reviennent l'une à l'autre.

20. **Théorème IV** et **V**. *Si de tous les points d'une droite extérieure à un cercle on mène des couples de tangentes, les cordes de contact passent toutes par le pôle de la droite, et* RÉCIPROQUEMENT : *Si par un point pris dans le plan d'un cercle on mène une sécante quelconque, puis les deux tangentes aux points de rencontre, le point d'intersection des tangentes se trouve sur la polaire du point fixe.*

Ces deux théorèmes se déduisent immédiatement des théorèmes **II** et **III**, en remarquant que le point de concours des tangentes de chaque couple est le pôle de la sécante correspondante.

21. **Théorème VI**. *Quand un hexagone est circonscrit à un cercle, les diagonales qui joignent les sommets opposés se coupent en un même point.*

Soient (*fig.* 12) l'hexagone ABCDEF tangent à un cercle, et I, G, H, K, L, M, les points de contact : tirons la diagonale AD et les deux cordes de contact IG, LK.

Les points A et D sont les pôles des cordes IG et LK; et, par conséquent, la diagonale AD est la polaire du point de rencontre de ces deux cordes (**19**); de même, les diagonales EB et FC sont les polaires des points de rencontre Q et R des deux couples de cordes (GH, LM), (IM, HK). Or les trois points P, Q, R sont les points de rencontre des côtés opposés d'un hexagone inscrit dans un cercle, et, par suite sont en ligne droite (ex. 2, **5**). Donc les droites AD, FC, EB se coupent en un même point (**18**).

Le théorème **VI** est connu sous le nom de théorème **de** *Brianchon*.

22. Théorème VII. *Si d'un point* P *pris dans le plan d'un cercle (fig. 13), on mène deux transversales quelconques* PAB, PCD *et les quatres droites* BD, AC, BC, AD, *les points d'intersection* E *et* F *des deux premières et des deux dernières droites sont sur la polaire du point* P.

En effet, soient I et H les points conjugués harmoniques du point P, le premier, par rapport à A et B, le second, par rapport à C et D; la droite IH sera la polaire de P relativement à l'angle DFC, et, par conséquent, passera par les point E et F. Mais la droite IH est aussi la polaire de P par rapport au cercle; le théorème est donc démontré.

Remarque. On a maintenant un nouveau moyen de tracer la polaire d'un point par rapport à un cercle, et, par suite, de mener les tangentes par ce point quand il est extérieur. L'emploi de la règle suffit d'ailleurs pour faire la construction.

23. Théorème VIII. *Les distances de deux points au centre d'un cercle sont entre elles comme les distances de chacun de ces points à la polaire de l'autre.*

Soient a et b les deux points donnés (*fig 44*), $c\,d, e\,f$ leurs polaires, et ah, bg les perpendiculaires abaissées de chacun d'eux sur la polaire de l'autre: menons par le centre ol et ok respectivement parallèles à cd et ef, et prolongeons bg et ah jusqu'à leur rencontre en l et k avec ces droites. Soient aussi tirées les droites oa et ob qui coupent respectivement cd et ef en i et m.

Les deux produits $oi.\,oa$ et $om.\,ob$ étant tous deux égaux au carré du rayon, on a la proportion

$$\frac{oa}{ob} = \frac{om}{oi};$$

mais, comme les deux angles aok, bol, qui ont les côtés

perpendiculaires, sont égaux, les triangles aok, bol sont semblables et donnent

$$\frac{oa}{ob} = \frac{ak}{bl}.$$

En tenant compte de la première proportion, on peu maintenant écrire

$$\frac{oa}{ob} = \frac{ak}{bl} = \frac{om}{oi} = \frac{hk}{gl},$$

d'où l'on déduit.

$$\frac{oa}{ob} = \frac{ak - hk}{bl - gl} = \frac{ah}{bg};$$

c'est ce qu'il fallait démontrer.

24. Pôle et polaire par rapport à un point ou une droite. Dans la discussion d'un problème, un cercle peut être remplacé par un point ou une droite, et on peut alors se demander ce que deviennent le pôle et la polaire : pour cela, on considère le point et la droite comme étant respectivement des cercles de rayon nul et de rayon infini.

On sait que, si l'on désigne par d et d' les distances au centre d'un cercle d'un point et de sa polaire, on a

(1) $$dd' = R^2;$$

l'application de cette formule va nous permettre de résoudre tous les cas de la question proposée.

25. *La polaire d'un point, par rapport à un point, est la perpendiculaire à la droite qui joint les deux points menée par le deuxième point.* En effet, la formule (1) donne d' égal à zéro, quand on y fait R nul.

26. *La polaire d'un point, par rapport à une droite, s'obtient, en prenant le point symétrique du point donné par rapport à la droite, et en menant par le nouveau point une parallèle à sa direction.* Soient A et BD le point et la droite donnés (*fig.* 14) : du point A abaissons AE perpendiculaire sur BD; et ayant pris un point C arbitrairement sur le prolongement de AE, de ce point comme centre et avec le rayon CE décrivons un cercle. Ce cercle sera tangent à la droite BD, et si FIII est la polaire du point A par rapport à lui, on aura

$$EI = R - IC = R - \frac{R^2}{AE + R} = AE \times \frac{1}{1 + \frac{AE}{R}},$$

et, en faisant R infini dans la formule, on voit que les distances AE et EI sont égales.

27. *Le pôle d'une droite, par rapport à un point, est ce point lui-même.* C'est ce que montre la formule (1), quand on y fait R égal à zéro.

28. *Le pôle d'une droite, par rapport à une droite qui ne lui est pas parallèle, est un point situé à l'infini sur cette dernière droite.* En effet, les polaires de tous les points de la première droite sont parallèles à la seconde (**26**), et par conséquent, leur point de concours, c'est-à-dire le pôle de la première droite, est à l'infini.

Si les deux droites étaient parallèles, le pôle de l'une par rapport à l'autre serait indéterminé, puisque les polaires des différents points d'une des droites par rapport à l'autre se confondent.

———————

En remplaçant maintenant le cercle par la sphère, nous allons trouver des propriétés analogues à celles qui ont été démontrées dans ce chapitre.

29. **Théorème I.** *Si par un point P on mène une transversale quelconque PAB qui coupe aux points A et B une sphère donnée C (fig. 10), le lieu du point G, conjugué harmonique du point P par rapport aux points A et B, est un plan perpendiculaire à la droite CD qui joint le point donné au centre C de la sphère.*

En effet, si par la droite CP on mène un plan quelconque qui coupe la sphère suivant le grand cercle EHDI, le lieu des points conjugués harmoniques du point P dans le plan sera la polaire IH de ce point par rapport au grand cercle

EHDI. Le lieu demandé est donc le plan perpendiculaire à CP, engendré par la rotation de IH autour de cette droite. Ce plan prend le nom de *plan polaire* du point P, et le point P est dit le *pôle* du plan.

REMARQUE. Lorsque le pôle est extérieur à la sphère, le plan polaire est le plan du cercle de contact de la sphère et du cône circonscrit qui a, pour sommet, le pôle; car les points de contact qui correspondent aux différentes génératrices du cône sont évidemment les conjugués harmoniques du pôle sur ces génératrices.

30. Théorème II. *Les plans polaires de tous les points d'un plan par rapport à une sphère passent par le pôle du plan.* On abaisse du centre de la sphère des perpendiculaires sur le plan donné et sur l'un des plans qui a son pôle dans le premier plan. Alors, si l'on fait passer un plan par les deux perpendiculaires et que l'on considère le grand cercle de section correspondant, on sera ramené au théorème **II** (**18**).

COROLLAIRE. *Si les différents points d'un plan sont les sommets de cônes circonscrits à une sphère donnée, les plans des cercles de contact passent tous par le pôle du plan.* C'est une conséquence de la remarque du n° **29**.

31. Théorème III. *Les pôles de tous les plans passant par un point donné appartiennent au plan polaire du point par rapport à la sphère.*

La démonstration est semblable à la précédente.

COROLLAIRE. *Si d'un point on mène des plans qui coupent une sphère, et qu'on lui circonscrive des cônes suivant les cercles de section, le lieu des sommets de ces cônes est le plan polaire du point donné.*

32. Théorème IV. *Si par une droite on mène différents plans qui coupent une sphère, et qu'on détermine les sommets des cônes circonscrits à la sphère suivant les cercles de section,* *le lieu de ces sommets est une droite orthogonale à la première.*

Du centre C de la sphère (*fig.* 10) abaissons un plan perpendiculaire sur la droite donnée, qui n'est pas tracée sur la figure et que nous désignerons par M. Soient P le point de rencontre du plan avec la droite M et EHDI le grand cercle de section : menons aussi par la droite M un plan quelconque qui coupe la sphère et qui rencontre le premier plan suivant la droite PAB. On sait que le sommet S du cône circonscrit le long de la section doit être sur la perpendiculaire abaissée du centre de la sphère sur le plan sécant (**29**); il est donc contenu dans le premier plan EHDI, qui est perpendiculaire à l'autre, et, par suite, il est le point de rencontre des tangentes SA et SB au grand cercle EHDI. Ainsi, le sommet S du cône appartient à la polaire IH du point P par rapport à ce grand cercle, et comme les deux droites IH et M sont orthogonales, le théorème est démontré.

Remarque I. La droite IH passe par le point F, qu'on obtient en abaissant du centre de la sphère une perpendiculaire CP sur la droite donnée et en prenant le conjugué harmonique du point P par rapport aux points E et D où la perpendiculaire coupe la sphère. Comme d'ailleurs la direction de IH est connue, la position de cette droite dans l'espace est connue aussi.

Remarque II. Les deux droites IH et M étant évidemment déterminées, l'une par rapport à l'autre, d'après deux conditions identiques, on peut remplacer dans l'énoncé du théorème M par IH et réciproquement. C'est pour cette raison que les deux droites M et IH sont dites conjuguées par rapport à la sphère.

Corollaire. *Si par une droite on mène deux plans tangents à une sphère, la droite donnée et la droite qui joint les deux points de contact sont orthogonales.*

On pourrait considérer les pôles et plans polaires par rapport à un point et à un plan, et l'on aurait ainsi des théorèmes analogues à ceux qui ont été démontrés n⁰ˢ **24** et suivants.

CHAPITRE IV

EMPLOI DES SIGNES + ET — EN GÉOMÉTRIE. — DÉMONSTRATION DE QUELQUES IDENTITÉS GÉOMÉTRIQUES.

Il est indispensable, en vue de la généralité des énoncés et des démonstrations, d'introduire l'usage des signes + et — en *Géométrie générale* comme en Algèbre. Si on ne l'a pas fait plus tôt, c'était afin de présenter d'abord les premières theories sous une forme aussi élémentaire que possible.

33. Détermination d'un point sur une droite. Pour déterminer la position d'un point a sur une droite donnée, il faut connaître sa distance à un autre point o de la droite pris pour *origine*, et, de plus, savoir de quel côté le point a doit être placé par rapport à l'origine. En Géométrie comme en Algèbre, les deux situations opposées seront indiquées par les signes + et — mis devant la distance oa. Quand la distance oa sera positive, elle devra être portée dans un certain sens arbitraire, et quand elle sera négative, on la portera en sens contraire.

34. Signes des segments d'une droite. Des points $a, b, c...$, en nombre quelconque, étant situés sur une même droite, on donnera encore des signes aux segments $ab, ac, bc...$ Voici la convention adoptée : les premières lettres des segments en désignent toujours les origines, et les segments sont positifs ou négatifs, suivant qu'ils sont parcourus, à partir de leurs origines respectives, dans un même sens déterminé ou dans le sens contraire. Il résulte évidemment de là qu'on a

$$ba = -\, ab.$$

Ainsi, par exemple, en pourra supprimer un terme ab dans un membre d'une égalité en le remplaçant par le terme ba dans l'autre.

Remarque. Quand on n'aura à considérer que des rapports de segments ayant, deux à deux, une origine commune, il sera inutile de donner des signes déterminés aux deux segments. Il suffira de remarquer que le rapport sera positif ou négatif, suivant que les extrémités des deux segments seront d'un même côté ou de part et d'autre de leur origine commune.

35. Applications.

1. Reprenons l'égalité (1) **(6)** qui définit la division harmonique d'une droite AB (*fig.* 7). C étant l'origine commune de deux segments CA et CB qui sont comptés en sens contraires à partir de cette origine, le rapport $\dfrac{CA}{CB}$ sera négatif.

Au contraire, le rapport $\dfrac{DA}{DB}$ sera positif puisque les deux segments DA et DB sont comptés du même côté de l'origine D. L'égalité (1) **(6)** devra donc maintenant être remplacée par celle-ci :

$$\frac{CA}{CB} = -\,\frac{DA}{DB}.$$

2. Prenons, pour second exemple, celui d'un triangle ABC coupé par une transversale DEF. On va voir qu'en tenant compte des signes des segments, les égalités (1) et (2) du n° **1** restent les mêmes.

Voyons d'abord l'égalité (2), et considérons-y D, E, F comme les origines des segments comptés respectivement sur les trois côtés BC, AC et AB du triangle ABC. Lorsque

les points D, E, F seront placés comme sur la figure (1), les
deux rapports $\dfrac{FA}{FB}$, $\dfrac{EC}{EA}$ seront négatifs, tandis que le troisième $\dfrac{DB}{DC}$ sera positif ; dans l'autre cas de figure, les trois
rapports seront positifs. Donc le produit des trois rapports
est positif dans les deux cas, et l'égalité (2) ne change pas.

Démontrons maintenant que l'égalité (1) reste aussi la
même. Il faudra alors déterminer les signes de chaque segment. Pour cela, on considérera comme positifs les segments
parcourus à partir des origines D, E, F dans un certain
sens, celui, par exemple, dans lequel on parcourt le périmètre du triangle ABC lorsqu'on suit l'ordre alphabétique des
lettres A, B, C ; les segments parcourus en sens opposé seront au contraire négatifs.

Alors les deux segments EA et FB, dans le cas de la figure 1, sont positifs, et les quatre autres négatifs ; le nombre
des segments négatifs est donc pair, et, par suite, l'équation
(1) ne change pas. On verrait qu'il en est encore de même
dans l'autre cas de figure.

3. Soit pris maintenant, pour dernier exemple, celui d'un
triangle ABC coupé par trois transversales AD, BE, CF qui
se rencontrent en un même point. On va faire voir que, lorsqu'on tient compte des signes des segments, les égalités
(4) et (3) du n° **3** devront être remplacées par celles-ci :

$$\frac{DB}{DC}\times\frac{EC}{EA}\times\frac{FA}{FB}=-1,\ FA\times EC\times DB=-EA\times FB\times DC.$$

En effet, on voit que les trois rapports de la première égalité sont tous trois négatifs dans le cas de la figure 2. et l'un
négatif et les deux autres positifs dans l'autre cas. Le produit des trois facteurs est dont toujours négatif et on doit
mettre — 1 dans le second membre de la première égalité.
Quant à la seconde égalité, on voit que, si l'on détermine
les signes des segments comme dans l'exemple (2), dans les

deux cas de figure, le nombre des segments négatifs est toujours impair. Les deux membres de l'égalité (3) **(3)** sont donc de signes contraires, et on doit, par conséquent, mettre le signe -- devant l'un des membres.

36. Emploi, dans les démonstrations, des nouvelles égalités de la théorie des transversales. On peut facilement justifier l'emploi des nouvelles égalités dans les démonstrations, du genre de celles qu'on a données au n° **5**, qui consistent, comme on sait, à multiplier, membre à membre, des égalités à six segments. En effet, quand on multiplie de pareilles égalités, membre à membre, en tenant compte de la règle des signes, le second membre de l'égalité obtenue a un signe déterminé, et, suivant qu'il est positif ou négatif, le nombre total des segments négatifs est pair ou impair. On supprime ensuite des facteurs communs pris avec leur signe ; le signe du second membre de l'égalité finale entre six segments est donc connu : on sait, par conséquent, si le nombre des segments négatifs est pair ou impair, et, par suite, si les seconds membres des égalités (1) et (2) du numéro **2** ou des égalités (3) et (4) du numéro **3** doivent être précédés du signe + ou du signe —. Il n'y a dès lors aucun doute sur la question de savoir si l'égalité finale entre six segments se rapporte à trois points en ligne droite ou à l'autre cas. C'est ce qui va être vérifié sur un exemple.

Reprenons la démonstration du théorème **III (3)**. Les égalités (1) et (2) du n° **3** ont encore le signe + devant les seconds membres, et il en sera de même de l'équation obtenue en les multipliant, membre à membre. Soient d'ailleurs pris comme positifs les segments parcourus dans le sens ABD pour le premier triangle, et dans le sens ADC pour l'autre. on peut d'abord dans la démonstration remplacer les segments CD et BD dont les origines respectives sont C et B par les segments DC et DB ayant pour origine commune le point D, car le double changement de signe qui en résulte n'en amène aucun dans l'égalité (3). D'autre part, en supprimant les facteurs communs GA et GD qui ont des signes contraires dans chacune des égalités (1) et (2), on ne produit encore aucun changement de signe. Mais lorsqu'on divise les deux membres de la dernière égalité obtenue par les deux facteurs de signes contraires CB et BC, un changement de signe a lieu, et l'on voit que finalement il faut mettre le signe — devant le second membre de l'égalité (3).

37. Démonstration de quelques identités géométriques. L'emploi des signes est indispensable, quand on veut démontrer la généralité de certaines identités relatives à des points en ligne droite, quelle que soit la position relative de ces points. C'est ce que vont montrer quelques exemples.

1. *Étant pris trois points* a, b, c *dans un ordre quelconque sur une même droite, la somme des trois segments consécutifs* ab, bc, ca *est toujours nulle.*

Il faut démontrer que l'on a toujours

$$(1) \qquad ab + bc + ca = 0.$$

Si l'on suppose d'abord les trois points a, b, c placés sur une droite dans l'ordre où l'on vient de les nommer, on aura évidemment

$$ab + bc = ac$$

et en faisant passer ac dans le premier membre d'après la règle connue (**34**), on a bien la relation (1).

Pour démontrer maintenant la généralité de cette relation, on observe d'abord qu'elle ne change pas quand on intervertit l'ordre de deux points consécutifs, b et c par exemple. En effet, on doit permuter dans la relation (1) les deux lettres b et c; mais comme les trois segments ab, bc, ca sont alors remplacés respectivement par les segments ac, cb, ba, et qu'on peut ensuite changer les signes des deux membres de la relation, aucun changement n'est produit. Il résulte de là que les trois lettres a, b, c étant placées sur une droite dans un certain ordre, on peut amener chacunes d'elles à telle place que l'on veut, et, par suite, que les trois lettres peuvent être écrites dans un ordre arbitraire. En un mot, le mode de démonstration est tout à fait le même que celui qu'on emploie en arithmétique lorsqu'on démontre qu'un produit de plusieurs facteurs est indépendant de l'ordre des facteurs.

Généralisation. *Le théorème s'étend à un nombre quelconque de points en ligne droite*. Comme le théorème est démontré pour trois points en ligne droite, tout revient à faire voir que, s'il est vrai pour $n-1$ points a, b, c, ... k, il sera vrai encore lorsqu'on prendra un point de plus l. On a, par hypothèse,

$$ab + bc + cd + \ldots + ka = 0;$$

Mais, en vertu du théorème relatif à trois points, on a aussi

$$ak + kl + la = 0.$$

Ajoutant maintenant les deux égalités, membre à membre, et observant que la somme $ka + ak$ est nulle, on obtient la relation demandée :

$$ab + bc + cd + \ldots + kl + la = 0.$$

2. *Quatre points étant placés sur une droite, le produit des segments, qui empiètent l'un sur l'autre, est égal à la somme des produits qu'on obtient en multipliant entre eux les segments intérieurs ainsi que les segments extérieurs l'un à l'autre.*

Soient a, b, c, d quatre points placés sur une droite dans l'ordre où ils viennent d'être nommés ; il faut démontrer que l'on a

$$ab.\, cd + ad.\, bc = ac.\, bd,$$

ou, en faisant passer le second membre dans le premier,

(1) $\qquad ab.\,cd + ac.\,db + ad.\,bc = 0.$

C'est cette dernière relation dont il faut démontrer la généralité. On part de l'identité évidente

$$\frac{1}{ac} - \frac{1}{ab} + \frac{1}{ab} - \frac{1}{ad} = \frac{1}{ac} - \frac{1}{ad}.$$

Supposons d'abord les points a, b, c, d, placés sur la droite dans l'ordre alphabétique, et formons dans l'identité précédente trois groupes de deux termes en les prenant dans l'ordre où ils se présentent. En réduisant au même dénominateur les deux termes de chaque groupe, on obtient

$$\frac{ab - ac}{ac\,.\,ab} + \frac{ad - ab}{ab\,.\,ad} = \frac{ad - ac}{ac\,.\,ad},$$

ou, à cause de la relation (1) (ex. 1) (**37**).

$$\frac{cb}{ac.\,ab} + \frac{bd}{ab.\,ad} = \frac{cd}{ac.\,ad}.$$

Or, en chassant les dénominateurs et faisant passer tous les termes dans le second membre, on a bien la relation (1).

Pour démontrer la généralité de cette relation, on voit, par la même explicaton que, pour le théorème précédent, que tout revient à faire voir que la relation reste la même quand on y permute deux lettres consécutives ; or, c'est ce que l'on vérifie facilement.

3. a, b, c *étant trois points fixes sur une droite, et* m *un point mobile sur la même droite, on a toujours, quel que soit* m, *la relation*

(1) $am^2 + bm^2 + cm^2 - ma.mb - ma.mc - mb.mc$
$\qquad = ab.ac + ba.bc + ca.cb.$

Pour le démontrer, il suffit de multiplier, membre à membre, et deux à deux, les trois relations

(2) $\quad am + mb = ab, \quad cm + ma = ca, \quad bm + mc = bc.$

puis d'ajouter, membre à membre, les égalités obtenues, La relation (1), étant la conséquence d'égalités générales, est elle-même démontrée dans toute sa généralité.

4. a, b, c *étant trois points fixés en ligne droite, et* m *un point mobile sur la même droite, on a toujours, quel que soit* m, *la relation.*

$$(1) \qquad am^2.bc + bm^2.ca + cm^2.ab + ab.bc.ca = 0$$

Pour démontrer la relation dans toute sa généralité, il suffit de multiplier, membre à membre, les trois égalités (2) de l'exemple précédent et de faire plusieurs fois l'application de l'égalité (1) (ex. 1).

Extension du théorème au cas où le point mobile est extérieur à la droite. Soit M le point mobile hors de la droite, et *m* sa projection sur cette droite. On pourra remplacer dans la relation (1) om^2, bm^2, cm^2, respectivement, par $\overline{aM}^2 - \overline{mM}^2$, $b M^2 - \overline{mM}^2$, $\overline{cM}^2 - \overline{mM}^2$. On aura alors une relation qui se déduira de la relation (1) en remplaçant m par M, car le multiplicateur de $- \overline{mM}^2$, étant $bc + ca + ab$, est nul.

CHAPITRE V

AXES ET PLANS RADICAUX.

38. Définition. On appelle *puissance* d'un point par rapport à un cercle le nombre positif ou négatif qui mesure le produit des distances du point au cercle. Ces distances peuvent d'ailleurs être comptées sur une sécante quelconque passant par le point, et leur produit est positif ou négatif, suivant que les points où la sécante coupe le cercle sont ou ne sont pas d'un même côté du point donné. L'un ou l'autre cas arrive, quand le point est extérieur ou intérieur au cercle; mais, si l'on désigne par P la puissance du point, par D sa distance au centre, par R le rayon du cercle, on a toujours, quelle que soit la position du point,

$$(1) \qquad \mathrm{P} = \mathrm{D}^2 - \mathrm{R}^2.$$

REMARQUE I. Lorsque le point est extérieur au cercle, sa puissance est égale au carré de la tangente menée du point au cercle.

REMARQUE II. Quand le point est sur la circonférence, sa puissance est nulle.

39. Théorème I. *Le lieu des points d'égale puissance par rapport à deux cercles situés dans le même plan, est une droite perpendiculaire à la ligne des centres.*

Soient O et C (*fig.* 15) les deux cercles donnés, A un point du lieu : tirons les droites OA, CA, OC, et du point A abaissons AB perpendiculaire sur OC.

Si l'on remplace les puissances du point A relativement à deux cercles par les valeurs que donne la formule (1) **(38)**, on a, en désignant par R et r les rayons des deux cercles,

$$\overline{OA}^2 - R^2 = \overline{CA}^2 - r^2, \text{ ou } \overline{OA}^2 - \overline{CA}^2 = R^2 - r^2.$$

On est ainsi ramené à un lieu connu; car on sait que le lieu des points tels, que la différence des carrés de leurs distances à deux points fixes soit constante, est une droite perpendiculaire à celle qui joint ces deux points. Ici les deux points fixes sont O et C ; le lieu cherché est donc bien une perpendiculaire à la ligne des centres.

La droite, lieu des points d'égale puissance par rapport à deux cercles, s'appelle l'*axe radical* de ces deux cercles.

COROLLAIRE. *L'axe radical des deux cercles est le lieu des points d'où l'on peut mener des tangentes égales à ces deux cercles.*

REMARQUE. Si l'on désigne par d la distance des centres et par e la distance OD du centre O du plus grand cercle au pied D de la perpendiculaire AB à OC, on peut déterminer cette dernière distance par la formule

$$(1) \qquad e = \frac{d^2 + R^2 - r^2}{2d};$$

car E étant le milieu de OC, on a

$$(2) \qquad ED = \frac{R^2 - r^2}{2d};$$

et par suite

$$e = \frac{d}{2} + \frac{R^2 - r^2}{2d} = \frac{d^2 + R^2 - r^2}{2d}.$$

40. Positions de l'axe radical par rapport aux deux cercles. On peut considérer trois cas principaux.

41. *Quand deux cercles sont sécants, la corde commune est l'axe radical.* En effet, les deux points d'intersection ont une puissance nulle par rapport aux deux cercles.

42. *Quand deux cercles sont tangents, l'axe radical est la tangente commune.* En effet, le point de contact a une puissance nulle par rapport aux deux cercles, et la tangente commune est perpendiculaire à la ligne des centres.

43 *Lorsque deux cercles sont extérieurs ou intérieurs l'un à l'autre, l'axe radical leur est toujours extérieur, et il s'en va à l'infini lorsque les deux cercles sont concentriques.* En effet, si l'axe radical rencontrait l'un des cercles en deux points, ces points auraient une puissance nulle par rapport au cercle considéré; mais comme ils appartiennent à l'axe radical, ils devraient aussi avoir une puissance nulle par rapport à l'autre cercle, et les deux cercles seraient sécants, ce qui est contre l'hypothèse. On verrait, tout aussi simplement, que l'axe radical ne peut être tangent à aucun des deux cercles.

Quand les deux cercles sont concentriques, les centres O et C étant confondus, les puissances d'un point quelconque A, c'est-à-dire $\overline{OA}^2 - R^2$ et $OA^2 - r^2$, sont différentes tant que le point A n'est pas à l'infini.

REMARQUE. La formule (1) **(39)** conduirait très-facilement aux conséquences qui précèdent.

44. **Théorème II**. *Lorsque trois cercles sont situés dans un même plan et que leurs centres ne sont pas en ligne droite, les axes radicaux des cercles, pris deux à deux, se coupent en un même point.*

En effet, soient C, C', C'' les trois cercles. Les axes radicaux de C, C' et de C, C'' se coupent : alors leur point d'intersection est d'égale puissance par rapport aux cercles C' et C'' et se trouve sur leur axe radical; les trois axes radicaux se coupent donc en un même point. Ce point est dit le *centre radical des trois cercles.*

Remarque I. Quand le centre radical est extérieur aux trois cercles, il est le centre d'un cercle qui les coupe à angle droit. En effet, du centre radical on peut mener trois tangentes égales aux trois cercles donnés. puisque ce point est d'égale puissance par rapport à eux. Les trois cercles seront donc coupés à angle droit par le cercle qui a. pour rayon, l'une des tangentes et, pour centre. le centre radical.

Remarque II. Quand les centres des trois cercles sont en ligne droite, le centre radical est un point situé à l'infini ou indéterminé suivant que les cercles C et C', C et C'', pris deux à deux, ont des axes radicaux, distincts ou identiques.

45. **Détermination de l'axe radical de deux cercles.** Quand les deux cercles sont sécants ou tangents, on a immédiatement l'axe radical (**41** et **42**). Mais s'ils sont extérieurs ou intérieurs, on les coupe par un troisième cercle. Alors on tire les cordes d'intersection du troisième cercle avec les deux autres, et on abaisse, de leur point de rencontre, une perpendiculaire sur la ligne qui joint les centres des cercles donnés : cette perpendiculaire est l'axe radical demandé.

46. **Axe radical, quand l'un des cercles ou tous deux sont remplacés par des points et des droites.** Un point étant considéré comme un cercle de rayon nul, la définition de l'axe radical s'applique encore à un point et un cercle ou à deux points. Dans ce dernier cas, l'axe radical est évidemment la perpendiculaire élevée sur le milieu de la droite qui joint les deux points.

Dans le cas d'un cercle et d'un point, on peut se servir du théorème suivant :

47. *L'axe radical d'un point et d'un cercle est parallèle à la polaire du point par rapport au cercle, et il est situé à égale distance de ce point et de sa polaire.* En effet, faisant r égal à zéro dans la formule (1), (**39**), on a

$$2e = d + \frac{R^2}{d}.$$

Mais C et A (*fig. 16*) étant le cercle et le point **donnés**, et BD la polaire du point A, l'égalité précédente donne

$$2CI = CA + CE;$$

le point I est donc le milieu de EA.

Quand le point A est extérieur au cercle, le théorème est évident, à la simple vue de la figure.

48. *L'axe radical d'une droite et d'un cercle ou d'un point est la droite elle-même.* Soient C et AB (*fig. 17*) le cercle et la droite donnés. Du centre C, on abaisse une perpendiculaire CH sur AB ; on la prolonge d'une longueur arbitraire OH, puis, du point O comme centre avec OH pour rayon, on décrit un cercle : soit aussi mené l'axe radical EF des deux cercles O et C.

Soient r et R les rayons CI et OH : la distance DH des deux droites AB, EF, est égale à la différence entre OD ou e et R. Alors, en tenant compte de la valeur de e donnée par la formule (1), (**39**), on a

$$DH = \frac{d^2 + R^2 - r^2}{2d} - R = \frac{(d - R)^2 - r^2}{2d} = \frac{\overline{HC}^2 - r^2}{2d}.$$

Si l'on suppose maintenant que le point O passe à l'infini, la distance d devient infinie, et la limite du cercle OH est la droite AB. Or, la formule précédente donnant pour DH une valeur nulle quand la distance d est infinie, l'axe radical est bien la droite donnée.

Ce qui précède s'applique évidemment au cas d'une droite et d'un point.

49. *Deux droites n'ont pas d'axe radical.* Supposons d'abord les deux droites données parallèles. Soient AB et GK (*fig*. 17) ces droites que nous considérerons comme limites des deux cercles OH et CI; on a (**48**)

$$ DH = \frac{\overline{HC}^2 - r^2}{2d} = \frac{(IH + 2r) \times IH}{2d}, $$

et lorsque les deux centres vont ensemble à l'infini, on trouve pour DH une valeur indéterminée.

Soient maintenant (*fig*. 18) deux droites AB et AD qui se coupent. Par leur point d'intersection A menons deux droites, de longueurs arbitraires AO et AC, qui leur soient respectivement perpendiculaires, et concevons deux cercles qui aient pour rayons AO et AC. Les droites données pourront alors être considérées comme limites de ces cercles dont on fera croître les rayons jusqu'à l'infini, et leur axe radical sera la position que prend la droite AE perpendiculaire à OC lorsque les deux centres O et C sont à l'infini. Or la direction de OC étant alors indéterminée, il en est de même pour la droite AE.

PLAN RADICAL PAR RAPPORT A UNE SPHÈRE.

50. On appelle. *puissance* d'un point par rapport à une sphère, le nombre positif ou négatif qui mesure le produit des distances du point à la sphère. On démontre, comme dans le cas du cercle, que la puissance du point est toujours donnée par la formule du n° **38** . mais dans laquelle P représente la puissance du point par rapport à la sphère, R le rayon de cette sphère et D la distance de son centre au point donné.

51. **Théorème I**. *Le lieu des points d'égale puissance par rapport à deux sphéres est un plan perpendiculaire à la ligne des centres.*

On ramène immédiatement ce théorème au théoréme **I** (**39**) en faisant passer un plan quelconque par la ligne des centres. Le plan, lieu des points d'égale puissance par rapport à deux sphères, s'appelle *plan radical*.

Corollaire. *Le plan radical est le lieu géométrique des points d'où l'on peut mener des tangentes égales aux deux sphères.*

52 **Théorème II**. *Le lieu des points d'égale puissance, par rapport à trois sphères dont les centres ne sont pas en ligne droite, est une droite perpendiculaire au plan des trois centres.*

La démonstration est analogue à celle du théorème **II** (**40**).

La droite qui est le lieu demandé s'appelle *l'axe radical* des trois sphères.

Remarque. Quand les trois centres sont en ligne droite, le lieu peut être un plan ou une droite située à l'infini.

53. **Théorème III**. *Les six plans radicaux de quatre sphères, prises deux à deux, se coupent en un même point, lorsque les centres des sphères ne |sont pas dans un même plan et qu'il n'y en a pas trois en ligne droite.*

Soient C, C', C'', C''' les quatre sphères. Si l'on détermine l'axe radical des trois sphères C, C', C'' et le plan radical des sphères C' et C'', le point de rencontre de l'axe et du plan sera d'égale puissance par rapport aux quatre sphères prises deux à deux, et sera, par conséquent, contenu dans chacun des six plans radicaux.

Le point de rencontre des six plans radicaux s'appelle *centre radical*; quand il est extérieur aux quatres sphères, il est le centre d'une sphère qui les coupe *orthogonalement*.

On trouvera sans peine les énoncés et les démonstrations des théorèmes *analogues* à ceux des n^{os} **46** et suivants.

CHAPITRE VI

FIGURES HOMOTHÉTIQUES.

54. Deux figures sont dites *homothétiques*, lorsque leurs points sont, deux à deux, sur des droites qui concourent en un même point, et que le rapport des distances de ce point aux points, ainsi associés deux à deux, est un nombre constant. Les droites concourantes s'appellent *rayons vecteurs*, leur point de rencontre, *centre d'homothétie* ou de *similitude*, et le nombre constant, *rapport d'homothétie*. Les points qui se correspondent dans les deux figures sont dits *homologues*, et il en est de même des droites qui joignent deux points homologues. L'homothétie est d'ailleurs *directe* ou *inverse*, suivant que les points homologues sont ou ne sont pas d'un même côté du centre d'homothétie. Dans le premier cas, le rapport d'homothétie est pris avec le signe $+$, et dans le second cas, avec le signe $-$.

55. On déduit de la définition générale, qui s'applique dans l'espace comme dans un plan, les conséquences suivantes qui sont évidentes.

1. La figure homothétique d'une droite ou d'un plan est elle-même une droite ou un plan.

2. On obtient toutes les figures homothétiques d'une figure donnée en changeant à la fois le centre et le rapport d'homothétie.

3. Deux droites homologues sont parallèles, et de même sens ou de sens contraires, suivant que l'homothétie est directe ou inverse, et dans tous les cas leur rapport est égal au rapport d'homothétie.

4. Deux polygones homothétiques sont semblables.

5. La figure homothétique d'un cercle ou d'une sphère est elle-même un cercle ou une sphère.

6. Deux polyèdres homothétiques sont semblables, lorsque l'homothétie est directe; mais l'un d'eux est semblable au symétrique de l'autre par rapport à un point quelconque, lorsque l'homothétie est inverse.

56. **Théorème I**. *Si les rayons vecteurs menés de deux points quelconques aux différents points de deux figures, pris deux à deux, sont parallèles et proportionnels, les deux figures sont homothétiques, et l'homothétie est directe ou inverse, suivant que les rayons vecteurs sont de même sens ou de sens contraires.*

En effet, soient C et C' (*fig.* 19) les deux points d'où partent les rayons vecteurs. et A, A' deux points correspondants des deux figures : tirons les droites CA, C'A', CC', AA', et prolongeons les deux dernières juxpu'à leur rencontre en O.

Il résulte, des hypothèses de l'énoncé, que les deux triangles OAC, OA'C' sont semblables, et l'on a

$$\frac{OC}{OC'} = \frac{OA}{OA'} = \frac{CA}{C'A'};$$

donc le rapport de OC à OC' est constant, et, par suite, le point O reste le même. quels que soient les deux points correspondants A et A'. Le rapport de OA à OA' est, d'ailleurs, aussi constant; on a donc deux figures homothétiques qui ont O et $\dfrac{OC}{OC'}$ pour centre et pour rapport d'homothétie.

Dans la figure précédente, les rayons vecteurs CA et CA' étaient dirigés dans le même sens; alors le point O était sur le prolongement de CC', et l'homothétie était directe. On aurait vu de même que l'homothétie est inverse, quand les rayons vecteurs sont dlrigés en sens contraires.

Remarque. Quand les deux points C, C' appartiennent aux figures données, ils en sont deux points homologues.

Corollaire I. *Deux polygones semblables qui ont les côtés parallèles sont homothétiques,* Car deux sommets homologues peuvent être pris pour les points C et C'.

Corollaire II. *Deux cercles situés dans le même plan ou deux sphères sont homothétiques.* En effet, les deux centres jouissent de la propriété des points C et C'. L'homothétie est d'ailleurs, à la fois, directe et inverse.

57. **Théorème II**. *Deux figures homothétiques à une troisième sont homothétiques entre elles.*

En effet, soient AB une droite qui joint deux points quelconques A et B et la première figure, et A'B', A"B" les droites homologues dans la seconde et la troisième : si l'on appelle m et m' les rapports d'homothétie pour la seconde et la troisième figure comparées respectivemeut à la première, on aura

$$\frac{A'B'}{AB} = m, \quad \frac{A''B''}{AB} = m',$$

d'où l'on tire

$$\frac{A''B''}{A'B'} = \frac{m'}{m}.$$

On voit ainsi que, si l'on joint les deux points A" et A' à deux points homologues quelconques des deux dernières figures, le rapport des deux droites de jonction est constant : donc, en vertu du théorème **I**, la seconde et la troisième figure sont homothétiques

Remarque I. Quand trois figures sont homothétiques deux à deux, il peut arriver que l'homothétie soit directe pour les trois groupes de figures prises deux à deux, ou directe pour l'un des groupes et inverse port les deux autres. Cela résulte évidemmeut du sens dans lequel A'B' et A"B" sont dirigées par rapport à AB. On le verrait encore par la considération des signes des trois nombres m, m', m'',

Remarque II. Quand les nombres m et m' sont égaux, le

rapport d'homothétie de la troisième figure à la seconde est égal à l'unité, et, par suite, les deux figures sont superposables. Ainsi, en déplaçant le centre, mais conservant le même rapport d'homothétie, on obtient deux figures égales : donc, pour avoir toutes les figures semblables à une figure donnée, il suffira de faire varier le rapport d'homothétie, de zéro à l'infini, en conservant le même centre.

58. **Théorème III**. *Quand trois figures sont homothétiques deux à deux, les trois centres d'homothétie sont en ligne droite.*

Supposons, pour fixer les idées, que l'homothétie soit partout directe. Soient (*fig.* 20) A un point quelconque de la première figure, et A',A'' les points homologues des deux autres; soient anssi O,O',O'' les centres d'homothétie des figures prises deux à deux : il faut démontrer que l'on a

$$\frac{O''A}{O''A'} \times \frac{OA'}{OA''} \times \frac{O'A''}{O'A} = 1.$$

Mais c'est ce qui résulte évidemment des égalités.

$$\frac{O''A}{O''A'} = \frac{1}{m}, \quad \frac{OA'}{OA''} = \frac{m}{m''} \quad \frac{O'A''}{O'A} = m'.$$

Quand il y a un centre d'homothétie directe et deux centres d'homothétie inverse, la démonstration se fait de même.

La droite qui contient les trois centres s'appelle *axe d'homothétie* ou de *similitude*.

59. **Théorème IV**. *Lorsque quatre figures sont homothétiques deux à deux, elles ont leurs six centres d'homothétie dans un même plan.*

En effet, considérons le triangle dont les sommets sont les centres d'homothétie de l'une des figures associées successivement à chacune des trois autres : les côtés du triangle seront trois axes d'homothétie sur chacun desquels sera situé un troisième centre Les six centres sont donc dans le plan du triangle, et l'on voit de plus qu'ils sont les sommets d'un quadrilatère complet. -- Le plan qui contient les six centres d'homothétie s'appelle *plan d'homothétie.*

DES CERCLES ET DES SPHÈRES CONSIDÉRÉS COMME FIGURES HOMOTHÉTIQUES.

60. On a vu que l'homothétie est à la fois directe et inverse pour deux cercles situés dans le même plan ou pour deux sphères. Les deux centres de similitude (*) sont d'ailleurs deux points de la ligne des centres des deux cercles ou des deux sphères, tels, que leurs distances aux deux centres sont entre elles comme les rayons. Alors, si l'on désigne par r le rayon du plus petit cercle ou de la plus petite sphère, par R l'autre rayon, par d la distance des centres, par x et y les distances des centres de similitude externe et interne au centre du plus petit cercle ou de la plus petite sphère, on a

$$(1) \qquad x = \frac{dr}{R - r}, \qquad (2) \qquad y = \frac{dr}{R + r}.$$

REMARQUE I. Lorsque deux cercles ou deux sphères sont tangents, le point de contact est un centre de simititude, puisque ses distances aux deux centres sont proportionnelles aux rayons.

REMARQUE II. D'après les propriétés générales des figures homothétiques, les cordes homologues de deux cercles sont parallèles.

On voit aussi aisément qu'il en est de même de deux plans qui passent, l'un par trois points quelconques de la surface d'une sphère, et l'autre par les trois points homologues pris sur une autre sphère.

(*) Pour les cercles et les sphères, on emploie de préférence le mot similitude.

Définitions. Si par l'un des centres de similitude S de deux cercles ou de deux sphères (*fig.* 21), on mène une transversale qui les coupe aux points A, B, A', B', les points A' et B', étant respectivement les homologues de A et B, on dit que les points A et B', B et A'. sont, deux à deux, *anti-homologues.*

Deux cordes de deux cercles, dont les extrémités sont des points respectivement anti-homologues, sont appelées *anti-homologues.*

61. Théorème I. *Étant donnés deux cercles, le produit des distances d'un des centres de similitude à deux points anti-homologues est constant.*

En effet, désignant par P et P' les puissance d'un des centres de similitude S (*fig.* 21) par rapport aux deux cercles C et C', on a

$$\frac{SA}{SA'} = \frac{R}{R_{,}}. \quad SA' \times SB' = P';$$

d'où. en multipliant, membre à membre,

$$SA \times SB' = P' \times \frac{R}{R'}.$$

On trouve de même

$$SB \times SA' = P' \times \frac{R}{R'}.$$

Le théorème est donc démontré.

On obtient de la même manière

$$SA \times SB' = SB \times SA' = P \times \frac{R'}{R}.$$

Cᴏʀᴏʟʟᴀɪʀᴇ. *Les puissances d'un centre de similitude de deux cercles par rapport à ces deux figures sont proportionnelles aux carrés des rayons.* C'est ce que l'on voit en égalant entre elles les deux expressions précédentes du produit constant.

Remarque. Le théorème est encore vrai pour deux sphères.

62. Théorème II. *Étant donnés deux cercles, les extrémités de deux cordes anti-homologues sont sur une même circonférence, et le point de rencontre de ces cordes appartient à l'axe radical des deux cercles donnés.*

En effet, si l'on prend les deux cordes BE et A'D' *(fig.*21), on a (**61**)

$$\text{SB} \times \text{SA}' = \text{SE} \times \text{SD}' = \text{P}' \times \frac{\text{R}}{\text{R}'}.$$

. Les quatre points B, E, D', A' appartiennent donc à un même cercle Les cordes BE et A'D', étant d'ailleurs les axes radicaux de ce cercle et de chacun des cercles donnés, doivent se couper sur l'axe radical de ces derniers.

Corollaire. *Les tangentes en deux points anti-homologues se coupent sur l'axe radical.*

Remarque. Si, dans l'énoncé du théorème précédent, on remplace les cercles par des sphères, on devra seulement substituer, dans le même énoncé, le plan radical à l'axe radical.

63. Théorème III. *Les polaires de l'un des centres de similitude de deux cercles, par rapport à ces deux cercles, sont à égale distance de leur axe radical.*

Quand le centre de similitude est extérieur aux deux cercles, le théorème devient évident, parce que l'axe radical est alors la droite qui joint les milieux des segments des tangentes communes compris entre les points de contact. Mais on démontre le théorème dans tous les cas à l'aide des formules des numéros **39** et **60**.

Remarque. On prouve, d'une manière toute semblable, que les plans polaires de l'un des centres de similitude de deux sphères sont à égale distance de leur plan radical.

64. Centres de similitude, quand l'un des cercles ou tous deux sont remplacés par des points ou des droites.

Les formules (1) et (2) du n° **60** vont nous permettre de traiter aisément les différents cas.

65. *Les centres de similitude d'un cercle et d'un point se confondent avec le point lui-même.* En effet. on trouve pour x et y des valeurs nulles, quand on fait r égal à zéro dans les formules (1) et (2).

66. *Deux points n'ont pas de centres de similitude.* En effet, les formules (1) et (2) donnent des valeurs indéterminées pour x et y, quand on y fait R et r nuls à la fois.

67. *Les centres de similitude d'un cercle et d'une droite sont les extrémités du diamètre perpendiculaire à la droite* Soient CE et AB le cercle et la droite donnés (*fig.* 22) : abaissons du centre C la perpendiculaire CD sur AB, prolongeons cette droite d'une longueur arbitraire DO, et du point O comme centre avec OD pour rayon, décrivons un cercle.

Considérons d'abord le centre S de similitude directe. Si l'on désigne par R et r les rayons OD et CE, la formule (1) (**60**) donne

$$CS = \frac{r\,(R + DC)}{R - r} = \frac{r\left(1 + \dfrac{DC}{R}\right)}{1 - \dfrac{r}{R}};$$

et en faisant R égal à l'infini dans la dernière expression, on trouve que CS est égal à r lorsque le centre O est à l'infini, c'est-à-dire lorsque le cercle OD est remplacé par la droite AB : donc le centre de similitude directe de cette droite et du cercle CE est le point E qui est l'une des extrémités du diamètre perpendiculaire à AB.

On démontre de même que le centre de similitude inverse est le point F.

68. *Les centres de similitude d'un point et d'une droite se confondent avec ce point.* En effet, les distances CE et CF sont maintenant toutes deux nulles.

69. *Deux droites situées dans un même plan et non parallèles ont une infinité de centres de similitude sur leurs directions mêmes ou sur une droite à l'infini*. En effet, il est d'abord évident qu'aucun point, situé hors des deux droites et à une distance finie, ne peut être pris comme centre de similitude. Mais tout point de l'une des droites peut être considéré comme un centre de similitude correspondant à un rapport égal à zéro, et tout point à l'infini, étant le point de concours de droites parallèles, peut être pris comme un centre de |similitude correspondant à un rapport égal à 1. En changeant la direction des droites parallèles on aura tous les points à l'infini, et nous verrons plus tard comment, par des considérations de perspective, on est conduit à dire que tous les points du plan, situés à l'infini, sont sur une *droite à l'infini*.

Si les droites étaient parallèles, tous les points du plan seraient évidemment des centres de similitude.

Remarque. On aurait des théorèmes analogues aux précédents en remplaçant une ou deux sphères par un point ou un plan.

70 Système de trois cercles situés dans un même plan ou de trois sphères.

Trois cercles situés dans un même plan ou trois sphères, étant pris deux à deux, ont trois centres de similitude directe et trois centres de similitude inverse. En appliquant la démonstration du théorème **III** (**58**) on arrive au théorème suivant :

71. *Les trois centres de similitude directe de trois cercles ou de trois sphères sont en ligne droite, et il en est de même de deux centres de similitude inverse et d'un centre de similitude directe.*

La première droite s'appelle *axe de similitude directe*, et les trois autres, qui contiennent un centre de similitude directe et deux centres de similitude inverse, s'appellent *axes de similitude inverse*.

72. Système de quatres sphères.

On a vu (**59**) que, lorsque quatre figures sont homothétiques, deux à deux, elles ont leurs six centres d'homothétie dans un même plan qu'on appelle plan d'homothétie ou de similitude.

Quand il s'agit de quatre sphères, comme ces figures sont homothétiques, à la fois, directes et inverses, il y a douze centres de similitude directe ou inverse; on conçoit alors qu'il y ait plusieurs plans d'homothétie. Nous allons démontrer, à ce sujet, le théorème suivant :

73. *Le nombre total des plans d'homothétie de quatre sphères est égal à huit.*

En effet, par chacun des douze centres de similitude passent quatre axes de similitude qui, étant pris deux à deux, déterminent six plans dont quatre seulement, contenant six centres de similitude des quatre sphères, sont des plans d'homothétie. Alors, si tous les plans d'homothétie ainsi obtenus étaient distincts, le nombre total de ces plans serait quarante-huit : mais chaque plan, contenant six centres de similitude, se trouve répété six fois, et le nombre total des plans d'homothétie se réduit à huit (*).

CHAPITRE VII

FIGURES INVERSES.

74. Deux figures sont dites *inverses* l'une de l'autre, lorsque leurs points sont, deux à deux, sur des droites qui concourent en un même point, et que le produit des distances de ce point aux points des figures, ainsi associés deux à deux est un nombre constant. Le point de concours des

---

(*) Pour bien suivre cette démonstration, représentez les quatre sphères par les numéros 1, 2, 3, 4, et les centres de similitude directe et inverse, respectivement, par (1,2), (1,2,', etc.

rayons vecteurs s'appelle *origine*, et on donne le nom de *puissance d'inversion* au produit constant, considéré comme positif ou négatif suivant que les deux points correspondants des deux figures sont ou ne sont pas d'un même côté de l'origine.

Une figure et une origine arbitraire étant données, il est évident qu'on pourra toujours construire une figure inverse et une seule, qui corresponde à une valeur donnée, positive ou négative, de la puissance d'inversion.

Voici d'abord quelques théorèmes généraux qui s'appliquent à des figures inverses quelconques.

75. **Théorème I.** *Le rapport de la distance de deux points d'une figure à celle de leurs correspondants dans une figure inverse est égal à la puissance d'inversion divisée par le produit des distances de l'origine aux deux points de la seconde figure.*

En effet, soient (*fig. 23*) S l'origine, A, B deux points de la première figure, et A', B' les points correspondants de la seconde : en tirant les droites AB, A'B', SAA', SBB', on aura

$$ SA \times SA' = SB \times SB'. \quad \text{ou} \quad \frac{SA}{SB} = \frac{SB'}{SA'} ; $$

les deux triangles SAB, SA'B' sont donc semblables, et donnent

$$ \frac{AB}{A'B'} = \frac{SA}{SB'}. $$

Mais, si l'on désigne par I la puissance d'inversion, on a

$$ \frac{SA}{SB'} = \frac{SA \times SA'}{SA' \times SB'} = \frac{I}{SA' \times SB'}. $$

et, par suite,

$$ \frac{AB}{A'B'} = \frac{I}{SA' \times SB'}. $$

76. **Théorème II** *Les tangentes, en des points correspondants de deux lignes inverses l'une de l'autre font des angles égaux avec le rayon vecteur qui passe par ces deux points.*

En effet, dans la figure 23, faisons tourner le rayon vecteur SBB' autour de l'origine S, jusqu'à ce qu'il se confonde avec SAA'; à la limite, les deux droites AB, A'B' deviennent les tangentes aux deux courbes inverses l'une de l'autre, et comme les deux angles SAB, SB'A' sont restés égaux, le théorème est démontré,

L'angle SAB pouvant être remplacé par son opposé par le sommet, on voit que les deux angles égaux sont placés d'un même côté du rayon vecteur et que leurs ouvertures sont dirigées en sens contraires.

77. **Théorème III**. *Lorsque deux lignes se coupent, leurs lignes inverses se coupent aussi, et, aux deux points d'intersection correspondants, l'angle des deux premières lignes est égal à l'angle des deux autres.*

1° *Les deux lignes sont planes.* Soient AB, AC (*fig*. 24) les tangentes à deux lignes, au point A où elles se coupent, et A'B', A'C' les tangentes aux deux lignes inverses au point A' correspondant du point A. Les deux angles BAA', CAA' sont respectivement égaux aux angles B'A'A, C'A'A (**76**); les angles BAC, B'A'C sont donc égaux comme différences d'angles respectivement égaux.

2° *Les deux lignes sont quelconques.* Alors les deux angles trièdes ABCS. A'B'C'S ont un angle dièdre commun AA' compris entre deux faces respectivement égales; les troisièmes faces BAC, B'A'C' sont donc égales.

78. **Théorème IV**. *L'angle de deux surfaces S et T qui se coupent est égal à l'angle des surfaces inverses S' et T', en deux points correspondants des deux lignes d'intersection.*

En effet, soient A et A' les deux points correspondants que l'on considère, AL, AM deux courbes tracées sur S et T et perpendiculaires à leur intersection : l'angle LAM sera l'angle des surfaces S et T au point A. Si maintenant on conçoit les lignes A'L', A'M' respectivement inverses de AL, AM, l'angle L'A'M' sera l'angle des surfaces S' et T' au point A'. Or, les deux angles LAM, L'A'M' étant égaux (**77**), le théorème est démontré.

THÉORÈMES PARTICULIERS A LA DROITE ET AU CERCLE, OU BIEN AU PLAN ET A LA SPHÈRE.

79. **Théorème I**. *La figure inverse d'une ligne droite est une circonférence passant par l'origine.*

Soient (*fig.* 25) S et AB l'origine et la droite données : après avoir mené SA perpendiculaire à AB et une oblique quelconque SB, déterminons les points A', B' correspondants de A et B, et tirons la droite A'B'.

Les angles SAB, SB'A' sont égaux, et comme le premier est droit, l'autre l'est aussi : le lieu du point B' est donc la circonférence décrite sur SA', comme diamètre.

REMARQUE. Lorsque l'origine est sur la droite, la droite est elle-même son inverse.

80. **Théorème II**. *Lorsque l'origine est prise sur une circonférence, la ligne inverse de cette dernière ligne est une droite perpendiculaire au diamètre de l'origine.*

En, effet soient (*fig.* 25) C le cercle donné, S l'origine, et B, B' deux points correspondants quelconques des deux figures : menons le diamètre SCA', prenons sur cette droite le point A tel, que le produit SA $\times$ SA' soit égal à la puissance d'inversion donnée, puis tirons la droite AB. Comme dans la démonstration précédente, les angles SAB, SB'A' sont égaux. Or le second est droit, donc le premier l'est aussi. La figure inverse de la circonférence est donc bien une droite AB perpendiculaire au diamètre de l'origine.

81. **Théorème III**. *La figure inverse d'une circonférence,* *lorsque l'origine n'est pas prise sur cette ligne, est une circonférence.*

Soient S et CA (*fig.* 26) l'origine et la circonférence données, et A, A' deux points correspondants quelconques des deux figures : I, P, P' désignant la puissance d'inversion et les puissances de l'origine par rapport aux circonférences CA, C'A', on a

$$SA \times SA' = I, \quad SA \times SB = P,$$

et en divisant, membre à membre, il vient

$$(1) \qquad \frac{SA'}{SB} = \frac{I}{P}.$$

Ainsi, en substituant au point A, où le rayon vecteur SA coupe la circonférence donnée, le second point d'intersection B, on voit que la figure inverse d'une circonférence lui est homothétique, et, par conséquent, est elle-même une circonférence.

REMARQUE. On aurait trouvé de même

$$(2) \qquad \frac{SA}{SB'} = \frac{I}{P'}.$$

COROLLAIRE I. *Quand les puissances P et I sont égales, une circonférence est l'inverse d'elle-même.*

COROLLAIRE II. *On a toujours la relation.*

$$(3) \qquad I^2 = PP'.$$

C'est ce que l'on voit immédiatement en multipliant, membre à membre, les égalités (1) et (2).

COROLLAIRE III. *Deux circonférences quelconques peuvent être considérées comme inverses l'une de l'autre.*

Il suffit, en effet, de prendre pour origine l'un des deux centres de similitude, et, pour puissance d'inversion, le produit des distances de ce point à deux points antihomologues correspondants.

82. Détermination de la circonférence inverse d'une circonférence donnée. D'abord, le centre de la circonférence inverse s'obtiendra en déterminant, sur la droite qui joint l'origine S au centre C de la circonférence donnée (*fig.* 26), un point C' par la relation

$$(1) \qquad \frac{SC'}{SC} = \frac{SA'}{SB} = \frac{I}{P};$$

le sens dans lequel il faut porter SC' est d'ailleurs connu, dès que les signes de I et de P sont donnés.

R et R' étant les rayons des deux cercles C et C', on aura ensuite R' par la relation

$$(2) \qquad R' = \pm \frac{R \times I}{P},$$

dans laquelle le signe se détermine de telle sorte que R' soit positif.

COROLLAIRE. *Pour que deux cercles de rayons inégaux* R, R_1 *puissent être transformés en deux cercles égaux, pour une même origine et une même puissance d'inversion,* P, P_1 *étant les puissances de l'origine par rapport aux cercles* R, R_1, *il faut et il suffit que l'on ait*

$$(3) \qquad \frac{P}{R} = \pm \frac{P_1}{R_1}.$$

C'est ce qui résulte immédiatement de l'égalité (2).

Il existe toujours, d'ailleurs, dans le plan des deux cercles donnés, une infinité de points pour lesquels la condition (3) est satisfaite ; car il sera démontré dans la seconde partie que le lieu de ces points se compose de deux circonférences dont l'une au moins est toujours réelle.

83. **Théorème IV**. *Le point correspondant du centre de l'un quelconque de deux cercles inverses l'un de l'autre est le pied de la polaire de l'origine par rapport à l'autre cercle.*

En effet, F étant le point correspondant du centre C, on a

$$SC \times SF = I,$$

et si l'on multiplie, membre à membre, l'égalité précédente et les égalités (3) (**81**), (1) (**82**), il vient

$$SF \times SC' = P'.$$

En remplaçant maintenant dans cette dernière égalité SC' et P', respectivement, par $\dfrac{SD' + SE'}{2}$, $SD' \times SE'$, (*voyez la fig.* 26), on a

$$\frac{1}{SF} = \frac{1}{2} \times \left(\frac{1}{SE'} + \frac{1}{SD'} \right).$$

Le point F est donc le conjugué harmonique du point S par rapport aux deux points D', E', et, par suite, il est le pied de la polaire de S par rapport au cercle C'. La démonstration est la même pour le centre C'.

COROLLAIRE. Pour que les inverses de deux cercles soient deux cercles concentriques, il faut et il suffit que l'origine ait même polaire par rapport aux deux cercles donnés.

84. Théorème V. *La figure inverse d'un plan est une sphère passant par l'origine.*

85. Théorème VI. *La figure inverse d'une sphère est un plan ou une sphère, suivant que l'origine est ou n'est pas située sur la sphère donnée.*

Les deux théorèmes précédents se démontrent comme ceux des numéros **79, 80, 81**.

86. Théorème VII. *La figure inverse d'une circonférence est aussi une circonférence, lorsque l'origine n'est pas dans le plan de la figure.*

En effet, la circonférence pouvant être considérée comme l'intersection de deux sphères, son inverse sera l'intersection des deux sphères inverses des premières, et, par conséquent, sera aussi une circonférence.

87. Emploi des figures inverses. A l'aide des théorèmes précédents, certaines propriétés des figures peuvent être transformées en propriétés nouvelles : je vais donner des exemples.

1. Soit à transformer ce theorème : dans tout **triangle rectiligne**, la somme des angles est égale à deux angles droits.

Prenons, pour origine, un point quelconque du plan, et concevons les trois circonférences qui sont les lignes inverses des trois côtés du triangle. Ces trois circonférences, qui passent toutes trois par l'origine, détermineront par leurs secondes intersections un triangle curviligne dans lequel les angles intérieurs seront respectivement égaux aux angles du triangle donné (**77**); on a donc le théorème suivant :

Lorsque trois circonférences se coupent en un même point, le triangle formé par les secondes intersections est tel, que la somme de ses angles intérieurs est égale à deux angles droits.

2. Lorsque trois points a, b, c sont en ligne droite, comme dans la figure 27, on a évidemment

$$(1) \qquad ac = ab + bc.$$

Transformons la propriété à l'aide du théorème **I** (**75**).

Soient D l'origine et A, B, C les points qui correspondent à a, b, c sur la figure inverse de la droite ac : on sait que cette figure est une circonférence passant par le point D, et, par suite, le quadrilatère ABCD est inscriptible. Mais on a (**75**)

$$ac = \frac{AC \times I}{DA \times DC}, \quad ab = \frac{AB \times I}{DA \times DB}, \quad bc = \frac{BC \times I}{DB \times DC},$$

et si l'on substitue dans l'égalité (1) les valeurs de ac, ab, bc, puis que l'on chasse les dénominateurs, il vient

$$(2) \qquad AC \times DB = AB \times DC + BC \times AD;$$

donc *dans tout quadrilatère inscriptible, le produit des diagonales est égal à la somme des produits des côtés opposés.*

CHAPITRE VIII

PROPRIÉTÉS PROJECTIVES DES FIGURES.

La méthode des projections est une méthode de transformation comme celle des figures inverses. On considérera successivement la projection *orthogonale* ou *cylindrique* et la projection *conique* qu'on appelle aussi *perspective*.

PROJECTION ORTHOGONALE.

88. On appelle, projection orthogonale ou simplement projection d'un point sur un plan, le pied de la perpendiculaire abaissée du point sur le plan, et projection d'une ligne sur un plan, le lieu des projections de ses points sur le plan. Les *projetantes* des différents points d'une ligne appartenant toutes à une même surface cylindrique, on a aussi appelé *projection cylindrique* la projection orthogonale.

On admettra comme déjà connus les théorèmes suivants :

89. *La projection d'une ligne droite non perpendiculaire au plan de projection est une ligne droite.*

90. *Les projections de deux droites parallèles sur un même plan sont parallèles.*

91. *Le rapport de deux segments, situés sur une même droite ou sur des droites parallèles, reste le même en projection; en particulier, la projection du milieu d'une droite est le milieu de la projection.*

92. *La projection du centre d'une courbe est le centre de la projection de cette courbe.*

93. *La projection de la tangente à une courbe est tangente à la projection de cette courbe.*

94. *La projection d'un cercle sur un plan, qui n'est pas parallèle au sien, est une ellipse.*

95. On peut, à l'aide des théorèmes précédents, étendre à l'ellipse, avec modifications convenables, certaines propriétés du cercle, en général, celles qui dépendent de la direction des droites et non de leur grandeur : voici quelques exemples.

1. Le lieu des milieux des cordes d'un cercle, parallèles à

une direction donnée, est une droite passant par le centre du cercle : donc (**90, 91, 92**) *le lieu des milieux des cordes d'une ellipse, parallèles entre elles, est une droite passant par le centre; en d'autres termes, tous les diamètres de l'ellipse sont des droites passant par son centre.*

2. Deux diamètres rectangulaires d'un cercle son tels, que chacun d'eux divise en deux parties égales les cordes parallèles à l'autre : donc (**90, 91**), *l'ellipse admet une infinité de systèmes de deux diamètres conjugués, c'est-à-dire tels, que, dans tout système, chaque diamètre divise en deux parties égales les cordes parallèles à l'autre.*

3. Le théorème de Pascal relatif à l'hexagone inscrit dans un cercle se trouve immédiatement étendu à l'ellipse. En effet, la projection de l'hexagone inscrit dans un cercle est un hexagone inscrit dans une ellipse, et les points de concours des côtés opposés de l'hexagone étant en ligne droite dans la première figure, il en est de même dans la seconde (**89**).

4. Le carré construit sur un rayon quelconque d'un cercle étant constant, on en conclut que *le parallélogramme construit sur deux diamètres conjugués de l'ellipse est constant.*

Ici on projette une grandeur; mais la propriété est projective, car on sait que le rapport d'une surface plane à sa projection sur un plan est un nombre constant, quelle que soit la position de la surface dans le plan, et la projection du carré est le parallélogramme construit sur deux diamètres conjugués.

5. On sait que, si une tangente CD à un cercle OA coupe deux tangentes parallèles AC et BD, le produit des segments AC et BD, déterminés sur ces tangentes par la tangente mobile, est constant et égal au carré du rayon : nous allons voir que la propriété est encore projective.

En effet, menons le diamètre EF parallèle aux deux tangentes AC et BD, puis projetons sur la première les points E, F, D en I, H, G ; on aura

$$\overline{AI}^2 = AG \times AC,$$

et les quatre points C, G, H, I formeront une division harmonique (**9**). Mais l'égalité des rapports $\dfrac{IC}{IG}$, $\dfrac{HC}{HG}$ étant conservée en projection (**91**), la propriété de la division harmonique est projective, et on est ainsi conduit au théorème suivant :

Lorsque deux tangentes à une ellipse, parallèles entre elles, sont coupées par une tangente mobile, le produit des segments interceptés par cette troisième tangente sur les deux autres, à partir de leurs points de contact, est constant et égal au carré du demi-diamètre qui leur est parallèle.

96. Figures correspondantes dans un même plan. Étant donné un cercle et son ellipse de projection, on voit en rabattant le plan du cercle sur le plan de l'ellipse, qu'une ellipse et le cercle décrit sur son grand axe comme diamètre partagent les perpendiculaires à cette droite dans le rapport du grand axe $2a$ au petit axe $2b$.

Deux points du cercle et de l'ellipse, qui sont sur une même perpendiculaire au grand axe, sont dits *correspondants* ; et plus généralement on désigne ainsi deux points du plan de l'ellipse dont les distances au grand axe sont entre elles comme a est b. Les droites qui joignent deux points correspondants sont appelés *correspondantes*.

En ramenant le cercle dans sa position primitive, et observant que deux droites, dont l'une est la projection de l'autre, doivent concourir au même point du grand axe de l'ellipse, on voit qu'il doit en être de même de deux droites correspondantes, dont l'une est le rabattement sur le plan de l'ellipse d'une droite située dans le plan du cercle et l'autre sa projection. Cette remarque est applicable, en particulier, aux deux tangentes au cercle et à l'ellipse menées en des points correspondants.

Voici deux applications.

1. *La somme des carrés de deux diamètres conjugués d'une ellipse est constante.* Soient (*fig.* 28) CD, CE deux rayons perpendiculaires du cercle C, et d, e les points correspondants de D, E : les demi-diamètres de l'ellipse Cd et Ce seront conjugués, puisque, si l'on ramène le cercle dans sa position primitive, CD et CE auront alors pour projection Cd et Ce.

Cela posé, on a dans les triangles rectangles dCG, eCH

$$\overline{dC}^2 = \overline{dG}^2 + \overline{CG}^2, \quad \overline{eC}^2 = \overline{eH}^2 + \overline{CH}^2,$$

et en ajoutant, membre à membre,

$$\overline{dC}^2 + \overline{eC}^2 = \overline{dG}^2 + \overline{eH}^2 + \overline{CG}^2 + \overline{CH}^2.$$

Mais les points d, e étant les correspondants de D, E, on a

$$dG = \frac{b}{a}\, DG, \quad eH = \frac{b}{a}\,EH,$$

et en remplaçant dG et EH par les valeurs précédentes, on obtient

$$\overline{dC}^2 + \overline{eC}^2 = \frac{b^2}{a^2}\, \overline{DG}^2 + \overline{CG}^2 + \frac{b^2}{a^2}\overline{HE}^2 + \overline{CH}^2.$$

Or les triangles rectangles DGC, EHC étant évidemment égaux, les côtés DG et CG peuvent être remplacés dans l'égalité précédente par CH et EH, et il vient alors

$$\overline{dC}^2 + \overline{eC}^2 = \frac{b^2 + a^2}{a^2}\, \overline{CH}^2 + \frac{b^2 + a^2}{a^2}\, \overline{EH}^2,$$

$$\overline{dC}^2 + \overline{eC}^2 = \frac{b^2 + a^2}{a^2}\, (\overline{CH}^2 + \overline{EH}^2) = a^2 + b^2.$$

2. *Le parallélogramme construit sur deux diamètres conjugués est constant.* Soient (fig. 28) DCEF le carré construit sur l'un des rayons DE d'un cercle OA, et $dcef$ le parallélo-

gramme construit sur les deux demi-diamètres conjugués de l'ellipse, qui correspondent aux rayons du cercle CD et CE. Prolongeons les tangentes EF et *ef* aux deux points correspondants E et *e* du cercle et de l'ellipse jusqu'à leur rencontre en L avec l'axe ; puis menons DK et *dk* parallèles à cette dernière droite et prolongeons-les jusqu'à ce qu'elles rencontrent aux points K et *k* les tangentes en E et *e*.

Les parallélogramme DKLC, *dk*LC sont respectivement équivalents au carré DCEF et au parallélogramme *dCef* comme ayant même base et même hauteur; mais DKLC, *dk*LC ayant même base CL sont entre eux comme leurs hauteurs DG et *d*G, c'est-à-dire comme *a* est à *b*, et il en est de même de de DCEF et *dCef*. Le parallélogramme construit sur deux demi-diamètres conjugués d'une ellipse est donc égal à

$$a^2 \times \frac{b}{a},$$ c'est-à-dire à ab.

REMARQUE. Dans la démonstration précédente, on n'a pas eu besoin, comme au nº **95**, de s'appuyer sur le théorème relatif à la projection d'une aire plane.

PERSPECTIVE OU PROJECTION CONIQUE,

97. Étant donnés un point S et un plan M fixes, on appelle, *perspective* d'un point A sur le plan, le point a ou la droite SA vient rencontrer le plan. Le point fixe S s'appelle *point de vue*, et le plan M, *plan de perspective ou tableau*.

Le lieu des perspectives d'une courbe quelconque ABCD, pour un plan M et un point de vue S donnés, est dit *la perspective* de cette courbe, et comme les droites SA, SB, SC, SD..., qui servent à obtenir les perspectives des différents points, sont sur même surface conique, on a aussi donné à la perspective le nom *projection conique*.

Nous admettons comme connus les théorèmes suivants :

98. *La perspective d'une ligne droite est aussi une ligne droite.*

99. *Les perspectives de plusieurs droites parallèles, sur un plan qui n'est pas parallèle à leur direction, sont des droites qui concourent en un même point : ce point est d'ailleurs le point de rencontre avec le tableau de la parallèle à la direction des droites menée par le point de vue.*

100. *Si l'on a plusieurs groupes de droites parallèles, de directions différentes, mais toutes parallèles à un même plan, les points de concours des perspectives des droites de chaque groupe sont sur une droite qui est l'intersection du tableau et d'un plan parallèle à toute les droites données mené par le point de vue.*

101. *La perspective d'une tangente à une courbe est tangente à la perspective de cette courbe.*

102. *Si l'on coupe un cône de révolution par un plan qui ne passe pas par le sommet et qui ne soit pas, non plus, perpendiculaire à l'axe, la section est une ellipse, une hyperbole ou une parabole, suivant que l'angle du plan sécant et de l'axe est supérieur, inférieur ou égal au demi-angle du cône.*

En d'autres termes : *La perspective d'un cercle, lorsque le point de vue est sur son axe, et que le tableau n'est pas parallèle à son plan, est une ellipse, une hyperbole ou une parabole.*

103. **Droite de l'infini.** Un point quelconque à l'infini dans un plan donné pouvant être considéré comme le point de concours d'un groupe de droites parallèles dans ce plan, on voit (**100**) que tous les points à l'infini d'un plan ont, sur un plan non parallèle, leurs perspectives en ligne droite.

Mais la perspective d'une ligne plane, lorsque le point de vue n'est point dans son plan, ne pouvant être une ligne droite que si la ligne plane est elle-même une droite, on est conduit à dire que *tous les points à l'infini d'un plan se trouvent sur une même droite située à l'infini.*

104. Comme application des théorèmes précédents, nous citerons d'abord l'extension immédiate que l'on peut faire, aux trois coniques, des théorèmes de *Pascal* et de *Brianchon* sur les hexagones inscrit et circonscrit au cercle.

On peut aussi conclure des théorèmes **98** et **100** le théorème suivant :

Si l'on prend, sur un même tableau et avec un seul point de vue, les perspectives de deux polygones homothétiques situés dans un même plan, les polygones ainsi obtenus auront leurs sommets situés, deux à deux, sur des droites concourant en un même point et leurs côtés se couperont, deux à deux, en des points placés sur une droite xy.

Définition. Deux polygones satisfaisant aux conditions précédentes sont dits *homologiques*, et le point s et la droite xy s'appellent *le centre* et *l'axe d'homologie*. (On avait déjà rencontré les triangles homologiques, page 6.)

Il résulte évidemment de la définition précédente qu'on peut trouver dans un plan une infinité de systèmes de deux polygones homologiques dont l'un est pris arbitrairement.

Voici maintenant quelques théorèmes utiles dans la théorie de la perspective.

105. **Théorème I**. *Si l'intersection d'une sphère et d'un cône est composée de deux courbes, et que la courbe d'entrée soit un cercle, il en est de même de la courbe de sortie.*

Soient O la sphère et SABC le cône donnés (*fig.* 29), ABC, DEF les courbes d'entrée et de sortie, et SB une génératrice quelconque du cône, qui coupe la courbe de sortie en E.

Abaissons SG perpendiculaire sur le plan de la courbe d'entrée, tirons BG, et dans le plan du triangle BSG élevons EH perpendiculaire à SB.

Le quadrilatère EHGB étant inscriptible, on a d'abord

$$SH \times SG = SE \times SB = \overline{OS}^2 - \overline{OK}^2;$$

d'où

$$SH = \frac{\overline{OS}^2 - \overline{OK}^2}{SG}.$$

Le point H est donc constant, et, par suite, le point E se trouve sur la sphère qui a SH pour diamètre. La courbe de sortie est, par conséquent, l'intersection de deux sphères, c'est-à-dire un cercle.

106. Théorème II. *Quand deux circonférences sont tracées sur une même sphère, l'une d'elles peut être considérée, de deux manières différentes, comme étant la perspective ou l'inverse de l'autre.*

Soient O (*fig.* 30) la sphère donnée, et ABC, DEF les deux circonférences. Abaissons, du centre O de la sphère, un plan perpendiculaire à l'intersection des plans des deux cercles ; ce plan coupera les deux autres suivant deux diamètres AC et DF des cercles donnés, et la sphère suivant un grand cercle ADFC. Tirons ensuite les droites AD, CF et prolongeons-les jusqu'à leur rencontre en S ; puis concevons un cône ayant ce point pour sommet et pour base le cercle ABC : je dis que ce cône contiendra le second cercle DEF.

En effet, si l'on abaisse SG perpendiculaire sur le plan du cercle ABC, et que, dans le plan du grand cercle ADFC, on élève DH perpendiculaire à AS ; d'après le théorème précédent, la courbe de sortie du cône sera un cercle dont le plan sera perpendiculaire à la droite OI qui joint le centre de la sphère au milieu I de SH. Par conséquent, la courbe de sortie et le cercle DEF se confondent comme ayant leurs plans perpendiculaires au plan du grand cercle ADFC et le coupant suivant la droite DF ; donc enfin, quand le point S est pris comme point de vue, l'un des cercles ABC, EDF est la perspective de l'autre sur son propre plan.

Si l'on avait tiré les deux droites AF et DC qui se coupent en s, on aurait vu de même que les deux cercles sont la perspective l'un de l'autre, en prenant le point s pour point de vue.

La seconde partie de l'énoncé est immédiatement démontrée en prenant, pour origine, l'un des points S ou s et, pour puissance d'inversion, la puissance de l'un de ces points par rapport à la sphère.

COROLLAIBE I. *Un cône à base circulaire inscrit dans une sphère est coupé suivant un cercle par tout plan parallèle au plan tangent à la sphère en son sommet.* En effet; quel que petit que soit l'un des deux cercles tracés sur la sphère, tout plan parallèle au sien coupe suivant une circonférence le cône déterminé par les deux cercles, et il en sera encore de même à la limite.

COROLLAIRE II. *Tout plan sécant à la sphère, qui passe par l'un des sommets S et s des deux cônes, détermine un cercle qui coupe les deux cercles* ABC, FED *sous le même angle.* C'est ce qui est évident d'après le théorème **III** (**77**), puisque, les sommets S, s étant pris pour origines et leurs puissances, par rapport à la sphère, pour puissances d'inversion, le cercle dont le plan passe par l'un des sommets est inverse de lui-même et que les deux cercles ABC, DEF sont inverses l'un de l'autre.

107. Application du théorème. Le théorème qu'on vient de démontrer permet de déduire de certaines propriétés du cercle d'autres propriétés de la même figure.

Soient, par exemple, deux cercles quelconques d'une même sphère dans l'un desquels est inscrit un hexagone à côtés opposés parallèles : en prenant pour point de vue le sommet d'un des cônes déterminés par les deux cercles et, pour tableau, le plan du second cercle, on obtiendra, comme perspective de l'hexagone, un autre hexagone inscrit dans le second cercle. Mais, le premier hexagone ayant ses côtés parallèles, les points d'intersection des côtés opposés dans le second seront en ligne droite (**100**).

Ainsi se trouve démontré le théorème de *Pascal* (**5**, 3).

108. Théorème III. *La projection stéréographique d'un cercle est elle-même un cercle, et le centre de cette projection est la projection du sommet du cône circonscrit à la sphère suivant le cercle donné.*

La projection *stéréographique* est la perspective d'une figure tracée sur une sphère, lorsqu'on prend, pour point de vue, un point de la sphère et, pour plan du tableau, un grand cercle qui a ce point pour pôle. Comme le plan tangent à la sphère, mené par le point de vue, est parallèle au plan du tableau, la première partie du théorème est démontrée (cor. I, **106**). Mais voici une démonstration directe du théorème complet.

Soient (*fig.* 31) V le point de vue, M un point du cercle donné, et S le sommet du cône circonscrit à la sphère suivant ce cercle. Prenons, pour plan de perspective auxiliaire, un plan mené par le point S parallèlement au plan tangent en V; et soit M' la perspective du point M sur le plan auxiliaire. Menons encore la droite SM et prolongeons-la jusqu'à sa rencontre en A avec le plan tangent en V ; puis tirons les droites AV et SM',

Les droites AV et AM sont égales comme tangentes menées, d'un même point A, à la sphère, et les droites SM' et AV sont parallèles comme intersections de deux plans parallèles par un troisième. Alors, à cause des triangles semblables VMA, SMM', de l'égalité des droites AV et AM on déduit celle des droites SM et SM'. Mais comme SM est constant, il en est de même de SM', et la perspective auxiliaire est un cercle dont le centre est le sommet S.

Maintenant, si l'on revient au plan du tableau primitif qui est parallèle au plan auxiliaire, la perspective est toujours un cercle, et le centre de ce cercle est la perspective du sommet du cône sur le plan du tableau.

REMARQUE. On emploie la projection stéréographique dans la construction des mappemondes. Alors les cercles qu'on veut représenter sont sur un même hémisphère, et le point de vue est situé sur l'autre.

109. **Théorème IV**. *L'angle de deux courbes tracées sur une sphère est égal à l'angle de leurs projections stéréographiques.*

Soient V le point de vue (*fig. 32*), AB, AC les tangentes aux deux courbes données qui se coupent en A: et les droites DB, DC leurs projections stéréographiques. Prolongeons les deux tangentes jusqu'à leur rencontre en E et F avec le plan tangent à la sphère au point V, puis tirons les droites EF, VE, VF.

Les deux droites EV et EA sont égales comme tangentes menées, d'un même point E, à la sphère, et il en est de même des deux droites FV et FA : les deux triangles VEF, AEF sont donc égaux comme ayant les côtés respectivement égaux, et on en conclut l'égalité des angles EVF, EAF. Or déjà EVF, BDC sont égaux comme ayant les côtés parallèles, par conséquent, les deux angles EAF, BDC sont égaux.

110. *Les six sommets des cônes, qui sont déterminés par trois cercles d'une même sphère, pris deux à deux, sont, trois à trois, sur quatre droites situées dans un même plan.*

On remarque d'abord que, lorsqu'un cercle est tangent à deux autres sur une même sphère, la droite qui joint les deux points de contact passe par l'un des sommets des deux cônes déterminés par les deux derniers cercles. En effet, les tangentes communes aux deux points de contact, étant des droites tangentes à un même cercle, sont dans un même plan, et ce plan est d'ailleurs tangent à l'un des deux cônes : les deux points de contact sont donc sur une génératrice de ce cône.

Soient maintenant, C, C', C'' les trois cercles tracés sur la sphère. Convenons deux cercles O et O' tangents à deux d'entre eux C et C', le premier en A, A', le second en B, B', et soient o, o' c, c', les cercles qui sont les projections stéréographiques des cercles O, O', C, C' sur un plan quelconque passant par le centre de la sphère; soient aussi a, b, a', b' les projections stéréographiques de A, B, A', B'. Les cercles o et o' seront tangents aux cercles c et c' (**109**) en a, a', b, b', et les droites aa', bb' passeront par l'un ou l'autre des centres de similitude des deux cercles c et c'. Mais les droites AA', BB' passant, d'après la remarque faite en commençant, par l'un des sommets S et s des deux cônes déterminés par les cercles C et C', et les droites aa', bb' étant leurs perspectives, il en résulte que les sommets S et s des cônes extérieur et intérieur ont, pour projections stéréographiques, les centres de similitude directe et inverse des cercles c et c'.

Cela posé, si l'on prend les projections stéréographiques c, c' c'' des trois cercles de la sphère C, C', C'', et qu'on détermine sur le plan du tableau les six centres de similitude de c, c' c'', on obtiendra quatre droites sur lesquelles seront placés les six centres (**71**). Donc les sommets des cônes, dont les centres de similitude sont les perspectives, seront dans quatre plans passant par le point de vue, et comme ce point est pris à volonté sur la sphère, on voit que les six sommets des cônes sont situés sur quatre droites, dont l'une contient les trois sommets extérieurs, et dont les trois autres contiennent un sommet extérieur et deux sommets intérieurs; d'ailleurs les quatre droites, étant rencontrées chacune par les trois autres droites, sont dans un même plan.

CHAPITRE IX

DU RAPPORT ANHARMONIQUE

111. Définition du rapport anharmonique. Lorsque quatre points a, b, c, d sont en ligne droite, on appelle, *rapport anharmonique* des quatres points, le quotient des rapports des distances du premier et du second point au troisième et au quatrième point, c'est-à-dire le nombre positif ou négatif $\dfrac{ac}{ad} : \dfrac{bc}{bd}$.

Le signe se détermine, d'ailleurs, d'après la règle du n° **33**. Les deux points a et b qui entrent dans les deux termes de chacune des fractions $\dfrac{ac}{ad}$ et $\dfrac{bc}{bd}$ sont dits *conjugués;*

mais le rapport anharmonique pouvant aussi s'écrire : $\dfrac{ac}{bc} : \dfrac{ad}{bd}$,

les points c et d seront dits aussi conjugués pour la même raison.

NOTATION. Le rapport anharmonique de quatre points a, b, c, d, pris dans l'ordre où l'on vient de les nommer, sera représenté par $(abcd)$.

112. *Connaissant la valeur* m *du rapport anharmonique de quatre points en ligne droite et trois des points, on peut, en général, déterminer le quatrième point.* En effet, a, b, c, étant les trois points donnés, on obtiendra le point d en se servant de l'équation

$$\frac{ac}{ad} : \frac{bc}{bd} = m \quad \text{ou} \quad \frac{bd}{ad} = \frac{m \cdot bc}{ac}.$$

Le rapport $\dfrac{bd}{ad}$ étant déterminé en grandeur et en signe par l'équation précédente, la position du point d est connue.

Il faut cependant excepter les cas où m serait égal à 1, o ou l'infini, car alors le point d se confondrait avec les points c, b ou a.

REMARQUE. Si la valeur donnée de m était égale à — 1, d serait conjugué harmonique de c par rapport à a et b.

113. *Lorsqu'on change l'ordre des points* a, b, c, d, *la valeur du rapport anharmonique change en général, mais aucun changement n'est produit si l'on permute deux des points avec les deux autres.*

En effet, supposons qu'on prenne, par exemple, les points dans l'ordre : d, c, b, a, c'est-à-dire qu'on ait permuté a

avec d et b avec c, le rapport anharmonique sera $\dfrac{db}{da}:\dfrac{cb}{ca}$,

ou $\dfrac{db.ca}{da.cb}$, ou encore **(34)** $\dfrac{bd.ac}{ad.bc}$: or le rapport $\dfrac{ac}{ad}:\dfrac{bc}{bd}$ peut évidemment se mettre sous la dernière forme.

La démonstration se ferait de la même manière dans tous les autres cas.

114. *Lorsqu'on change l'ordre des quatre points a, b, c, d, on n'obtient que six rapports anharmoniques différents, dont trois sont les inverses des autres.* On voit d'abord qu'on aura six rapports anharmoniques différents, commençant par la lettre a : $(abcd)$, $(abdc)$, $(adbc)$, $(acbd)$, $(acdb)$, $(adcb)$. On pourra ensuite former de même dix-huit autres rapports anharmoniques commençant par les lettres b, c, d; mais on voit facilement que ces rapports sont respectivement égaux aux six premiers.

En effet, prenons, par exemple, le rapport anharmonique $(bcda)$; en permutant b avec a, et c avec d, on aura le rapport anharmonique $(adcb)$, qui fait partie des six premiers.

On voit encore sans difficulté que les rapports anharmoniques $(abdc)$, $(acbd)$, $(adcb)$ sont respectivement les inverses des trois autres $(abcd)$, $(acdb)$, $adbc)$.

115. *Quand l'un des rapports anharmoniques de quatre points en ligne droite a, b, c, d est donné, les rapports anharmoniques qui correspondent aux divers ordres des points sont déterminés.* Tout revient à faire voir, d'après ce qui précède, que les rapports anharmoniques $(acdb)$, $(adbc)$ sont déterminés dès que le rapport $(abcd)$ est connu. Pour cela, partons de l'égalité (exemple 2, **27**)

$$ab.cd + ac.db + ad.bc = 0;$$

en divisant les deux membres de cette égalité successivement par $ad.bc$, et $ab.cd$, on a

$$(1)\quad \frac{ab.cd}{ad.bc} + \frac{ac.db}{ad.bc} + 1 = 0 \ , \quad 1 + \frac{ac.db}{ab.cd} + \frac{ad.bc}{ab.cd} = 0.$$

Mais, si l'on représente respectivement par m, n, p, les trois rapports anharmoniques $(abcd)$, $(acdb)$, $(adbc)$, on a (114) et (34)

$$\frac{ab.cd}{ad.bc} = -\frac{1}{n} \quad , \quad \frac{ac.db}{ad.bc} = -m,$$

$$\frac{ac.db}{ab.cd} = -\frac{1}{p} \quad , \quad \frac{ad.bc}{ab.cd} = -n;$$

et en substituant les valeurs de ces rapports dans les deux égalités (1), il vient

$$-\frac{1}{n} - m + 1 = 0 \ , \ 1 - \frac{1}{p} - n = 0.$$

De là on tire

$$n = \frac{1}{1-m} \ , \ p = \frac{1}{1-n};$$

et l'on voit que n et p sont connus quand m est donné.

COROLLAIRE. *Lorsque deux systèmes de quatre points en ligne droite a, b, c, d et a', b', c', d', dont les derniers points correspondent respectivement aux premiers, ont leur rapport anharmonique égal, il en est de même de tous les rapports anharmoniques, qu'on obtient en prenant les points a, b, c, d dans un ordre quelconque et en leur faisant toujours correspondre respectivement les points a', b', c', d'.*

116. **Théorème I**. *Si une transversale quelconque KLHM (fig. 8) coupe un faisceau de quatre droites OA, OB, OC, OD qui concourent en un même point, le rapport anharmonique des quatre points d'intersection K, H, L, M est constant.*

En effet, si l'on mène par le point L la droite NP parallèle à OD, on a, par deux triangles semblables, comme au numéro **9**,

$$\frac{NL}{OM} = \frac{KL}{KM} \ , \ \frac{PL}{OM} = \frac{HL}{HM},$$

d'où

$$\frac{KL}{KM} : \frac{HL}{HM} = \frac{NL}{PL}.$$

Or le rapport $\dfrac{NL}{PL}$ reste le même, quelle que soit la transversale ; le théorème est donc démontré.

Il résulte d'ailleurs du corollaire (**115**) que le rapport des quatre points K, H, L, M est constant, quel que soit l'ordre des points. C'est là du reste une conséquence de la démonstration elle-même, puisque le point L et la droite NP à laquelle on a mené une parallèle ont pu être choisis arbitrairement parmi les quatre points K, H, L, M et les quatre droites du faisceau.

Définitions. Les quatre droites OA, OB, OC, OD s'appellent les *rayons* du faisceau, et leur point de concours O en est dit le *centre ;* le rapport anharmonique (KHLM) est dit le rapport anharmonique du faisceau OABCD correspondant aux points K, H, L, M pris dans l'ordre où l'on vient de les nommer. Nous désignerons souvent ce rapport par (O. KHLM).

Corollaire I. *Lorsque l'un des rapports anharmoniques des quatre droites du faisceau est égal à —* 1, *le faisceau est harmonique.*

Corollaire II. *On peut dans le faisceau remplacer une ou plusieurs droites par leurs prolongements.*

Corollaire III. *Lorsque deux faisceaux de quatre droites concourantes sont composés de droites faisant des angles respectivement égaux ou supplémentaires, les rapports anharmoniques des deux faisceaux sont égaux.* En effet, dans le cas des angles égaux, les faisceaux sont superposables, et le second cas se ramène au premier à l'aide du corollaire II.

117. Théorème II. *Lorsque quatre plans se coupent suivant une même droite, le rapport anharmonique des quatre points d'intersection* a. b, c, d *des quatre plans et d'une transversale quelconque est constant.*

En effet, soit $a'd'$ une seconde transversale quelconque qui rencontre les quatre plans aux points a', b', c', d'. Menons par ad un plan quelconque et par $a'd'$ un plan qui coupe le premier; et soient a'', b'', c'', d'' les points où l'intersection des deux derniers plans coupe les quatre plans du faisceau.

Le plan des deux droites ad et $a''d''$ coupera le faisceau des quatre plans suivant quatre droites concourant en un même point, et les rapports anharmoniques $(abcd)$, $(a''b''c''d'')$ seront égaux (**116**). Mais, pour une raison semblable, il en est de même de $(a'b'c'd')$ et $(a''b''c''d'')$; les deux rapports anharmoniques $(abcd)$, $(a'b'c'd')$ sont donc égaux.

Définition. Le rapport anharmonique $(abcd)$ est dit le *rapport anharmonique des quatre plans* correspondant aux points a, b, c, d pris dans l'ordre où l'on vient de les nommer.

Remarque. On pourrait évidemment énoncer ici trois corollaires analogues à ceux du théorème **I** (**116**).

118. **Théorème III**. *Étant donnés, sur deux droites différentes, deux systèmes de quatre points* a, b, c, d, *et* a', b', c', d' *tels, que les deux rapports anharmoniques* (abcd), (a'b'c'd') *soient égaux: si les deux points* a *et* a' *sont confondus en un seul, les trois droites* bb', cc', dd' *se rencontreront en un même point.*

En effet, prolongeons les deux droites bb' et cc' jusqu'à leur rencontre en o, et tirons la droite od. Si d'' est le point où od coupe $a'd'$, les deux rapports anharmoniques $(abcd)$, $(a'b'c'd'')$ seront égaux (**116**), et comme, par hypothèse, il en est de même de $(abcd)$, $(a'b'c'd')$, l'égalité des rapports $(a'b'c'd'')$ $(a'b'c'd')$ s'ensuit.

Or, sur une droite, on ne peut déterminer qu'un seul point d' tel, que les trois points a', b', c' étant connus, le rapport anharmonique $(a'b'c'd')$ soit donné (**112**) : donc les points d' et d'' se confondent, et, par suite, les trois droites bb', cc' dd' concourent en un même point o.

119. **Théorème IV**. *Lorsque deux faisceaux de quatre*

droites ont un rapport anharmonique égal et un rayon homo-
logue commun, les points d'intersection des autres rayons
homologues sont en ligne droite.

En effet, soient $(o.abcd), (o'.a'b'c'd')$ (fig. 33) les deux faisceaux, oa et $o'a'$ deux rayons qui coïncident en direction, et
β, γ les intersections des rayons homologues $ob, o'b'$ et $oc, o'c'$.
Si l'on tire la droite $\beta\gamma$, et que l'on désigne par α, δ et δ'
les points où cette droite rencontre oo', od et $o'd'$, puisque
les rapports anharmoniques $(abcd)$, $(a'b'c'd')$ des deux faisceaux sont égaux, on aura (**116**)

$$\frac{\alpha\gamma}{\alpha\delta} : \frac{\beta\gamma}{\beta\delta} = \frac{\alpha\gamma}{\alpha\delta'} : \frac{\beta\gamma}{\beta\delta'}.$$

Or de cette relation on conclut que les rapports $\dfrac{\beta\delta}{\alpha\delta}$ et $\dfrac{\beta\delta'}{\alpha\delta'}$

sont égaux, et que, par suite, les points δ et δ' se confondent
en un même point de la droite $\beta\gamma$: les trois points β, γ, δ
sont donc en ligne droite.

120. Applications des théorèmes précédents. On
peut se servir de ces théorèmes pour démontrer que trois
points sont en ligne droite, ou que trois droites se coupent
en un même point : je vais en donner deux exemples.

1. *Lorsqu'un hexagone a trois de ses sommets sur une*
droite et les trois autres sur une seconde droite, les points
d'intersections des côtés opposés sont en ligne droite.

Soit $ab'ca'bc'$ (*fig.* 34) l'hexagone inscrit dans les deux
droites oc et oc' : il s'agit de prouver que les trois points
m, n, p, intersections des côtés opposés de l'hexagone, sont
en ligne droite. (Si l'on représente les côtés consécutifs de
l'hexagone, respectivement, par les nombres 1, 2, 3, 4, 5, 6,
les côtés opposés sont ceux qui sont désignés par deux nombres dont la différence est 3). Tirons aa', cc' ; et soient d, e,
les points où ac', ca' rencontrent respectivement ba', bc'.

Les deux faisceaux $(a.oa'b'c')$ $(c.oa'b'c')$, étant coupés aux
mêmes points o, a', b', c', par la transversale oc', ont un

rapport anharmonique égal à celui des quatre points o, a', b', c'; et si on les suppose rencontrés respectivement par les transversales ba' et bc', on obtiendra deux rapports anharmoniques égaux de quatre points $(a'mdb)$, $(epc'b)$. Or les deux droites ba' et bc', qui contiennent les deux divisions formées par les deux groupes de quatre points ont deux points homologues confondus en b, et les points p, e, c' sont respectivement les homologues de m, a', d : donc les trois droites mp, $a'e$ et dc' se coupent en un même point **(118)**, et, par suite, les trois points m, n, p sont en ligne droite.

2. *Étant donné un quadrilatère complet* abcdef *(fig 35), si par les sommets* e *et* f *on mène les transversales* el, fh *qui coupent respectivement les côtés opposés du quadrilatère aux points* k,l *et* g,h ; *les deux droites* gl,hk *viendront concourir en un même point* m *de la diagonale* ac.

En effet, si l'on considère le faisceau $(e.fdlc)$ et les transversales fb,fc, on voit d'abord que les deux rapports anharmoniques $(fdlc)$, $(fakb)$ sont égaux. Mais en tirant les droites gc,ha, on a deux faisceaux $(g.fdlc)$, $(h.fakb)$ qui ont un rapport anharmonique égal à cause de l'égalité des rapports anharmoniques $(fdlc)$, $(fakb)$; et comme, d'ailleurs, les rayons gf et hf sont sur une même droite, les rayons gd, gl, gc seront coupés, respectivement, par les rayons homologues ha, hk, hc en trois points a, m, c qui seront en ligne droite **(119)**. En d'autres termes, les troits droites gl, hk, ac concourent en un même point m.

121. Théorème V. *Étant donnés quatre points fixes* a,b, c, d *sur une circonférence, si l'on tire les quatre droites qui joignent un point mobile* m *de la même circonférence aux quatre points, le rapport anharmonique* (m.abcd) *du faisceau des quatre droites sera constant.*

En effet, dans le faisceau variable de position, les angles des rayons conservent la même valeur, et, par suite, le rapport anharmonique est constant (Cor. III, **116**).

Le   port anharmonique constant (*m.abcd*) s'appelle le *rapport anharmonique des quatre points* a, b, c, d.

COROLLAIRE. *La propriété énoncée pour le cercle peut être étendue à une conique quelconque.* En effet, concevons un cône de révolution, ayant pour base la circonférence *abcdm*, et qui soit coupé par un plan quelconque P ; la section est, comme on le sait, une conique. Le sommet *s* du cône étant le point de vue, soient a', b', c', d', m' les perspectives des points a, b, c, d, m sur le plan P.

Si l'on fait passer des plans par la droite *sm* et les quatre points *a*, *b*, *c*, *d*, ils couperont le plan P suivant les quatre droites $m'a', m'b', m'c', m'd'$, et on aura ainsi deux faisceaux de quatre droites ayant respectivement pour centres *m* et *m'*. Mais les rapports anharmoniques des deux faisceaux (*m.abcd*), (*m'.a'b'c'd'*) sont égaux comme tous deux égaux au rapport anharmonique correspondant des quatre plans menés par *sm* ; et comme le premier rapport est constant, il en est de même du deuxième rapport.

122. Théorème VI. *Si quatre droites fixes* A, B, C, D, *sont tangentes à un cercle o aux quatres points* $\alpha, \beta, \gamma, \delta$, *et qu'une cinquième tangente mobile* M *les coupe aux point* a, b, c, d, *le rapport anharmonique de ces quatre points sera égal à celui des points de contact* $\alpha, \beta, \gamma, \delta$.

En effet, soit *m* le point de contact de la tangente mobile et *o* le centre du cercle : les angles *aob*, *boc*, *cod* seront respectivement égaux aux angles $\alpha m \beta, \beta m \gamma, \gamma m \delta$, ou en seront les suppléments. Les rapports anharmoniques des faisceaux (*o.abcd*), (*m.$\alpha\beta\gamma\delta$*) seront donc égaux, et par suite le rapport anharmonique ($\alpha\beta\gamma\delta$) est constant (**121**).

COROLLAIRE. *La propriété s'étend à une conique.* La démonstration est toute semblable à celle du corollaire **121**.

L'étude des coniques n'entre pas dans le plan de cet ouvrage. Si les corollaires (**121**) et (**122**) ont été donnés, c'est qu'ils font connaître deux propriétés fondamentales de ces courbes, dont on peut déduire toutes les autres, comme l'a démontré 'M. Chasles dans son *Traité des sections coniques*.

CHAPITRE X

DE LA DIVISION HOMOGRAPHIQUE.

123. Définitions. Etant donnés sur une droite **M** des points a, b, c, d... en nombre quelconque, et sur une droite **M'** des points a', b', c', d'..., qui leur correspondent respectivement, si le produit des distances de deux points correspondants à deux points fixes i et j', situés, le premier sur **M**, le second sur **M'**, est un nombre constant k positif ou négatif, on dit que les deux droites sont divisées *homographiquement*. Ainsi, si l'on désigne par m et m' deux points correspondants quelconques, ces points sont liés entre eux par la relation.

$$(1) \qquad im.j'm' = k.$$

Les points correspondants s'appellent *homologues* ou *conjugués;* les deux points i et j' sont les deux *origines*, et la constante k est le *produit homographique*. Le sens dans lequel on compte les segments positifs sur chaque droite est, d'ailleurs, entièrement arbitraire.

124. Conséquences immédiates de la définition.

1. *Un système quelconque de points* a, b, c, d... *étant donné sur une droite* M, *ainsi que les points* i, j' *et la constante* k, *on peut toujours déterminer sur une autre droite* M' *une division homographique de la première.*

En effet, m désignant toujours un point quelconque de la division donnée, la distance im sera connue en grandeur et en signe; alors la formule (1) fera connaître $j'm'$, et, par suite, le point m' homologue du point m sera déterminé.

2. *Les points i et j' sont les points correspondants du point à l'infini situé sur la droite qui ne les contient pas.*

En effet, si l'on fait successivement $j'm'$ et im égaux à l'infini, les distances im et $j'm'$ deviennent nulles en vertu de la formule (1) (**123**), et, par suite, les points correspondants des points à l'infini sur **M'** et **M** sont respectivement i et j'.

125. Théorème I. *Deux droites étant divisées homographiquement, si l'on transporte l'une d'elles de manière que deux points homologues coïncident, les droites, qui joignent, deux à deux, les autres points de division homologues, concourent en un même point.*

Soient (*fig.* 36) les deux droites données **M** et **M'**, représentées par am et am' après qu'on a transporté l'une d'elles de manière que deux points homologues a et a' soient confondus en un seul a. Soient aussi i et j' les deux origines : par ces deux points. je mène les droitss is, $j's$ respectivement parallèles à am' et am, et je dis que, par leur point de rencontre s, viennent passer toutes les droites qui joignent deux points homologues des deux divisions.

En effet, m étant un point quelconque de la division de la droite **M**, tont revient à prouver que, si l'on tire la droite sm, le point de rencontre m' de sm et **M'** sera le point homologue de m sur cette dernière droite. Or les triangles semblables ism, $sj'm'$ donnent

$$\frac{im}{is} = \frac{j's}{j'm'}.$$

ou

$$im.j'm' = is.j's' = ia.j'a'.$$

(On a remplacé is et js' par les quantités égales $j'a$ ou $i'a'$, ia ou ia).

On voit, d'ailleurs, facilement sur la figure que la relation précédente a lieu, quels que soient les signes des segments im, $j'm'$, ia, $j'a'$. Si donc on représente par k le produit $ia.j'a'$ en grandeur et en signe, on a

$$im.j'm' = k,$$

et le théorème est démontré.

Corollaire. *Lorsque l'on donne trois points* a,b,c *sur une droite* M *et trois points correspondants* a',b',c' *sur une droite* M', *on peut toujours déterminer deux divisions homographiques des deux droites dont fassent partie les six points, comme points homologues.*

En effet, les deux droites étant placées comme dans la figure (36), les droites bb', cc', par leur intersection, détermineront le point s, et en menant par ce point les droites si et sj' respectivement parallèles à $\alpha m'$ et αm, les points de rencontre i et j' de chacune de ces dernières droites avec la parallèle à l'autre droite seront les deux origines. On aura ensuite la constance k au moyen de la formule (1) (**123**), dans laquelle on remplacera m et m' par deux des points homologues donnés.

126. **Théorème II.** Réciproquement. *Lorsque deux droites, étant placées comme dans la figure* 36 *sont telles, que les droites, qui joignent les points de division homologues, concourent en un même point* s, *elles sont divisées homographiquement.*

En effet, soit smm' (*fig.* 36) l'une quelconque des droites qui joignent deux points homologues. Par le point s, menons les droites sj' et si, respectivement parallèles à αm et $\alpha m'$: i et j' étant les points où si et sj' coupent respectivement αm et $\alpha m'$, on a, comme dans le théorème précédent,

$$im.j'm' = k,$$

et, par conséquent, les deux droites sont divisées homographiquement.

Remarque I. La construction qui a été faite pour déterminer les points *i* et *j'* montre bien que ces points sont les points conjugués de l'infini dans chaque division, car une parallèle à l'une des droites α*m*, α*m'*, menée par le point *s*, doit être considérée comme joignant ce point à un point à l'infini sur cette droite.

REMARQUE II. **Sur un cas particulier de l'homographie.** Si deux droites M et M' étaient divisées en parties proportionnelles, après qu'on les aurait placées comme dans la figure 36, les droites qui joindraient deux points homologues seraient parallèles, c'est-à-dire viendraient concourir en un point *s* à l'infini. On sera alors conduit à dire encore que, dans ce cas, les droites sont divisées homographiquement : seulement, le point *s* étant maintenant à l'infini, il en sera de même des points *i* et *j'*, et le point correspondant de l'infini dans chaque division sera lui-même à l'infini,

127. Théorème III. *Lorsque deux droites sont divisées homographiquement, le rapport anharmonique de quatre points quelconques de la première droite est égal au rapport anharmonique des quatre points homologues de l'autre droite.*

En effet, les deux droites données étant placées, comme dans la figure 36, d'après le théorème **I**, les droites qui joignent deux points homologues concourent en un même point *s*. Alors, quatre quelconques de ces droites couperont les droites données, qui sont dirigées suivant *xm* et α*m'*, chacune en quatre points tels, que le rapport anharmonique des quatre premiers points sera égal au rapport anharmonique des quatre points homologues (**116**); le théorème est donc démontré.

128. Théorème IV. RÉCIPROQUEMENT, *Lorsque deux droites portent deux divisions telles, que le rapport anharmonique de quatre quelconques des points de la première division est égal au rapport anharmonique des points homolo-*

gues de l'autre division, ces deux droites sont divisées homographiquement.

En effet, les deux droites étant placées comme dans la figure 36, prolongeons les droites bb', cc', qui joignent deux points homologues, jusqu'à leur rencontre en s. Si l'on tire la droite mm' qui joint deux autres points homologues quelconques, elle passera par le point s (**118**) : on est donc ramené au théorème **II** (**126**).

Remarque I. On peut donner une nouvelle solution du problème résolu (Cor. Th. **I**, **125**). En effet, soient a, b, c, a', b', c', les six points donnés, les trois derniers étant respectivement les homologues des trois premiers ; si l'on désigne par m un point quelconque de la première division, on aura le point homologue m' dans l'autre division, au moyen de la relation

$$\frac{mb}{mc} : \frac{ab}{ac} = \frac{m'b'}{m'c'} : \frac{a'b'}{a'c'}.$$

Remarque II. Les mêmes données étant conservées, on peut aussi déterminer par le calcul les points i et j', au lieu de les obtenir par une construction géométrique, comme on l'a fait (Cor. Th. **I**, **125**). En effet, les mêmes notations étant toujours adoptées, on a

$$\frac{ac}{am} : \frac{bc}{bm} = \frac{a'c'}{a'm'} : \frac{b'c'}{b'm'} \quad \text{ou} \quad \frac{ac}{bc} \cdot \frac{bm}{am} = \frac{a'c'}{b'c'} \cdot \frac{b'm'}{a'm'}.$$

Si l'on suppose maintenant que le point m s'en aille à l'infini, le rapport $\dfrac{bm}{am}$ devient égal à 1, et m' se confond avec j'.

On a donc pour déterminer le point j' la relation

$$\frac{b'j'}{a'j'} = \frac{ac}{bc} \cdot \frac{b'c'}{a'c'}.$$

On déterminera du même point i par la relation

$$\frac{bi}{ai} = \frac{a'c'}{b'c'} \cdot \frac{bc}{ac}.$$

129. **Cas où les deux divisions homographiques sont sur une même droite.** Lorsque tous les points des deux divisions homographiques sont sur une même droite, l'homographie est toujours définie par la relation (1) du n° **123.** Les deux origines i et j' sont encore les points correspondants de l'infini, le rapport anharmonique de quatre points quelconques de l'une des divisions est toujours égal au rapport anharmonique des quatre points homologues de l'autre division, et la construction du n° **125** pour déterminer les points i et j' reste aussi applicable.

En effet, on peut toujours supposer que la droite donnée se dédouble en deux droites qui emportent, chacune, l'une des divisions ; puis on donne à ces deux droites la position des droites am et am' dans la figure 36. Quand on veut ensuite rétablir les deux droites dans leur position primitive, on les place l'une sur l'autre, puis on fait glisser l'une d'elles sur la direction commune, jusqu'à ce que la distance ij' soit redevenue la même, en grandeur et en signe.

Dans ce qui va suivre, nous désignerons toujours par $2d$ la valeur absolue de la distance ij'.

Définition. Lorsqu'une droite porte deux divisions homographiques, on appelle *point double* un point d'une des divisions qui est à lui-même son homologue dans l'autre.

Le théorème suivant fait voir à quelles conditions de pareils points existent.

130. Théorème I. *Lorsqu'une droite est divisée homographiquement, si* k *est positif, il y a toujours deux points doubles réels sur la droite, et si* k *est négatif, les deux points doubles peuvent être réels et différents, réels et coïncidents, ou bien imaginaires.*

Soit o le milieu de ij'. Décrivons un cercle, du point o comme centre avec oi pour rayon ; alors, d'après la formule (1) (**123**) où l'on supposera que les deux points m et m' sont confondus en un point double e, le nombre k, pris avec son signe, sera la puissance du point e par rapport au cercle, et on aura

$$k = \overline{oe}^2 - d^2, \quad \text{ou} \quad \overline{oe}^2 = d^2 + k.$$

Si k *est positif*, on voit que la dernière formule détermine deux points double réels, qui sont équidistants du point o.

Si k *est négatif*, suivant que $d^2 + k$ sera positif, nul, ou négatif, on aura deux points doubles, réels et différents, réels et coïncidents, ou bien imaginaires.

131. Théorème II *Lorsqu'une droite est divisée homographiquement, de telle sorte que les deux points à l'infini des deux divisions soient à eux-mêmes leurs homologues, il existe, en général, deux points doubles.*

D'abord le point à l'infini, pouvant être considéré comme son homologue à lui-même, est un point double. On peut ensuite déterminer un autre point double par la formule

$$(1) \qquad\qquad \frac{am}{a'm} = q.$$

En effet, d'après la remarque **II (126)**, le rapport des deux segments am, $a'm$, dont les extrémités sont des points respectivement homologues, est alors un nombre constant q, et si l'on suppose m' confondu avec m, on a bien la relation (1) pour déterminer le point double m.

Cependant, si la constante q était égale à **1**, le point m serait à l'infini, et il n'y aurait plus qu'un seul point double.

132. Théorème III. *Lorsque les points doubles d'une droite divisée homographiquement sont imaginaires, il existe deux points symétriques par rapport à la droite, d'où l'on voit, sous le même angle, les segments qui ont pour extrémités deux points homologues.*

Puisque, par hypothèse, les deux points doubles sont imaginaires, d'après ce qui a été vu (Th **I (130)**), la constante k et la quantité $d^2 + k$ sont négatives.

D'abord on pourra toujours déterminer sur la droite donnée deux points homologues l et l' tels, que l'on ait

$$il = \sqrt{-k} \; , \; j'l' = -\sqrt{-k}.$$

Cela posé dédoublons la droite, comme il a été dit (**129**),
et plaçons les deux droites comme dans la figure 36, les
points l et l' étant confondus en un même point λ (*fig.* 37),
et l'angle $m\lambda m'$ formé par les directions positives des droites
étant tel que la projection de $\lambda j'$ sur λm soit égale à d. Alors
les longueurs λi et $\lambda j'$ sont toutes deux égales, en valeur absolue, à $\sqrt{-k}$, et comme $si\lambda j'$ est un losange, les distances
so, sf' du point s au deux côtés de l'angle $i\lambda j'$ sont égales entre elles. D'ailleurs la distance io, par hypothèse, est égale à d,
et l'on sait que les droites sm et sm' qui joignent le point
s à deux points homologues quelconques m et m' ont la
même direction, c'est-à-dire font entre elles un angle nul.

Dès lors, on voit que, si l'on fait tourner la droite $\lambda m'$,
autour du point s, d'un angle osf' égal à $m\lambda m'$, le point f'
coïncidera avec le point o, les droites λm, $\lambda m'$ coïncideront
elles-mêmes, et la distance ij' sera devenue de nouveau
égale à $2d$. Mais alors les droites homologues, qui faisaient
d'abord entre elles un angle nul, font maintenant un angle
constant, égal à $m\lambda m'$. Le point s est donc l'un des points
demandés, et le point s' symétrique du point s, par rapport
à la droite donnée, sera évidemment un deuxième point satisfaisant à la question.

On remarque d'ailleurs que le triangle soi donne

$$so^2 = -k - d^2 ;$$

et cette égalité détermine une valeur réelle de so qui permet de déterminer la position des points s et s'.

FAISCEAUX HOMOGRAPHIQUES.

133. **Définitions**. Deux faisceaux de droites, qui concourent en un même point, sont dits *homographiques*, lorsqu'ils déterminent, chacun, sur deux transversales quelconques, deux divisions homographiques. Le point de concours des droites d'un faisceau et ces droites elles-mêmes, s'appellent *centre* et *rayons* de faisceau. Dans deux faisceaux homographiques, les rayons, qui correspondent à deux points homologues des transversales, sont appelés *rayons homologues*.

On va maintenant donner quelques théorèmes relatifs aux faisceaux homographiqnes.

134. **Théorème I**. *Un faisceau de droites, qui concourent en un point, divise homographiquement toutes les droites qui rencontrent ses rayons.*

En effet (**116**), le rapport anharmonique de quatre quelconques des points de division d'une transversale est égal au rapport anharmonique des quatre points homologues d'une autre transversale, ce qui suffit, d'après le théorème **IV** (**128**).

Corollaire. *Une droite étant divisée homographiquement, si l'on joint ses points de division homologues à un point quelconque qui lui soit extérieur, on obtiendra deux faisceaux homographiques.*

Remarque. Le corollaire précédent montre qu'on peut toujours former une infinité de faisceaux homographiques.

135. **Théorème II**. *Lorsque deux faisceaux de droites concourant en un même point sont tels, que, dans les deux faisceaux, les rayons homologues font des angles consécutifs égaux ou supplémentaires, les deux faisceaux sont homographiques.*

En effet, si les angles sont égaux, on peut faire coïncider les deux faisceaux, et on rentre dans le théorème précédent; si des angles sont supplémentaires, on remplace un ou plusieurs rayons par leurs prolongements, et on peut encore faire coïncider les deux faisceaux.

COROLLAIRE. *Étant donnés une droite et un point qui lui est extérieur, si un angle constant tourne autour de ce point, ses deux côtés diviseront la droite homographiquement.*

136. Théorème III. *Si deux rayons homologues de deux faisceaux homographiques coïncident, les deux centres étant différents, les autres rayons homologues se couperont, deux à deux, en des points situés en ligne droite.*

Ce théorème est une généralisation du théorème **IV** (**119**) et il se démontre de même.

137. Application des théorèmes précédents.

1. *Étant donnés deux points* D *et* E *sur l'un des côtés* BC *d'un triangle* ABC *(fig. 38); par le point* D *on mène une transversale quelconque qui coupe les côtés* AB *et* AC *en* F *et* H, *puis on tire les droites* EF *et* BH *dont le point de rencontre est* M : *on demande de prouver que le lieu du point* M *est une droite.*

En effet, la transversale DH, dans ses différentes positions, divisant homographiquement les côtés AB et AC du triangle (**134**), les deux droites BH et EF engendrent deux faisceaux homographiques dont les centres sont B et E. Mais, ces deux faisceaux ayant un rayon homologue commun BE, les points d'intersection des autres rayons homologues, tels que BH et EF, sont en ligne droite (**136**) : en d'autres termes, le lieu du point M est une droite.

Cette droite deviendrait la polaire du point D par rapport au système des deux droites AB et AC, si le point E se confondait avec C.

2. *Étant données, sur deux droites qui se coupent, deux divisions homographiques* c, d, e... c', d', e'... *(fig. 39); et*

ayant tiré deux droites, l'une cd' *qui joint un point* c *de la première division à un point quelconque* d' *de la seconde, et l'autre* dc' *qui joint les points* c' *et* d *homologues de* c *et* d', *on propose de démontrer que le lieu du point* m *intersection de* cd' *et* dc' *est une droite.*

En effet, considérons le point d'intersection des deux droites données comme appartenant à la fois aux deux divisions, et désignons-le par a ou b', suivant qu'il est pris comme point de la première ou de la deuxième division. Soient aussi a' et b les points respectivement homologues de a et b', que nous joignons par une droite ba'.

Du point c partent les droites cb', ca', cc', cd', et du point c' les droites $c'b$, $c'a$, $c'c$, $c'd$; et comme les divisions des deux droites ad, $a'd'$ sont homographiques, les deux faisceaux de quatre droites ont un rapport anharmonique égal. Or ces deux faisceaux ont, de plus, un rayon homologue commun cc'; les points d'intersection des autres rayons homologues, c'est-à-dire b, a', m, sont donc en ligne droite : en d'autres termes, le lieu du point m est la droite ba'.

3. *Inscrire, dans un polygone plan donné, un polygone dont les côtés passent, chacun, par un point déterminé dans le plan.*

Soient A, B, C....... L, M les côtés consécutifs du polygone donné, et α, β, γ, ...λ, μ les points donnés. Par le point α on mène une droite quelconque qui coupe le côté A au point a, on tire la droite $a\beta$ qui coupe le côté B en b, puis la droite $b\gamma$ dont le point de rencontre avec le côté C est c, et ainsi de suite, jusqu'à ce que l'on ait tiré la droite αm qui joint le point α avec le point m obtenu sur le dernier côté M; on détermine enfin le point de rencontre r de A et αm.

Si maintenant on répète la construction précédente pour autant de transversales partant de α que l'on voudra, et que l'on désigne par les lettres accentuées, les nouveaux points obtenus sur les côtés du polygone, on obtiendra successive-

ment sur les droites B, C....... M les systèmes b, b', b''...,
c, c', c''..., m, m', m''..., et sur la droite A les deux systèmes
a, a', a''... r, r', r''... Mais les deux systèmes a, a', a''... b,
b', b''... sont homographiques; de même les systèmes b,b',
b''..., c, c', c''..., et ainsi de suite : les points a, a', a''..., r,
r', r''.... forment donc une division homographique sur le
côté A.

Or le problème serait évidemment résolu, si l'un des
points a, a', a''... se confondait avec son conjugué
r, r', r''....; par conséquent, après avoir déterminé une division homographique de la droite A, comme il a été dit,
on cherchera les deux points doubles de cette division, et à
chacun d'eux correspondra une solution du problème.

INVOLUTION.

138. Définitions. Étant donnés sur une droite deux groupes de points $(a, b, c...)$, $(a, b', c'...)$ tels, que les points de
l'un des groupes correspondent respectivement à ceux de
l'autre, si le produit des distances de deux points correspondants à un point déterminé i de la droite est égal à un
nombre constant q positif ou négatif, c'est-à-dire si l'on a

$$ia.ia' = q \;,\; ib.ib' = q \;,\; ic.ic' = q......$$

les points a, b, c..., a', b', c'..., sont dits *en involution*. Le
point i est *le centre* de l'involution et le nombre q est la
puissance d'involution. Les points des deux groupes, associés deux à deux, s'appellent points *conjugués*.

**139. L'involution est un cas particulier de l'homo-
graphie**. En effet, étant données deux divisions homographiques sur une même droite, on peut les supposer placées
sur deux droites qui coïncident, et faire glisser l'une des
droites sur l'autre jusqu'à ce que les points i et j' se confondent. La relation (1) du n° **123** exprimera alors que deux

points conjugués des deux divisions homographiques sont tels, que le produit de leurs distances à un point fixe est constant.

140. Conséquences diverses de la définition de l'involution.

1. Si l'un des points en involution s'en va à l'infini, son conjugué se confond avec le point i. Mais les points a, b, c..., et les points a', b', c'..., formant deux systèmes différents sur la droite, on voit qu'aux deux points à l'infini dans les deux systèmes correspond toujours le même point i comme conjugué : c'est, du reste, un résultat qui concorde avec ce qui a été dit dans le paragraphe précédent.

2. *Quatre points quelconques* a, a', b, b' *situés sur une même droite appartiennent toujours à un système de points en involution.* En effet, a' et b' étant considérés comme les conjugués de a et b, décrivons, sur aa' et bb' comme diamètres, deux cercles, et déterminons leur axe radical : le point i où cette droite coupe la droite donnée sera d'égale puissance par rapport aux deux couples de points a, a' et b, b', et sera, par conséquent, un centre d'involution.

Il faut remarquer le cas où les points a' et b' sont symétriques de leurs conjugués a et b par rapport à un point de la droite donnée. Alors les cercles décrits sur aa' et bb' comme diamètres sont concentriques et leur axe radical s'en va à l'infini, ainsi que le point i. D'ailleurs, la puissance de l'involution devient en même temps infinie.

3. *Étant donnés cinq points* a, a', b, b', c, *les points* a *et* b *ayant pour conjugués* a' *et* b', *on peut toujours déterminer un sixième point* c' *conjugué de* c *tel, que les six points fassent une involution.* En effet, les quatre premiers points permettent de déterminer le centre i et la puissance q de l'involution, et alors la troisième des équations du numéro **138** fera connaître le point c'.

Si les points donnés a et b étaient symétriques de a' et b'

par rapport à un point de la droite, le point i serait à l'infini et la puissance q serait infinie. Il faut alors que la circonférence décrite sur cc' comme diamètre ait même centre que les deux autres, c'est-à-dire que les points c et c' doivent être situés à égale distance et de part et d'autre du centre de symétrie relatif aux deux premiers groupes de points.

4. *Lorsque la puissance de l'involution est positive, il existe toujours deux points doubles symétriques par rapport au centre de l'involution.* (On appelle point double, comme dans l'homographie, un point qui se confond avec son conjugué). En effet, si l'on suppose, par exemple, qu'un point m se confonde avec son homologue m', on devra remplacer im' par im dans le produit $im.im'$, et l'on aura

$$im^2 = q \quad \text{d'où} \quad im = \pm\sqrt{q};$$

comme q est, par hypothèse, positif, on trouve bien **deux** points à égale distance du point i.

Lorsque q est négatif, les deux points doubles n'existent plus : on dit alors qu'ils sont imaginaires.

COROLLAIRE. *Les deux points doubles d'un système de points en involution sont conjugués harmoniques par rapport à deux points homologues quelconques de l'involution* (8).

5. *Lorsque la puissance de l'involution est négative, il existe deux points d'où l'on peut voir, sous un angle droit, les segments dont les extrémités sont des points conjugués.* En effet, si par le centre i de l'involution on élève une perpendiculaire à la droite donnée, et que sur cette perpendiculaire, à partir de i, on prenne deux longueurs ip et ip' égales à la racine carrée de la valeur absolue de la puissance d'involution, les points p et p' seront évidemment les points demandés.

REMARQUE. On serait arrivé à la même conclusion, en s'appuyant sur le théorème **III (132)**, car d étant maintenant nul, l'angle $m\lambda m'$ de la figure (37) est droit.

Je vais maintenant démontrer les deux théorèmes principaux relatifs à l'involution d'une droite.

141. **Théorème I**. *Dans un système de points en involution, le rapport anharmonique de quatre points quelconques appartenant à trois groupes différents est égal à celui de leurs conjugués.*

En effet, m et m' étant deux points conjugués quelconques, on a, par hypothèse.

$$ im . im' = q ; $$

mais la démonstration du théorème **III (127)** étant encore applicable lorsque les deux droites sont confondues ainsi que les points i et j', on en conclut que les deux systèmes $(a, b, c,..., m)$, $(a', b', c',..., m')$ divisent homographiquement la droite donnée. D'un autre côté, l'équation de condition ne changeant pas quand on y permute m et m', on peut introduire dans chaque système tels points que l'on veut, pourvu que leurs conjugués figurent dans l'autre système comme homologues.

Ainsi, soient, par exemple, les points a, b, c, c' qui appartiennent à trois couples de points conjugués dans l'involution : nous pouvons considérer ces quatre points comme faisant partie du premier système dans la division homographique. Alors leurs points conjugués dans le second système seront a'. b', c', c, et, par conséquent, en vertu des remarques précédentes, les deux rapports anharmoniques $(abcc')$, $(a'b'c'c)$ seront égaux.

On procédera de même, quels que soient les quatre points choisis; le théorème est donc démontré.

Remarque. On a supposé dans la démonstration précédente que le point i n'était pas à l'infini; mais, dans ce cas, si on élève une perpendiculaire op à la droite par le milieu o d'un segment aa', et qu'on joigne un point quelconque p de cette perpendiculaire à tous les points de division de la droite, on obtiendra deux faisceaux $pabc\ldots m$, $pa'b'c'\ldots m'$ dans lesquels les angles des rayons homologues seront égaux, et, par conséquent, la droite sera divisée homographiquement. On achèvera ensuite le raisonnement comme dans le premier cas.

142. Théorème II. *Une droite contenant deux systèmes d'un égal nombre de points* (a, b, c…), (a', b', c'…) *tels, que les points d'un des systèmes soient respectivement les conjugués de l'autre, si le rapport anharmonique de quatre points quelconques appartenant à trois groupes de points conjugués est égal au rapport anharmonique de leurs conjugués, les points sont en involution.*

Supposons, par exemple, que les deux rapports anharmoniques $(abcc')$, $(a'b'c'c)$ soient égaux. On pourra toujours déterminer un point a'' conjugué du point a tel, que les six points a, a'', b, b', c, c' forment une involution (3,**139**). Alors, d'après le théorème précédent, on aura

$$\frac{ac}{ac'} : \frac{bc}{bc'} = \frac{a''c'}{a''c} : \frac{b'c'}{b'c}.$$

Mais on a aussi, par hypothèse,

$$\frac{ac}{ac'} : \frac{bc}{bc'} = \frac{a'c'}{a'c} : \frac{b'c'}{b'c};$$

donc les deux rapports $\dfrac{a'c'}{a'c}$ et $\dfrac{a''c'}{a''c}$ sont égaux, et, par suite, les deux points a' et a'' se confondent. Ainsi le point a' fait partie, comme conjugué du point a, de l'involution déterminée par les quatre points b, b' c, c'; et on prouverait de la même manière qu'il en est de même des autres points.

143. Cas particulier où il n'y a que six points en involution. Les principaux et les plus anciens théorèmes se rapportent à ce cas.

1. On remarque d'abord qu'en vertu du théorème précé-

dent, pour que six points conjugués, deux à deux, sur une même droite soient en involution, il suffit que le rapport anharmonique de quatre points, pris dans les trois couples de points conjugués, soit égal au rapport anharmonique des quatre points conjugués.

2. *Lorsque six points sont en involution sur une droite, et que l'on prend trois points appartenant à trois couples de points conjugués, on obtient six segments qui ont, pour origines respectives, ces trois points, et pour extrémités les conjugués des deux autres points : alors le produit de trois segments n'ayant pas d'extrémités communes est égal au produit des trois autres segments.*

Ainsi, si l'on prend les trois points a, b, c tels, que deux d'entre eux ne soient pas conjugués, on devra avoir la relation

$$ab' \cdot ca' \cdot bc' = ac' \cdot cb' \cdot ba'.$$

En effet, les deux rapports anharmoniques $(acc'b')$, $(a'c'cb)$ étant égaux, on a

$$\frac{ac'}{ab'} \cdot \frac{cb'}{cc'} = \frac{a'c}{a'b} \cdot \frac{c'b}{a'c} = \frac{ca'}{ba'} \cdot \frac{bc'}{cc'},$$

et en chassant les dénominateurs on obtient la relation demandée.

3. *Dans l'involution de six points, le rapport des produits des distances d'un point aux deux points conjugués des deux autres couples est égal au rapport des produits des distances du point conjugué du premier point aux quatre mêmes points.*

Ainsi, si le point a est celui que l'on a choisi, on doit avoir

$$\frac{ab \cdot ab'}{ac \cdot ac'} = \frac{a'b \cdot a'b'}{a'c \cdot a'c'}$$

En effet, cette dernière relation est une conséquence

immédiate de l'égalité des deux rapports anharmoniques $(aa'bc)$, $a'ab'c')$.

144. **Faisceaux en involution**. Deux faisceaux de même centre sont dits *en involution*, lorsqu'ils sont coupés par une droite en des points qui sont en involution. Les rayons des deux faisceaux sont dits *en involution*, et ceux qui correspondent à deux points conjugués de la droite s'appellent eux-mêmes conjugués. On obtiendra, d'ailleurs, évidemment deux faisceaux en involution, en menant, par les différents points de l'involution d'une droite, d'autres droites qui concourent en nn même point qui lui soit extérieur.

145. **Conséquences de la définition.**

1. *Deux faisceaux en involution déterminent sur une transversale quelconque des points en involution* (**115** *et* **142**). |

2. *Deux faisceaux en involution sont déterminés, dès que l'on connaît deux rayons d'un des faisceaux et leurs homologues dans l'autre.*

3. *Deux faisceaux en involution ont deux rayons doubles, lorsque la puissance d'involution d'une droite qui les coupe est positive. Dans le cas contraire, on dit que les deux faisceaux ont deux rayons doubles imaginaires.*

146. **Problème I**. *Deux faisceaux en involution étant donnés, trouver deux rayons homologues rectangulaires.*

Soient (*fig.* 40) o le centre des deux faisceaux, i le centre d'involution des points d'intersection des rayons conjugués avec une transversale quelconque rs, et k un point pris sur la droite io, tel, que le produit $io.ik$ soit égal à la puissance d'involution qui correspond à la transversale. Si on élève une perpendiculaire lp sur le milieu de ok, et qu'on la prolonge jusqu'à sa rencontre en p avec la tranversale rs, puis que, du point p comme centre avec pa comme rayon, on décrive un cercle qui coupe rs en a, a', et qu'on tire les deux droites pa, aa', ces deux droites seront les deux rayons demandés. En effet, l'angle aoa' inscrit dans un demi-cercle sera droit, et comme le point k appartient à ce cercle, la puissance $ia.ia'$ serait égale à $ia.ik$, c'est-à-dire à la puissance d'involution donnée. Si la droite oi était perpendiculaire à la transversale rs, lp serait parallèle à rs, et le problème serait impossible. Cependant, dans le cas dont il s'agit, si la puissance q était négative, et que l'on eût oi égale $\sqrt{-q}$, le problème non-seulement serait possible, mais il aurait une infinité de solutious; car la droite oi étant perpendiculaire à la transversale et sa longueur étant moyenne proportionnelle entre les segments ia et ia' qui sont placés de part et d'autre du point i, l'angle aoa' serait droit, quels que fussent les deux points conjugués a et a'.

147. **Problème II.** *Deux faisceaux en involution étant donnés, ainsi qu'une droite passant par le centre des faisceaux: trouver deux rayons homologues qui fassent des angles égaux avec cette droite.*

Coupons ici les deux faisceaux par une transversale rs perpendiculaire à la droite donnée om au point m (*fig.* 40), et déterminons, comme dans la construction précédente, les points i, k, l, la droite lp, et, de plus, le point de rencontre h de lp et om.

Alors, du point h comme centre avec oh' comme rayon, décrivons un cercle qui coupe rs aux points b, b' et oi au point k, puis tirons les deux droites ob et ob' : ces deux dernières droites seront évidemment les rayons demandés du faisceau.

Discussion. Si la puissance q de l'involution de rs est négative, les deux points o et k sont de part et d'autre de rs, et le cercle qui passe par o et k coupe toujours cette droite. Le problème a donc alors une solution et une séule.

Si la puissance q est positive, on distinguera trois cas, suivant que cette puissance sera égale, inférieure ou supérieure à $\overline{im}^2$. Dans le premier cas, le cercle de la construction générale deviendra tangent à *rs* en *m*, et les deux rayons demandés se confondront en un rayon double qui sera la droite donnée elle-même.

Pour voir maintenant ce qui arrive dans les deux autres cas, désignons par *n* le point où le cercle décrit sur *om* comme diamètre rencontre *oi*. Alors, suivant que *q* ou *ik.io* sera inférieur ou supérieur à $\overline{im}^2$ ou *in.io*, le point *k* sera plus près ou plus loin du point *i* que le point *n*, et, par suite, le point *h* sera plus près ou plus loin de la droite *rs* que le milieu de *om* : or, il résulte évidemment de là que, dans le premier cas, le problème a une solution, et qu'il est, au contraire, impossible dans le second cas.

On peut encore considérer le cas tout particulier où les rayons homologues font entre eux des angles respectivement égaux dans les deux faisceaux. Il est évident que deux pareils faisceaux sont en involution; car si l'on mène par le centre des faisceaux la bissectrice commune des angles formés par les rayons homologues, et que, par un point *m* de cette bissectrice, on lui élève une perpendiculaire, les points de rencontre de cette dernière droite et des rayons homologues seront symétriques par rapport au point *m*, et on aura ainsi une involution dont le centre sera à l'infini. Alors deux rayons homologues quelconques répondent à la question, si la droite donnée est *om*; mais, dans le cas contraire, le problème est impossible.

148. De quelques propriétés des figures relatives à l'involution.

1. *Toute transversale menée dans le plan d'un quadrilatère coupe les quatre côtés et les diagonales en six points qui sont en involution.* Soient ABCD (*fig.* 41) le quadrilatère donné, et *a, a', b, b', c, c'* les points de rencontre d'une transversale avec les quatre côtés et les diagonales du quadrilatère. Les deux faisceaux (A.BCD*c'*), (C.BAD*c'*) sont homographiques comme coupant la diagonale BD aux mêmes

points. Alors, en prenant les points d'intersection des deux faisceaux précédents et de la transversale donnée, on voit que les deux rapports anharmoniques $(acbc')$, $(b'ca'c')$ sont égaux. Or, comme dans le dernier rapport on peut permuter a' et b', c et c' (**113**), les deux rapports $(acbc')$, $a'c'b'c)$ sont égaux, et, par suite (**142**), les six points a, b, c, a', b', c', sont en involution, les trois derniers points étant respectivement les conjugués des trois premiers.

2. *Toute transversale, menée dans le plan d'un quadrilatère inscrit dans un cercle, coupe les quatre côtés et le cercle en six points qui sont en involution.*

Soient ABCD (*fig.* 41) le quadrilatère donné, et a, a', b, b', c, e' les points de rencontre d'une transversale avec les quatre côtés du quadrilatère et le cercle. Les deux faisceaux (A.BDee'), (C.BDee') sont homographiques, parce que leurs centres A et C sont sur la circonférence et que leurs rayons se coupent aux quatre points B, D, e, e' de cette courbe (**121**).

Le rapport anharmonique des quatre points a, b, e, e' est donc égal à celui des points b', a', e, e' ou encore, en faisant une double permutation, à celui des points a', b', e', e : l'involution est donc démontrée.

On peut remplacer dans l'énoncé les côtés opposés du quadrilatère par ses diagonales : la démonstration est toujours la même.

3. *Les six droites menées d'un même point O aux quatre sommets d'un quadrilatère ABCD et aux points de rencontre E et F des côtés opposés sont en involution.*

En effet, considérons le quadrilatère OCFD coupé par la transversale AB; les points de rencontre de AB et des six droites OD, DF, OF, CF, OC, DC seront six points en involution (1, **148**); les droites OD, OA, OF, OB, OC, OE, qui passent par les six points, formeront donc un faisceau en involution.

4. *Étant donné un quadrilatère aba'b' circonscrit à un cer-*

*clé (fig. 42), si d'un point o du plan on mène des tangentes oc
et od au cercle, et qu'on tire les droites oa, oa', ob, ob' qui joignent le point o aux quatre sommets du quadrilatère, les six
droites seront en involution.*

En effet, les deux tangentes ab et $a'b'$ étant divisées homographiquement par les quatre autres (**122**), le rapport
anharmonique des points d, b, c, a est égal à celui des points
c', a', d', b', ou encore des points d', b', c', a', comme on le voit
en permutant c', d' et a', b'. Les six droites ob', od, oa, ob,
oc, oa' sont donc telles, que le rapport anharmonique des
droites od, ob, oc, oa est égal à celui des droites conjuguées
oc, ob', od, oa', et, par suite, elles sont en involution.

On peut facilement être conduit à un autre mode d'exposi-
tion des théories de l'Homographie et de l'Involution.

L'Homographie a été définie (**123**) par le relation

$$im . j'm' = k.$$

Mais si l'on suppose maintenant que l'on prenne, sur les
deux droites divisées homographiquement, deux points arbitraires c et c' comme origines, et que l'on désigne par x, x',
a, a' les segments cm, $c'm'$, ci, $c'i'$ pris avec les signes convenables, la relation précédente deviendra

$$(x + a)(x' + a') = k,$$

c'est-à-dire qu'elle prendra la forme :

$$(1) \qquad Axx' + Bx + Cx' + D = 0,$$

ou la forme plus simple :

$$(2) \qquad xx' + px + qx' + r = 0,$$

en excluant d'abord le cas où A est nul.

On est ainsi conduit à considérer l'équation (2) comme défi-
nissant l'homographie, et, en la prenant comme point de départ, on trouvera toutes les propriétés que nous avons fait con-

naître. — Quand A est nul, en voit sans difficulté que les deux droites données sont divisées en parties proportionnelles.

Pour arriver ensuite à l'involution, il suffit d'exprimer qu'un point de l'une des divisions homographiques peut être considéré, à volonté, comme appartenant à l'un ou l'autre des deux systèmes; et pour cela on exprimera que l'équation (2) est symétrique en x et x'. Alors p sera égal à q, et l'équation (2) pourra se mettre sous la forme :

$$(x + p)(x' + p) = p^2 - r.$$

Les deux divisions homographiques étant maintenant sur une même droite, on peut supposer que l'origine c est confondue avec l'origine c'. Alors les facteurs $x + p$, $x' + p$ représentent les distances des points m et m' à un point de la droite qui contient ces points. On trouve ainsi la propriété principale de l'involution.

CHAPITRE XI

POLAIRES RÉCIPROQUES.

149. Polygones polaires réciproques. Étant donnés un polygone plan, convexe ou concave, et un cercle situé dans son plan, si l'on construit les polaires, par rapport au cercle, de tous les sommets du polygone, on obtient un second polygone dont les sommets sont les pôles des côtés du premier.

En effet, si l'on prend, par exemple, les pôles a et b des deux côtés consécutifs AB et BC du polygone donné, et qu'on tire la droite ab, cette dernière droite aura le sommet B pour pôle (**19**). Ainsi les deux polygones ABCD..., *abcd*... sont tels, que les sommets de l'un sont les pôles des côtés de l'autre : c'est pour cette raison qu'on les appelle *polaires* *réciproques*. Le cercle par rapport auquel on prend les pôles prend le nom de *cercle directeur*.

150. **Courbes polaires réciproques**. Soient une courbe plane S (*fig*. 43) et un cercle directeur situé dans son plan. Si l'on prend les pôles des tangentes à la courbe S, le lieu de ces points sera une certaine courbe S'; mais il est facile de voir que réciproquement la courbe S est le lieu des pôles des tangentes à la courbe S'.

En effet, soient AL et BL les tangentes à la courbe S en des points quelconques A et B de cette courbe, A' et B' les pôles des tangentes AL et BL, et A'L', B'L' les tangentes à S' en ces points : le point L sera le pôle de la corde A'B' **(19)**. Mais, si l'on fait marcher le point B vers le point A jusqu'à ce qu'il se confonde avec lui, à la limite, les tangentes AL et BL ne feront plus qu'une seule droite . Alors le point B' vient en A', la corde A'B' coïncide avec A'L', et, par conséquent, le point A, qui est la limite des positions de L, est le pôle de A'L'. Les deux courbes S et S' sont donc telles, que les points de l'une sont les pôles des tangentes à l'autre : c'est ce qui les a fait appeler *polaires réciproques*.

On vient d'admettre que, lorsque B' se confondait avec A, il en était de même pour L : on peut donner l'explication suivante. La limite de l'angle ALB étant égale à deux droites, on voit que, lorsque B est suffisamment près de A, l'angle ALB est obtus et reste obtus jusqu'à la coïncidence des deux points. Donc alors, dans le triangle ABL, le côté AB est plus grand que AL, et, par conséquent, quand AB devient nul, il en est de même de AL.

151. **Théorème I**. *L'angle des droites, qui joignent le centre du cercle directeur à deux points de son plan, est égal à l'angle des polaires de ces points.*

En effet, les deux angles sont égaux comme ayant les côtés respectivement perpendiculaires **(17)**. (On prend, bien

7

entendu, pour angles, les angles de même espèce dans les deux systèmes de droites)·

152. Théorème II. *Lorsque quatre points sont en ligne droite, le rapport anharmonique des quatre points est égal au rapport anharmonique du faisceau des quatre droites qui sont les polaires des quatre points et qui concourent au pôle de la droite.*

En effet, les droites du faisceau sont respectivement perpendiculaires aux droites qui joignent le centre du cercle directeur aux quatre points donnés, et on a ainsi deux faisceaux dont les angles sont égaux ou supplémentaires, et qui, par conséquent, ont leurs rapports anharmoniques égaux.

153. Théorème III. *La polaire réciproque d'un cercle est une conique qui a, pour foyer, le centre du cercle directeur, et pour directrice, la polaire, par rapport à ce cercle, du centre du cercle donné.*

Soient C et O (*fig.* 45) les centres du cercle donné et du cercle directeur, AB la polaire de C, et G le pôle d'une tangente quelconque EF au cercle C; menons le rayon CE et la perpendiculaire GH à AB. En appliquant aux points C et G et à leurs polaires AB et EF le théorème du n° **23**, on a immédiatement

$$\frac{OC}{OG} = \frac{CE}{GH} \quad \text{ou} \quad \frac{OG}{GH} = \frac{OC}{CE}.$$

Or, le dernier rapport $\dfrac{OC}{CE}$ étant constant, le lieu du point G, c'est-à-dire la polaire réciproque du cercle C, est bien une conique qui a le point O pour foyer et la droite AB pour directrice.

La conique est d'ailleurs une ellipse, une hyperbole ou une parabole, suivant que le rapport $\dfrac{OC}{CE}$ est inférieur, supérieur, ou égal à l'unité, c'est-à-dire suivant que le centre du cercle directeur est intérieur, extérieur au cercle donné, ou placé sur sa circonférence.

154. Théorème IV. *Un segment compté sur une droite quelconque est égal au carré du rayon du cercle directeur, multiplié par la longueur comprise, entre les polaires des extrémités du segment, sur un diamètre parallèle à la droite, et divisé par le produit des distances du centre aux points où ce diamètre rencontre les deux polaires.* (*Mannheim.*)

Soient ab (*fig.* 46) le segment donné, cd et ef les polaires de ses extrémités, l et m les points où ces polaires rencontrent le diamètre parallèle à ab, et h, k les projections de a, b sur ce diamètre : les points l et m sont évidemment les pôles des droites ah et bk, et l'on a

$$oh = \frac{r^2}{ol}, \quad ok = \frac{r^2}{om};$$

d'où

$$ab = hk = oh + ok = \frac{r^2 . lm}{ol . om};$$

c'est ce qu'il fallait démontrer.

On a supposé, sur la figure, que les deux points l et m étaient de part et d'autre du centre, mais le démonstration s'applique encore dans le cas contraire.

Remarque. Si la droite menée par le centre, au lieu d'être parallèle à la droite donnée, fait avec elle un angle α, on voit que la longueur hk étant égale à $ab.\cos\alpha$, le segment ab aura pour valeur $\dfrac{r^2 . lm}{ol . om . \cos \alpha}$.

155. Transformation des propriétés descriptives des figures. En s'appuyant sur la propriété fondamentale des figures polaires réciproques et sur les théorèmes **18** et **19**, on peut transformer immédiatement certaines propriétés descriptives, c'est-à-dire des propriétés qui se rapportent à la direction des droites ou à la position relative des points. Je vais en donner quelques exemples.

1. Transformer la propriété de la polaire d'un point par rapport à deux droites qui se coupent, c'est-à-dire le théorème **I (14)** (*fig.* 9).

Pour cela, construisons la figure réciproque de la figure 9, en remplaçant les droites de cette dernière figure par leurs pôles et les points d'intersection des droites par leurs polaires. Si l'on suit l'ordre de construction de la figure 9, on remplacera les droites OM et ON par leurs pôles F et G (*fig.* 47), le point fixe P par sa polaire UV, et les droites PB, PN, AN, BM, OE par leurs pôles respectifs H, K, I, R, S.

On remarque d'abord que les points H et K sont sur la polaire UV du point P, puisqu'ils sont les pôles de deux droites passant par ce dernier point. D'autre part, les droites PB, OM, AN, concourant en un même point A, ont leurs pôles H, F, I en ligne droite, et, pour une raison semblable, I, K, G; H, R, G; F, R, K; I, R, S; F, S, G sont aussi, trois à trois, en ligne droite. D'ailleurs le point S est fixe comme pôle de la droite OE; on a donc le théorème suivant :

Étant donnés (fig. 47) *deux points* F, G *et une droite* UV, *par* F *et* G *on mène deux droites quelconques, qui rencontrent* UV *en* H *et* K, *et qui concourent en* I; *on tire les droites* FK *et* HG *qui se coupent en* R, *puis la droite* IR : *cette dernière droite passe toujours par un point déterminé* S *de la droite* FG.

2. Déduire de l'exemple 4 (page 5) le théorème réciproque du théorème énoncé.

On remplace (*fig.* 6) le point S par sa polaire Q, les droites SL, SM, SN, EF par leurs pôles f, d, e, s, et les triangles ABC, A'B'C' par leurs polaires réciproques abc, $a'b'c'$ (a, b, c étant respectivement les pôles de BC, AC, AB, et a', b', c' les pôles de B'C', A'C', A'B').

Alors les trois points A, A', S étant en ligne droite, bc et $b'c'$, polaires de A et A', se coupent en un même point de Q; on voit qu'il en est de même pour ac et $a'c'$, ab et $a'b'$. Ainsi, dans les triangles donnés, *abc*, *a'b'c'*, les côtés se coupent, deux à deux, en trois points en ligne droite.

Mais les droites AB, A'B', EF se coupant en un même point F, leurs pôles *c*, *c'*, *s* sont en ligne droite; pour une raison semblable, il en est de même de *b*, *b'*, *s* et de *a*, *a'*, *s*; en d'autres termes, les trois droites *aa'*, *bb'*, *cc'* se coupent en un même point *s*: c'est ce qu'il fallait démontrer.

3. Un triangle étant circonscrit à un cercle, les droites, qui joignent les sommets aux points de contact des côtés opposés, se coupent en un même point (*).

Prenons le cercle donné lui-même comme cercle directeur (*fig.* 48); alors les points de contact D, E, F seront respectivement les pôles des côtés BC, AC, AB. Mais, si l'on prolonge les droites FE et BC jusqu'à leur rencontre en K, ce dernier point, étant l'intersection des polaires FE et BC des points A et B, sera le pôle de AD.

On prouve de même que les points L et M où les droites FD et ED coupent respectivement AC et AB sont les pôles de BE et CF. Or, les trois droites AD, BE, CF se coupant en un même point G, les trois points K, L, M sont en ligne droite; et on retrouve ainsi le théorème de *Pascal* appliqué au triangle DEF.

156. Transformation des propriétés angulaires. On se servira des théorèmes **I** et **III**; voici des exemples.

1. Dans tout triangle ABC, les trois hauteurs AD, BC, CF se coupent en un même point.

Soient O un point quelconque du plan, que l'on prend pour centre du cercle directeur, A'B'C' le triangle polaire réciproque de ABC, et D', E', F' les pôles des trois hauteurs AD, BE, CF: tirons les droites OA', OB', OC', OD', OE', OF'. Le point D', étant le pôle d'une droite qui passe par le point A, sera sur la polaire B'C' de ce dernier point; et comme

(*) L'énoncé qui suit le numéro est toujours celui du théorème qu'il faut transformer.

l'angle A'OD' est droit (th. **II**), le point D' sera l'intersection de B'C' et d'une perpendiculaire à OA' élevée en O. Les points E' et F' s'obtiendront d'une manière analogue. Or, comme les trois hauteurs du triangle ABC se coupent en un même point, les trois points D', E', F' sont en ligne droite, et l'on peut énoncer le théorème suivant :

Étant donné un triangle, si l'on tire les trois droites qui joignent un point quelconque du plan aux trois sommets, qu'on élève des perpendiculaires à ces droites par le point donné et qu'on les prolonge jusqu'à la rencontre des côtés opposés, les trois points ainsi obtenus seront en ligne droite.

2. Si un triangle ABC qui reste semblable à lui-même tourne autour d'un de ses sommets A, tandis que l'un des deux autres sommets B parcourt une droite D, le troisième sommet C décrit une droite E. (Ce théorème est démontré dans la seconde partie de l'ouvrage.)

Soient O le centre du centre directeur, A'B'C' le triangle polaire réciproque de ABC, D' et E' les pôles des droites D et E, et F' la polaire du point A. On remarque d'abord que, du point O, on voit les trois côtés du triangle A'B'C' sous des angles constants, puisque les angles A, B, C le sont eux-mêmes. D'autre part, les points B' et C' sont sur la droite F' qui est la polaire du point de rencontre A des côtés AC et AB, et comme les trois droites D, BC, AB se coupent en un même point, et qu'il en est de même des droites E, BC, AC, les côtés A'C' et A'B' du triangle A'B'C' passent respectivement par les points D' et E' ; on peut donc énoncer le théorème suivant :

Si un triangle variable de forme se déplace de telle sorte que l'un de ses côtés glisse sur une droite fixe, qu'un autre côté passe par un point donné, et que, d'un autre point connu, on voie ces deux côtés sous des angles constants, le troisième côté du triangle passera toujours par un même point.

3. Deux tangentes à un cercle font des angles égaux avec la corde de contact.

Soient O le centre du cercle directeur, AB la corde de contact, AC et BC les deux tangentes qui se coupent en C, et A'B'C' le triangle polaire réciproque de ABC. Les points A' et B', pôles de BC et AC sont sur une conique dont l'un des foyers est O (**153**), et les droites A'C' et B'C' qui se coupent en C' sont tangentes à cette conique. Mais les angles CAB et CBA étant égaux, il en est de même des angles B'OC', A'OC', et l'on peut énoncer le théorème suivant :

La droite qui joint à l'un des foyers d'une conique le point d'intersection de deux tangentes à cette courbe, est la bissectrice de l'angle des rayons vecteurs menés du même foyer aux points de contact.

4. L'angle inscrit dans un arc de cercle donné est constant.

Soit BAC l'angle inscrit : prenons, comme dans la démonstration précédente, le triangle A'B'C' polaire réciproque de ABC. Les côtés de ce triangle seront tangentss à une conique ayant pour foyer le centre O du cercle directeur. Mais l'angle B'OC' est constant comme égal à l'angle BAC ou à son supplément; donc :

Une tangente à une conique, qui est mobile et coupe deux tangentes fixes en deux points B' et C', est vue du foyer O de la conique sous un angle constant B'OC'.

5. Si d'un point D pris sur la circonference O circonscrite à un triangle ABC, on abaisse des perpendiculaires DE, DF, DG sur les côtés BC, AC, AB, les pieds E, F, G de ces perpendiculaires sont en ligne droite. (La démonstration est donnée dans la seconde partie.)

On prend le point D pour centre de cercle directeur ; alors la polaire réciproque du cercle O est une parabole dont le foyer est D (**153**), et le triangle A'B'C' , polaire réciproque de ABC, est circonscrit à la parabole. Les pôles A', B',

C', des côtés BC, AC, AB sont situés respectivement sur les droites DE, DF, DG, qui sont les perpendiculaires à ces côtés abaissées du centre D du cercle directeur; et, par suite, les polaires des trois points E, F, G, sont les perpendiculaires à AD, DF, DG élevées aux points A', B', C'. Or, les trois points E, F, G étant en ligne droite, leurs polaires se coupent en un même point; donc :

Si, par les sommets d'un triangle circonscrit à une parabole, on élève des perpendiculaires aux droites qui joignent les sommets au foyer, ces trois perpendiculaires se coupent en un même point,

Si K est le point de rencontre des trois perpendiculaires, les angles DA'K, DB'K, DC'K sont droits, et, par conséquent, le cercle décrit sur DK comme diamètre passera par les trois points A', B', C'; donc :

Le lieu des foyers des paraboles tangentes à trois droites fixes est le cercle circonscrit un triangle formé par les trois tangentes.

157. Transformation des propriétés métriques. On se servira des théorèmes **152** et **154**. — Dans le cas particulier où l'on aura à transformer un segment de droite OA ayant une extrémité au centre O du cercle directeur, on remplacera ce segment par $\dfrac{r^2}{OA'}$, r étant le rayon du cercle directeur et A' le point où la polaire du point A rencontre OA.

Je vais donner quelques exemples.

1. Le rapport anharmonique du faisceau, obtenu en joignant quatre points fixes d'un cercle à un cinquième point variable pris aussi sur le cercle, est constant (**121**).

En appliquant le théorème II (**152**), on a immédiatement ce théorème :

*Le rapport anharmonique des points où quatre tangentes à une conique sont coupées par une tangente mobile est un nombre constant (corollaire **122**).*

2. Étant donné un cercle, si l'on mène deux tangentes parallèles, et que, d'un point quelconque du plan, on abaisse des perpendiculaires sur ces tangentes, leur somme ou leur différence est constante.

Prenons pour origine le point donné o, et soient oa, ob les distances de ce point aux deux tangentes. Si a' et b' sont les pôles de ces deux droites, les distances oa et ob seront respectivement égales à $\dfrac{r^2}{oa'}$ et $\dfrac{r^2}{ob'}$, et, par suite, le segment constant ab sera égal à la somme où à la différence de ces deux quantités. D'ailleurs les points a' et b' sont sur la conique qui est la polaire réciproque du cercle; donc :

Si par un foyer d'une conique on mène une corde quelconque, la somme ou la différence des inverses des deux segments compris entre le foyer et la conique est constante.

3. Si, par un point c pris dans le plan d'un cercle, on mène une sécante quelconque qui rencontre le cercle aux points a et b, le produit des distances ca et cb est constant.

1° *Le point c est pris pour centre du cercle directeur.* Alors les polaires des extrémités a et b de la sécante sont perpendiculaires à cette sécante, et sont, en même temps, tangentes à la conique qui est la polaire réciproque du cercle donné. D'ailleurs leurs distances au centre directeur sont $\dfrac{r^2}{oa}$ et $\dfrac{r^2}{ob}$; donc :

Le produit des perpendiculaires abaissées de l'un des foyers d'une conique sur deux tangentes parallèles est un nombre constant.

2° *Le centre du cercle directeur est un point quelconque o du plan.* On fait alors usage du théorème **IV** (**154**). Le point fixe c sera remplacé par une droite fixe de, et les points a et b par deux tangentes mf et mg à une conique ayant pour foyer le point o. D'ailleurs, comme les trois points a, b, c sont en ligne droite, les deux tangentes à la conique partiront d'un point m de la droite de, qui sera le pôle de la corde ab du cercle donné.

Pour appliquer maintenant le théorème **IV**, on doit mener par le point o une parallèle à ab, c'est-à-dire une perpendiculaire à om, puis déterminer les points h, k, l où cette perpendiculaire coupe les trois droites mf, mg et de. Alors on aura

$$ca = \frac{r^2 \cdot hl}{oh \cdot ol} \quad , \quad cb = \frac{r^2 \cdot kl}{ok \cdot ol};$$

d'où

$$ca \cdot cb = \frac{r^4 \cdot hl \cdot kl}{ol^2 \cdot oh \cdot ok} = \text{Constante.}$$

On peut donc énoncer le théorème suivant :

Étant données une conique, dont l'un des foyers est o, *et une droite* de *dans son plan, si, par un point* m *pris sur cette droite, on mène deux tangentes à la conique, qu'on tire la droite* om, *et que par le foyer* o *on mène une perpendiculaire à* om, *qui rencontre en* h, k, l *les deux tangentes et la droite donnée : la quantité* $\dfrac{hl \cdot kl}{ol^2 \cdot oh \cdot ok}$ *sera constante.*

REMARQHE. Dans le cas particulier où le point fixe o est le centre du cercle donné, la droite de, polaire de c par rapport au cercle directeur, est la directrice de la conique qui correspond au foyer o, et la perpendiculaire à om vient rencontrer cette conique en ses points de contact h et k avec les tangentes mf et mg. D'ailleurs la droite de étant la polaire du foyer o par rapport à la conique, on a

$$\frac{oh}{ok} = \frac{lh}{lk};$$

et en substituant dans l'expression donnée plus haut, à la place de oh, la valeur tirée de la relation précédente, on voit que la quantité $\dfrac{ol \cdot ok}{kl}$ est constante et égale au paramètre de la conique. (On trouve la valeur de la constante en prenant le point m sur l'axe focal.)

La théoric des polaires réciproques n'a pas été développée ici avec toute l'étendue dont elle est susceptible.

On remarque d'abord qu'en faisant une perspective d'un cercle, comme il a été dit au numéro **102**, et en prenant, par rapport au même point de vue, les perspectives des points d'une sécante divisée harmoniquement par le cercle et deux points qui sont situés sur elle, on étend aux trois coniques la propriété de la polaire dans le cercle. Il est permis alors, dans la définition générale (**150**), de remplacer le cercle directeur par une conique.

On démontre encore que la polaire réciproque d'une conique par rapport à une conique directrice, est une autre conique. Enfin la théorie des polaires réciproques s'étend aux surfaces.

CHAPITRE XII

PRINCIPES ÉLÉMENTAIRES DE GÉOMÉTRIE INFINITÉSIMALE. — APPLICATION AU PROBLÈME DES TANGENTES, AUX QUADRATURES, ET A L'ÉTUDE DE LA VARIATION DE CERTAINES QUANTITÉS GÉOMÉTRIQUES.

158, On va d'abord démontrer quelques lemmes préliminaires,

1. *Lorsque la différence de deux quantités a, pour limite, zéro, la limite du rapport de ces quantités est égale à l'unité.*

En effet, α et α' étant les deux quantités variables et ε leur différence, on a

$$\alpha - \alpha' = \varepsilon \,, \text{ d'où } \frac{\alpha}{\alpha'} - 1 = \frac{\varepsilon}{\alpha'};$$

Mais comme $\frac{\varepsilon}{\alpha'}$ a, pour limite, zéro, la limite de $\frac{\alpha}{\alpha'}$ est l'unité.

La réciproque est vraie et se démontre de même.

2. *La limite du rapport de deux quantités variables n'est pas changée, lorsqu'on remplace ces quantités par d'autres dont les rapports avec elles ont chacun, pour limite, l'unité.*

Soient α et β les deux variables données, et α' et β' d'autres variables telles, que les rapports $\dfrac{\alpha}{\alpha'}$ et $\dfrac{\beta}{\beta'}$ aient, chacun, pour limite, l'unité : il s'agit de démontrer que les rapports $\dfrac{\alpha}{\beta}$ et $\dfrac{\alpha'}{\beta'}$ ont la même limite.

En effet, on peut écrire

$$\frac{\alpha}{\beta} = \frac{\alpha}{\alpha'} \cdot \frac{\beta'}{\beta} \cdot \frac{\alpha'}{\beta'} ;$$

et comme les rapports $\dfrac{\alpha}{\alpha'}$ et $\dfrac{\beta'}{\beta}$ ont chacun, pour limite, l'unité, et que la limite d'un produit est égale au produit des limites, on voit que la limite de $\dfrac{\alpha}{\beta}$ est égale à celle de $\dfrac{\alpha'}{\beta'}$.

REMARQUE. Dans l'évaluation de la limite du rapport de deux quantités, on peut aussi remplacer ces quantités par d'autres qui en diffèrent de quantités ayant zéro pour limite. C'est une conséquence évidente du premier principe.

3. *La limite de la somme de quantités positives, ayant pour limite zéro, n'est pas changée lorsqu'on remplace ces quantités par d'autres dont les rapports avec elles ont respectivement pour limite l'unité.*

En effet, soient $\alpha_1 + \alpha_2 + \ldots \alpha_n$, $\beta_1 + \beta_2 + \ldots \beta_n$ les deux sommes et $\dfrac{\alpha_1}{\beta_1}, \dfrac{\alpha_2}{\beta_2} \ldots \dfrac{\alpha_n}{\beta_n}$ les rapports qui ont pour limite l'unité.

On sait que la fraction $\dfrac{\alpha_1 + \alpha_2 + \ldots \alpha_n}{\beta_1 + \beta_2 + \ldots \beta_n}$ est comprise entre la plus petite et la plus grande des fractions précédentes, elle aura donc aussi pour limite l'unité, en d'autres termes, les sommes $\alpha_1 + \alpha_2 + \ldots \alpha_n$, $\beta_1 + \beta_2 + \ldots \beta_n$, ont des limites égales.

4. *Lorsque, dans une question de géométrie, les côtés d'un triangle ont, pour limite, zéro, et qu'en même temps les angles de ce triangle tendent vers des valeurs déterminées, les rapports de deux des côtés du triangle au troisième tendent aussi vers des valeurs déterminées.*

En effet, soit abc le triangle variable. Concevons un autre triangle variable $a'b'c'$ qui lui soit semblable dans tous ses états de grandeur, mais dont l'un des côtés reste constant. Il est clair qu'à la limite, les rapports des côtés du triangle abc entre eux seront égaux aux rapports des côtés homo‧logues dans celui des triangles $a'b'c'$ dont les angles seront égaux aux limites données.

COROLLAIRE. *Si l'un des angles du triangle abc tend vers un droit, on pourra évaluer le sinus ou la tangente d'un des angles aigus limites, comme on le fait dans un triangle rectangle.*

Définition. Un polygone dont les côtés tendent vers zéro est dit *infiniment petit* ou *infinitésimal*.

5. *Si deux triangles infinitésimaux ont, à la limite, des éléments respectivement égaux, de telle sorte que l'un des cas d'égalité des triangles ait lieu, on peut affirmer l'égalité des autres éléments correspondants.*

Soient, par exemple, les triangles abc, def qui sont tels, que les angles a et d tendent chacun vers un droit, tandis que les rapports $\dfrac{bc}{ef}$ et $\dfrac{ab}{de}$ tendent vers l'unité.

Concevons les triangles variables $a'b'c'$, $d'e'f'$ qui soient respectivement semblables à abc et def et dont les côtés $b'c'$ et de' restent constants. Ces derniers triangles auront pour limites deux triangles rectangles dans lesquels les angles a' et d' seront droits, tandis que les rapports $\dfrac{b'c'}{e'f'}$, et $\dfrac{a'b'}{d'e'}$ seront égaux à l'unité. Les triangles limites seront donc égaux comme ayant l'hypoténuse égale et un côté de l'angle droit égal, et il en sera, par conséquent, de même des triangles infinitésimaux *abc* et *def*.

REMARQUE I. Pour abréger, dans le cours du raisonnement, on dira immédiatement que les triangles infiniment petits *abc*, *def* ont l'hypoténuse égale et un côté de l'angle droit égal, et que, par conséquent, les angles *b* et *c* sont respectivement égaux aux angles *d* et *f*. On fera de même dans tous les cas semblables.

REMARQUE II. En général, toutes les fois qu'on aura à considérer un polygone infinitésimal, on devra lui substituer, par la pensée, un polygone qui lui restera toujours semblable, et dont les côtés seront différents de zéro.

6. *Étant donnés deux points fixes* A *et* B *(fig. 49), si un point* C *se meut sur une droite fixe* XY, *la différence des distances* CA *et* BC *aura, pour limite, la projection de* AB *sur* XY, *lorsque le point* C *sera à l'infini.*

En effet, décrivons du point C comme centre et avec CB pour rayon, un arc de cercle qui coupe AC en F; la longueur AF représentera la différence actuelle des distances. Mais, si l'on suppose que le point C s'éloigne à l'infini sur XY, vers la gauche par exemple, les droites CB et CA deviendront, à la limite, parallèles à XY, et l'angle ACB sera nul. Il résulte de là que, dans le triangle isocèle BCF, la limite de l'angle BFC est un angle droit. Donc, lorsque le point C est à l'infini, le triangle BFA est rectangle en F; et comme alors AC est parallèle à XY, la limite cherchée est la projection de AB sur une parallèle à XY menée par le point A, ou, ce qui revient au même, sur la droite XY.

COROLLAIRE. *Si, dans un triangle* ABC *rectangle en* A, *le côté* AC *reste fixe, tandis que le point* B *s'éloigne à l'infini sur le côté* AB, *la différence entre l'hypoténuse et le côté* AB *a pour limite zéro.* En effet, la projection de AC sur AB est nulle.

159. **Application des principes précédents à la détermination de la tangente à quelques courbes. — Aire de la cycloïde.**

1. *Tangente en un point d'une ellipse.*

Soit M (*fig*. 50) un point donné d'une ellipse par lequel on veut mener la tangente. On tire une corde MM' passant par le point M, et les droites MF, MF', M'F, M'F' qui joignent les deux points M et M' aux deux foyers F et F'; il s'agit de déterminer la tangente comme limite des positions de la corde MM' lorsque M' se confond avec M.

A cet effet, des points F et F' comme centres avec des rayons respectivement égaux à FM' et F'M', on décrit deux arcs de cercle qui coupent FM et le prolongement de F'M en D et C, puis on mène les cordes M'D, M'C. On voit alors, comme dans la démonstration du théorème précédent, que, les angles F et F' des triangles isocèles DFM', CF'M' ayant zéro pour limite, les angles D et C des mêmes triangles ont chacun pour limite un angle droit. D'ailleurs, d'après la propriété focale de l'ellipse, les deux longueurs MD et MC sont égales. Donc les deux triangles infinitésimaux MDM', MCM' sont égaux comme triangles rectangles ayant l'hypoténuse égale et un côté de l'angle droit égal, et, par suite, les deux angles DMM', CMM' sont égaux quand la corde MM' est devenue la tangente en M. Donc : *la tangente en un point d'une ellipse partage en deux parties égales l'angle que fait l'un des rayons vecteurs du point de contact avec le prolongement de l'autre.*

2. *Tangente à l'ovale de Descartes.*

F et F' étant deux points fixes, *m* et *m'* des nombres positifs donnés, $2a$ une longueur constante, et M un point quelconque de la courbe, on a par définition

$$m.MF + m'.MF' = 2a.$$

On propose de mener la tangente au point M de l'ovale.

Supposons que la courbe soit représentée par la figure 50, et faisons la même construction que dans le problème précédent : alors, d'après la définition de la courbe, le rapport $\dfrac{MC}{MD}$ sera égal à $\dfrac{m}{m'}$, et le quadrilatère infinitésimal DMCM' aura un angle FMC constant, compris entre deux côtés proportionnels, et deux angles droits D et C. Ce quadrilatère restera donc semblable à un autre quadrilatère, de grandeur finie, que l'on pourra construire, et, par suite, on obtiendra les valeurs limites des angles FMM', CMM' qui déterminent la tangente. On arrive ainsi facilement à la construction suivante :

Prenez sur MF et sur le prolongement de MF' des longueurs MH et MK proportionnelles à m' *et* m, *par les points H et K élevez des droites respectivement perpendiculaires à FM et F'M, et prolongez-les jusqu'à leur rencontre en L : la droite ML sera la tangente demandée.*

3. *Tangente aux conchoïdes.*

Étant donnés une courbe plane quelconque GH et un point O dans son plan (*fig.* 51), si par ce point on mène une droite quelconque OM sur laquelle on prend, à partir du point M de la courbe, dans l'un ou l'autre des deux sens, une longueur constante MN, le lieu du point N est dit une *conchoïde* de la courbe donnée.

Connaissant la tangente à une courbe en un point donné, on peut toujours construire la tangente à l'une de ses conchoïdes au point correspondant.

Et effet, soient M, M' deux points voisins de la courbe GH, N, N' les points correspondants de la conchoïde EF, et A, B les points où deux arcs de cercle, décrits du point O comme centre avec OM et ON pour rayons, rencontrent ON'. Tirons les droites MA, MM', NB, NN'; on obtiendra ainsi deux triangles infinitésimaux MAM', NBN', rectangles en A et B. On peut alors appliquer à ces triangles les théorèmes relatifs au triangle rectangle (cor. du th. 2, **159**), et l'on a

$$tg\ BN'N = \frac{BN}{BN'}\ ,\ tg\ AM'M = \frac{AM}{AM'}.$$

Or, les deux longueurs AB et M'N' sont toutes deux égales à MN, et, par suite, les segments AM' et BN' sont égaux. De plus, les triangles semblables OMA, OND donnent

$$\frac{AM}{BN} = \frac{OM}{ON};$$

On a donc

$$\frac{tg\ BN'N}{tg\,AM'M} = \frac{BN}{AM} = \frac{ON}{OM}.$$

Soient maintenant MD et ND les tangentes aux deux courbes en M et N, qui se coupent en D; les angles DNC, DMC sont les limites des angles BN'N et AM'M, et on a, par suite,

$$(1) \qquad \frac{tg\ DNC}{tg\ DMC} = \frac{ON}{OM}.$$

Cela posé, projetons D en C sur le rayon vecteur ON. On obtient ainsi deux triangles rectangles DNC, DMC qui donnent

$$tg\ DNC = \frac{DC}{NC}\ ,\ tg\ DMC = \frac{DC}{MC},$$

et en divisant, membre à membre, on a

$$(2) \qquad \frac{tg\ DNC}{tg\ DMC} = \frac{MC}{NC}.$$

Mais de la comparaison des égalités (1 et 2) on déduit

$$\frac{MC}{ON} = \frac{NC}{OM} = \frac{MC - NC}{ON - OM} = \frac{MN}{MN};$$

les deux longueurs NC et OM sont donc égales, et, par suite, on arrive à la construction suivante :

Ayant mené la tangente MD *au point* M *de la courbe donnée et le rayon vecteur* OMN, *prenez une longueur* NC *égale à* OM, *élevez la perpendiculaire* CD *à* ON, *que vous prolongez jusqu'à sa rencontre en* D *avec* MD, *puis tirez la droite* DN : *cette dernière droite sera la tangente demandée.*

4. *Tangente à la strophoïde.*

Étant donnés (*fig*. 52) une droite XY et deux points A et B dont le premier est sur la droite ; par le point B on mène une transversale BC qui coupe XY en C ; on porte, à partir de C sur BC dans les deux sens, deux longueurs CM et CN égales à AC : le lien des points M et N s'appelle une *strophoïde.*

Cherchons d'abord la tangente au point A qui appartient évidemment à la courbe. A cet effet, tirons AM et BA, que nous prolongeons suivant AG. L'angle A du triangle isocèle CAM sera la moitié de l'angle extérieur XCM ; et comme il en est de même, à la limite, lorsque la corde AM est devenue la tangente en M à la branche AM, cette dernière droite est la bissectrice de l'angle XAG.

Proposons-nous maintenant de mener la tangente en un point M quelconque de la strophoïde. A cet effet, construisons une strophoïde auxiliaire, en remplaçant, dans la première construction, le point A par le point C. Alors la strophoïde donnée pourra être considérée comme une conchoïde de la strophoïde auxiliaire, la longueur constante, qu'on ajoute ou qu'on retranche, étant égale à AC ou CM. Or, comme la tangente en C à la strophoïde auxiliaire est la bissectrice de l'angle XCM, on pourra appliquer, à la détermination de la tangente en M à la strophoïde donnée, la construction générale pour la tangente aux conchoïdes qui a été démontrée (3. **159.**)

On prouve facilement que la strophoïde passe par le point B et le point D de rencontre des droites BD et AD qui sont, l'une parallèle, l'autre perpendiculaire à XY. Si d'un autre côté, on observe que la perpendiculaire abaissée du point M sur XY est égale à la perpendiculaire abaissée de A sur BC, on démontre facilement les propriétés suivantes :

1° La strophoïde a une asymptote parallèle à XY et menée à une distance de XY égale à AD; 2° la courbe est coupée par son asymptote en un point situé sur la perpendiculaire à AB menée par le point A ; 3° les deux points de la courbe les plus éloignés de l'asymptote se trouvent sur la perpendiculaire à AB, menée par le point B.

5. *Détermination de l'aire de la cycloïde.* On appelle *cycloïde* la courbe engendrée par un point de la circonférence d'un cercle qui roule sans glisser sur une droite indéfinie à laquelle il est tangent. Elle se compose d'une infinité de branches superposables ayant chacune, pour base, une partie de la droite égale à la circonférence du cercle mobile. Le milieu d'une branche et la perpendiculaire abaissée de ce point sur la base sont dits le *sommet* et *l'axe* de cette branche. On a représenté (fig 53) une demi-branche de cycloïde ayant pour sommet C, pour demi-base AB et pour axe CB.

Nous admettrons comme lemme préliminaire la proposition suivante qui est une conséquence presque évidente de la définition de la cycloïde.

Un arc de cycloïde CD (fig. 53) étant compté à partir du sommet C, si l'on mène par son extrémité D une parallèle DF à la base, le segment DF de cette parallèle, compris entre la cycloïde et la circonférence CFD décrite sur BC comme diamètre, sera égal à l'arc de cercle CF.

Cela posé, nous allons démontrer le théorème suivant, dû à *Roberval* :

L'aire comprise entre une branche de cycloïde et sa base est triple de celle du cercle générateur.

Supposons, plus généralement, qu'on demande d'évaluer l'aire de la cycloïde comprise entre deux perpendiculaires à l'axe menées à la même distance de son milieu. Soient (*fig.* 53) O ce milieu, et E, E' deux points qui en sont équidistants. Tirons les droites EE', FF' perpendiculaires à l'axe, et divisons EE' en un nombre pair $2n$ de parties égales dont nous représenterons la longueur commune par h; puis, par les points de division, menons des parallèles à la base, et des points de rencontre de chaque droite avec la cycloïde et le cercle OB, abaissons des perpendiculaires sur la droite qui la suit ou la précède. Nous décomposerons ainsi, en rectangles infinitésimaux, l'aire comprise entre le demi-cercle OB, la demi-branche de cycloïde, et les deux droites ED, E'D'. Mais, si nous prenons, deux à deux, les rectangles qui correspondent à des points de l'axe équidistants du centre; comme IHKL, I'H'K'L', en observant que, d'après le lemme, les longueurs IH, I'H' sont respectivement égales aux arcs CH, CH', on voit que la somme des deux rectangles est égale à la somme de ces arcs multipliée par l'une des divisions h de EE'; et comme la somme des arcs CH, CH', est égale à la demi-circonférence πr du cercle générateur, on a

$$\text{aire IHKL} + \text{aire I'H'K'L'} = \pi r h.$$

Or, une égalité analogue à la précédente ayant lieu pour chaque groupe de deux rectangles associés comme il a été dit, on voit que la somme S de tous les rectangles est égale à $n\pi r h$. On a donc

$$2S = \pi r \times 2nh = \pi r \times \text{EE'}.$$

Mais, comme chaque rectangle et la partie de l'aire de la cycloïde, comprise entre cette courbe, les deux bases du rectangle et la circonférence OB, ont, pour limite de leur rapport, l'unité, on peut (3. **158**) remplacer $2S$ par le double de l'aire DD'F'F. Alors, en désignant par A l'aire qu'il s'agit d'évaluer, et par B la partie correspondante du cercle OB, on aura

$$A = B + \pi r \times EE'.$$

Si maintenant on suppose que la longueur EE' devienne égale à $2r$. on voit que la formule précédente donne $3\pi r^2$ par l'aire comprise entre une branche de cycloïde et sa base (*).

160. Variation de certaines grandeurs géométriques. — Maxima et minima.

On peut, à l'aide de considérations très-simples de géométrie infinitésimale, suivre la variation de certaines grandeurs, et, en particulier, déterminer leurs *maxima* et *minima* dans des cas où la géométrie ordinaire serait insuffisante ou conduirait péniblement au but. La méthode s'appuie sur le théorème suivant :

161. Y *étant une fonction continue de la variable indépendante* x, *si, lorsque cette variable prend un accroissement positif* h, *la variation correspondante de* Y *est mise sous la forme d'une différence* k-l *de deux quantités positives* k *et* l, *il y aura accroissement ou diminution de* Y, *suivant que la limite du rapport* $\frac{k}{l}$, *pour* h *égal à zéro, sera plus grande ou plus petite que* 1 ; *et les maxima et minima de la fonction auront lieu quand la limite du rapport* $\frac{k}{l}$ *sera égale à l'unité.*

En effet, si la variation *k-l* de la fonction, correspondant à l'accroissement positif *h* de *x*, est positive, ou, ce qui re-

---

(*) La démonstration précédente, qui est la plus simple de toutes celles qui ont été données, est tirée de *l'Étude sur Pascal*. On trouvera, dans cette même étude, la rectification d'un arc de cycloïde d'après la méthode de l'illnstre géomètre.

vient au même, si le rapport $\frac{k}{l}$ est plus grand que 1, la seconde valeur de Y sera plus grande que la première, et cela aura lieu, quel que petit que soit h. Par conséquent, on voit que la fonction Y croît en passant d'une valeur à la valeur *suivante*, lorsque la limite de $\frac{k}{l}$, pour h égal à zéro, est plus grande que l'unité. De même la fonction décroîtrait à partir d'une certaine valeur de x, si la limite de $\frac{k}{l}$, correspondant à cette valeur, était plus petite que 1, pour h égal à zéro.

Cela posé, il est clair que, si la limite de $\frac{k}{l}$, pour h égal à zéro, est toujours plus grande que l'unité, dans un intervalle correspondant à un accroissement fini de x, la fonction Y croîtra dans cet intervalle, et qu'elle diminuera dans le cas contraire. Mais si la limite de $\frac{k}{l}$, pour h égal à zéro, étant d'abord plus grande que l'unité, devient ensuite plus petite, la fonction Y croîtra, puis diminuera ; et il est évident qu'elle cessera de croître pour décroître, c'est-à-dire qu'elle passera par un maximum lorsque la limite de $\frac{k}{l}$, sera égale à l'unité.

On verrait de même que, si la limite de $\frac{k}{l}$ est d'abord plus petite que l'unité et ensuite plus grande, la fonction a un minimum correspondant à la valeur de x, pour laquelle la limite de $\frac{k}{l}$ est égale à l'unité.

REMARQUE. Ordinairement, la fonction Y peut être mise sous la forme d'une somme ou d'une différence de deux fonctions de x, U et V, qui restent positives dans l'intervalle considéré. Alors, si, dans le premier cas, l'une des fonctions augmente de k et l'autre diminue de l quand x prend l'accroissement h, et si, dans le second cas, U et V prennent les accroissements k et l, on pourra appliquer le théorème.

162. Applications du théorème précédent.

1. *Étant donnés un angle DOE (fig. 54) et un point C dans son intérieur, on mène par ce point une transversale BC qui rencontre les deux côtés de l'angle en B et A : trouver le minimum de l'aire du triangle lorsque la transversale prend toutes les positions possibles.*

Menons, par le point C, les droites CF et CH respectivement parallèles à OE et OD, et faisons tourner la transversale AB autour du point C, de F vers H, depuis la position CF jusqu'à la position CH. On voit que l'aire du triangle est d'abord infinie, et qu'elle l'est encore quand AB se confond avec CH ; elle a donc dû passer par un minimum. Pour déterminer ce minimum, prenons deux positions très-voisines de la transversale, AB et A'B'. L'aire du triangle variable passe de la valeur ABC à la valeur A'B'C', et augmente ainsi de ACA', tandis qu'elle diminue de BCB' ; la condition du minimum est donc

$$\lim. \frac{ACA'}{BCB'} = 1 \, ;$$

ou, parce que les triangles ACA', BCB' ont les angles en C égaux,

$$\lim. \frac{CA.CA'}{CB.CB'} = 1.$$

Or, cette dernière limite étant égale à $\dfrac{\overline{CA}^2}{\overline{CB}^2}$, on voit que la transversale, à laquelle correspond le minimum, est partagée en deux parties égales au point C.

2. *Étudier la variation du périmètre d'un rectangle inscrit dans un demi-cercle.*

Soit ABCD (*fig. 55*) l'un des rectangles inscrits dans le

demi-cercle EGF : la question revient à étudier la variation de la quantité BC+2OC. A cet effet, considérons un rectangle A'B'C'D' infiniment voisin du premier, et abaissons du point B' la perpendiculaire BI' sur BC. En passant du premier rectangle au second, l'accroissement de 2OC sera 2CC' ou 2IB', et la diminution de BC sera IB : le rapport de l'augmentation à la diminution est donc $\dfrac{2IB'}{IB}$. Mais si l'on tire la corde BB', et qu'on la prolonge jusqu'à sa rencontre en K avec le diamètre EF, on a

$$\frac{IB'}{IB} = \frac{CK}{BC},$$

et, par suite,

$$\lim.\frac{2IB'}{IB} = \lim.\frac{2CK}{BC}.$$

Menons maintenant la tangente au point B, et prolongeons-la jusqu'à sa rencontre en T avec le diamètre EF : à la limite, les points B' et K se confondent respectivement avec B et T, et on a

$$\lim.\frac{2IB'}{IB} = \frac{2CT}{BC}.$$

Or les triangles semblables CBT, OBC donnent

$$\frac{CT}{BC} = \frac{BC}{OC},$$

et on a enfin

$$\lim.\frac{2IB'}{IB} = \frac{2BC}{OC}.$$

Cela posé, faisons marcher le point B de G en F. On voit que le rapport $\dfrac{2BC}{OC}$ commence par être infini et que, par suite, le périmètre croît d'abord ; il croîtra, d'ailleurs, tant que le rapport restera plus grand que l'unité. Mais le périmètre décroîtra, dès que le rapport sera plus petit que l'unité ; et cela arrivera nécessairement, puisque ce rapport finit par être égal à zéro. Il y aura donc un minimum qu'on obtiendra en posant

$$\frac{2\,BC}{OC} = 1, \quad \text{ou} \quad BC = \frac{OC}{2};$$

et de là on déduit facilement une construction pour déterminer le point B.

3. *Étant donnés deux nombres positifs* m *et* n *et l'un des côtés de l'angle droit* AC *d'un triangle rectangle* (fig. 56), *on propose d'étudier la variation de la quantité* mBC—nAB, *quand le point* B *marche sur* AB *depuis le sommet* A *jusqu'à l'infini.*

Soient B et B' deux positions très-voisines du sommet mobile. L'accroissement de nAB sera nBB', et si, du point C comme centre avec BC pour rayon, on décrit un arc de cercle qui coupe CB' en D, l'accroissement de mBC sera mDB' : on a donc à trouver la limite du rapport $\dfrac{m\text{DB}'}{n\text{BB}'}$ pour BB' égal à zéro.

A cet effet, remarquons que le triangle infiniment ¡petit BDB' et le triangle ABC, étant rectangles en D et A et ayant les angles DBB',CBA complémentaires puisque l'angle CBD est droit, sont semblables et donnent

$$\frac{DB'}{BB'} = \frac{AB}{BC};$$

le rapport $\dfrac{m\text{DB}'}{n\text{BB}'}$ est, par conséquent, égal à $\dfrac{m\text{AB}}{n\,\text{BC}}$.

Cela posé, on distingue deux cas,

1° $m \leqslant n$. Le rapport $\dfrac{m\text{AB}}{n\,\text{BC}}$ est alors toujours plus petit que 1, et la fonction est décroissante; elle est égale à mAC lorsque le point B est en A, et je dis qu'elle est nulle ou égale à $-\infty$, lorsque le point B est à l'infini sur AB.

En effet, si m est égal à n, la fonction peut se mettre sous la forme $m\,(BC-AB)$; et comme on a vu (Cor. 5, **158**) que la limite de BC-AB est zéro lorsque le côté AB est infini, il en résulte que la valeur limite de la fonction est nulle.

Si m est plus petit que n, on met la fonction sous la forme $AB \left(m\,\dfrac{BC}{AB} - n \right)$. Mais la différence entre BC et AB étant nulle pour AB infini, la limite correspondante de $\dfrac{BC}{AB}$ est l'unité (1, **158**), et on est ramené à trouver la limite de $AB \times (m-n)$: or cette limite est $-\infty$ puisque m est plus petit que n.

2° $m > n$. Lorsque le point B est en A, le rapport $\dfrac{m\,AB}{n\,BC}$ est égal à zéro, et, par conséquent, plus petit que 1. Alors la fonction commence par décroître ; mais elle ne décroîtra pas constamment, puisque, pour le côté AB égal à l'infini, sa limite sera celle de $AB \times (m\text{-}n)$, c'est-à-dire $+\infty$. Il y aura donc un minimum qu'on obtiendra, en posant

$$\frac{m\,AB}{n\,BC} = 1 \qquad \text{ou} \qquad \frac{BC}{AB} = \frac{m}{n}.$$

Ainsi, *il y aura un minimum, lorsque l'hypoténuse et le côté variable seront proportionnels à leurs multiplicateurs* m *et* n *dans l'expression*. D'ailleurs, comme la condition ne détermine évidemment qu'un seul point, il n'y aura qu'un minimum.

La question précédente de minimum a été résolue pour la première fois par *Maclaurin* dans son traité *des Fluxions*, où il l'a énoncée de la manière suivante :

Étant donnés un point et une droite, aller du point à la droite par un chemin tellement choisi, que le temps employé à le par-

courir avec une vitesse v, *diminué du temps employé à parcourir* *a projection avec une vitesse* v *plus grande que* v, *donne une différence la plus petite possible.*

M. Paul Serret, dans son livre *des Méthodes en Géométrie* (page 113), a rappelé l'attention des géomètres sur l'importance du problème résolu par Maclaurin. La question générale, ainsi que celle qui va suivre, ont été traitées par la considération d'identités dans les *Questions d'Algèbre* (2ᵉ édition, pages 192 et suivantes.

4. *Étant donnés deux nombres positifs* m *et* n *et l'hypoténuse* BC *d'un triangle rectangle* ABC (fig. 57), *on propose d'étudier la variation de la quantité* mAC+nAB *quand le côté* AC *croît depuis zéro jusqu'à* BC.

Si, sur BC comme diamètre, on décrit une demi-circonférence, elle contiendra les sommets des angles droits de tous les triangles rectangles. Prenons alors sur la demi-circonférence deux points très-voisins A, A', et tirons les droites AC, AB, A'C, A'B et AA'. En décrivant, des points C et B comme centres avec des rayons égaux à CA' et BA', des arcs de cercle qui rencontrent respectivement le prolongement de CA en E et AB en D, on obtiendra un accroissement AE pour CA et une diminution AD pour AB. La question est donc ramenée à trouver la limite du rapport $\dfrac{m\,AE}{n\,AD}$ pour l'accroissement AE égal à zéro.

Or, les triangles infinitésimaux AEA', ADA' étant rectangles en E et D, la limite du rapport $\dfrac{AE}{AD}$ est égale au rapport des projections, sur le prolongement de AC et sur AB, d'un segment quelconque pris sur la tangente en A au cercle. Si donc on prend sur la tangente en A une longueur AF telle, que le point F se projette en B, on aura

$$\lim. \frac{AE}{AD} = \frac{BF}{AB}.$$

D'ailleurs, comme, en vertu de la similitude des triangles ABF, ABC, le rapport $\dfrac{BF}{AB}$ est égal à $\dfrac{AB}{AC}$, on voit que la limite du rapport $\dfrac{m\,AE}{n\,AD}$ est égale à $\dfrac{m\,AB}{n\,AC}$. Il est facile maintenant de suivre la variation de la fonction.

Lorsque le côté AC est nul, le rapport $\dfrac{m\,AB}{n\,AC}$ est infini ; la fonction commence donc par croître. Mais comme le rapport est nul par AC égal à BC, la fonction finit par décroître ; elle a donc passé par un maximum.

On obtient ce maximum en posant

$$\frac{m\,AB}{n\,AC} = 1. \qquad \text{ou} \qquad \frac{AC}{AB} = \frac{m}{n}.$$

Ainsi, comme le minimum de la question précédente, *le maximum a lieu lorsque les côtés variables sont proportionnels à leurs multiplicateurs.* Il n'y a d'ailleurs qu'un seul maximum, puisque la condition trouvée ne détermine qu'un seul point sur la demi-circonférence.

5. *Étant donnés un triangle* ABC (fig. 58) *et deux points* I *et* D *situés, l'un sur le côté* BC, *l'autre sur son prolongement, par le point* D *on mène une transversale* DF *qui coupe les côtés* AB *et* AC *en* E *et* F, *puis on tire les droites* IE *et* IF : *on demande de trouver la position de la transversale à laquelle correspond le maximum de l'aire du triangle* EIF.

Il est d'abord évident que l'aire a un maximum, puisqu'elle est nulle, quand la transversale passe par le point A, ou qu'elle se confond avec BC.

Cela posé, soient DF et DF' deux positions voisines de la transversale ; on voit que, si au triangle EIF on ajoute le quadrilatère EFF'E' et qu'on en retranche les triangles EIE', IFF', on obtiendra le triangle E'IF'. Si on observe d'ailleurs que le quadrilatère EFF'E' est la différence des triangles

trois courbes, menées respectivement par le point de contact de ab avec C et par les points a et b, se couperont en un même point.

Soient ab position de la droite mobile qui correspond au maximum ou au minimun, et $a'b'$ une position très-voisine de la première. Du point de rencontre e des deux droites comme centre et avec ea', eb' comme rayons, décrivons deux arcs de cercle da', fb', puis menons el perpendiculaire à ab et les normales ag, bl aux courbes C' et C''. Si l'on considère les triangles infinitésimaux ada', bfb' comme des triangles rectangles en d et f, on voit que ces triangles sont respectivement semblables aux triangles aeg, leb, et l'on a

$$(1) \qquad \frac{eg}{ea} = \frac{da}{da'} \quad , \quad \frac{el}{eb} = \frac{fb}{fb'}.$$

Mais en désignant par α l'arc infiniment petit qui mesure l'angle aea' dans le cercle de rayon 1, on a

$$da' = ea'.\alpha \quad , \quad fb' = eb'.\alpha;$$

et, par suite,

$$\frac{fb'}{da'} = \frac{eb'}{ea'};$$

alors, en remplaçant ea' et eb' par ea et eb (2,158), l'égalité précédente devient

$$(2) \qquad \frac{fb'}{da'} = \frac{eb}{ea}.$$

Maintenant, si l'on divise, membre à membre, les égalités (1), on a

$$\frac{da}{fb}.\frac{fb'}{da'} = \frac{eg}{ea}.\frac{eb}{el},$$

et, en remplaçant dans cette dernière égalité $\dfrac{fb'}{da'}$, par la valeur que donne l'égalité (2), on a

$$\frac{da}{fb} = \frac{eg}{el}$$

Or, le maximum ou le minimum a lieu lorsque la limite de $\dfrac{da}{fb}$ est égale à 1 ; donc, à la limite, le rapport $\dfrac{eg}{el}$ est aussi égal à 1, et, par suite, les deux points g et l se confondent. D'ailleurs la droite el devient à la limite la normale à C au point où ab est tangent à cette courbe ; le théorème est donc démontré.

CHAPITRE XIII

SUR LE DÉPLACEMENT DES FIGURES.

163. **Théorème I.** *Deux droites de même longueur étant situées dans un même plan, on peut toujours déterminer dans ce plan deux points tels, que l'une des droites, tournant autour de l'un de ces points, vienne coïncider avec l'autre droite.*

Deux cas de figures peuvent se présenter :

1º *Les deux droites AB et A'B' sont parallèles.* On pourra prendre, pour premier centre de rotation, le centre O du parallélogramme ABB'A' qu'on obtient en tirant les droites AA' et BB'. Il est clair que, les droites OA et OB tournant ensemble de 180°, les points A et B coïncideront respectivement avec B' et A'.

La droite AB peut encore être amenée sur A'B' par un mouvement de translation, les deux points A et B décrivant les droites parallèles et égales AA' et BB'. On regardera, dans ce cas, le second centre de rotation comme étant à l'infini.

2º *Les droites AB et A'B' se coupent (fig. 60).* Supposons d'abord que les points A et B doivent venir se placer respectivement sur B' et A' ; et soit O le centre de rotation correspondant. Les deux triangles AOB, A'OB, devant coïncider après la rotation de l'un d'eux autour du point O, seront égaux, et, par conséquent, les côtés OA et OB seront respectivement égaux à OB' et OA' ; le centre de rotation sera donc le point de rencoutre des perpendiculaires élevées sur les milieux des droites AB et A'B'. On voit de même que l'on peut toujours déterminer un point O' tel, qu'en faisant tourner AB autour de ce point, A se place en A' et B en B'; et que, pour cela, il suffit de prendre le point de rencontre des perpendiculaires aux droites AA', BB', élevées en leurs milieux.

Il faut observer que les conditions qui ont servi à déterminer les points O et O' sont suffisantes, c'est-à-dire qu'il ne peut pas arriver que les triangles égaux, qui ont été déterminés, soient tellement placés que leur coïncidence devienne impossible.

Cela est immédiatement évident pour les deux triangles AOB, A'OB' de la figure 60. Mais prenons maintenant les deux triangles AO'B, A'O'B' (*fig.* 61). S'ils ne peuvent être amenés à coïncider par une rotation autour de O', ils seront symétriques par rapport à la bissectrice de l'angle BO'B', et le quadrilatère ABB'A' sera un trapèze isocèle. Or, dans ce cas, on voit immédiatement que le point O' se confond avec le point de rencontre C des droites AB et A'B', et que le point O est le centre du cercle circonscrit au trapèze.

On voit facilement, d'ailleurs, que l'explication précédente est applicable, quel que soit le cas de figure.

REMARQUE. Dans le cas général, les deux points O et O' sont aussi les points de rencontre de la perpendiculaire, élevée sur le milieu de la droite DD' qui joint les milieux D et D' de AB et A'B', avec les deux bissectrices des angles formés par les deux dernières droites ou encore avec la circonférence du cercle circonscrit au triangle CDD'.

164. Théorème II. *Si un polygone plan a pris deux posi-*

tions quelconques en se déplaçant dans son plan, il pourra toujours être amené d'une des positions à l'autre par un mouvement de rotatiou autour d'un point du plan.

En effet, soient AB, A'B' deux côtés égaux des polygones, A' et B' étant les sommets des angles respectivement égaux à A et B. On déterminera celui des deux centres de rotation qui permettra d'amener la coïncidence des côtés AB, A'B' en plaçant A et B respectivement sur A' et B'. Alors les deux polygones égaux coïncideront. En effet, ils ont un côté commun AB, deux sommets homologues A et A' coïncidents, et ils ne sont pas d'ailleurs symétriques l'un de l'autre par rapport à AB, puisqu'un polygone symétrique d'un autre par rapport à une droite ne peut pas être obtenu par un déplacement de celui-ci dans un plan.

REMARQUE I. Si les polygones avaient leurs côtés respectivement parallèles et de même sens, le centre de rotation serait à l'infini, c'est-à-dire que le mouvemet de rotation se changerait en un mouvement de translation.

REMARQUE II. Il n'est pas vrai de dire que deux polygones égaux, situés dans un même plan, peuvent toujours être amenés à coïncider par une rotation, autour d'un point du plan, effectuée dans ce plan ; car l'un d'eux aurait pu être obtenu en faisant tourner l'autre autour d'un de ses côtés jusqu'à ce qu'il s'appliquât de nouveau dans le plan, et en le faisant ensuite glisser dans le plan.

REMARQUE III. On peut remplacer, dans l'énoncé du théorème, chaque polygone par une courbe, en considérant cette courbe comme limite d'un polygone.

165. Théorème III. *Lorsque deux angles égaux, situés d'une manière quelconque dans l'espace, ont un sommet commun, on peut toujours trouver deux droites passant par ce point telles, que, si l'on fait tourner l'un des angles autour de l'une d'elles comme axe, il vienne coïncider avec l'autre.*

Soient, ASB, A'SB' (*fig*. 62) les deux angles donnés. Supposons d'abord qu'on veuille les faire coïncider, de telle sorte que SA et SB soient placés respectivement sur SA' et SB'. Si SD est l'axe de rotation demandé, les deux angles DSA, DSA' doivent être égaux, ainsi que les angles DSB, DSB', et, par suite, les deux trièdres SDAB, SDA'B' ont les trois faces respectivement égales ; mais la condition n'est pas suffisante, car la rotation autour de SD devant amener la coïncidence des deux trièdres, ils doivent être égaux et non symétriques par rapport à un plan.

Soient LM l'intersection des deux plans ASA', BSB' : on considère deux cas, suivant que les droites SA et SB font avec SL des angles respectivement égaux à ceux que SA' et SB' font avec SM, ou que cette condition n'est pas remplie.

1er Cas. *Les angles* LSA, LSB *sont respectivement égaux à* MSA', MSB'. La droite cherchée SD, devant faire avec SA' et SB' des angles respectivement égaux à DSA, DSB, est l'intersection de deux plans menés par les bissectrices des angles ASA', BSB' perpendiculairement aux plans de ces angles. Mais, dans le cas actuel, les deux plans se confondent évidemment avec le plan P passant par le point S et perpendiculaire à la droite LM ; et il est clair que toute droite située dans ce plan fait des angles égaux avec SA et SA', et aussi avec SB et SB'.

Parmi ces droites, on peut prendre la droite d'intersection des deux plans ASB, A'SB', qui, dans le cas actuel, est évidemment située dans le plan P ; et en faisant tourner, autour d'elle, un des trièdres SDAB, SDA'B', les droites SA' et SB' coïncideront, respectivement, avec SA et SB. Ainsi, la droite d'intersection des deux plans ASB, A'SB' peut être prise par axe de rotation. Cette droite est d'ailleurs la seule. En effet, toute droite située dans le plan satisfait, il est vrai, à la condition de faire des angles égaux avec les arêtes SA et SA', SB et SB', mais elle forme avec ces mêmes arêtes deux angles trièdres symétriques par rapport au plan, et la coïncidence de SA et SB avec SA' et SB' est impossible.

2ème **Cas**. *Les angles* LSA, LSB *ne sont pas respectivement égaux à* MSA', MSB'. Les deux plans de la construction précédente sont maintenant distincts et se coupent suivant une droite déterminée SD. D'ailleurs, les deux trièdres SDAB, SDA'B' ne sont pas symétriques par rapport à un plan. En effet, s'il en était ainsi, les deux plans ASA', BSB', étant tous deux perpendiculaires au plan de symétrie, se couperaient suivant une droite LM perpendiculaire à ce plan, et les angles LSA, LSB seraient respectivement égaux aux angles MSA', MSB', ce qui est contre l'hypothèse. Dès lors les **deux trièdres** SDAB, SDA'B' étant nécessairement égaux, SD est bien l'axe de rotation demandé.

Si les deux droites SA et SB avaient dû coïncider respectivement avec SB' et SA', on aurait démontré, de la même manière, qu'il existe toujours un second axe de rotation autour duquel on peut faire tourner l'un des angles pour l'amener à coïncider avec l'autre.

REMARQUE I. Si les deux angles donnés étaient dans un même plan, on voit facilement que l'un des axes de rotation serait dans le plan et que l'autre serait perpendiculaire à ce plan.

REMARQUE II. Dans le cas général, les deux axes de rotation sont aussi les intersections des deux plans bissecteurs des dièdres, qui font entre eux les deux plans ASB, A'SB', et du plan mené, perpendiculairement au plan des bissectrices des deux angles donnés, par la bissectrice de l'angle de ces droites.

On aurait pu donner une démonstration indirecte, mais plus simple, du théorème précédent, en décrivant une sphère, du sommet commun des deux angles comme centre avec un rayon arbitraire. Alors les deux angles donnés auraient intercepté sur la sphère deux arcs de grand cercle égaux ; et tout serait revenu à démontrer qu'on peut toujours trouver sur la surface de la sphère deux points tels, qu'en faisant tourner sur cette surface un arc de grand cercle qui y est situé, on puisse le faire coïncider avec un arc de cercle égal de la même surface. La démonstration eût ainsi été toute semblable à celle du théorème I (162).

166. Théorème IV. *Lorsque deux polyèdres égaux ont deux sommets homologues confondus en un même point, on peut toujours trouver un axe passant par ce point, tel, que, si l'on fait tourner l'une des figures autour de cet axe, elle vienne coïncider avec l'autre.*

En effet, soient S le sommet commun, SA, SB deux arêtes du premier polyèdre passant par ce point, et SA', SB' les deux arêtes homologues du second : on pourra toujours déterminer une droite SD (**165**) telle, que, si l'on fait tourner l'angle ASB autour de cette droite, SA et SB se placent respectivement sur SA' et SB'. Or, comme deux arêtes du premier polyèdre aboutissant à un même sommet coïncident avec deux arêtes homologues du second, les deux polyèdres égaux doivent coïncider.

Remarque. On peut étendre le théorème à deux solides égaux terminés par des surfaces courbes et ayant deux points homologues confondus en un seul.

167. Théorème V. *On peut transporter un angle, d'une position à une autre quelconque dans l'espace, par deux mouvements successifs, l'un de translation parallèlement à une droite fixe, l'autre de rotation autour de la même droite; et il existe toujours deux droites jouissant de la propriété énoncée.*

Soient ASB, A'S'B' les deux angles donnés dont les plans se coupent suivant une droite LM, et supposons qu'on veuille les faire coïncider en plaçant SA sur SA' et SB sur SB' : on considérera deux cas.

1er Cas. *La droite LM fait avec SA et SB des angles res-*

pectivement égaux à ceux qu'elle fait avec S'A' *et* S'B'. Menons alors un plan P perpendiculaire à LM, et donnons à l'angle ASB un mouvement de translation parallèle à cette droite, de telle sorte que les deux sommets S et S' soient à la même distance du plan P. Soient s et s' les projections de S et S' sur ce plan, et a, b, a', b' les points où ce même plan rencontre maintenant les droites SA, SB, S'A', S'B'. Les deux plans ASB, A'S'B' étant perpendiculaires au plan P, les trois points a, b, s sont en ligne droite, et il en est de même des points a', b', s'; de plus, les droites ab, as, bs sont respectivement égales à $a'b'$, $a's'$, $b's'$.

Cela posé, déterminons dans le plan P le centre de rotation O tel, que, par une rotation autour de ce point, a et b soient amenés respectivement en a' et b' : je dis que la parallèle OH à LM, menée par le point O, sera l'axe de rotation demandé.

En effet, après avoir opéré le mouvement de translation indiqué précédemment, faisons tourner l'angle ASB autour de OH, jusqu'à ce que les points a et b se placent respectivement sur a' et b'. Comme les distances as et bs sont respectivement égales à $a's'$ et $b's'$, le point s tombera en s'; et à cause de l'égalité des deux projetantes Ss, S's' les deux sommets S et S' coïncideront : la superposition des deux angles ASB, A'S'B' est donc établie, comme le demandait l'énoncé.

2ᵐᵉ **Cas.** *La droite* LM *ne fait pas avec* SA *et* SB *des angles égaux à ceux qu'elle fait avec* S'A' *et* S'B'. Menons d'abord par le sommet S des droites SA'', SB'', respectivement parallèles à S'A', S'B' et même sens; puis déterminons (**165**) une droite SD, qui fasse des angles ASD, BSD respectivement égaux aux angles A''SD, B''SD, et un plan P perpendiculaire à cette droite. On donne d'abord à l'angle ASB un mouvement de translation parallèle à SD, jusqu'à ce que les sommets S et S' soient à la même distance du plan P.

Soient alors s et s' les projections, sur le plan P, des sommets S et S', et a, b, a', b' les intersections du même plan et des droites SA, SB, S'A', S'B'. Les triangles sab. $s'ab'$ seront égaux comme ayant leurs côtés respectivement égaux; et si l'on détermine dans Ie plan P un point O tel, que, par la rotation autour de ce point, le triangle $s'a'b'$ vienne coïncider avec le triangle sab, on voit, comme dans le cas précédent, qu'une parallèle à SD, menée par le point O, sera l'axe de rotation demandé.

On a admis, dans la démonstration précédente, que les deux triangles sab, $s'a'b'$ n'étaient pas symétriques par rapport à une droite. En effet, s'ils étaient symétriques par rapport à une droite GK du plan P, les deux triangles Sab, S'$a'b'$ seraient symétriques par rapport à un plan Q perpendiculaire à P et mené par GK. Alors les plans des deux angles ASB, A''SB'' seraient symétriques par rapport à un plan parallèles à Q, menée par le point S; or, c'est qui ne peut arriver que dans le cas de figure considéré d'abord (**165**).

Si l'on avait voulu établir la coïncidence des deux angles en plaçant SA sur S'B' et SB sur S'A', on aurait vu, par une démonstration semblable à la précédente, qu'il existe toujours un deuxième axe jouissant de la même propriété que le premier.

168. Théorème VI. *On peut toujours transporter une figure invariable, d'une position à une autre quelconque, par le mouvement continu d'une vis à laquelle cette figure serait liée, et qui se déplacerait dans son écrou supposé fixe* (Chasles).

Supposons d'abord que la figure invariable soit un polyèdre; et soient ASA, A'S'B' deux positions d'un même angle, qui correspondent respectivement à celle du polyèdre. On pourra toujours (**167**) déterminer un axe fixe tel, que, le sommet S glissant d'abord sur une parallèle à cet axe, puis l'angle ASB tournant autour de ce même axe, les droites SA et SB coïncident respectivement avec S'A' et S'B'. Alors les deux polyèdres égaux, ayant deux arêtes qui coïncident avec leurs homologues, seront superposés l'un sur l'autre.

On peut étendre la conclusion précédente à un solide terminé par une surface courbe, en considérant ce solide comme la limite d'un polyèdre inscrit dans la surface.

Supposons maintenant que l'axe de rotation soit lié invariablement à la figure dans sa première position : il est clair qu'on peut remplacer la translation de la figure parallèlement à un axe fixe, et sa rotation autour du même axe, qui lui succède, par une translation et une rotation simultanées, pourvu que les deux mouvements restent les mêmes que dans le cas où ils ont lieu séparément. Or le déplacement ainsi obtenu est bien celui d'une vis qui se meut dans son écrou supposé fixe.

DES MOUVEMENTS ÉLÉMENTAIRES ET DU MOUVEMENT CONTINU D'UNE FIGURE PLANE.

169. Mouvement élémentaire d'une figure plane dans son plan. Soient AB et A'B' deux positions infiniment voisines d'une droite de la figure mobile. On pourra toujours déterminer un point O (**162**) tel, que les points A et B viennent se placer sur leurs homologues A' et B' lorsque la droite AB tourne autour de ce point. Le mouvement infiniment petit qui amène la figure de la première position à la seconde s'appelle *mouvement élémentaire*, et le point O autour duquel s'effectue la rotation s'appelle *le centre instantané de rotation*.

170. Mouvement continu. On peut décomposer le mouvement continu d'une figure plane dans son plan en une suite de mouvements élémentaires qui reproduisent les positions successives de la figure : on est ainsi conduit aux théorèmes suivants.

171. **Théorème I**. *Le mouvement continu d'une figure plane dans son plan peut toujours être produit par le roulement d'une courbe mobile sur une courbe fixe; la courbe mobile étant liée invariablement avec la figure donnée et l'entraînant avec elle dans son mouvement.*

Remplaçons d'abord le mouvement continu de la figure donnée par une suite de mouvements de rotation infiniment petits exécutés autour de centres instantanés successifs o, o' o''..,; et soit construit le polygone infinitésimal $oo'o''$... (*fig.* 63). On obtiendra ainsi une suite de positions successives de la figure, mais sans que les positions intermédiaires soient reproduites. Soit ensuite construit un second polygone plan $cc'c''$... tel, que les conditions suivantes soient remplies : les côtés cc', $c'c''$... sont respectivement égaux à oo', $o'o''$...; les deux sommets o et c coïncident; l'angle des deux côtés oo' et cc' est égal à l'angle α de la première rotation; et les sommes des deux angles formés par les prolongements de deux côtés correspondants dans les deux polygones et les côtés suivants sont respectivement égales aux angles de rotation successifs α, α', α''..., à partir de la seconde rotation.

Cela posé, la première rotation α autour du point o amène le point c' en o'; la seconde rotation α' effectuée autour de o' amène c'' en o'', puisque, avant la seconde rotation, l'angle des côtés $o'o''$ et $c'c''$ est, par hypothèse, égal à α'; par une troisième rotation α'' autour de o'', c''' viendra en o''', et ainsi de suite.

Passons maintenant au mouvement continu. Alors les centres instantanés de rotation se rapprochent indéfiniment les uns des autres, et tendent, chacun, vers une position limite; il en est de même des points c, c', c'' ...., et les deux polygones infinitésimaux $oo'o''$...,$cc'c''$...,sont remplacés par deux courbes M et M' qui en sont les limites. Le mouvement continu sera donc reproduit, lorsque la courbe M' roulera sur la courbe M en entraînant avec elle la figure donnée.

127. Théorème II. *Lorsqu'une figure se déplace dans son plan, et que l'on considère les courbes décrites par ses différents points, la normale à l'une de ces courbes, en un point quelconque, est la droite qui joint ce point au centre instantané de rotation correspondant.*

En effet, *a* étant le point de la courbe et *o* le centre instantané de rotation qui correspond à la position actuelle de la figure, on peut considérer le point *a* et le point infiniment voisin *a'* de sa trajectoire comme étant sur un même arc de cercle infiniment petit, décrit du point *o* comme centre avec *oa* pour rayon : alors la droite *oa*, étant normale à l'arc de cercle infiniment petit, est normale à la trajectoire, au point *a*.

COROLLAIRE. *Les normales aux courbe décrites par les points de la figure mobile, étant menées par ces points pris dans une position déterminée de la figure, concourent en un même point qui est le centre instantané de rotation correspondant à cette position.*

173. Théorème III. *Lorsqu'une droite de la figure mobile passe constamment par un point fixe, la perpendiculaire à cette droite, menée par le point fixe, contient toujours le centre instantané de rotation correspondant.*

En effet, soient PQ, P'Q' deux positions consécutives de la droite qui passe par le point fixe A, M le point qui était primitivement en A sur PQ, et M' la position du même point sur P'Q'. La tangente à la courbe, que décrit le point M, sera la limite de la direction de la sécante MM'. Mais, à la limite, la direction de MM' ou AM' se confond avec la droite PQ : donc la normale au point A de la trajectoire, que décrit le point M, est perpendiculaire à PQ; et comme elle passe par le centre instantané de rotation (**172**), le théorème est démontré.

174. Application des deux théorèmes précédents à la construction de la normale à quelques courbes.

1. *Normale en un point d'une ellipse*. On suppose l'ellipse décrite par un point d'une droite, d'une longueur constante, qui se meut de manière que ses extrémités s'appuient sur deux droites situées avec elle dans le même plan. Les lignes décrites par les extrémités de la droite mobile étant les droites fixes elles-mêmes, on aura les normales à ces deux dernières droites, menées par les extrémités de la droite mobile, en élevant en ces points des perpendiculaires aux deux droites fixes. Alors la droite, qui joint le point de rencontre de ces deux perpendiculaires au point considéré sur la droite mobile, sera la normale en ce point (cor. **172**).

2. *Normale en un point de la conchoïde d'une droite*. Soient PQ, MN et C la droite fixe, la droite mobile, et le point donné par lequel passe toujours cette dernière droite : soient aussi M et N deux points correspondants de la droite PQ et de la conchoïde. Le centre instantané de rotation O sera le point de rencontre des perpendiculaires à MN et PQ élevées respectivement en C et M (**172**), (**173**), et la droite OM sera la normale en M à la conchoïde.

3. *Normale en un point d'une strophoïde*. On a vu (4, **159**) qu'une strophoïde quelconque est la conchoïde d'une strophoïde auxiliaire à laquelle on sait mener la tangente et, par suite, la normale au point correspondant. Alors, en raisonnant comme on l'a fait tout à l'heure pour la conchoïde d'une droite, on est conduit à la construction suivante :

M *(fig. 52) étant le point de la strophoïde par lequel il faut mener une tangente à cette courbe, et C étant le point ou la transversale BM coupe la droite XY, menez la bissectrice de l'angle* XCB, *élevez au point B une perpendiculaire à* BM, *et tirez la droite qui joint le point M au point de rencontre de cette perpendiculaire et de la bissectrice de l'angle* XCB ; *cette droite sera la normale en* M.

On voit sans difficulté que cette construction est d'accord avec celle qui a été donnée précédemment (4. **159**).

DEUXIÈME PARTIE

En géométrie, on peut se proposer de démontrer un *théorème*, de déterminer un *lieu*, ou de résoudre un *problème*.

Les méthodes à suivre dans chacun de ces cas, avec les exemples les plus propres à en faire comprendre l'esprit, vont être successivement présentées. Des questions de choix, dont quelques-unes ont été proposées au Concours, seront ensuite résolues et quelquefois discutées d'une manière complète.

CHAPITRE PREMIER

MÉTHODE A SUIVRE POUR DÉMONTRER LES THÉORÈMES. — CHOIX DES THÉORÈMES LES PLUS IMPORTANTS. — EXERCICES.

175. Quand on se propose de démontrer un théorème, après avoir tracé, s'il est nécessaire, quelques droites ou cercles auxiliaires pour faciliter l'application des propositions connues, on essaie d'abord de réduire, autant que possible, la difficulté. Ainsi, dans un grand nombre de questions, en apparence compliquées, tout revient à prouver qu'un angle est droit, que deux droites ou deux angles sont égaux, etc.

Quand cette première préparation est faite, si le théorème n'est pas ramené à quelque proposition connue, on emploie la méthode suivante, qui est du reste applicable à toute question mathématique, quelle que soit sa nature.

176. Analyse. On cherche d'abord si la propriété de la figure qu'il faut démontrer, et que nous appellerons A, est la conséquence d'une propriété B, si celle-ci à son tour est la conséquence d'une propriété C, et ainsi de suite jusqu'à ce que l'on soit arrivé à une propriété M évidente ou connue. On *substitue* ainsi une ou plusieurs fois à un théorème un autre théorème à démontrer : de là le nom de *méthode de substitution* qu'on donne aussi à la méthode précédente, désignée plus ordinairement sous le nom d'*Analyse*.

REMARQUE. Il arrive souvent qu'il est plus facile de déduire une propriété B de la propriété A que de chercher une propriété dont celle-ci soit la conséquence, Mais si l'on procède ainsi, on devra alors, pour se conformer à la méthode prescrite, s'assurer que réciproquement la propriété A est la conséquence de la propriété B, et de même pour la suite.

176. Synthèse. Quand on veut démontrer de la manière la plus simple et la plus rapide un théorème auquel on est arrivé par l'analyse, on emploie la *synthèse*. Voici en quoi elle consiste.

On prend pour point de départ la propriété connue M, qui est la dernière à laquelle on est arrivé par l'analyse. On en déduit celle qui la précédait dans l'ordre analytique ; de celle-ci on déduit encore la précédente dans le même ordre, et ainsi de suite jusqu'à ce que l'on retombe sur la propriété A, qu'il fallait démontrer.

REMARQUE. Lorsqu'on est arrivé à un théorème par l'analyse, il n'est pas nécessaire, pour être assuré de sa vérité, de le démontrer par la synthèse, si l'analyse a été faite dans les conditions de rigueur prescrites. Mais si l'on s'était contenté, comme on le fait le plus souvent, de déduire les propriétés A, B, C... M, les unes des autres sans s'assurer que la condition de réciprocité est remplie dans le passage d'une propriété à la suivante, on devrait compléter l'analyse par la synthèse.

178. Constructions auxiliaires. Comme il a déjà été dit, pour mettre en évidence certaines propriétés des figures et faciliter l'application des théorèmes connus, on fait certaines constructions auxiliaires. En général, on tire des droites; quelquefois aussi on trace des cercles, lorsqu'on veut, par exemple, prouver l'égalité de certains angles par leurs mesures. C'est souvent le choix plus ou moins heureux des lignes auxiliaires qui conduit à une démonstration plus ou moins simple d'un théorème. On ne peut donner aucune règle générale à cet égard. Nous dirons seulement qu'il faut autant que possible réduire le nombre des lignes auxiliaires, tout en mettant en évidence les propriétés de la figure.

179. Sur l'emploi dans les démonstrations de théorèmes connus. Les théorèmes sur les triangles semblables sont le plus communément employés et conduisent ordinairement aux démonstrations les plus simples. Mais souvent les triangles semblables ne pourraient être formés qu'en multipliant trop le nombre des lignes auxiliaires de la figure. Alors, dans ce cas, on fera usage du rapport anharmonique, dont l'emploi est plus général et exige moins de constructions auxiliaires. Le théorème sur le triangle rectangle et les théorèmes qui s'y rattachent interviennent aussi fréquemment dans les démonstrations, mais surtout dans celles qui exigent des calculs.

Enfin, on peut quelquefois employer les méthodes de transformation par *projection cylindrique ou conique, par polaires réciproques*, ou par *figures inverses*. On *transformera* la propriété A, que l'on veut démontrer, en une autre B, et si cette dernière est connue, par la transformation inverse on en déduira la propriété A.

On pourrait faire encore bien d'autres observations de détail; mais c'est surtout en étudiant avec soin les procédés variés de démonstration suivis dans un grand nombre de théorèmes que les élèves pourront acquérir de l'habileté. Je me contenterai ici d'appliquer l'analyse à la démonstration d'un théorème ; puis je donnerai les démonstrations synthétiques de quelques théorèmes, choisis, ou parce qu'ils font un complément utile à ceux qu'on donne ordinairement dans les cours de Géométrie élémentaire, ou encore parce que leur démonstration est remarquable.

180. **Démonstration d'un théorème par l'analyse.**

On veut démontrer le théorème suivant :

Lorsque d'un point M *(fig. 64) pris sur la circonférence circonscrite à un triangle* ABC, *on abaisse des perpendiculaires* MD, ME, MF *sur les côtés, les pieds* D, E, F, *des trois perpendiculaires sont en ligne droite (Simson).*

Tirons les droites ED, EF, MA, MB, MC : tout revient à démontrer que les angles BED, FEA sont égaux. Or, si cette égalité a lieu, à cause des quadrilatères inscriptibles BMED, AFME, les angles BMD, AMF seront égaux entre eux, comme respectivemeut égaux aux deux angles BED, FEA. La réciproque est d'ailleurs évidente.

Mais si les angles BMD, FMA sont égaux, il en est évidemment de même des angles BMA, DMF et réciproquement. Or, comme les quadrilatères BMAC, DMFC sont inscriptibles, les angles BMA, DMF sont effectivement égaux comme suppléments d'un même angle ; le théorème est donc démontré.

La droite DEF est quelquefois appelée la *droite de Simson.*

REMARQUE I. En suivant la marche inverse de la précédente, on fera la démonstration synthétique ; mais cela est inutile. Comme la réciprocité a toujours été vérifiée dans la démonstration, l'analyse se suffit à elle-même.

REMARQUE II. En admettant que les trois points D, E, F étaient en ligne droite, on a été conduit à cette conclusion, que l'angle BMA était égal à l'angle DMF : or, comme ce dernier angle est le supplément de l'angle C, il en est de même de l'angle BMA : par conséquent, le point M est sur la circonférence circonscrite au triangle ABC. On peut donc énoncer la réciproque suivante :

Si un point est tel, que les pieds des perpendiculaires abaissées de ce point sur les trois côtés d'un triangle soient en ligne droite, le point est sur la circonférence circonscrite à ce triangle.

THÉORÈMES DE GÉOMETRIE PLANE.

180. Théorèmes sur les triangles.

I. *Si l'on joint par des droites les pieds des hauteurs d'un triangle, on obtient un second triangle dont ces hauteurs sont les bissectrices.*

Soient ABC (*fig.* 65) le triangle donné, AD, BE, CF ses trois hauteurs, et DEF le triangle formé par les droites qui joignent leurs pieds. Les angles BFH, BDH étant droits, le quadrilatère BDHF est inscriptible, et, par suite, les angles DFH, HBD sont égaux.

On démontre de même l'égalité des angles HFE, HAE, au moyen du quadrilatère inscriptible AFHE.

Or les angles HBD, HAE étant égaux comme compléments d'un même angle C, les angles DFH, HFE sont aussi égaux, et l'une quelconque des hauteurs CF est la bissectrice de l'angle correspondant F du triangle DEF.

II. *Dans tout triangle, la distance du centre du cercle circonscrit à l'un des côtés est la moitié de la distance du sommet opposé au point d'intersection des trois hauteurs.*

En effet, soient ABC le triangle donné (*fig.* 66), AD et BE les hauteurs qui correspondent aux côtés BC et AC, OM et OL les perpendiculaires élevées sur les milieux M et L des mêmes côtés, H le point de rencontre des deux premières droites, et O celui des deux dernières : tirons la droite ML.

Les triangles HAB, OLM sont semblables comme ayant les côtés respectivement parallèles, et on en conclut que le rapport de OM à AH est égal à celui de ML à AB. Or ce dernier rapport est égal à $\frac{1}{2}$, puisque la droite ML joint les milieux de deux des côtés du triangle ABC : donc la distance OM est égale à la moitié de la distance AH du point d'intersection des trois hauteurs au sommet opposé A.

III. *Dans tout triangle, le point d'intersection des hauteurs, le centre de gravité et le centre du cercle circonscrit sont en ligne droite, et la distance des deux premiers points est double de la distance des deux autres points.*

En effet, dans la figure 66, tirons les droites DE, OH, AM, dont les deux dernières se coupent en G. Les triangles GOM, GAH sont semblables comme équiangles, et, par suite, le rapport de GM à GA est égal à celui de OM à AH. Or, d'après le théorème précédent, ce dernier rapport est égal à $\frac{1}{2}$; le segment GM de la médiane AM est donc la moitié de l'autre segment AG, et, par conséquent, le point G est le centre de gravité du triangle ABC. Ainsi, le point d'intersection des hauteurs, le centre de gravité et le centre du cercle circonscrit sont en ligne droite.

La deuxième partie de l'énoncé se démontre à l'aide des mêmes triangles semblables.

IV. *Dans tout triangle* ABC *(fig. 48), les distances des trois sommets* A, B, C *aux points de contact* D, E, F *du cercle inscrit sont respectivement* p—a, p—b, p—c. (On désigne, comme à l'ordinaire, par $2p$ le périmètre, et par a, b, c les côtés opposés respectivement aux angles A, B, C.)

En effet, les six segments déterminés sur les côtés du triangle ABC par les trois points D, E, F sont égaux, deux à deux, comme tangentes à un cercle issues d'un même point : la somme des trois segments inégaux est donc égale à p, et l'on a

$$AF + BD + DC = p,$$

d'où

$$AF = p - a.$$

On prouve de même que les deux segments BD et DC sont respectivement égaux à $p-b$ et $p-c$.

V. *Dans tout triangle ABC (fig. 48), les distances d'un quelconque des trois sommets aux points de contact des côtés de l'angle correspondant avec le cercle ex-inscrit compris dans cet angle sont égales au demi-périmètre.*

Soit, par exemple, le cercle ex-inscrit I' qui touche BC et les prolongements de AB et AC en P, H et L (ces trois derniers points ne sont pas marqués sur la figure) : il faut démontrer que les distances AH et AL sont égales à p.

En effet, les distances BP, BH sont égales comme tangentes menées d'un même point B au cercle ex-inscrit I', et CP, CL sont égales pour la même raison. On a, par conséquent,

$$BC = BH + CL.$$

Si l'on ajoute ensuite $AB + AC$ aux deux membres de l'égalité précédente, il vient

$$AB + AC + BC = AH + AL,$$

ou, en tenant compte de l'égalité des tangentes AH et HL,

$$AH = AL = p;$$

c'est ce qu'il fallait démontrer.

COROLLAIRE I. *Les distances BH et CL sont respectivement égales à* p—c *et* p—b, *et, par suite, à* CD *et* BD.

COROLLAIRE II. *Les distances FH et EL sont égales à* BC.

REMARQUE. Si l'on considère à la fois le cercle inscrit et le cercle ex-inscrit I', on voit que AB et AC sont deux tangentes communes extérieures, et que BC est l'une des tangentes communes intérieures.

Le corollaire II peut donc s'énoncer ainsi : *les segments,*

*interceptés sur les tangentes intérieures par les tangentes
extérieures, sont égaux à la longueur de ces dernières tangentes.* (On appelle longueur d'une tangente commune à
deux cercles la distance de ses points de contact.)

On voit aussi aisément que deux tangentes intérieures
comprennent deux segments égaux entre les points où elles
rencontrent une tangente extérieure et les points de contact
de cette dernière tangente, et qu'il en est de même pour les
segments analogues déterminés sur une tangente intérieure
par les deux tangentes extérieures.

VI. *La hauteur AD d'un triangle ABC (fig. 65), qui correspond au sommet A, et la droite OA, qui joint ce sommet au
centre O du cercle circonscrit, sont symétriques par rapport
à la bissectrice AL.*

En effet, si l'on prolonge la bissectrice AL et la perpendiculaire OM abaissée du centre O sur BC jusqu'à ce qu'elles
rencontrent l'arc BC du cercle circonscrit, on voit qu'elles
passent toutes deux par le milieu K de cet arc. On a alors
un triangle isocèle OAK dans lequel l'angle OAK est égal à
OKA; et comme, à cause des parallèles OK et AD, le dernier angle est égal à LAD, l'angle OAD a pour bissectrice
AL, ou, ce qui revient au même, OA et AD sont symétriques
par rapport à cette droite.

VII. *Les milieux des côtés d'un triangle, les pieds des
hauteurs et les milieux des distances des sommets au point
d'intersection de ces dernières droites sont sur une même circonférence.*

Soient ABC (fig. 67) le triangle donné, M, N, P les milieux
des côtés, D, E, F les pieds des hauteurs, H leur point d'intersection, et R, K, L les milieux des distances AH, BH et
CH. Tirons les droites PM, MN, PN, DP. La droite DP, qui,
dans le triangle rectangle ABD, joint le sommet D de l'angle
droit au milieu P de l'hypoténuse, est égale à la moitié de
cette droite. Or, la droite MN étant aussi la moitié de AB,

et PN étant parallèle à BC, la figure DMPN est un trapèze isocèle qui est, par suite, inscriptible dans un cercle. Il est ainsi démontré que la circonférence, qui passe par les milieux des côtés du triangle, passe aussi par les pieds des hauteurs.

Reste à prouver que les points R, K, L appartiennent à la même circonférence. Considérons, par exemple, le point R : on voit que, si l'on tire les droites RP, RN, RM et PM, les angles RPM, RNM seront droits, puisque les droites RP et RN sont respectivement parallèles à BH et CH, et que PM et MN sont respectivement parallèles à AC et AB. La circonférence, décrite sur RM comme diamètre, passe donc par les milieux des côtés. Le théorème est ainsi complétement démontré.

Le cercle, dont la circonférence passe par les neuf points de l'énoncé, est ordinairement désigné sous le nom de *cercle des neuf points*.

VIII. *Le cercle des neuf points a un rayon égal à la moitié du rayon du cercle circonscrit au triangle, et son centre est le milieu de la droite qui joint le centre du cercle circonscrit au point d'intersection des hauteurs.*

O étant le centre du cercle circonscrit au triangle ABC (fig. 66), tirons les droites OH, MR, OM, OR, OA, HM, et soit S le point de rencontre de OH et MR. Comme AR est égale à OM (th. **II**), la figure AOMR est un parallélogramme, et le diamètre MR du cercle des neuf points est, par conséquent, égal au rayon OA du cercle circonscrit

D'un autre côté, le quadrilatère HROM étant aussi un parallélogramme, les diagonales OH et MR sont partagées au point S en deux parties égales : le point S est donc le centre du cercle des neuf points et se trouve au milieu de la distance OH.

COROLLAIRE. *Le centre du cercle des neuf points est situé sur la droite MR menée, par le milieu M du côté BC d'un triangle* ABC, *parallélement à une droite* AO *symétrique de la hauteur* AD *de ce triangle par rapport à la bissectrice de l'angle* A (th. **VI**).

IX. *Dans tout triangle, le rayon du cercle circonscrit est égal au quart de la différence entre la somme des rayons des cercles ex-inscrits et le rayon du cercle inscrit.*

Soient ABC (fig. 68) le triangle donné, O et I les centres du cercle circonscrit et du cercle inscrii, I', I'', I''' les centres des cercles ex-inscrits qui sont compris respectivement dans les angles A, B, C du triangle; soient aussi R et r les rayons des cercles circonscrit et inscrit, et r', r'', r''' les rayons des cercles ex-inscrits qui ont respectivement pour centres I', I'', I'''. (ces notations seront toujours adoptées dans la suite.) On tire les droites qui joignent, deux à deux, les quatre centres I, I', I'', I''', et l'on obtient ainsi un triangle I' I'' I''', dont les trois droites AII', BII'', CII''' sont les hauteurs.

En appliquant le théorème précédent, on voit que la circonférence circonscrite au triangle ABC coupe en leurs milieux les trois côtés du triangle. I'I''I''' et les trois droites II', II'', II'''. Ainsi, en particulier, les points D et E où le cercle circonscrit rencontre les droites I'' I''', II' sont les milieux de ces droites. D'autre part, la droite AE étant la bissectrice de l'angle BAC, le point E est le milieu de l'arc BC; et comme l'angle DAE est droit, il en résulte que DE est perpendiculaire sur le milieu de BC.

Cela posé, on s'appuie sur le lemme suivant, qui est évident :

Si l'on donne, sur une même droite, quatre points o, a, b, c, *tels que le quatrième point* c *soit au milieu de la distance* ab *du second au troisième point: la distance* oc *est égale à la demi-somme ou à la demi-différence des distances* oa *et* ob, *suivant que les deux points* a *et* b *sont ou non d'un même côté du point* o.

Projetons maintenant sur DE les points I, I', I'', I''' en i, i', i'', i'''. Les points D et E, étant les milieux de I'' I''' et II'', seront aussi les milieux de $i''\, i'''$ et de $i\,i''$. Alors, d'après le lemme, on a immédiatement

$$DK = \frac{r'' + r'''}{2} \quad , \quad EK = \frac{r' - r}{2}.$$

Or, comme le diamètre DE du cercle circonscrit au triangle ABC est égal à la somme de DK et EH, en ajoutant, membre à membre, les égalités précédentes, on a bien

$$R = \frac{r' + r'' + r''' - r}{4}.$$

X. *Dans tout triangle, la distance du centre du cercle circonscrit à l'un des côtés est égale au quart de l'excès de la somme du rayon du cercle inscrit et des rayons des cercles ex-inscrits qui touchent les prolongements du côté, sur le rayon du troisième cercle ex-inscrit.*

Pour que l'énoncé soit général, il faut donner, à la distance du centre du cercle circonscrit à l'un des côtés, le signe — ou le signe +, suivant que le centre du cercle circonscrit et le sommet opposé au côté donné sont ou non de part et d'autre de ce côté.

Considérons d'abord le second cas, c'est-à-dire supposons que l'angle A, opposé au côté BC que l'on considère (fig. 68), soit un angle aigu. OK étant la distance à évaluer, comme le point O est le milieu de DE et que D et E sont de part et d'autre de BC, on aura, d'après le lemme donné précédemment,

$$OK = \frac{DK - EK}{2};$$

et en remplaçant DK et EK **par** les valeurs trouvées dans la démonstration du théorème **IX**, il vient

$$OK = \frac{r + r'' + r''' - r'}{4}.$$

Supposons maintenant que l'angle A soit obtus; alors les deux points A et O sont de part et d'autre de BC, et l'on a

$$OK = \frac{EK - DK}{2}, \quad \text{ou} \quad -OK = \frac{DK - EK}{2};$$

on obtient donc finalement

$$-EK = \frac{r + r'' + r''' - r'}{2},$$

et le théorème est démontré dans tous les cas.

XI. *Dans tout triangle, la somme des distances du centre du cercle circonscrit aux trois côtés est égale à la somme des rayons des cercles inscrit et circonscrit.*

En effet, soient q, s, t les distances prises avec leurs signes, du centre du cercle circonscrit aux trois côtés BC, AC et AB, on a

$$q = \frac{r + r'' + r''' - r'}{4} \quad , \quad s = \frac{r + r' + r''' - r''}{4},$$

$$t = \frac{r + r' + r'' - r'''}{4};$$

et en ajoutant membre à membre, les trois égalités, il vient

$$q + s + t = \frac{3r + r' + r'' + r'''}{4} = r + \frac{r' + r'' + r''' - r}{4},$$

ou, d'après le théorème **IX**,

$$q + s + t = r + R,$$

XII. *Étant donné un triangle ABC (fig. 68), si l'on désigne par* d *et* d' *les distances* OI, OI' *du centre* O *du cercle circonscrit aux centres* I *et* I' *du cercle inscrit et de l'un des cercles ex-inscrits, on a*

$$d^2 = R^2 - 2Rr \quad , \quad d'^2 = R^2 + 2Rr'.$$

En effet, les triangles OEI, OEI' donnent

$$d^2 = R^2 + \overline{EI}^2 - 2R \cdot Ei \quad , \quad d'^2 = R^2 + \overline{EI'}^2 + 2R \cdot Ei',$$

ou, en remplaçant Ei, Ei, par $r + EK$, $r' - EK$,

$$d^2 = R^2 + \overline{EI}^2 - 2R \cdot EK - 2Rr, \quad d'^2 = R^2 + \overline{EI'}^2 - 2R \cdot EK + 2Rr'.$$

Or le triangle IBI' étant rectangle en B, et le point E étant, comme on l'a vu (th. **IX**), le milieu de II', les trois longueurs EI, EI' et BE sont égales. Comme, d'ailleurs, dans le triangle rectangle DBE, le côté BE est la moyenne proportionnelle entre EK et DE ou 2R, il vient

$$\overline{EI}^2 = \overline{Ei}^2 = \overline{BE}^2 = 2R \cdot EK.$$

Donc les égalités qui donnent d^2 et d'^2 se réduisent bien à la forme annoncée.

XIII. *Un cercle étant circonscrit à un triangle ABC (fig. 69), et D étant le milieu de l'arc BAC, si l'on tire les droites AD et BD, on a*

$$AB \times AC = \overline{BD}^2 - \overline{AD}^2.$$

En effet, prolongeons AB d'une longueur AE égale à AC, et tirons CE. Le triangle AEC étant isocèle, l'angle BEC est la moitié de l'angle BAC; le point E se trouve donc sur un arc, qui a pour corde BC et qui est capable d'un angle moitié de l'angle BAC : cet arc a d'ailleurs pour centre le point D, qui est à égale distance de trois de ses points. Si alors on applique le théorème connu sur la puissance d'un point par rapport à un cercle, on a

$$AB \times AE = \overline{BD}^2 - \overline{AD}^2,$$

ce qui est bien la relation demandée, puisque AE est égal à AC.

L'expression précédente du produit de deux côtés d'un

triangle est tirée de la solution d'un problème par *Fermat* :
nous donnerons plus tard cette solution.

XIV. *La droite de Simson* (180) *est à égale distance du point donné* M *et du point d'intersection* H *des hauteurs du triangle* ABC.

Prolongeons les droites MD et DE (fig. 70) jusqu'à ce qu'elles rencontrent respectivemeut le cercle en N, et la hauteur AG prolongée, au point I; élevons BL perpendiculaire à BC ; du point L où cette droite coupe le cercle, abaissons LP perpendiculaire sur MD ; et enfin tirons les droites ML, MA, LA, MB, BN. On a aussi abaissé les deux hauteurs AG et BK du triangle qui se coupent en H.

Les angles BED, BMD sont égaux comme inscrits dans un même segment, et les angles BAN, BMD sont aussi égaux pour la même raison ; on conclut donc de là l'égalité des angles BED et BAN. Les droites DE, AN sont, par conséquent, parallèles, et la figure DIAN est un parallélogramme dans lequel les côtés DN et AI sont égaux.

D'autre part, la figure BHAL est aussi un parallélogramme, puisque les côtés opposés sont, deux à deux, perpendiculaires à une même droite ; on a donc

$$AH = LB = DP.$$

Mais, à cause des triangles rectangles égaux LMP, BND, les droites MP, DN sont égales ; et comme les droites DN et AI sont aussi égales, il vient.

$$PD + MP = AI + AH, \quad \text{ou} \quad MD = IH;$$

par conséquent, si l'on tire les droites MI et DH, on obtient un parallélogramme MIHD, dans lequel la diagonale MH est coupée en deux parties égales par l'autre diagonale ID : c'est ce qu'il fallait démontrer.

XV. *Si, par les trois sommets d'un triangle, on mène des droites faisant, dans un même sens de rotation, des angles* *de 60° avec les côtés opposés, ces droites forment entre elles un triangle égal au premier* (*).

Soient (fig. 74) les trois droites AH, BF, CD, qui font des angles de 60° avec les côtés du triangle donné ABC, et qui, prolongées jusqu'à leur rencontre, déterminent le triangle A'B'C' : menons aussi les trois hauteurs AL, BF, CG.

D'abord. les deux triangles ABC, A'B'C' sont équiangles : prouvons, par exemple, l'égalité des angles A et A' de ces deux triangles. Il suffit, pour cela, de remarquer que, le quadrilatère FADA' étant inscriptible à cause de l'égalité des angles CDA, BFA, les angles A et A' sont égaux comme suppléments d'un même angle DAF.

Il reste maintenant à prouver que deux côtés homologues, BC et B'C' par exemple, sont égaux.

En effet, les quatre points C, H, C', F sont sur un même cercle, puisque les angles C'HC, C'FC sont tous deux égaux à 120° ; et il en est de même des points H, D, B, B', ainsi que des points B, C, E, G, puisque les angles AHB, ADB' sont égaux à 60°, et que les angles BGC, BEC sont droits. On a alors les trois égalités

$$AH \times AC' = AC \times AF \quad , \quad AH \times AB' = AB \times AD,$$
$$AC \times AE = AB \times AG.$$

Si on les ajoute, membre à membre, qu'on mette chacune des droites AH, AC, AB en facteur dans deux termes de l'égalité obtenue, et qu'on tienne compte des relations évidentes

$$AB' + AC' = B'C' \quad , \quad AF - AE = EF \quad , \quad AG + AD = DG,$$

on aura

$$AH \times B'C' = AC \times EF + AB \times DG.$$

(*) Ce nouveau cas d'égalité des triangles n'avait pas encore été remarqué, du moins à ma connaissance.

Mais l'angle AHL étant égal à 60°, la droite AH est double de LH, et l'égalité précédente devient

$$2LH \times B'C' = AC \times EF + AB \times DG.$$

Cela posé, nous remarquons que, les trois triangles rectangles AHL, BEF, DCG étant semblables, les droites LH, EF, DG sont proportionnelles aux trois hauteurs du triangle, et, par suite, aux inverses des côtés correspondants : on peut donc, dans l'égalité précédente, remplacer les trois longueurs LH, EF, DG, respectivement, par $\dfrac{1}{BC}$, $\dfrac{1}{AC}$, $\dfrac{1}{AB}$.

On trouve alors

$$B'C' = BC ;$$

c'est ce qu'il fallait démontrer.

Généralisation. Si les droites menées des sommets du triangle ABC faisaient avec les côtés opposés des angles égaux quelconques, dans un même sens de rotation, les triangles ABC, A'B'C' seraient toujours semblables ; mais le rapport de LH à AH, qui n'est plus égal à $\frac{1}{2}$, étant désigné par m, on voit, par la démonstration précédente, que le rapport des côté B'C' et BC sera égal à $2m$, et que, par suite, le rapport des aires des triangles A'B'C' et ABC sera égal à $4m^2$.

α étant l'angle constant donné, en sait que le rapport m est égal à $\cos \alpha$: on peut donc écrire

$$\frac{A'B'C'}{ABC} = 4\cos^2 \alpha.$$

XVI. *Étant donné un triangle équilatéral* ABC (*fig.* 72), *si, par un point quelconque* D *du cercle circonscrit et les trois sommets* A, B, C, *on mèue les droites* DA, DB, DC, *la dernière droite est égale à la somme des deux autres.*

En effet, construisons sur DA, comme côté, un triangle équilatéral DAE. Comme l'angle BDA est supplémentaire de l'angle BCA, et, par suite, de l'angle EDA, les trois points

B, D, E sont en ligne droite, et tout revient à démontrer que les droites BE et DC sont égales.

Or, les deux angles EAB, DAC étant égaux comme composés de deux angles égaux et d'un angle commun, les deux triangles EAB, DAC sont égaux comme ayant un angle égal compris entre côtés respectivement égaux, et, par suite, on en conclut l'égalité des troisièmes côtés DC et BE.

XVII. RÉCIPROQUEMENT, *si un point est tel, que sa distance à l'un des sommets d'un triangle équilatéral soit égale à la somme de ses distances aux deux autres sommets, ce point appartient à la circonférence circonscrite au triangle.*

On construit encore le triangle équilatéral DAE, puis on tire la droite BE. Alors on démontre, comme dans le théorème précédent, l'égalité des triangles BAE, BAC, et on en déduit encore l'égalité des côtés BE, CD. Mais comme la droite CD est, par hypothèse, égale à la somme des deux droites BD et AD ou DE, il en est de même de BE, et, par conséquent, les trois points B, D, E sont en ligne droite.

On conclut de là que l'angle BDA est supplémentaire de l'angle EDA et de son égal l'angle BCA; le quadrilatère ACBD est donc inscriptible, et le point M appartient à la circonférence circonscrite au triangle ABC.

XVIII. *Si sur le côté BC d'un triangle ABC on construit deux triangles équilatéraux BCD, BCD' et qu'on désigne par* m^2 *l'aire du triangle donné et par* $2k^2$ *la somme des carrés des côtés de ce triangle ; on a*

$$\overline{AD}^2 + \overline{AD'}^2 = 2k^2 \quad , \quad \overline{AD}^2 - \overline{AD'}^2 = 4m^2\sqrt{3}.$$

(D' *et* A *sont supposés du même côté par rapport à* BC.)

En appliquant au triangle DAD' les expressions connues de la somme et de la différence des carrés de deux côtés d'un triangle, on démontre sans peine le théorème.

Des deux égalités de l'énoncé on déduit, en représentant AD et AD' par n et n',

$$n = \sqrt{k^2 \times 2m^2\sqrt{3}} \quad , \quad n' = \sqrt{k^2 - 2m^2\sqrt{3}}.$$

XIX. *Si, sur les trois côtés d'un triangle* ABC (*fig.* 73), *on construit trois triangles équilatéraux* BCD, ACE, BAF *extérieurs à ce triangle, et qu'on tire les droites* AD, BE, CF, *ces trois droites seront égales, se couperont en un même point* I, *et feront entre elles des angles* AIB, BIC, AIC *égaux à* 120°.

1° *Les trois droites* AD, BE, CF *sont égales.* En effet, les deux triangles FAC et BAE étant égaux comme ayant un angle compris entre côtés respectivement égaux, les droites BE et CF sont égales ; et on démontre de la même manière l'égalité de AD et CF.

2° *Les trois droites se coupent en un même point, et font entre elles des angles de* 120°. En effet, circonscrivons des cercles aux triangles BCD, ACE, et soit I leur deuxième point d'intersection. Si l'on tire les droites IA, IB, IC, les angles BIC, AIC seront égaux à 120°, et, par suite, il en sera de même de l'angle AIB : le cercle circonscrit au triangle ABF passera donc aussi par le point I.

Tirons maintenant les droites ID, IE, IF : tous les angles consécutifs DIC, CIE, AIE, etc., seront évidemment égaux à 60°. De là il résulte que ID, IE, IF sont respectivement les prolongements de IA, IB, IC, car ID et IA, par exemple, font avec IC des angles supplémentaires ; la seconde partie est donc complétement démontrée.

REMARQUE. Le théorème précédent est encore vrai, quand les trois triangles équilatéraux sont construits dans le sens opposé à celui qu'on a pris d'abord : seulement, du nouveau point de rencontre I des droites AD, BE, CF, on voit maintenant deux des côtés sous des angles de 60° et le troisième sous un angle de 120°.

Résolution par la Géométrie du système des équations

$$(1) \quad \begin{cases} x^2 + y^2 + xy = c^2 \ , \quad x^2 + z^2 + xz = b^2, \\ y^2 + z^2 + yz = a^2. \end{cases}$$

Nous voulons donner ici un remarquable exemple du secours que la Géométrie peut quelquefois donner à l'Algèbre.

Construisons un triangle ABC dont les côtés soient mesurés par les nombres a, b, c. (On admet d'abord que le plus grand des trois nombres soit plus petit que la somme des deux autres.) Alors, si l'on détermine, comme dans la figure 73, les trois triangles équilatéraux extérieurs qui ont pour bases les côtés BC, AC, AB représentés respectivement par a, b, c, et que l'on tire les droites AD, CF, BE ; on sait (th. **XIX**) que ces trois droites se coupent en un même point I, et que les angles BIC, AIC, AIB sont égaux à 120° : de là on conclut facilement que, si l'on désigne par x, y, z les nombres qui mesurent les droites IA, IB, IC, ces nombres satisferont aux équations (1).

Cela posé, traçons (*fig.* 73) le cercle circonscrit au quadrilatère BDCI, et soit G le point où ce cercle coupe le côté AB, on aura

$$IA = \frac{AB \times AG}{AD}, \quad \text{ou} \quad x = \frac{c}{n}. AG;$$

(on adopte ici et plus loin toutes les notations du théorème **XIX**), et tout revient à calculer AG.

A cet effet, projetons le point C en H sur le prolongement de AB : on aura

$$AG = GH - AH.$$

Mais on obtient d'abord dans le triangle ABC

$$AH = \frac{a^2 - b^2 - c^2}{2c} = \frac{a^2 - k^2}{c};$$

puis, l'angle CGH étant égal à 60°, le triangle rectangle CHG donne

$$GH = \frac{CH \sqrt{3}}{3} = \frac{2\, m^2 \sqrt{3}}{3c}.$$

On a donc

$$AG = \frac{2\, m^2 \sqrt{3} + 3\, k^2 - 3\, a^2}{3c} = \frac{n^2 + 2\, k^2 - 3\, a^2}{3c}$$

et, par suite,

$$x = \frac{n^2 + 2\, k^2 - 3\, a^2}{3n}.$$

En remplaçant ensuite a par b et c dans la valeur de x, on obtient

$$y = \frac{n^2 + 2k - 3b^2}{3n} \quad , \quad x = \frac{n^2 + 2k^2 - 3c^2}{3n}.$$

REMARQUE I. Les valeurs de x, y, z satisferont aux équations proposées, sans qu'il soit tenu compte de l'inégalité que l'on a supposée exister entre a, b, c ; cette inégalité de condition peut être écartée.

REMARQUE II. Les valeurs de x, y, z peuvent être soumises à deux vérifications ; car d'après le théorème **XVI**, leur somme doit être égale à AD ou n, et la somme des triangles IBC, IAC, IAB étant égale au triangle ABC, la somme $xy + xz + yz$ doit avoir pour valeur $\dfrac{4m^2 \sqrt{3}}{3}$.

REMARQUE III. Les valeurs de x, y, z, changées de signe, satisfont aussi aux équations données.

On peut encore trouver deux autres solutions du système proposé. À cet effet, construisons encore trois triangles équilatéraux BCD', ACE', ABF' sur les côtés du triangle ABC, mais du côté opposé aux triangles équilatéraux précédemment déterminés. On sait que les trois droites AD', BE', CF' se coupent en un même point I' (remarque du théorème **XIX**.), mais que, de ce point, on voit deux côtés sous des angles de 60º et le troisième sous un angle de 120º.

Supposons que BC soit celui des trois côtés qui est vu sous un angle égal à 120º ; on prouve facilement alors que, si l'on représente — AD', BE', CF', respectivement, par x', y', z', on a

$$x' = \frac{n'^2 + 2k^2 - 3a^2}{3n'} \quad , \quad y' = \frac{n'^2 + 2k^2 - 3b^2}{3n'}.$$

$$z' = \frac{n'^2 + 2k^2 - 3c^2}{3n'}.$$

On aura enfin une quatrième solution du système en prenant les valeurs précédentes en signes contraires.

XX. *Si dans un triangle* ABC (fig. 74) *le sommet et la grandeur de l'angle* A *sont invariables, et que le côté* BC, *glisse sur une droite fixe* LM, *le cercle circonscrit au triangle variable sera toujours tangent à un cercle fixe.*

1ʳᵉ Démonstration. — Du point A abaissons AD perpendiculaire sur BC; puis, ayant pris sur cette droite un point quelconque E, décrivons, sur AE comme diamètre, un cercle qui coupe en F et G les deux côtés de l'angle mobile. Si l'on mène la corde FG, cette droite aura une longueur constante, et, par conséquent, sera tangente à un cercle connu K, ayant pour centre le milieu de AE. Déterminons maintenant les lignes inverses de la corde FG et de la circonfésence K en prenant le point A pour origine, et le produit AE $\times$ AD pour puissance d'inversion. La ligne inverse de la corde FG sera la circonférence circonscrite au triangle ABC, et celle de K sera une circonférence fixe, tangente au cercle circonscrit au triangle. On aura d'ailleurs le centre et le rayon du cercle fixe par les formules du n° **82.**

2ᵐᵉ Démonstration. Du point O, centre du cercle circonscrit au triangle ABC, on abaisse une perpendiculaire OH sur BC, et l'on tire BO. On obtient ainsi un triangle BOH dans lequel l'angle O est égal à l'angle constant BAC; le rapport de OB à OH est donc déterminé. Or, comme les droites OA et OB sont égales, le lieu du point O, lorsque l'angle BAC tourne autour de son sommet A, est une hyperbole dont l'un des foyers est le point A et dont la droite LM est la directrice correspondante.

Le rapport des distances du point O au foyer A et à la directrice LM étant déterminé, on pourra, par une construction très-simple, obtenir le second foyer A' de l'hyperbole, et la distanee OA' — OA sera constante. Alors le cercle décrit avec OA comme rayon, c'est-à-dire le cercle circonscrit au triangle ABC, sera tangent au cercle directeur correspondant au second foyer.

XXI. *Si dans un triangle ABC un côté BC est connu en grandenr et en position, et que la somme des deux autres côtés soit donnée : 1° la projection de la bissectrice de l'angle A sur l'un des côtés de cet angle est constante, 2° le produit des perpendiculaires abaissées des sommets B et C sur la bissectrice de l'angle BAK supplémentaire de l'angle A est constant.*

1° (fig. 75) *la projection AE de la bissectrice AD est constante.* Soit I le centre du cercle inscrit qui touche le côté AB en F. Ayant mené la droite IF, et abaissé DE perpendiculaire sur AB, on a deux triangles semblables AIF, AED qui donnent

$$AE = \frac{ED \times AF}{FI}.$$

Or, si l'on exprime que le triangle ABC est égal à la somme des triangles ABD, ADC, il vient

$$(AB + AC) \times ED = (AB + AC + BC) \times FI,$$

d'où

$$\frac{ED}{FI} = \frac{AB + AC + BC}{AC + AB}.$$

Le rapport $\frac{ED}{FI}$ est donc constant, et comme il en est de même du segment AF qui est égal à $\dfrac{AB + AC - BC}{2}$, le théorème est démontré.

2° (*fig. 76.*) *Le produit des perpendiculaires CF et BE, abaissées sur la bissectrice extérieure AE, est constant.* Soit prolongée CA d'une longueur AK égale à AB, et soit O le milieu de BC : tirons les droites BK, EOG et OF. La droite AE étant la bissectrice de l'angle au sommet A d'un triangle isocèle ABD, les droites BK et BE se confondent, et le point E est le milieu de BK. Comme d'ailleurs les deux triangles OBE, OCG sont égaux, la longueur OE est la moitié de la somme constante CK, et, par suite, il en est de même de OF.

Les trois points E, F, G appartiennent donc à une même circonférence déterminée ayant pour contre le point O.

Or, le produit BE $\times$ CF est égal à CG $\times$ CF, c'est-à-dire à la puissance, au signe près, du point C par rapport au cercle fixe; le théorème est donc démontré.

REMARQUE I. On peut aussi donner cet autre énoncé du même théorème : *la projection de la normale en un point d'une ellipse sur le rayon vecteur qui joint ce point à l'un des foyers est constante, et le produit des perpendiculaires, abaissées des foyers de l'ellipse sur une tangente quelconque, est constant.*

REMARQUE II. De l'énoncé du théorème **XXI** on en déduit immédiatement un autre, en remplaçant la somme des côtés par la différence et en changeant le rôle des deux bissectrices. La démonstration est d'ailleurs toute semblable. On a ainsi un nouveau théorème relatif à l'hyperbole.

182. Théorèmes sur les triangles et les cercles considérés ensemble.

I. *Étant donnés un triangle isocèle AFG (fig. 77) et un cercle qui a son centre O sur le milieu de la base FG et qui touche les deux côtés AF et AG, si une tangente quelconque au cercle, BC par exemple, coupe ces deux côtés en B et C, le produit des segments BF et CG est constant.*

En effet, si l'on tire les droites OB et OC, on obtient deux triangles FOB et GOC, qui sont semblables parce qu'ils ont les angles F et G égaux, par hypothèse, et les angles BOF, OCG égaux comme étant tous deux complémentaires de la moitié de l'angle ACB : on a donc

$$(1) \qquad\qquad BF \times CG = \overline{OF}^2.$$

REMARQUE. Le théorème est encore vrai, lorsque la tangente rencontre les prolongements des côtés égaux du triangle isocèle.

Le théorème qui précède est le Porisme 198 de l'ouvrage de M. Chasles qui a pour titre : *Les trois livres des Porismes d'Euclide rétablis pour la première fois*. M. Chasles, à la page 350 de son ouvrage, appelle *Porisme*, d'après les Anciens, « une pro- « position où l'on a à la fois à démontrer une vérité énoncée « et à trouver la qualité ou la manière d'être, comme la gran- « deur ou la position de certaines choses mentionnées dans « l'énoncé de cette vérité. » Ainsi le théorème précédent est un Porisme, parce que l'énoncé n'indique pas la valeur du produit constant. Je donnerai dans la suite quelques autres exemples de Porismes.

II. *Lorsque les côtés d'un triangle sont coupés par un cercle, si l'on parcourt son périmètre successivement dans deux sens différents à partir d'un sommet, et que l'on prenne toujours les deux segments, ayant pour origine commune chaque sommet, à mesure qu'ils se présentent, les produits des segments, correspondant aux deux sens dans lesquels le périmètre a été parcouru, seront égaux (Carnot).*

Pour démontrer le théorème, il suffit d'exprimer que les produits des segments partant d'un même sommet sont égaux, et de multiplier, membre à membre, les égalités ainsi obtenues.

Remarque I. Le théorème s'étend à un polygone plan quelconque, en faisant la même démonstration que pour le triangle.

Remarque II. Le théorème relatif à un polygone quelconque peut être étendu à l'ellipse. En effet, le polygone étant coupé par un cercle, si l'on désigne par a, b, c... les segments obtenus en parcourant le périmètre du polygone dans un certain sens, et les autres segments par α, β, γ..., on a

$$\frac{abc\dots}{\alpha\beta\gamma\dots} = 1.$$

Mais, si l'on désigne par a', b', c',... α', β', γ'... les projections sur un plan quelconque des segments a, b, c... α, β, γ..., un rapport tel que $\dfrac{a}{\alpha}$ sera remplacé par $\dfrac{a'}{\alpha'}$, et comme la projection d'un cercle sur un plan est une ellipse, le théorème se trouve immédiatement étendu à cette courbe.

III. *Étant donné un triangle* ABC *(fig. 78), si l'on joint par des droites les milieux* D, E, F *de ses côtés, et que, par les sommets du triangle ainsi obtenu, on mène des tangentes au cercle inscrit dans le triangle* ABC, *les trois points* I, L, M, *où ces tangentes rencontreront respectivement les côtés* EF, FD, DE *du triangle* DEF, *seront en ligne droite.*

Tout revient à démontrer qu'en tenant compte des signes des segments, on a toujours la relation

$$\frac{IE}{IF} \times \frac{LF}{LD} \times \frac{MD}{ME} = 1.$$

Proposons-nous d'abord d'évaluer le rapport $\dfrac{IE}{IF}$ en fonction des trois côtés du triangle ABC. A cet effet, prolongeons la tangente DI et le côté AC jusqu'à leur rencontre en N. Alors les triangles semblables ENI, FDI donnent

$$\frac{IE}{IF} = \frac{EN}{DF} = \frac{CN - CE}{DF};$$

mais les droites CE et DF étant toutes deux égales à la moitié de AC, tout revient à calculer CN. Cependant nous adjoindrons la droite ND à CN comme inconnue auxiliaire.

Cela posé, soient a, b, c les trois côtés BC, AC, AB du triangle ABC, et a', b', c' les côtés CD, CN, DN du triangle CDN : a' est égal à $\dfrac{a}{2}$, et b', c' sont les inconnues, principale et auxiliaire. L'égalité précédemment obtenue peut alors s'écrire :

$$(1) \qquad \frac{IE}{IF} = \frac{2\,b' - b}{b}.$$

Maintenant, G étant le point de contact de BC et du cercle inscrit, si on égale entre elles les deux expressions connues de CG en fonction des trois côtés des deux triangles ABC, NCD, on a

$$(2) \qquad a' + b' - c' = a + b - c.$$

D'autre part, les triangles ABC, NCD ayant l'angle commun C, sont entre eux comme les produits des côtés qui comprennent cet angle, et, étant circonscrits à un même cercle, ils sont aussi entre eux comme leurs périmètres : on a donc

$$(3) \qquad a' + b' + c' = \frac{a'b'}{ab}(a + b + c).$$

Ajoutant ensuite, membre à membre, les égalités (2) et (3), remplaçant a' par $\dfrac{a}{2}$, et résolvant l'égalité résultante par rapport à b', on obtient

$$b' = \frac{2\,b\,(c-b)}{a+c-3b}.$$

Si alors on substitue la valeur précédente de b' dans l'égalité (1), on a, pour la valeur absolue du rapport $\dfrac{IE}{IF}$, $\dfrac{3c-a-b}{a-c-3b}$; et, comme dans le cas de figure considéré, $\dfrac{IE}{IF}$ est négatif, la valeur qu'il faut prendre pour le rapport,

est $\dfrac{a+b-3c}{a+c-3b}.$

Si le point I était sur le prolongement de EF, le cercle inscrit au triangle ABC deviendrait ex-inscrit par rapport au triangle CND, et on trouverait, pour la valeur absolue du rapport, c'est-à-dire pour celle qu'il faut prendre actuellement, la dernière valeur obtenue.

Ainsi, dans tous les cas, en tenant compte du signe du rapport, on a

$$\frac{\text{IE}}{\text{IF}} = \frac{a+b-3c}{a+c-3b}.$$

En faisant ensuite deux permutations tournantes des lettres a, b, c, on obtient

$$\frac{\text{LF}}{\text{LD}} = \frac{b+c-3a}{a+b-3c} \quad , \quad \frac{\text{MD}}{\text{ME}} = \frac{a+c-3b}{b+c-3a}.$$

Si enfin on multiplie, membre à membre, les trois dernières égalités obtenues, on arrive bien à la relation qu'on s'était proposé de démontrer.

L'élégante démonstration qu'on vient de lire est de *M. A. Serret* (*).

REMARQUE. En faisant une projection orthogonale, le théorème se trouve immédiatement étendu à l'ellipse ; et, à l'aide d'une perspective du genre de celle qui est indiquée au n° **106**, on voit que, dans l'énoncé du théorème, on peut substituer aux milieux des côtés du triangle donné, trois points de ces côtés satisfaisant à la condition que les droites qui les joignent aux sommets opposés se coupent en un même point.

IV. *Si deux triangles abc, a' b' c' (fig. 79) sont tels, que les sommets de l'un soient les pôles des côtés de l'autre par rapport à un cercle, c'est-à-dire qu'ils soient polaires réciproques par rapport à ce cercle ; les points d'intersection des côtés opposés sont en ligne droite.*

La notation ordinaire est conservée, c'est-à-dire que les points a', b', c', a, b, c sont respectivement les pôles des côtés bc, ac, ab, $b'c'$, $a'c'$, $a'b'$. Soient l, m, n les points d'intersection des côtés correspondants, et d, e les points où les droites $b'c'$, $a'c'$ rencontrent ab. Le point d, étant le point d'intersection des polaires de a et c', est le pôle de la droite ac', et, pour une raison semblable, le point l est le pôle de

(*) *Nouvelles Annales*, t. VI. p. 391.

aa'. Alors le rapport anharmonique des quatre points, en ligne droite, l, d, c', b' est égal au rapport anharmonique de leurs polaires aa', ac', ab, ac; et comme ces quatre dernières droites concourent en un même point a, les deux rapports anharmoniques $(n.ldc'b')$, $(a.a'c'em)$ sont égaux.

Faisant ensuite les transformations ordinaires, on a
$$(n.ldc'b') = (a.a'c'em) = (n.b'c'dm) = (n.mdc'b') ;$$
et comme le premier et le dernier faisceau ont un centre commun n, un rapport anharmonique égal, et trois rayons coïncidents nd, nc', nb' les quatrièmes rayons nl et nm sont sur une même droite : c'est ce qu'il fallait démontrer.

CorollAIRE. *Les droites* aa', bb', cc' *concourent en un même point* (**V**, 5).

183. Théorèmes sur le trapèze, le quadrilatère, le pentagone et les polygones en général.

I. *Si l'on désigne par* a *et* b *les bases d'un trapèze, et qu'une droite* p *partage les côtés non parallèles dans le rapport de* m *à* n, m *étant le nombre proportionnel au segment adjacent à la base* b, *on a*

$$p = \frac{ma + nb}{m+n}.$$

Soit ABCD le trapèze donné (*fig.* 80) et EF la parallèle aux bases qui est telle, que le rapport de ED à EA soit celui de m à n. Si l'on tire la diagonale AC, on obtient deux triangles CGF, AEG respectivement semblables aux triangles ABC, ACD, et l'on en déduit

$$GF = \frac{ma}{m+n} \quad , \quad GE = \frac{nb}{m+n}.$$

Ajoutant ensuite, membre à membre, ces deux égalités, on a bien la formule demandée.

RemARQUE. Si q est la droite qui partage la surface du trapèze dans le rapport de m à n, en considérant les trapèzes

partiels comme différences de triangles semblables, on trouve
facilement,

$$q = \frac{ma^2 + nb^2}{m+n}.$$

II. *Dans tout trapèze, si l'on désigne, respectivement, par*
a, b, c, d, e, f, *les deux bases, les deux côtés non parallèles*
et les diagonales, on a

$$\frac{e^2 - f^2}{c^2 - d^2} = \frac{a + b}{a - b}.$$

En effet, menons par le sommet D (*fig.*80) les droites DK,
DH respectivement parallèles à BC, AC et DP perpendiculaire à AB : soit aussi I le milieu de AK ; ce point sera
en même temps le milieu de BH. Alors les triangles HDB,
ADK donnent

$$\overline{BC}^2 - \overline{HD}^2 = 2BH \times IP \quad , \quad \overline{DK}^2 - \overline{DA}^2 = 2AK \times IP.$$

Or, si l'on adopte les notations de l'énoncé, comme les
droites BH et AK sont respectivement égales à $a + b$ et
$a - b$, on voit qu'en divisant, membre à membre, les deux
égalités précédentes, on a bien la formule demandée.

III. *Si un point* E *est pris sur la droite indéfinie qui passe*
par les sommets opposés B *et* D *d'un losange* ABCD, *le pro-*
duit EB $\times$ ED *sera à* $\overline{AB}^2 - \overline{AE}^2$ *où à* $\overline{AE}^2 - \overline{AB}^2$, *suivant*
que le point E *sera intérieur ou extérieur au losange.*

En effet, si, du sommet A comme centre avec AB comme
rayon, on décrit un cercle, il passera par les points B et D.
Alors la puissance du point E par rapport à ce cercle, qui
est représentée par $-$ BE $\times$ ED, ou BE $\times$ ED, suivant que
le point E est sur la diagonale BD ou sur son prolongement,
est aussi égale à $\overline{AE}^2 - \overline{AB}^2$.

IV. *Dans tout quadrilatère complet, les cercles décrits sur*
les trois diagonales comme diamètres ont même axe radical,
les milieux de ces trois diagonales sont en ligne droite, et les
points d'intersection des hauteurs des quatre triangles for-

més par la rencontre des quatre côtés du quadrilatère sont sur une même droite perpendiculaire à celle qui passe par les milieux des diagonales.

Soient le quadrilatère complet ABCDEF (fig. 81), AG, BH, EI les trois hauteurs du triangle ABE, qui se coupent en O. Décrivons trois cercles sur les diagonales BD, AC, EF comme diamètres ; il passeront, respectivement, par les points H, G, I, et alors les puissances du point O par rapport à chacun des cercles sont, au signe près, les produits OH. OB, OG. OA, OI, OE. Or ces produits sont évidemment égaux, à cause des quadrilatères inscriptibles AHGB, AIGE; le point O d'intersection des trois hauteurs du triangle ABE est donc d'égale puissance par rapport aux trois cercles, et il en est de même des autres points analogues.

Comme il y a plus d'un point d'égale puissance par rapport aux trois cercles considérés, on en conclut que ces cercles ont un même axe radical qui contient tous les points d'égale puissance par rapport à eux, et que leurs centres sont en ligne droite. Or les milieux des diagonales sont les centres des trois cercles, les points d'intersection des hauteurs des quatre triangles appartiennent à l'axe radical des trois cercles comme ayant la même puissance par rapport à eux, et l'axe radical est d'ailleurs perpendiculaire à la ligne des centres : tout est donc démontré (*).

REMARQUE. On peut prouver très-simplement, d'une manière directe, que les milieux des trois diagonales sont en ligne droite.

A cet effet, on considère le triangle AEB (fig. 81) dans lequel on joint les milieux P, Q, R des côtés par des droites qui passent ainsi, chacune, par le milieu d'une des diagonales. Tout revient à démontrer que ces derniers milieux déterminent sur les côtés du triangle PQR six segments satisfaisant à la condition ordinaire. Mais c'est ce que l'on voit

(*) Mention. — *Nouvelles Annales*, tome XI.

immédiatement, en remarquant que ces segments sont les moitiés de ceux que la transversale DF détermine sur les côtés du triangle AEB.

V. *Dans tout quadrilatère complet, chacune des diagonales est divisée harmoniquement par les deux autres.*

Ainsi, par exemple, ABCD (fig. 82) étant le quadrilatère donné, les quatre points D, G, B, H forment une division harmonique sur la diagonale BD. En effet, la droite EF est la polaire du point C par rapport à l'angle DFC (**14**).

VI. *Si un quadrilatère inscrit dans une circonférence donnée a pour sommets quatre points qui divisent harmoniquement cette circonférence, le produit de deux côtés opposés est égal au produit des deux autres côtés.*

On dit qu'une circonférence est divisée harmoniquement par quatre de ses points, lorsque le faisceau, qui a pour centre un point quelconque de la circonférence et dont les rayons passent par les quatre points, est un faisceau harmonique ; les points correspondant à deux rayons conjugués sont dits eux-mêmes conjugués.

Soit ABCD (*fig.* 83) le quadrilatère donné, B et D étant deux des points conjugués ; prenons pour centre du faisceau le point D : alors les quatre rayons du faisceau seront DA, DB, DC et la tangente DE en D. Or, comme le faisceau D. EFAC est harmonique, la droite EC est divisée harmoniquement par les quatre points E, A, F, C, et le point E, étant placé sur les polaires des points D et F, est le pôle de la droite BD. Si donc on tire la droite BE, cette droite sera tangente au cercle et sera égale à DE.

Cela posé, les triangles BAE, EAD étant respectivement semblables aux triangles EBC, EDC comme équiangles, on a

$$\frac{BC}{BA} = \frac{EC}{EB} \quad , \quad \frac{CD}{AD} = \frac{EC}{ED} ;$$

d'où l'on déduit

$$\frac{BC}{BA} = \frac{CD}{AD}, \quad \text{ou} \quad BC \times AD = BA \times CD.$$

REMARQUE. Étant donnés trois points A, B, D d'une circonférence dont les deux derniers sont considérés comme conjugués, le quatrième point C d'une division harmonique de la circonférence formée par les points A, B, C, D, sera le second point de rencontre avec la circonférence de la droite qui joint le point A au pôle E de la droite BD. En effet, le faisceau M.ABCD a ses angles égaux à ceux du faisceau B.AEDC qui est harmonique.

VII. *Si un quadrilatère est inscrit dans une circonférence, le produit des distances d'un point quelconque de cette ligne à deux cotés opposés du quadrilatère est égal au produit des distances du même point aux deux autres côtés.*

Soient ABCD (*fig.* 84) le quadrilatère donné, E le point pris sur la circonférence circonscrite, et EH, EF, EG, EK les distances du point E aux quatre côtés du quadrilatère.

Tirons les droites EA, EC. Les triangles rectangles EAH, EAK sont respectivement semblables aux triangles EGG, ECF comme ayant, deux à deux, un angle aigu égal, et l'on a

$$\frac{EH}{EG} = \frac{AE}{EC}, \quad \frac{EK}{EF} = \frac{AE}{EC};$$

d'où l'on déduit

$$\frac{EH}{EG} = \frac{EK}{EF}, \quad \text{ou} \quad EH \times EF = EK \times EG;$$

c'est ce qu'il fallait démontrer.

VIII. *Dans tout quadrilatère circonscrit à un cercle, les carrés des distances du centre de ce cercle à deux sommets opposés sont entre eux comme les produits des côtés qui aboutissent à ces sommets.* (*Mourgue*).

Soit le quadrilatère convexe ABCD (*fig.* 85) : tirons les droites qui joignent le centre O du cercle donné aux quatre sommets et aux quatre points de contact. Les angles AOI, IOB étant les moitiés des angles KOI, IOM, l'angle AOB est la moitié de la somme des angles KOI, IOM ; de même l'angle DOC est de la moitié de la somme des angles KOL, MOL.

Or la somme des angles KOI, IOM, MOL, LOK étant égale à quatre angles droits, les angles AOB et DOC sont supplémentaires, et, par suite, il en est de même des angles AOD et BOC.

Cela posé, les deux triangles AOB, DOC, ayant deux angles supplémentaires AOB, DOC, sont entre eux comme les produits des côtés qui comprennent ces angles ; mais comme ils ont même hauteur quand on prend pour leurs bases les côtés AB et CD, on a

$$\frac{OA \times OB}{OC \times OD} = \frac{AB}{CD}.$$

Ensuite les triangles AOD, BOC donnent de même

$$\frac{OA \times OD}{OB \times OC} = \frac{AD}{BC};$$

et en multipliant, membre à membre, les deux dernières égalités, on a

$$\frac{\overline{OA}^2}{\overline{OC}^2} = \frac{AB \times AD}{CD \times BC};$$

c'est ce qu'il fallait démontrer.

REMARQUE. Si le quadrilatère avait un angle rentrant, les angles, sous lesquels on verrait du centre deux côtés opposés, seraient encore supplémentaires ; les mêmes angles au contraire seraient égaux si deux des côtés opposés du quadrilatère se *croisaient*. Mais, dans tous les cas, la démonstration subsiste et le théorème est toujours vrai.

IX. *Dans tout quadrilatère circonscrit à un cercle, la droite, qui joint les milieux des diagonales, passe par le centre du cercle (Newton).*

Soient ABCD (*fig*. 85) le quadrilatère, E et F les milieux de ses diagonales, O le centre du cercle inscrit : on tire la droite OE, et il faut démontrer que son prolongement passe par le point F.

A cet effet, menons les droites OA, OB, OC, OD ; et soient G et H les points où OA et le prolongement de OC rencontrent la diagonale BD. Le point E étant le milieu de cette diagonale, d'après le lemme du théorème **IX** (page 149), on a

$$2\,EG = DG - BG \quad , \quad 2EH = DH - BH.$$

Mais les trois premières longueurs EG, DG, BG sont proportionnelles aux aires des triangles EOA, DOA, BOA qui ont même base OA, et les trois autres longueurs EH, DH, BH sont proportionnelles aux aires des triangles EOC, DOC, BOC qui ont même base OC; on obtient donc

$$2EOA = DOA - BOA \quad , \quad 2EOC = DOC - BOC;$$

et si l'on divise, membre à membre, les égalités précédentes, il vient

$$\frac{EOA}{EOC} = \frac{DOA - BOA}{DOC - BOC}.$$

Cela posé, les triangles DOA, BOA, DOC, BOC, ayant pour hauteur commune le rayon du cercle inscrit, peuvent être remplacés par leurs bases dans l'égalité précédente, et on a

$$\frac{EOA}{EOC} = \frac{DA - BA}{DC - BC}.$$

Or, d'après un théorème bien connu, le dernier rapport est égal à l'unité; les triangles EOA, EOC ont donc même aire, et comme ils ont aussi même base EO, les hauteurs correspondantes sont égales. De là on conclut évidemment l'égalité des segments AF et CF qui restait à démontrer.

X. *Dans tout quadrilatère inscrit à un cercle, le point d'intersection des diagonales et les points de concours des côtés* *opposés sont tels, que chacun d'eux est le pôle, par rapport au cercle, de la droite qui joint les deux autres points.*

Soient LMNP (*fig.* 82), le quadrilatère inscrit, G le point de rencontre de ses diagonales, et H, K les points de concours des côtés opposés. On sait déjà (**22**) que H et K sont respectivement les pôles, par rapport au cercle, de GK et GH ; mais, par cela même, le point G est le pôle de HK, par rapport au cercle ; tout est donc démontré.

XI. *Dans tout quadrilatère complet circonscrit à un cercle, le point de rencontre de deux diagonales est le pôle de la troisième diagonale ; et si l'on forme un quadrilatère dont les sommets soient les points de contact du quadrilatère donné, dans les deux quadrilatères, les diagonales, qui joignent les points de concours des côtés opposés, coïncident, et les quatre autres diagonales se rencontrent en un point où elles forment un faisceau harmonique.*

Soient ABCD (*fig.* 82) le quadrilatère circonscrit, LMNP le quadrilatère inscrit correspondant, E, F les points de concours des côtés opposés dans le premier quadrilatère, et H, K les points analogues dans le deuxième. Tirons les diagonales AC, BD, LN, MP, et soit G le point de rencontre des deux dernières droites : le point G est le pôle de HK par rapport au cercle, d'après le théorème précédent. Mais la droite EF, joignant les pôles E et F des droites MP et LN, a aussi pour pôle le point G ; elle se confond donc avec HK.

D'un autre côté, le point H, étant le point de rencontre des droites LM et PN qui sont respectivement les polaires de A et C par rapport au cercle, est le pôle de AC ; et, pour une raison semblable, le point K est le pôle de BD. Le point d'intersection des diagonales AC et BD est donc le pôle de HK, c'est-à-dire qu'il se confond avec le point G où se rencontrent les diagonales MP et LN du quadrilatère inscrit.

On remarque maintenant que la droite BD, étant la polaire de K, doit non-seulement passer par le point G, mais aussi par le point H (**22**), et, de même, que la diagonale AC doit passer par le point K : les points H et K sont donc les points de rencontre des deux diagonales BD et AC du quadrilatère circonscrit avec la troisième diagonale EF. Or les points H et K étant les pôles des diagonales AC et BD, et G étant le pôle de EF, le triangle KGH est tel, que chacun de ses sommets est le pôle du côté opposé.

Reste à faire voir que les quatre droites AC, BD, MP, LN forment un faisceau harmonique. Or cela est évident, car le point H étant le pôle de AC, la transversale HL est divisée harmoniquement par le pôle, le cercle et la polaire, et alors les quatre droites du faisceau viennent passer par les quatre points d'une division harmonique.

XII. *Si un quadrilatère est inscrit dans un cercle, et que l'on tire la droite qui joint les points de concours des côtés opposés, le cercle décrit sur cette droite comme diamètre coupe orthogonalement le cercle donné.*

Soient ABCD (*fig.* 86) un quadrilatère inscrit dans un cercle, EF la droite qui joint les points de rencontre des côtés opposés. On voit d'abord aisément que le cercle, décrit sur EF comme diamètre, coupe le cercle donné. En effet, l'un des angles A du quadrilatère étant aigu, et l'angle opposé C obtus, le cercle décrit sur EF comme diamètre contient le point C dans son intérieur, tandis que le point A lui est extérieur : il coupe donc la diagonale AC, et, par suite, le cercle donné.

Cela posé, soit D' un des points d'intersection des deux cercles : tirons les droites FD', EA', B'F, C'D', les points A', B', C' étant les seconds points de rencontre du cercle donné et des sécantes FD', EA', B'F, et prolongeons C'D' jusqu'à son point de rencontre avec A'B'. Ce dernier point, devant se trouver sur la polaire de F par rapport au cercle donné, sera le point d'intersection de cette polaire et de la droite A'B', c'est-à-dire le point E. Si l'on mène ensuite les tangentes en B', D', leur point de rencontre H sera sur la polaire EF du point de rencontre des diagonales A'C', B'C' du quadritatère A'B'C'D'.

On peut remarquer maintenant que la circonférence décrite sur EF comme diamètre passe par le point B'; car dans le quadrilatère inscriptible A'B'C'D' l'un des angles A'D'C' étant droit, l'angle opposé A'B'C' est droit aussi. Alors, si sur le milieu de la corde B'D' du cercle EFD'B', on élève une perpendiculaire à cette corde, la perpendiculaire passera par le point H et le milieu du diamètre EF. Le point H est donc le centre du cercle EFD'B'; et, comme les rayons HB', HD' de ce cercle sont respectivement perpendiculaires sur les rayons OB', OD' du cercle donné, le théorème est démontré.

XIII. *Un quadrilatère étant inscrit dans un cercle dont le centre est O (fig. 87), si par le point d'intersection E des diagonales on mène la corde IH, qui est partagée par ce point en deux parties égales, le point E est aussi le milieu du segment FG compris entre les côtés opposés AB, CD du quadrilatère.*

1ère Démonstration. Soit IH la corde dont le point E est le milieu : abaissons, du centre, les perpendiculaires OK et OL sur AB et CD; puis tirons les droites OE, OF, OG, EK et EL. Le quadrilatère OEFK est inscriptible, puisque ses angles E et K sont droits, et, par suite, les angles FOE, FKE sont égaux. On prouve de même l'égalité des angles EOG, GLE.

Mais les triangles AEB, EDC étant semblables, les angles FKE, ELG sont égaux comme angles de deux côtés homologues AB, CD avec leurs médianes correspondantes. Par conséquent, les angles FOE, EOG, et, par suite, leurs compléments OFE, OGE sont égaux ; le triangle FOG est donc isocèle, et la droite OE perpendiculaire sur FG passe par le milieu E de cette droite.

2ème Démonstration. Nous supposerons ici que le point E est le milieu de FG, et alors il faudra démontrer que ce même point est le milieu de la corde IH : soient M le point d'intersection des côtés opposés AB et CD, et N celui des deux autres AD et BC. Les droites AB, CD, ME, MN forment un faisceau harmonique, et comme la droite FG est partagée en deux parties égales au point E, elle est parallèle à MN. Or cette dernière droite, étant la polaire du point E par rapport au cercle, est perpendiculaire à OE, et il en est de même de IH parallèle à MN; le point E est donc le milieu de la corde IH.

XIV. *Si dans un pentagone on enlève successivement chacun des côtés, et qu'on prolonge jusqu'à leur rencontre les côtés adjacents à ce côté, on forme ainsi cinq quadrilatères tels, que les droites qui joignent les milieux de leurs diagonales se coupent en un même point.*

Soit ABCDE (fig. 88) le pentagone donné. Si on enlève successivement les deux côtés AB et BC, et qu'on prolonge les côtés qui leur sont adjacents jusqu'à leur rencontre en S et F, on obtient deux quadrilatères ESCD, EAFD. Menons les diagonales SD, EC, FF, AD de ces quadrilatères, et tirons les droites GI, HK qui joignent leurs milieux ; O étant le point d'intersection des deux dernières droites, on va d'abord évaluer le rapport $\dfrac{GO}{IO}$.

A cet effet, tirons les droites GK, IH, et prolongeons-les jusqu'à leur rencontre avec le côté ED : il est visible qu'elles passent par le milieu L de ce côté. Mais le triangle GIL, coupé par la transversale HK, donne

$$LK \times HI \times GO = HL \times GK \times IO,$$

d'où

$$\frac{GO}{IO} = \frac{HL \times GK}{LK \times HI} = \frac{DF \times AS}{AE \times CF}.$$

12

Considérons maintenant le quadrilatère PBCD obtenu en prolongeant les côtés DE et AB jusqu'à leur rencontre en P, et menons ses diagonales PC et BD, ainsi que la droite MN qui joint leurs milieux. Si l'on désigne par O' le point où cette dernière droite coupe GI, on trouve, comme plus haut,

$$\frac{GO'}{IO'} = \frac{DP \times SB}{PE \times BC}.$$

Or, pour que les deux points O et O' se confondent, les deux rapports $\frac{GO}{IO}$ et $\frac{GO'}{IO'}$ doivent être égaux, c'est-à-dire qu'on doit avoir

$$DF \times AS \times PE \times BC = AE \times CF \times DP \times SB.$$

Pour démontrer qu'en effet cette dernière relation a lieu, on remarque que les triangles DPF, EPA, SAB, SBF, étant associés deux à deux d'une manière convenable, ont un angle égal, et on obtient alors

$$\frac{DPF}{EPA} = \frac{DP \times PF}{PE \times PA} \quad , \quad \frac{EPA}{SAB} = \frac{PA \times AE}{AS \times AB},$$

$$\frac{SAB}{CBF} = \frac{AB \times SB}{BC \times FB} \quad , \quad \frac{CBF}{DPF} = \frac{FB \times CF}{PF \times DF}.$$

Il suffit ensuite de multiplier, membre à membre, les égalités précédentes pour obtenir la relation demandée. Comme les trois quadrilatères, que l'on a considérés, ont été pris arbitrairement parmi les cinq quadrilatères de l'énoncé, le théorème est complétement démontré.

Remarque. Le genre de démonstration qui a été donnée ne comportait pas l'emploi des signes, mais on y supplée par la vue de la figure.

XV. *Lorsqu'un polygone plan est coupé par une transversale, et que l'on prend les segments compris entre les som-*

mets et les points de rencontre de la transversale avec les côtés, le produit des segments qui n'ont pas d'extrémité commune est égal au produit des autres segments (Carnot).

(Dans cet énoncé, on suppose que les segments prennent des signes suivant la règle ordinaire.)

Tout revient à démontrer que, si le théorème est vrai pour un polygone de n côtés, il est vrai aussi pour un polygone ayant un côté de plus. Soit alors ABCDE (*fig.* 89) le polygone pour lequel on veut démontrer le théorème, et KL la transversale : en tirant la diagonale AD, on obtient un polygone ABCD ayant un côté de moins que le polygone donné, et pour lequel le théorème est vrai par hypothèse. On a donc

$$\frac{FA}{FB} \times \frac{GB}{GC} \times \frac{HC}{HD} \times \frac{KD}{KA} = 1;$$

Mais le triangle ADE étant coupé par la transversale KL, on a aussi

$$\frac{KA}{KD} \times \frac{LD}{LE} \times \frac{ME}{MA} = 1;$$

et en multipliant, membre à membre, les deux égalités précédentes, on obtient

$$\frac{FA}{FB} \times \frac{GB}{GC} \times \frac{HC}{HD} \times \frac{ME}{MA} \times \frac{LD}{LE} = 1;$$

c'est ce qu'il fallait démontrer.

XVI. *Si par les sommets d'un polygone, dont le nombre des côtés est impair, on mène des droites qui concourent en un même point, ces droites déterminent sur les côtés du polygone des segments, compris entre elles et les sommets, tels, que le produit des segments qui n'ont pas d'extrémité commune est égal et de signe contraire au produit des autres segments (Poncelet).*

Soient, pour fixer les idées, le pentagone ABCDE (*fig.* 90),

F le point donné, et L, M, G, H, K les points où les droites qui joignent le point F aux sommets du pentagone rencontrent les côtés opposés à ces sommets; soient aussi tirées les cinq diagonales du pentagone.

On remarque d'abord que deux segments déterminés sur un même côté du pentagone sont entre eux comme les triangles, ayant pour sommets communs le point F et le sommet opposé au côté, et dont les troisièmes sommets sont les extrémités de ce même côté. Ainsi, par exemple, les deux triangles AFD, BFD ayant même base FD sont entre eux comme les hauteurs correspondantes, et, par suite, comme les segments HA et HB. On a alors, en ne tenant pas compte d'abord des signes des segments,

$$\frac{HA}{HB}=\frac{AFD}{BFD}\ ,\quad \frac{KB}{KC}=\frac{EFB}{EFC}\ ,\quad \frac{LC}{LD}=\frac{AFC}{AFD},$$

$$\frac{MD}{ME}=\frac{BFD}{EFB}\ ,\quad \frac{GE}{GA}=\frac{EFC}{AFC};$$

et en multipliant, membre à membre, les égalités précédentes, on obtient

$$\frac{HA\times KB\times LC\times MD\times GE}{HB\times KC\times LD\times ME\times GA}=1.$$

Mais on peut voir que le nombre des segments qui doivent être pris avec le signe — est toujours impair, quelle que soit la position du point F; le second membre de l'égalité précédente doit donc être précédé du signe —.

184. Théorèmes divers sur les transversales dans le cercle, les systèmes de plusieurs cercles, etc.

I. *Étant donnés deux points A et B sur un cercle O (fig. 91), et une corde DG de ce cercle, si l'on joint un point C quelconque de l'arc DCG aux deux points fixes, par les droites*

AC *et* BC *qui coupent la corde en* E *et* F, *le rapport* $\dfrac{DE \times FG}{EF}$ *est constant* (*Chasles*, Porisme **198**).

En effet, menons par l'un des points fixes A une parallèle AL à la corde DG, et soit H le point où elle coupe le cercle ; tirons aussi la droite BH, que nous prolongeons jusqu'à sa rencontre en I avec la corde DG. Le quadrilatère AHBC étant inscrit dans le cercle, l'angle C est égal à l'angle LHI, et, par suite, à son égal l'angle BIE : les quatre points E, B, I, C sont donc sur un même cercle, et l'on a

$$EF \times FI = BF \times FC.$$

Mais le dernier produit étant égal à $DF \times FG$, il vient

$$EF \times FI = DF \times FG,$$

ou

$$\frac{EF}{FG} = \frac{DF}{FI} = \frac{DF - EF}{FI - FG} = \frac{DE}{GI} ;$$

on a donc

$$\frac{DE \times FG}{EF} = GI ;$$

et comme la longueur GI est constante, le théorème est démontré.

Application du Porisme. Pour montrer par un exemple comment les Porismes peuvent être utiles dans la démonstration des théorèmes ; je vais donner une nouvelle démonstration du théorème **XIII** (page 176) en m'appuyant sur le Porisme précédent.

Considérons dans la figure 87 A et D comme les deux points fixes, et IH comme la corde donnée. On peut supposer ensuite que, du point B, on ait tiré les deux droites BA, BD, et, du point C, les droites CA et CB. Alors, en vertu du Porisme, on a

$$\frac{IF \times EH}{EF} = \frac{IE \times GH}{EG} \cdot$$

Si nous supposons maintenant que les deux segments EF et EG soient égaux, la relation précédente donne

$$IF \times EH = IE \times GH,$$

d'où l'on déduit

$$\frac{IF}{GE} = \frac{IE}{EH} = \frac{IE - IF}{EH - GH} = \frac{EF}{EG} = 1 ;$$

et, comme les deux segments IE et EH sont égaux par hypothèse, on en conclut l'égalité des segments EF, EG.

II. *Si d'un point* A *(fig.92) on mène deux tangentes* AB *et* AC *à un cercle* O, *que, d'un des points de contact* C *avec la tangente* CA *comme rayon, on décrive un arc de cercle qui coupe en* D *le rayon* OB *de l'autre point de contact, que l'on tire* CD, *puis la bissectrice* CE *de l'angle* ACD : *la projection de la corde* CE *sur* OB *sera égale au rayon du cercle donné.*

En effet, menons une parallèle EH et une perpendiculaire CG au diamètre BF, et tirons les droites DA, OE, OC. Les deux angles EOC, ACD étant égaux comme tous deux doubles de l'angle ACE, les triangles isocèles EOC, AOD sont semblables, et l'on a

$$\frac{OC}{CE} = \frac{AC}{AD} \cdot$$

Mais, d'autre part, la droite AD étant perpendiculaire à CE, les angles BAD, CEH ont leurs côtés perpendiculaires et sont égaux : les triangles rectangles ABD, ECH sont donc semblables et donnent

$$\frac{EH}{CE} = \frac{AB}{AD} = \frac{AC}{AD} \cdot$$

Les deux rapports $\dfrac{EH}{EC}$ et $\dfrac{OC}{CE}$ sont donc égaux à un troisième $\dfrac{AC}{AD}$, et on en conclut que la droite EH est égale au rayon OC du cercle donné.

III. *Un angle de grandeur donnée se meut, de manière qu'un de ses côtés passe par un point fixe, et que son sommet glisse sur une circonférence : son deuxième côté rencontre cette ligne en un deuxième point par lequel on mène une droite foisant avec ce côté un angle égal à l'angle mobile, mais dans un sens contraire : cette droite passe par un point donné.* (*Chasles.* Porisme **173**.)

1ᵉʳ CAS. *L'angle constant est droit*. Soit C le point donné (*fig.* 93), et D le sommet de l'angle droit qui glisse sur la circonférence. Par le point E où le côté DE prolongé rencontre le cercle, on mène nne parallèle à CD, et il s'agit de démontrer que cette parallèle passe par un point fixe.

En effet, prolongeons CD et sa parallèle jusqu'à leur rencontre en H et G avec le cercle ; puis tirons la droite GH et le diamètre ACB qui rencontre la droite EG au point F. La figure EDGH est un rectangle dont le centre se confond avec le centre O du cercle ; les deux segments OF ct OC sont donc égaux, et, par suite, le point F est fixe.

2ᵐᵉ CAS. — *L'angle constant est quelconque.* Démontrons d'abord le lemme suivant :

Si l'on prend un point O (fig. 94) sur la hauteur LK d'un triangle isocèle DBL ; que, de ce point, comme centre et avec un rayon arbitraire, on décrive un cercle qui coupe les côtés égaux DL et BL aux points F, G, A, I ; le triangle isocèle OFA, qui a, pour sommet, le point O, et, pour base, la droite FA oblique à la hauteur LK, sera déterminé d'espèce.

En effet, on a

$$\frac{FOA}{2} = \frac{GOA}{2} - \frac{GOF}{2} = GOL - \frac{GOF}{2} = 90° - DLK = DBL,$$

et comme l'angle DBL est constant, le lemme est démontré.

Cela posé, soient O (*fig.* 94) le centre du cercle, A le point fixe, ABD l'angle constant dont le côté AB tourne autour du point A, tandis que son sommet B se meut sur la circonférence : si par le point D, où le second côté de l'angle prolongé rencontre cette ligne, on mène la droite DE telle, que l'angle EDB soit égal à l'angle ABD, cette droite passera toujours par un point fixe.

En effet, du point O comme centre et avec OA pour rayon, décrivons un cercle qui coupe la corde DE en deux points G et F; et soit F celui des deux points qui est tel, que la droite qui le joint au point A n'est pas parallèle à BD; je dis que ce point F est fixe et que le côté DE de l'angle mobile doit constamment y passer.

Pour le voir, il suffit de remarquer que le triangle BDL, obtenu en prolongeant DE et BA jusqu'à leur rencontre, est un triangle isocèle, et que, si l'on tire les droites OF, OA, FA, on aura le triangle isocèle OFA du lemme. Or ce triangle est déterminé de grandeur et de position, puisque OA est fixe et que l'angle FOA est constant : le point F est donc fixe.

IV. *Étant donnés un cercle et l'un quelconque de ses diamètres AF (fig. 95), par les points A et F on mène deux tangentes indéfinies BD et GE et une transversale quelconque qui coupe le cercle en M et les deux tangentes en B et E; puis on tire la droite MF que l'on prolonge jusqu'à sa rencontre en C avec BD : on a*

$$\frac{\overline{AC}^2}{\overline{BC}} = \frac{\overline{AF}^2}{\overline{EF}}.$$

(*Chasles*, Porisme **156**).

En effet, tirons la droite AM : le triangle rectangle CAF, puis les triangles semblables BCM, EFM donnent

$$\frac{\overline{AC}^2}{\overline{AF}^2} = \frac{MC}{MF} = \frac{BC}{EF},$$

d'où l'on déduit évidemment l'égalité demandée.

V. *Étant donnés une circonférence* O *et un point* P *dans son plan ; quand on prend ce point (fig. 140) pour origine, et, pour puissance d'inversion, sa puissance par rapport à la circonférence, sa polaire a, pour ligne inverse, la circonférence dont* PO *est un diamètre.*

En effet, GH étant la polaire du point P, on a

$$PO \times OI = R^2,$$

d'où l'on déduit, en remplaçant OI par OP + PI,

$$- OP \times PI = \overline{OP}^2 - R^2 ;$$

le point O est donc bien le point correspondant du point I.

VI. *Si deux circonférences* O *et* E *(fig. 140) sont telles que la seconde passe par le centre* O *de la première, et qu'on prenne, par rapport à celle-ci, la polaire du point P diamétralement opposé au point* O *sur la circonférence* E *; la droite ainsi obtenue sera l'axe radical des deux cercles.*

Le théorème est évident quand le point P est extérieur au cercle O; mais on le démontre dans tous les cas, comme il suit.

Soient R et R' les rayons des cercles O et E, et GH leur axe radical qui coupe la ligne des centres en I. Le point I étant d'égale puissance par rapport aux deux cercles, on a

$$\overline{OI}^2 - \overline{R}^2 = \overline{EI}^2 - R'^2,$$

ou, en remplaçant EI par OI — R',

$$R^2 = 2\,OI \times R' = OI \times OP;$$

GH est donc bien la polaire du point P par rapport au cercle O.

VII. *Quand deux cercles se coupent orthogonalement, la polaire d'un point de l'un des cercles, par rapport à l'autre cercle, passe par le point diamétralement opposé au point donné sur le cercle qui le contient.*

Soient O et C *(fig. 96)* les deux cercles qui se coupent cr-

thogonalement en D, et A un point quelconque du **premier**
cercle. Menons le diamètre AB et la droite AC qui **coupe le**
cercle O au point E, puis tirons la droite BE ; tout revient
à démontrer que cette dernière droite est la polaire du
point A.

C'est ce que l'on voit immédiatement; car l'angle AEB
est droit comme inscrit dans un demi-cercle, et si l'on
tire le rayon CD qui est tangent au cercle O puisque les cercles O et C se coupent à angle droit, on a

$$AC \times EC = \overline{DC}^2.$$

La droite EB est donc la polaire du point A par rapport
au cercle C.

VIII. *Lorsque des cercles ont même axe radical, la droite
qui contient leurs centres est l'axe radical commun des cercles qui leur sont orthogonaux.*

En effet, soient O et O' (*fig.* 97) les centres de deux cercles du système proposé, XY l'axe radical commun aux cercles de ce système, A et B les centres de deux cercles qui
leur sont orthogonaux et qui les coupent, le premier, en C,
C', le deuxième, en D, D'. Si l'on tire les droites AC, AC', BD,
BD', ces quatre droites seront tangentes aux deux cercles
donnés, et comme les deux premières sont égales ainsi que
les deux autres, les deux points A et B sont sur l'axe radical
XY des cercles O, O'.

Mais alors OC et OD sont deux tangentes égales, menées
du centre O aux deux cercles AC et BD, et de même O'C' et
O'D' sont deux tangentes égales, menées du centre O' aux
mêmes cercles : la droite OO' est donc l'axe radical des cercles AC et BD, et aussi de tous les cercles du même système.

REMARQUE I. Les deux systèmes de cercles considérés
jouissent, l'un par rapport à l'autre, des mêmes propriétés :
c'est pour cette raison qu'on les appelle *systèmes orthogonaux réciproques*.

REMARQUE II. Suivant que l'axe radical des cercles du premier système est extérieur ou intérieur à ces cercles, les cercles du second système coupent ou non la ligne des centres des cercles du premier système, c'est-à-dire leur axe radical commun. On le voit facilement en considérant, dans le premier cas, le cercle du second système qui a pour centre le point F où AB rencontre OO', et, dans le second cas, un cercle dont le centre est très-voisin d'un des points où l'axe radical des cercles du premier système coupe un des cercles de ce système.

COROLLAIRE. *Lorsque les cercles du premier système sont extérieurs à leur axe radical, les cercles du second système passent par deux points fixes E, E' de la ligne des centres des premiers cercles.*

Points limites. Les deux points fixes E, E' ont été appelés *points limites* par M *Poncelet* (*). Ces points peuvent, en effet, être considérés comme des cercles de rayon nul, faisant partie du premier système de cercles, puisque les droites AE et AE', égales à AC, peuvent être considérées comme des tangentes aux cercles E et E' de rayon nul.

On peut remarquer la propriété suivante : *Les points limites sont tels, que la polaire de l'un deux, par rapport à l'un quelconque des cercles du système donné, passe par l'autre point.*

En effet, si l'on considère deux quelconques des cercles du premier système, O et O' par exemple, on a

$$(1) \quad OE \times OE' = \overline{OC}^2 \quad , \quad O'E' \times O'E = \overline{O'C'}^2;$$

ce qui justifie l'énoncé.

Si l'on pose

$$OC = R, \quad O'C' = R', \quad OE = e, \quad O'E = e', \quad OO' = d,$$

(*) *Traité des propriétés projectives des figures*, tome I, page 41.

on déduit des égalités (1)

$$(2) \qquad \frac{R^2}{e} + \frac{R'^2}{e'} = d.$$

IX. *Lorsque les cercles d'un même système ont un axe radical commun qui leur est extérieur, leurs inverses sont des cercles concentriques si l'origine est l'un des points limites* E, E'.

En effet, si l'on considère deux cercles O, O' du système donné, d'après la proposition précédente, l'un des points E, E' a pour polaire par rapport aux deux cercles une perpendiculaire à OO' passant par l'autre point. Donc (Cor. th. **IV. 83**) les inverses des deux cercles sont deux cercles concentriques.

X. *Deux cercles donnés* O, O' *extérieurs l'un à l'autre* (fig. 102), *étant coupés sous des angles constants* α, β *par des cercles* C, C', C"..., *ces derniers cercles auront pour inverses des cercles égaux entre eux lorsqu'on prendra pour origine l'un des points limites* E, E'.

Soit C le centre de l'un des cercles qui coupe les cercles O, O' en F, F' sous les angles α, β : on tire les droites OF, O'F', CF, CF', CE, et l'on pose

$$OF = R, \quad O'F' = R', \quad CF = R_1, \quad OE = e, \quad O'E = e', \quad OO' = d.$$

On désigne aussi les projections des rayons OF', O'F', faites respectivement sur CF, CF' par les nombres constants q, q' pris avec les signes convenables.

Une relation bien connue donne d'abord

$$d.\overline{EC}^2 = e.\overline{CO'}^2 + e'.\overline{CO}^2 - ee'd,$$

et dans les triangles COF, CO'F' on a

$$\overline{CO}^2 = R^2 + R_1^2 - 2qR_1, \qquad \overline{CO'}^2 = R'^2 + R_1^2 - 2q'R_1.$$

Si l'on remplace ensuite dans la première égalité $\overline{CO}^2$,

$\overline{CO'}^2$ par les valeurs que donnent les deux autres, on a

$$d.\overline{EC}^2 = e.\ R'^2 + e'\ R^2 - ee'd + dR_{,}^2 - 2\ (eq' + e'q)R_{,},$$

ou encore, comme la quantité indépendante de $R_{,}$, dans le second membre est nulle en vertu de la relation 2 (th. **VIII**),

$$\frac{\overline{EC}^2 - R_i^2}{R_{,}} = -\ \frac{2\ (eq' + e'q)}{d}.$$

Or le second membre de l'égalité précédente étant indépendante du rayon variable $R_{,}$, il en est de même du premier membre, c'est-à-dire que le rapport du rayon $R_{,}$, du cercle C à la puissance du point E par rapport à ce cercle est un nombre constant. Donc, d'après le corollaire (82), tous les cercles C, C' C'', ont, pour inverses, des cercles égaux entre eux quand on prend pour origine l'un des points limites E, E'.

XI. *Étant donnés un cercle* O *et une droite* AB *qui lui est extérieure (fig. 97), si l'on détermine les points limites* E *et* E' *du système de cercles qui ont* AB *pour axe radical commun et dont le cercle* O *fait partie, et que, par l'un des points* E, *on mène une droite* HGA *qui coupe le cercle* O *en* G *et* H, *le produit des distances* GK *et* HL *à la droite* AB *est constant.*

En effet, le point E est l'un des points où le cercle, qui a pour centre le point A et pour rayon AC, coupe la droite OD; les deux droites AE et AC sont donc égales comme rayons d'un même cercle, et l'on a

$$\overline{AE}^2 = \overline{AC}^2 = AG \times AH.$$

Or, dans cette égalité, les trois longueurs AE, AG, AH peuvent être remplacées par les longueurs FE, GK, HL, qui leur sont proportionnelles à cause des triangles semblables AEF, AGK, AHL : il vient donc

$$\overline{FE}^2 = GK \times HL;$$

c'est ce qu'il fallait démontrer,

XII. *Si un triangle ABC (fig. 98) est inscrit dans un cercle, et que l'un de ses côtés AB passe par un point fixe D; les deux autres côtés AC et BC, étant prolongés jusqu'à leur rencontre en F et E avec la polaire du point D par rapport au cercle, intercepteront sur cette droite, à partir du pied G de la perpendiculaire abaissée du centre sur sa direction, deux segments GE et GF dont le produit sera constant.*

Tirons les droites GA, GB, BH. La droite DG étant la bissectrice de l'angle AGB, (voyez la démonstration du th. **I** (**17**.), le triangle BGH est isocèle; BH est donc parallèle à EF, et, par suite, les angles HGF, BGE sont égaux. Or l'angle BEG est égal à l'angle CBH puisque EF et BH sont parallèles, et, comme le quadrilatère ABCH est inscriptible, les angles CBH, GAF sont égaux : il en est donc de même des angles BEG, GAF. Il résulte de là que les deux triangles BEG, AGF sont semblables comme ayant deux angles respectivement égaux : on a alors

$$\frac{FG}{BG} = \frac{AG}{GE}, \quad \text{ou} \quad FG \times GE = AG \times BG.$$

Or les droites BG et GH étant égales, le dernier produit est égal à la puissance du point G par rapport au cercle; le théorème est donc démontré.

XIII. *Étant donnés sur un cercle O (fig. 99), une de ses cordes CD et les deux points A et B, on tire la droite AB, on la prolonge jusqu'à sa rencontre en E avec la corde CD; puis par le point E on mène la tangente EF au cercle; on joint le point de contact F au milieu I de la corde par la droite IF qu'on prolonge jusqu'à sa rencontre en G avec le cercle; et enfin on tire les droites GA et GB, qui coupent la corde CD aux points H et K : les segments IK et IH de cette corde sont égaux.*

1ère Démonstration. Soit L le milieu de la corde AB : tirons les droites OE, OI, OL, OF, LI, LF. On voit que le cercle, décrit sur OE comme diamètre, passe par les trois points I, L, F; le quadrilatère LIEF est donc inscriptible, et, par suite, les angles LFI, LEI sont égaux.

Cela posé, menons BM parallèle à la corde DC, et soit P son point de rencontre avec GF : tirons aussi les droites PL et BF. L'angle LBP sera évidemment égal à l'angle LEI, et, par suite, à l'angle LFP. On conclut de là que le quadrilatère LFBP est inscriptible, et, par conséquent, que les angles PLB, PFB sont égaux. Or le dernier angle et l'angle A étant égaux comme inscrits dans le même segment, l'égalité des angles PLB et A, et, par suite, le parallélisme des droites LP et AG s'en suivent. Alors L étant le milieu de AB, P est le milieu de BM, et, par suite, I le milieu de HK : c'est ce qu'il fallait démontrer.

2ᵐᵉ Démonstration. Soient, comme dans la démonstration précédente, A et B (*fig.* 100) les deux points fixes sur le cercle, CD la corde donnée, E le point de rencontre des droites AB et CD, EF, EN les tangentes au cercle, et GFI la droite qui joint le point F au milieu I de CD ; tirons encore les droites GN, GA, GB, GC, GD.

Le point E étant le pôle de la corde FN, d'après la remarque faite à la suite du théorème **VI** (page 171), les quatre points F, D, N, C divisent harmoniquement la circonférence, et le faisceau GFDNC est harmonique. Or, comme le point I est le milieu de la corde CD, cette droite est parallèle à GN.

D'autre part, pour la même raison que précédemment, les quatre points F, B, N, A divisent aussi harmoniquement la circonférence. Le faisceau GFBNA est donc harmonique; et comme la droite GN est parallèle à CD d'après la première partie de la démonstration, le point I est le milieu du segment KH.

Remarque. On peut, dans l'énoncé du théorème, prendre l'un ou l'autre des points de contact des tangentes menées par le point de rencontre des deux cordes données.

XIV. *Lorsqu'un cercle mobile rencontre, sous des angles constants, deux droites qui se coupent ; par le point d'intersection des deux droites passent trois autres droites, dont une est orthogonale et les deux autres tangentes au cercle mobile, et toute droite, menée par le point d'intersection des deux droites, est coupée par ce cercle sous un angle constant.*

1° *Le cercle mobile est orthogonal à une droite fixe.* Soient AB et AC (*fig.* 101) les deux droites données, O le centre du cercle qui coupe AB, AC respectivement en D, E, et OG, OF les perpendiculaires abaissées de O sur AB et AC. Les rapports $\dfrac{OG}{OD}$, $\dfrac{OF}{OE}$ sont déterminés, et, par suite, il en est de même du rapport $\dfrac{OG}{OF}$: le centre O est donc sur une droite déterminée AP passant par le point d'intersection A des deux droites données, ou, en d'autres termes, la droite AP est orthogonale au cercle mobile.

2° *Le cercle mobile est tangent à deux droites fixes passant par le point* A. En effet, soient menées du point A les tangentes AK, AL au cercle dans l'une de ses positions, et soient OK, OL les rayons des points de contact. Les rapports de OG à OD ou OK et de OF à OE ou OL sont constants ; les droites AK et AL ne dépendent donc pas de la position particulière du centre O.

3° *Le cercle mobile coupe sous un angle constant toute droite passant par le point* A. Tout revient maintenant à prouver qu'un cercle tangent à deux droites AK et AL, qui se coupent, fait un angle constant avec une droite quelconque AB passant en A. Or, le rapport de OG à OK ou OD étant constant, l'angle GDO est aussi constant.

XV. *Lorsqu'une droite* CC' (*fig.* 97) *rencontre deux cercles* C *et* C' *sous des angles donnés, elle est tangente à deux cercles ayant les mêmes centres que les deux premiers.*

En effet, les angles ACI, AC'I' étant donnés, les longueurs des arcs CI, C'I' et de leurs cordes sont connues ; les distances OP, O'P' des centres O et O' à la droite CC' sont donc déterminées, et, par suite, cette droite est une tangente commune à deux cercles qui ont pour centres O et O' et pour rayons OP et O'P'.

XVI. *Lorsqu'un cercle mobile CF (fig. 102), dont le rayon est invariable, coupe un cercle fixe OF sous un angle constant, il coupe aussi, sous un angle constant, tout cercle concentrique à ce dernier, et il est, en même temps, tangent à deux cercles fixes et orthogonal à un troisième.*

En effet, F étant l'un des points de rencontre du cercle fixe avec l'un des cercles mobiles, construisons le triangle COF. Ce triangle, qui a un angle constant CFO, compris entre deux côtés donnés OF, CF, est invariable ; et de là, on peut déjà conclure que le centre du cercle mobile décrit une circonférence ayant pour centre le point O.

Soit maintenant G l'un des points de rencontre du cercle mobile avec un cercle quelconque ayant pour centre le point O : si l'on construit le triangle COG dans lequel les trois côtés sont donnés, on voit que l'angle CGO est déterminé, et, par suite, la première partie de théorème est démontré.

Pour démontrer la seconde partie, il suffit de décrire trois cercles ayant pour centre commun le point O, et, respectivement, pour rayons, la somme des rayons du cercle fixe et du cercle mobile, leur différence, et la racine carrée de la puissance du point O par rapport au cercle mobile. En effet, les deux premiers cercles sont évidemment tangents au cercle mobile et le troisième lui est orthogonal.

Remarque I. Dans l'énoncé du théorème précédent et des théorèmes analogues, on doit définir d'une manière précise l'angle de deux cercles qui se coupent, puisque deux droites font entre elles deux angles supplémentaires. On peut, par exemple, adopter cette convention : que l'angle de deux cercles sera toujours l'angle des tangentes à l'un des points d'intersection des deux cercles, menées dans un même sens de rotation. L'importance d'une définition précise est évidente : si, par exemple, nous prolongions le côté CF du triangle OCF d'une longueur égale FD, et que nous tirions CD, en l'absence d'une définition précise, on pourrait dire que le cercle décrit, du point D comme centre, avec DF comme rayon, fait encore l'angle donné avec le cercle fixe, et que, par suite, le lieu du centre du cercle mobile se compose de deux cercles ayant respectivement OC et OD pour rayons.

REMARQUE II. On peut, en général, déterminer le rayon du cercle mobile et la distance de son centre au centre commun O des cercles concentriques, de telle sorte que deux d'entre eux soient coupés, sous des angles donnés α, β, par le cercle mobile.

En effet, il suffit de faire la construction suivante : de part et d'autre d'une droite AB, menez, par un point A de cette droite, deux autres droites AG, AH, qui fassent avec elle deux angles respectivement égaux à α et β ; prenez les longueurs AG, AH respectivement égales aux rayons du premier et du second cercle, tirez GH, et, sur son milieu I, élevez une perpendiculaire que vous prolongez jusqu'à sa rencontre en K avec AB ; enfin, menez les droites GK, GH : les deux longueurs égales GK, GH représenteront la distance du centre du cercle mobile au point O, et AK en sera le rayon. La démonstration est évidente.

XVII. *Lorsqu'un cercle mobile rencontre deux cercles fixes sous des angles constants, il fait aussi un angle constant avec tous les cercles ayant même axe radical que les deux premiers ; de plus, il est tangent à deux cercles fixes et orthogonal à un troisième.*

On distingue deux cas.

1° *Les deux cercles fixes se coupent.* En prenant pour origine l'un de leurs points d'intersection, tous les cercles ayant même axe radical se transforment par inversion en des droites qui se coupent en un même point, et le cercle mobile se transforme en un cercle qui coupe toutes les droites sous des angles respectivement égaux aux angles du cercle mobile avec les cercles fixes dans la figure primitive.

Mais le cercle mobile, qui, dans la figure transformée, fait des angles constants avec deux des droites, fait aussi des angles constants avec toutes les autres droites, et il est d'ailleurs tangent à deux cercles fixes et orthogonal à un troisième (th. **XIV**). Si maintenant on revient à la figure primitive par la transformation inverse, on a la démonstration complète du théorême.

2° *Les deux cercles ne se coupent pas.* Alors, si l'on prend pour origine l'un des points limites E, E', tous les cercles ayant même axe radical sont transformés par inversion en des cercles concentriques (th. **IX**) et le cercle mobile en un cercle de rayon invariable (th. **XVI**), faisant avec les cercles concentriques des angles respectivement égaux à ceux que le premier cercle mobile fait avec les cercles donnés. Or le cercle mobile dans la figure transformée, coupant deux des cercles concentriques, sous des angles donnés, fait des angles constants avec tous les autres dont deux lui sont tangents et le troisième orthogonal (th. **XVI**). Donc, en revenant à la figure primitive par la transformation inverse, les propriétés de la dernière figure se trouvent transportées à la figure primitive.

Corollaire. *Le cercle mobile de l'énoncé coupe aussi sous un angle constant l'axe radical commun aux cercles fixes.*

En effet, l'axe radical est un cercle du rayon infini faisant partie du système donné (48).

XVIII. *Étant donnés deux cercles et leurs inverses pour une même origine et une même puissance d'inversion, le rapport de la longueur de la tangente commune à la moyenne proportionnelle entre les rayons est la même dans les deux figures.*

Soient R, R, les rayons des deux premiers cercles ayant O, O, pour centres, T la longueur de la tangente commune, P, P, les puissances de l'origine S par rapport aux deux cercles, f, f_i les distances SO, SO,; soient aussi R', R'$_i$, T', P', P'$_i$, f', f'_i les quantités analogues pour les cercles inverses des premiers ayant pour centre O', O'$_i$: enfin désignons par d la distance OO$_i$, et par α l'angle OSO$_i$.

On a d'abord

$$\frac{T^2}{RR_i} = \frac{d^2 - (R \pm R_i)^2}{RR_i},$$

le signe — ou le signe + étant pris dans le second membre suivant que la tangente est extérieure ou intérieure, et la question est ramenée à prouver que le rapport $\dfrac{d^2 - R^2 - R_i^2}{RR_i}$ n'est pas changé dans l'inversion.

Or le triangle OSO$_i$ donne

$$d^2 = f^2 + f_i^2 - 2 ff_i \cos \alpha;$$

et en remplaçant d^2 par la valeur précédente dans l'expression du dernier rapport, on a

$$\frac{d^2 - R^2 - R_i^2}{RR_i} = \frac{f^2 - R^2 + f_i^2 - R_i^2 - 2 ff_i \cos \alpha}{RR_i}$$

$$= \frac{P + P_i - 2 ff_i \cos \alpha}{RR_i}.$$

Maintenant on a (80 et 81)

$$P = \frac{I^2}{P'}, \quad P_i = \frac{I^2}{P'_i}, \quad f = \pm \frac{f'I}{P'}, \quad f_i = \pm \frac{f'_i I}{P'_i},$$

$$R = \pm \frac{R'I}{P'}, \quad R_i = \pm \frac{R'_i I}{P'_i};$$

et si l'on remplace, dans le rapport $\dfrac{P + P_i - 2 ff_i \cos \alpha}{RR_i}$, P, P$_i$, f, f_i, R, R$_i$ par les valeurs précédentes, il vient

$$\frac{P + P_i - 2 f f_i \cos \alpha}{RR_i} = \pm \frac{P' + P'_i - 2 f' f_i \cos \alpha}{R' R'_i},$$

et, par suite,

$$\frac{T^2}{RR_{\shortmid}} = \frac{T'^2}{R'R'_{\shortmid}}.$$

REMARQUE I. — La démonstration précédente est générale, car, si les deux produits $ff_{\shortmid}$, $f'f'_{\shortmid}$ sont des signes contraires, c'est que P et $P_{\shortmid}$ sont aussi de signes contraires, et alors à l'angle α de la première figure correspond l'angle $180°$ — α dans la figure inverse.

REMARQUE II. Lorsque les deux cercles donnés se coupent, si l'on désigne par β leur angle, on trouve aisément, en représentant par T la longueur de la tangente extérieure, la relation

$$\frac{T^2}{RR_{\shortmid}} = 4 \sin^2 \frac{\beta}{2},$$

et, comme l'angle β n'est pas changé dans l'inversion, le théorème devient alors évident.

XIX. *Étant donnés deux cercles* O *et* C (fig. 103) *qui ne se touchent pas, mais qui peuvent se couper ou non, de chaque point* M *de l'un des cercles* C, *on mène deux droites aux centres de similitude* S *et* T *des deux cercles; ces droites rencontrant le second cercle en quatre points* A, B, D, E, *la droite* AD, *qui joint les deux points anti-homologues de* M *par rapport aux deux centres de similitude, passe par un point fixe.* (Concours.)

1ʳᵉ Démonstration. Les points A et M étant anti-homologues, les tangentes aux cercles, menées en ces points, se coupent sur l'axe radical des deux cercles (Cor. 62). Il en est de même, pour une raison semblable, des tangentes aux points D et M. Les deux tangentes en A et D viennent donc couper l'axe radical au point où cette droite est rencontrée par la tangente en M. On voit ainsi que le pôle de la corde AD se trouve sur l'axe radical des deux cercles, et que, par suite, cette corde passe par un point fixe F qui est le pôle de l'axe radical.

2ème Démonstration. Les rayons OB et OE ne formant qu'une même droite, comme parallèles tous deux à **CM**, on voit que le quadrilatère ABED, inscrit dans le cercle O, a trois de ses côtés qui tournent, respectivement, **autour des** trois points O, **T**, **S** en ligne droite, et il faut démontrer que le quatrième côté AD doit tourner autour d'un point fixe F, situé sur la même droite que les trois autres points.

Le théorème étant ainsi *transformé*, il est clair que **tout** revient à prouver que le rapport $\dfrac{\mathrm{IF}}{\mathrm{HF}}$ est constant. A cet effet, tirons les droites qui joignent les **extrémités I et H** du diamètre IH aux quatre sommets A, B, D, E du quadrilatère mobile, et considérons d'abord les deux triangles AHD, IAD. Ces deux triangles, ayant même base AD, sont entre eux comme leurs hauteurs, ou comme HF est à IF ; mais comme, en même temps, ils ont deux angles supplémentaires, ils sont aussi entre eux comme les produits des côtés qui comprennent ces angles. On a donc

$$\frac{\mathrm{HF}}{\mathrm{IF}} = \frac{\mathrm{AH} \times \mathrm{DH}}{\mathrm{AI} \times \mathrm{DI}}.$$

En prenant ensuite, deux à deux, les triangles BAI, BAH ; HBE, BIE ; DIE, DEH, on obtient de même

$$\frac{\mathrm{SI}}{\mathrm{SH}} = \frac{\mathrm{BI} \times \mathrm{AI}}{\mathrm{BH} \times \mathrm{AH}}\,, \quad \frac{\mathrm{OH}}{\mathrm{OI}} = \frac{\mathrm{BH} \times \mathrm{EH}}{\mathrm{BI} \times \mathrm{EI}}\,, \quad \frac{\mathrm{TI}}{\mathrm{TH}} = \frac{\mathrm{DI} \times \mathrm{EI}}{\mathrm{DH} \times \mathrm{EH}}.$$

Multipliant enfin les quatre égalités, membre à membre, on a

$$\frac{\mathrm{HF}}{\mathrm{IF}} \times \frac{\mathrm{SI}}{\mathrm{SH}} \times \frac{\mathrm{OH}}{\mathrm{OI}} \times \frac{\mathrm{TI}}{\mathrm{TH}} = 1\,;$$

d'où l'on déduit

$$(1) \qquad \frac{\mathrm{IF}}{\mathrm{HF}} = \frac{\mathrm{SI}}{\mathrm{SH}} \times \frac{\mathrm{OH}}{\mathrm{OI}} \times \frac{\mathrm{TI}}{\mathrm{TH}}.$$

Le rapport $\dfrac{\mathrm{IF}}{\mathrm{HF}}$ est donc constant, et détermine, par suite, le point F, qui est situé entre I et H.

Remarque. La démonstration ne suppose pas que le point fixe O soit le centre du cercle dans lequel le quadrilatère est inscrit. Mais si O était ce centre, l'équation (1) deviendrait

$$(2) \qquad \frac{\mathrm{IF}}{\mathrm{HF}} = \frac{\mathrm{SI} \times \mathrm{TI}}{\mathrm{SH} \times \mathrm{TH}}.$$

3ᵐᵉ Démonstration. On emploie une perspective.

Le théorème étant toujours transformé comme dans la démonstration précédente, considérons d'abord le cas particulier où l'un des points fixes donnés S est à l'infini ; on a alors à démontrer le théorème suivant :

Étant donnés un cercle dont le centre est o (fig 104) et un point t dans son plan, si l'on mène ot, une parallèle ab à cette droite, le diamètre be, et qu'on tire ensuite les droites ted et ad : cette dernière droite passera par un point fixe.

Soit f le point de rencontre des droites ad et ot : les deux angles $fde,$ toe sont évidemment égaux, comme ayant même mesure, et, par suite, les quatre points o,f,d,e sont sur un même cercle. On a alors

$$to \times tf = td \times te,$$

et, par conséquent, le point f est fixe.

Faisant maintenant une perspective du genre de celle qui a été indiquée au n° **107**, on a le théorème général.

4ᵐᵉ Démonstration. Menons par le point M (*fig.* 103) une droite MK qui fasse avec MC l'angle KMC égal à l'angle MSC : les triangles MCK, MSC étant alors semblables, on a d'abord

$$\mathrm{CK} \times \mathrm{CS} = \overline{\mathrm{CM}}^2;$$

et, par conséquent, le point K est fixe.

D'ailleurs, la similitude des mêmes triangles donne l'angle MKC égal à l'angle CMS, et, par suite, à l'angle EBA ou ADE. Alors les angles ADE, MKC étant égaux, les quatre points F, D, M, K sont sur une même circonférence, et on a

$$FT \times TK = TD \times TM.$$

Or le produit TD $\times$ TM des distances d'un centre d'homothétie à deux points anti-homologues par rapport à lui est constant (**61**); donc le point F est fixe.

Les trois premières démonstrations sont tirées d'une brochure qui a pour titre : *Diverses Solutions de la question de Mathématiques élémentaires proposée au concours général en 1851, par M...* Cette brochure, attribuée à *M. Chasles,* contient encore sept autres démonstrations.

INDICATION SOMMAIRE DES SEPT DÉMONSTRATIONS (*)

1o On mène une parallèle *mg* à *af* qui rencontre *oc* en *g*, et on se sert des propriétés des lignes proportionnelles et des sécantes dans le cercie ainsi que de triangles semblables : on obtient

$$\frac{fs}{ft} = \frac{sh.si.ot}{th.ti.ot}.$$

2o On trouve encore pour $\frac{fs}{ft}$ l'expression précédente, mais en considérant le triangle *mts* coupé par les deux transversales *ad, ae.*

3° On considère les deux faisceaux (*b.hiae*), (*d.hiae*) qui déterminent sur *oc* deux rapports anharmoniques égaux, et on a

$$\frac{hf}{if} = \frac{hs.ht}{is.it}.$$

4• En faisant intervenir des sinus, on évalue les rapports des distances du point *h*, d'abord, aux deux cordes *ab, ad*, puis, aux deux cordes *be, bd*, et on égale entre eux les deux rapports.

(*) On remplace ici les majuscules de la figure 103, par les petites lettres correspondantes.

Dans l'égalité ainsi obtenue, on remplace h par i, etc., et on trouve pour $\dfrac{if}{hf}$ l'expression donnée par l'équation (2). (2ᵉ démonstration du texte courant.)

5° On applique le théorème de *Desargues* au quadrilatère *bade* et au cercle circonscrit coupés par la transversale oc. On obtient ainsi pour $\dfrac{hf}{if}$ l'expression qu'on a déjà trouvée (3°).

6° On considère trois quadrilatères $abde$, $a'b'd'e'$, $a''b''d''e''$, dont trois côtés passent, trois à trois, par les points fixes s, t, o : il faut prouver que les quatrièmes côtés ad, $a'd'$, $a''d''$ passent par un même point f de oc. Les deux cordes aa', dd', devant rencontrer la corde mm' au point où celle-ci coupe l'axe radical des deux cercles (th. **II**, page 43), se coupent elles-mêmes sur l'axe radical, et il en est évidemment de même des cordes aa'', dd'' ainsi que des cordes $a'a''$, $d'd''$. Les deux triangles $aa'a''$, $dd'd''$ ont donc leurs côtés qui se rencontrent, deux à deux, sur l'axe radical, et, par suite, leurs sommets sont, deux à deux, sur trois droites ad, $a'd'$, $a''d''$ concourant en un même point.

7° On emploie les infiniment petits, et on s'appuie sur le lemme suivant facile à démontrer : *Quand une corde* ab *d'un cercle est coupée en un point* f *par une corde* a'b' *faisant avec elle un angle infiniment petit, le rapport des deux segments* af, bf *est égal à celui des deux arcs* aa', bb'.

Soient $abde$, $a'b'd'e'$ deux quadrilatères infiniment voisins, mais satisfaisant aux mêmes conditions que dans la démonstration précédente. En appliquant le lemme, si l'on désigne par f le point de rencontre de ad, $a'd'$, on a

$$\frac{sa}{sb} = \frac{arc.\,aa'}{arc.\,bb''}\quad \frac{ob}{oe} = \frac{arc.\,bb'}{arc.\,ec''}\quad \frac{te}{td} = \frac{arc.\,ee'}{arc.\,dd''}\quad \frac{fd}{fa} = \frac{arc.\,dd'}{arc.\,aa'};$$

d'où, en multipliant, membre à membre,

$$\frac{sa}{sb} \cdot \frac{ob}{oe} \cdot \frac{te}{td} \cdot \frac{fd}{fa} = 1.$$

Si maintenant on appelle f le point de rencontre de oc et ad, on a, dans le quadrilatère $abde$ coupé par oc (**XV** page 178),

$$\frac{sa}{sb} \cdot \frac{ob}{oe} \cdot \frac{te}{td} \cdot \frac{f'd}{f'a} = 1,$$

donc

$$\frac{fd}{fa} = \frac{f'd}{f'a}.$$

Ainsi le point f' se confond avec f et, par suite, ce dernier point est sur la droite oc, etc.

XX. *Étant donnés deux cercles et leurs tangentes communes extérieures, si l'on tire les quatre droites qui joignent les points de contact de ces tangentes à deux points anti-homologues des deux cercles, pris d'un même côté de la ligne des centres, les quatre droites déterminent un quadrilatère inscriptible, et le cercle, qui est circonscrit à ce quadrilatère, est tangent aux deux cercles donnés.*

Soient O et O' (*fig.* 105) les deux cercles donnés, DD' et EE' les tangentes communes extérieures, et A, A' deux points anti-homologues, pris d'un même côté de la ligne des centres; on tire les quatres droites DA, D'A', EA, E'A', qui par leur rencontre déterminent le quadrilatère IAHA': il faut démontrer que ce quadrilatère est inscriptible, et que le cercle circonscrit est tangent aux deux cercles O et O'. Tirons les rayons des deux cercles OA et O'A' qui se coupent en C, et menons les tangentes en A et A' qui se coupent en G sur l'axe radical (**62**). Les tangentes GA et GA' étant égales, si l'on tire la droite CG (pour ne pas compliquer la figure, les droites GA, GA', CG n'ont pas été tracées), on a deux triangles rectangles ACG, A'CG qui sont égaux, et, par suite, les deux droites CA, CA' sont égales.

Menons maintenant par le point C une parallèle à OD, et soient H' et H'' les points où cette droite rencontre DA et D'A'. Les deux triangles semblables ODA, ACH' montrent que les droites AC et CH' sont égales; mais comme la droite CH'H'' est parallèle à O'D', on voit, par la même démonstration, que CH'' est égale à C'A'. Or les droites CA et C'A' étant égales, on en conclut l'égalité de CH' et CH'', et, par suite, la coïncidence de H' et H'' avec le point H : alors les trois droites CA, CA' et CH sont égales.

On démontre, d'une manière semblable, que les droites CI, CA CA' sont égales ; donc, si l'on décrit un cercle, du point C comme centre avec CA pour rayon, ce cercle sera tangent en A et A' aux deux cercles donnés et sera circonscrit au quadrilatère IAHA'.

REMARQUE I. Les points D et D', ainsi que les points E et E', pouvant être considérés comme anti-homologues, les sommets I et H du quadrilatère appartiennent à l'axe radical des cercles O et O'(**62**).

REMARQUE II. Les droites CH et CI étant respectivement parallèles aux rayons de contact OD et OE, sont respectivement perpendiculaires aux tangentes communes DD' et EE'.

REMARQUE III. Dans l'énoncé du théorème précédent, on peut remplacer les tangentes communes extérieures par celles qui sont intérieures, pourvu qu'en même temps on prenne les deux points anti-homologues de part et d'autre du centre.

COROLLAIRE. *Si par le milieu d'une tangente commune à deux cercles donnés on fait passer la circonférence d'un cercle qui leur soit tangent, le centre de ce cercle sera situé sur la perpendiculaire abaissée du milieu de la tangente sur la tangente de même nom.* (c'est-à-dire extérieure ou intérieure si la première est elle-même extérieure ou intérieure.)

En effet, le milieu d'une des tangentes communes étant un point de l'axe radical, le cercle, passant par ce milieu et tangent aux deux cercles donnés, est l'un des cercles circonscrits aux quadrilatères tels que IAHA', et le milieu de la tangente remplace l'un des points H et I.

XXI. *Le cercle des neuf points est tangent au cercle inscrit et aux cercles ex-inscrits au triangle.*

Soient (fig. 106) deux cercles I'' et I''' ex-inscrits au triangle ABC : on veut prouver d'abord que le cercle des neuf points est tangent à ces deux cercles. Pour cela, il suffit évidemment de faire voir qu'un cercle O', qui passe par le milieu M de BC et touche les cercles I'' et I''' en K et L, se confond avec le cercle des neuf points. Or on sait (th. **VII** et cor. th. **VIII**, pages 147 et 148) que le cercle des neuf points passe par le milieu M de BC et par le pied D de la hauteur AD, et qu'il a son centre sur une parallèle, menée par le point **M**, à une droite symétrique de la hauteur AD par rapport à la bissectrice de l'angle A. Si donc on considère le cercle des neuf points comme déterminé par les trois conditions qu'on vient d'énoncer, il suffira de démontrer que le cercle O' satisfait aux deux dernières.

1° *Le cercle* O' *passe par le point* D. En effet, soit E et F les points de contact de I'' et I''' avec le côté BC prolongé, et S le point où ce côté rencontre la ligne des centre I''I'''. Les points A et S, étant les centres de similitude des cercles I'' et I''', divisent harmoniquement la droite I''I'''; et comme les droites EI'', FI''', AD sont parallèles, les quatre points E, D, F, S forment une division harmonique. D'ailleurs, le point M milieu de BC est aussi le milieu de EF (rem. th. **V**, page 146). Alors, d'après la remarque du théorème **II** (7), on a

$$\mathrm{SM} \times \mathrm{SD} = \mathrm{SE} \times \mathrm{SF} ;$$

et comme les deux points K et L où le cercle O' touche les cercles I'', I''' sont deux points anti-homologues, en ligne droite avec le point S, on a aussi

$$\mathrm{SK} \times \mathrm{SL} = \mathrm{SE} \times \mathrm{SF} = \mathrm{SM} \times \mathrm{SD}.$$

Le point D appartient donc au cercle O' qui passe par les trois points K, L, M.

2° *Le cercle* O' *a son centre sur une parallèle, menée par le point* M, *à une droite symétrique de la hauteur* AD *par rapport à la bissectrice de l'angle* A. En effet, en vertu du corollaire du théorème précédent, le centre du cercle O' doit être situé sur une perpendiculaire MP abaissée du point M sur la tangente RH, et la perpendiculaire AG à I"I'" est évidemment la bissectrice de l'angle BAC. Si alors on mène AQ parallèle à MP, les angles QAG, RSI" seront égaux comme ayant les côtés perpendiculaires ; et comme l'angle GAD est égal à ESI" ou RSI", la droite AQ est symétrique de la hauteur AD par rapport à la bissectrice AG de l'angle A : la seconde partie est donc démontrée.

On prouverait d'une manière toute semblable que le cercle de neuf points est tangent au cercle inscrit.

La démonstration précédente a été rédigée en partie d'après une note de M. Mention, insérée dans le tome IX des *Nouvelles Annales* (1re série, page 401).

XXII. *Étant donnés trois cercles dans un même plan et les deux cercles qui leur sont tangents, l'un extérieurement, l'autre en les enveloppant :* 1° *Le centre radical des trois premiers cercles est le centre de similitude inverse des deux derniers, et en ce point viennent concourir les cordes qui joignent les points de contact des trois derniers cercles avec chacun des trois premiers ;* 2° *L'axe de similitude directe des trois premiers est l'axe radical des deux derniers ;* 3° *La corde, qui passe par les points de contact d'un des premiers cercles avec les deux derniers, contient le pôle de l'axe de similitude directe des trois premiers cercles, pris par rapport à celui de ces trois cercles que l'on considère.*

1re *partie.* Soient o, o', o'' (fig. 198), les centres des trois premiers cercles, c et c' les centres des deux derniers, a, a', a'' et b, b', b'', les points de contact des cercles c et c' avec les trois cercles o, o', o''. Menons les cordes ab, $a'b'$, $a''b''$, aa', bb', et prolongeons les deux dernières jusqu'à leur rencontre en S".

Lorsque l'on considère les systèmes formés des deux cercles c et c' et de l'un des cercles o, o', o'', les trois cordes ab, $a'b'$, $a''b''$ sont des droites qui joignent deux centres de similitude, l'un direct, l'autre inverse; elles devront donc passer par le centre T de similitude inverse des cercles c et c'.

Je dis maintenant que le point T est le centre radical des trois cercles o, o', o''. En effet, lorsqu'on associe successivement les cercles c et c' avec les deux cercles o et o', les cordes aa', bb' sont des droites qui passent par deux centres de similitude inverse; elles doivent donc passer par le centre de similitude directe S'' des deux cercles o et o'. Or a et a', b et et b' sont des points, deux à deux, anti-homologues sur ces deux cercles, puisque les deux rayons oa, $o'a'$ viennent concourir en c, et les deux rayons ob, ob' en c': le point de rencontre T des cordes ab, $a'b'$ appartient, par conséquent, à l'axe radical des cercles o et o' (**62**).

On prouve de même que le point de rencontre de ab et $a''b''$ est sur l'axe radical des cercles o et o'' : le point d'intersection T des trois droites ab, $a'b'$, $a''b''$ n'est donc autre que le centre radical des trois cercles o, o', o''. Mais ce même point est en même temps, d'après la première partie de la démonstration, le centre de similitude inverse des deux cercles c et c' ; la première partie est donc démontrée.

2me *partie*. T étant le centre de similitude inverse des cercles c et c', et les points a et b, ainsi que les point a' et b', étant anti-homologues sur ces deux cercles (on le voit comme plus haut) les cordes aa', bb' se coupent sur l'axe radical. Mais leur point de rencontre est justement le centre de similitude directe S'' des deux cercles o et o'; ce centre de similitude se trouve donc sur l'axe radical des deux cercles c et c'.

On démontre qu'il en est de même des centres de similitude directe S' et S des cercles o et o'', o' et o'' pris, deux à deux : donc l'axe de similitude directe des cercles o', o'', o''' et l'axe radical des cercles c et c' se confondent.

3ᵐᵉ *partie. a* et *b* étant, comme nous l'avons dit tout à l'heure, deux points anti-homologues qui sont situés sur les deux cercles *c* et *c'* et sur un rayon vecteur partant de l'un de leurs centres de similitude T, les tangentes en ces deux points doivent se couper en *d* sur l'axe radical SS'S'' des deux cercles *c* et *c'*. Mais les droites *ad* et *bd* étant tangentes au cercle *o*, en même temps qu'aux cercles *c* et *c'*, la corde *ab* est la polaire du point *d*, et doit, par conséquent, passer par le pôle *e* de la droite SS'S'' pris par rapport au cercle *o*.

XXIII. *Si, dans l'énoncé précédent, on remplace les deux derniers cercles par deux autres cercles aussi tangents aux trois premiers, mais dont l'un touche extérieurement l'un des cercles* o *et intérieurement les cercles* o', o'' *tandis que l'autre touche intérieurement le cercle* o *et extérieurement les cercles* o', o'', *les trois parties du théorème sont encore vraies, mais en remplaçant l'axe de similitude directe des trois cercles* o, o', o'' *par l'axe de similitude inverse correspondant au centre de similitude directe de* o', o''.

La démonstration est semblable à celle du théorème **XXII.**

XXIV. *Un cercle étant inscrit dans un angle, si on lui mène une tangente extérieure quelconque, et que l'on circonscrive un cercle au triangle formé par la tangente et les deux côtés de l'angle, ce dernier cercle sera tangent à un cercle fixe inscrit dans cet angle* (Mannheim).

Le cercle fixe GK (*fig.* 222) étant inscrit dans un angle donne DAF, on sait que, si l'on mène une tangente quelconque BC au cercle, intérieure par rapport à l'angle, le périmètre $2p$ du triangle ABC est constant : nous allons transformer cette propriété par inversion.

Lorsque, pour l'origine A, on prend la figure inverse de la figure donnée, la droite BC et le cercle GK sont remplacés par un cercle circonscrit au triangle variable ADF et un cercle fixe tangent à ce dernier cercle et aux deux côtés de l'angle donné. Si alors on désigne par I la puissance d'inversion, par $2p$ le périmètre du triangle ABC, et par r_1 le rayon du cercle inscrit dans le triangle ADF, on a d'abord

$$AB + AC + BC = 2p;$$

d'où l'on déduit ensuite (75),

$$\frac{I}{AD} + \frac{I}{AF} + \frac{I \times DF}{AD \times AF} = 2p,$$

ou

$$AD + AF + DF = \frac{2p}{I} \times AD \times AF.$$

D'autre part, on sait que les aires de deux triangles, qui ont un angle égal DAF, sont entre elles comme les produits des côtés qui comprennent cet angle. Alors, si l'on désigne par m un nombre constant, on peut représenter l'aire du triangle ADF par $m \times AD \times AF$, et en égalant deux expressions du double de cet aire, on a

$$2m \times AD \times AF = (AD + AF + DF)\, r_1.$$

En multipliant enfin, membre à membre, les deux dernières égalités, on obtient

$$r_1 = \frac{mI}{p}.$$

r_1 est donc constant, et, par suite, la droite DF est tangente à un cercle fixe.

XXV. *Si l'on décrit un cercle qui soit tangent à deux côtés d'un triangle et qui touche aussi intérieurement le cercle circonscrit à ce triangle, le milieu de la corde, qui joint les points de contact avec les deux côtés, sera le centre du cercle inscrit (Mannheim).*

Soient L, M (*fig.* 222) les points de contact avec AD et AF du cercle qui est tangent aux deux côtés de l'angle A et au cercle circonscrit au triangle ADF. Menons la corde LM :

alors la question est ramenée à prouver que la perpendiculaire PH abaissée du milieu C de cette corde sur AD est égale à r_1.

Or, en égalant entre elles deux expressions de l'aire du triangle ABC, on a

$$AL \times PH = m\,\overline{AL}^2 \quad , \quad \text{ou} \quad PH = m\,AL,$$

et, comme les points L et K sont deux points correspondants dans l'inversion, on a aussi

$$AL = \frac{l}{AK} = \frac{l}{p};$$

donc

$$PH = \frac{ml}{p} = r_1,$$

c'est ce qu'il fallait démontrer.

THÉORÈMES DE GÉOMÉTRIE DANS L'ESPACE.

185. Théorème sur les figures gauches coupées par des plans ou des droites.

On appelle figures gauches celles dont tous les éléments ne sont pas dans un même plan.

I. *Si un quadrilatère gauche est coupé par un plan parallèle à deux de ses côtés, les deux autres côtés et les diagonales sont partagés par ce plan en parties proportionnelles.*

En effet, soit le quadrilatère gauche ABCD (*fig.* 107) coupé par un plan parallèle à ses deux côtés AB et CD. Par les deux droites non parallèles AB et CD, on pourra toujours faire passer deux plans parallèles entre eux, qui seront en même temps parallèles au premier plan. Alors les droites AD, BC, AC, BD, étant comprises entre trois plans parallè-

les, sont partagées par ces plans en parties proportionnelles.

II. *Tout plan, qui coupe les côtés d'un triangle, détermine six segments tels, que le produit de trois segments non consécutifs est égal au produit des trois autres segments.*

L'intersection du plan du triangle et du plan transversal étant une ligne droite, le théorème est immédiatement ramené au théorème analogue de géométrie plane.

III. *Tout plan, qui coupe les côtés d'un polygone gauche, détermine sur ces côtés des segments tels, que le produit des segments non consécutifs, obtenus en parcourant le périmètre du polygone dans un certain sens, est égal au produit des autres segments.*

On démontre, comme on l'a fait (th. **XV**, page 178), que le théorème, étant vrai pour un polygone de n côtés, est vrai aussi pour un polygone de $n + 1$ côtés.

IV. *Étant donné un polygone gauche d'un nombre impair de côtés, si, par une droite quelconque et les différents sommets, on mène des plans, ces plans détermineront sur les côtés du polygone des segments tels, que le produit des segments, définis comme dans le théorème* **III**, *sera égal au produit des autres segments.*

En effet, faisons une projection de la figure sur un plan perpendiculaire à la droite donnée. Le polygone plan, projection du polygone gauche, sera coupé par les traces des plans donnés sur le plan de projection, et ces traces seront des droites partant des sommets du polygone plan et se coupant en un même point. Comme, d'ailleurs, chaque plan partage dans le même rapport un côté de polygone et sa projection, on voit que l'on est ramené au théorème **XVI** (page 179).

V. *Deux droites, qui partagent les côtés opposés d'un quadrilatère gauche dans le même rapport, se coupent, et chacune d'elles détermine sur l'autre deux segments proportionnels à ceux qu'elle forme sur deux cotés opposés à celle-ci.*

Soient ABCD le quadrilatère donné (*fig.* 107), et GH, EF les deux droites qui partagent les côtés opposés en parties proportionnelles. Faisons passer un plan par les trois points E, F, G, et soit H' le point où il coupe CD. on aura (th. **III**)

$$\frac{GA}{GB} \times \frac{FB}{FC} \times \frac{H'C}{H'D} \times \frac{ED}{EA} = 1.$$

Or, si l'on tient compte des relations données

$$\frac{GA}{GB} = \frac{DH}{CH} \; , \quad \frac{FB}{FC} = \frac{EA}{ED},$$

auxquelles on applique la règle des signes, la première égalité devient

$$\frac{DH}{CH} = \frac{DH'}{CH'};$$

les deux points H et H' sont donc confondus en un seul, c'est-à-dire que les deux droites GH et EF sont dans un même plan.

Je dis maintenant que l'on a les égalités

$$\frac{IE}{IF} = \frac{AG}{GH} \; , \quad \frac{IG}{IH} = \frac{EA}{ED}$$

Pour démontrer la première égalité, par exemple, il suffit de remarquer que, les droites AD, GH et BC partageant les côtés AB et CD du quadrilatère en parties proportionnelles, on peut mener par ces droites trois plans parallèles entre eux. Alors ces trois plans partagent EF dans le même rapport que les droites AB et CD.

186. Théorèmes sur les centres des moyennes distances et des distances proportionnelles pour un nombre quelconque de points pris dans l'espace.

Lemme. *Une droite EF (fig. 80) partageant les deux côtés non parallèles d'un trapèze ABCD dans un rapport donné, on peut calculer la longueur de cette droite par la formule*

$$(1) \qquad l = \frac{a - kb}{1 - k},$$

dans laquelle a, b, l, *sont respectivement les longueurs de* AB, CD, EF, *et* k *est un nombre positif ou négatif qui représente le rapport des distances du point* E *aux points* A *et* D. Le signe de k est d'ailleurs négatif ou positif, suivant que le point E est ou n'est pas situé entre les points A et D.

La formule précédente se déduit facilement de la formule (1) (th. **I**, page 167).

I. *Étant donnés* n *points* A_1, A_2, A_3,..... A_n *situés d'une manière quelconque dans l'espace, on joint deux des points* A_1 *et* A_2 *par une droite dont on prend le milieu* B; *on mène la droite* BA_3, *et on prend sur sa direction un point* C *tel, que le rapport* $\dfrac{CB}{BA_3}$ *soit égal à* $\dfrac{1}{3}$; *puis, sur la droite* CA_4 *correspondant à un quatrième point* A_4, *on détermine un point* D *tel, que le rapport* $\dfrac{DC}{CA_4}$ *soit égal à* $\dfrac{1}{4}$; *et on continue ainsi de suite, jusqu'à ce qu'on ait employé tous les points donnés : le dernier point* G *ainsi obtenu est tel, que sa distance à un plan quelconque est la moyenne arithmétique des distances de tous les points donnés au même plan.*

Premier cas. *Tous les points donnés sont d'un même côté du plan.* Le théorème étant évident pour deux points, tout revient à démontrer que, s'il est vrai pour n points, il est vrai pour $n + 1$ points.

Soient x_1, x_2, x_3, ...,x_n et X les distances au plan donné des points A_1, A_2, A_3, ..., A_n, et du point G obtenu comme il a été dit plus haut : on a, par hypothèse,

$$(2) \qquad nX = x_1 + x_2 + x_3 + ...x_n.$$

Si maintenant on joint par une droite le point G au dernier point $A_{(n+1)}$, et qu'on détermine le point H par la condition que le rapport $\dfrac{HG}{GA_{(n+1)}}$ soit égal à $\dfrac{1}{n+1}$; en abaissant des trois points G, H, $A_{(n+1)}$ des perpendiculaires sur le plan donné, on obtiendra un trapèze et une droite qui partagera ses côtés non-parallèles dans un rapport donné; on pourra donc appliquer la formule (1) (th. **I**, page 167). Si alors on désigne par X' et x_{n+1} les distances au plan des points **H** et $A_{(n+1)}$, on aura

$$X' = \frac{nX + x_{(n+1)}}{n + 1};$$

et si l'on remplace dans cette égalité $_nX$ par la valeur que donne la formule (2), il vient

$$X' = \frac{x_1 + + x_2 + x_3 \ldots . x_{n+1}}{n + 1};$$

la formule est donc vérifiée pour $n+1$ points.

Deuxième cas. *Les points donnés sont de part et d'autre du plan.* Alors, pour que la formule (2) soit générale, il faut considérer les distances au plan x_1, x_2, $x_3\ldots$ comme positives ou négatives, suivant que les points sont ou ne sont pas d'un même côté du plan.

Soient (*fig*. 108) P le plan donné et Q un plan parallèle, mené à une distance h du plan P assez grande pour que tous les points donnés soient d'un même côté par rapport à lui.

Désignons par y_1, $y_2\ldots\ldots$, y_n et Y les distances au plan Q des points A_1, A_2,...., A_n et G; on aura, d'après le premier cas,

$$nY = y_1 + y_2 + \ldots . y_n.$$

Posant maintenant l'identité

$$nh = h + h + \ldots . h + \ldots .$$

et la retranchant, membre à membre, avec l'égalité précédente, il vient

$$(3) \quad n\,(Y - h) = (y_1 - h) + (y_2 - h) + \ldots (y_n - h).$$

Or, si un point, A_1 par exemple, est au-dessus du plan P, abaissant une perpendiculaire A_1E sur ce plan et la prolongeant jusqu'à sa rencontre en D avec le plan Q, on aura

$$A_1D - ED = A_1E \qquad \text{ou} \qquad y_1 - h = x_1;$$

et si le point A_2, au contraire, et au-dessous du plan P, en abaissant A_2F perpendiculaire sur le plan Q, et prolongeant cette droite jusqu'à sa rencontre en H avec le plan Q, on aura

$$FH - A_2H = FA_2 \qquad \text{ou} \qquad A_2H - FH = - FA_2;$$

ou encore

$$y_2 - h = x_2;$$

La relation est donc toujours la même entre la distance des deux plans parallèles et les distances du point aux deux plans.

Si maintenant, dans l'égalité (3), on remplace $Y - h, y_1 - h,$ $y_2 - h, \ldots\ldots$ par leurs valeurs $X, x_1, x_2, \ldots\ldots$, on a la formule demandée.

Le point G est indépendant de l'ordre dans lequel on prend les points donnés pour le construire, et il est entièrement déterminé; car, sa distance à un plan quelconque étant connue, en grandeur et en signe, par la formule (2), on peut calculer ses distances à trois plans fixes qui se coupent. A cause de la propriété dont il jouit en vertu de la formule (2), on l'appelle *centre des moyennes distances des points donnés.*

II. n *points* A_1, A_2, ..., *étant situés d'une manière quelconque dans l'espace,* G *étant le centre des moyennes distances, et* M *un point quelconque, si l'on pose*

$$\overline{MA_1}^2 + \overline{MA_2}^2 + \ldots\ldots = \Sigma\,\overline{MA_1}^2,$$

$$\overline{GA_1}^2 + \overline{GA_2}^2 + \ldots\ldots = \Sigma\,\overline{GA_1}^2;$$

on a

$$\Sigma \overline{MA_1}^2 = n \overline{MG}^2 + \Sigma \overline{GA_1}^2.$$

Soit A_1 (fig. 109) l'un des points. Ayant construit le triangle MGA_1, élevons un plan P perpendiculaire à GM au point G ; puis, du point A, abaissons A_1C_1 et A_1D_1 respectivement perpendiculaires sur la droite MG et le plan P, et tirons la droite GD_1. On a alors dans le triangle MGA_1

$$\overline{MA}^2 = \overline{MG}^2 + \overline{GA}^2 - 2\,MG \times GC_1 ;$$

ou, en remplaçant GC_1 par son égal A_1D_1,

$$\overline{MA_1}^2 = \overline{MG}^2 + \overline{GA_1}^2 - 2\,MG \times A_1D_1.$$

Si le point A_1 était au-dessous du plan P, il faudrait mettre le signe $+$ devant le dernier terme de l'égalité précédente, puisque l'angle A_1GM serait alors obtus.

Les autres triangles analogues au triangle MGA_1 donnent des égalités semblables, et, si l'on désigne par $D_2, D_3, \ldots, D_n$ les points analogues à D_1, en ajoutant toutes les égalités, membre à membre, on obtiendra

$$\Sigma \overline{MA_1}^2 = n \overline{MG}^2 + \Sigma \overline{GA_1}^2 - 2\,MG \times (\pm A_1D_1 \pm \ldots \pm A_nD_n).$$

Mais la distance du centre G des moyennes distances au plan P étant nulle, il en est de même de la quantité entre parenthèses, à cause de la formule (2) : on a donc

$$\Sigma \overline{MA_1}^2 = n \overline{MG}^2 + \Sigma \overline{GA_1}^2.$$

REMARQUE. $\Sigma \overline{MA_1}^2$ est un minimum lorsque le point M se confond avec G.

III. *n points $A_1, A_2, \ldots, A_n$ étant donnés, et n nombres positifs correspondants $m_1, m_2, \ldots, m_n$, on tire la droite A_1A_2 et on le partage, au point B, de manière que les deux segments BA_1 et BA_2 soient entre eux comme m_2 est à m_1; on prend sur la droite BA_3 correspondant à un troisième point A_3, un* *point C tel, que le rapport de CB à CA$_3$ soit égal à celui de m$_3$ à m$_1$ + m$_2$, et on continue ainsi de suite, jusqu'à ce qu'on ait employé tous les points donnés ; le dernier point G obtenu par la construction précédente sera déterminé par la formule*

$$(1) \qquad X = \frac{m_1 x_1 + m_2 x_2 + \ldots m_n x_n}{m_1 + m_2 + \ldots m_n}.$$

(Les notations précédentes sont conservées.)

La marche de la démonstration est tout à fait la même que pour le théorème **I**. On applique toujours la formule (1) (th. **I**.).

Généralisation. On peut donner plus de généralité au théorème, en supposant que les nombres $m_1, m_2, \ldots, m_n$ peuvent être positifs ou négatifs, et que l'on détermine les points B, C, etc. par des égalités :

$$(2) \qquad \frac{BA_1}{BA_2} = -\frac{m_2}{m_1} \ , \quad \frac{CB}{CA_3} = -\frac{m_3}{m_1 + m_2} \ldots$$

En tenant compte des signes des seconds membres, et en employant la formule (1) du lemme. on démontre que la formule (1) est toujours vraie.

Remarque. Le mode de détermination des points B, C dans l'énoncé primitif est bien le même que celui qui résulte des égalités (2) ; car les points B, C... étant respectivement situés entre A$_1$ et A$_2$, B et A$_3$... les rapports, qui déterminent ces points, doivent être considérés comme négatifs quand on tient compte des signes.

Le point G obtenu comme il vient d'être dit, quels que soient d'ailleurs les signes des nombres m_1. m_2, m_3, s'appelle le *centre des distances proportionnelles* ; il est déterminé comme le centre des moyennes distances, et on le voit de la même manière.

IV. *Étant donnés* n *points* A$_1$, A$_2$,..., *et* n *nombres correspondants,* m$_1$, m$_2$,....., m$_n$, *positifs ou négatifs. si* **G** *est le* **centre des distances proportionelles,** *on a*

$$\Sigma m_1 \overline{MA_1}^2 = \Sigma m_1 \times \overline{MG}^2 + \Sigma m_1 \overline{GA_1}^2.$$

(Le signe Σ a la signification ordinaire.)

La démonstration est la même que pour le théorème **II**. Seulement, il faut remarquer qu'elle est en défaut et que le théorème n'est plus vrai, lorsque, les nombres m_1, m_2...., m_n étant positifs ou négatifs, la somme Σm_1 est égale à zéro.

En effet, dans ce cas, on ne peut plus dire que la quantité $MG \times (\pm\, m_1 A_1 D_1 \pm m_2 A_2 D_2.....)$ est nulle; la formule (1) th. **IV**, donnant, en général, pour la distance du centre G à un plan, une valeur infinie.

REMARQUE. Si les points, au lieu d'être placés d'une manière quelconque dans l'espace, avaient été dans un même plan, on aurait eu des théorèmes analogues aux prédédents : seulement on aurait pris les distances par rapport à une droite au lieu de les prendre par rapport à un plan.

187. Théorèmes sur les volumes.

I. *Si deux tétraèdres ont leurs sommets, deux à deux, sur des droites qui concourent et un même point, les faces opposées à ces sommets se rencontrent, deux à deux, suivant quatre droites situées dans un même plan* (Concours).

Soient les deux tétraèdres ABCD, A'B'C'D' (fig. 110) tels, que les droites AA', BB', CC', DD' concourent en S. Pour prouver que les quatre faces correspondantes se coupent suivant quatre droites situées dans le même plan, il suffit de faire voir que deux quelconques des quatre droites d'intersection se coupent.

Si l'on prend d'abord les deux faces ABC et A'B'C', et qu'on détermine les points F, G, H, où les droites AB, AC, BC rencontrent respectivement les droites A'B', A'C', B'C', la droite FGH sera évidemment l'intersection des deux faces.

On obtiendra de même l'intersection des deux faces ABD et A'B'D'; et comme les droite AB et A'B' sont contenues dans ces deux dernières faces, leur point de rencontre F appartiendra à la nouvelle intersection. F est donc un point commun aux deux intersections successivement déterminées, et, par suite, d'après la remarque faite en commençant, le théorème est démontré.

II. *On peut construire une infinité de tétraèdres à arêtes opposées orthogonales, et ces tétraèdres jouissent de plusieurs propriétés remarquables, dont la principale est celle-ci : les quatre hauteurs d'un tétraèdre à arêtes opposées, orthogonales, se coupent en un même point* (Concours).

Nous admettrons comme connus les théorèmes suivants :

Lorsqu'une droite est perpendiculaire à un plan, elle est perpendiculaire à toute droite du plan.

Lorsque deux droites sont orthogonales, par l'une d'elles on peut toujours mener un plan perpendiculaire à l'autre.

On va d'abord démontrer qu'il existe une infinité de tétraèdres à arêtes opposées orthogonales.

A cet effet, prenons arbitrairement dans l'espace une droite SA (fig. 111), et, dans un plan perpendiculaire à cette droite, tirons une autre droite BC qui ne passe pas par le point de rencontre de SA avec le plan : nous aurons ainsi deux droites orthogonales qui ne se rencontreront pas. Coupons ensuite les droites SA et BC par une troisième AC qui ne leur soit pas perpendiculaire, et menons un plan perpendiculaire à cette troisième droite. Ce plan rencontrera les deux droites SA et BC en S et B, et la droite SB, qui joint les points S et B, sera perpendiculaire à AC. Si alors on tire AB et SC, on obtiendra un tétraèdre dans lequel les deux arêtes SA et AC sont respectivement perpendiculaires sur les arêtes opposées BC et SB.

Je dis maintenant que, si dans un tétraèdre deux arêtes sont perpendiculaires sur les arêtes opposées, les deux dernières arêtes sont aussi perpendiculaires l'une sur l'autre. En effet, soient (*fig.* 112) SC et SB respectivement perpendiculaires sur AB et AC ; par les deux premières arêtes, on pourra mener des plans respectivement perpendiculaires aux deux autres et qui les couperont en F et E. Tirons les droites EB, ES, FC et SF ; les deux premières seront perpendiculaires à AC, et les deux autres à AB. Les droites BE et CF sont alors deux des hauteurs du triangle ABC, et, si l'on joint leur point H d'intersection au point A, par la droite AH, cette droite sera la troisième hauteur du triangle ABC.

Cela posé, on remarque que les deux plans SBE, SCF, respectivement perpendiculaires à AC et à AB, sont perpendiculaires à la face ABC ; et, par suite leur intersection SH est perpendiculaire à cette face. Prolongeant alors AH jusqu'à sa rencontre en D avec BC, et tirant SD, on voit que cette dernière droite est perpendiculaire à BC, en vertu du théorème des trois perpendiculaires. Le plan SDA, qui conient l'arête SA, est donc perpendiculaire à BC, et, par suite, les deux arêtes opposées SA et BC sont orthogonales.

Maintenant que l'existence du tétraèdre à arêtes orthogonales est démontrée, nous allons donner les principales propriétés de cette figure.

1. *Chaque sommet se projette sur la face opposée au point d'intersection de ses hauteurs.* En effet, la démonstration précédente fait voir que le sommet S se projette en H, point d'intersection des hauteurs de la face ABC, et il en serait évidemment de même pour les autres sommets.

2. *Les quatre hauteurs se coupent en un même point* I. Menons d'abord BK perpendiculaire à SE : les deux droites SK et BK se coupent, comme perpendiculaires à deux droites BE et SE qui se coupent dans un même plan SBE ; elles sont, d'ailleurs, deux des hauteurs du tétraèdre : on peut donc affirmer que deux quelconques de ces hauteurs se coupent.

Considérons maintenant l'une des deux autres hauteurs, celle, par exemple, qui part du sommet C ; d'après ce qui précède, elle coupe les deux hauteurs BK et SH contenues, toutes deux, dans un plan SBE auquel le point C est extérieur : la hauteur partant du point C ne peut donc rencontrer les deux autres hauteurs qu'en leur point d'intersection I. Il en est de même de la quatrième hauteur partant du sommet D.

Remarque I. Nous avons dit que le point C était extérieur au plan SBE; mais il y a une exception, lorsque les points C et E se confondent. Pour qu'il en soit ainsi, il faut évidemment que AC soit perpendiculaire sur SC et BC; et comme l'arête SC doit être perpendiculaire sur l'arête opposée AB, elle est perpendiculaire à deux droites AC et AB de la face ABC, et, par suite, à cette face elle-même. L'angle trièdre, qui a pour sommet le point C, est donc un trièdre trirectangle. Ainsi la démonstration est en défaut quand l'un des angles du tétraèdre est trirectangle; mais, dans ce cas, la proposition est évidente, puisque les quatre hauteurs partent du sommet de l'angle trirectangle.

Remarque II. Dans un tétraèdre dont deux arêtes opposées seulement sont orthogonales, les hauteurs, comme il est facile de le prouver, se coupent, deux à deux, en un même point. Alors on peut dire que, lorsqu'un second couple d'arêtes opposées orthogonales s'adjoint au premier, les deux points d'intersection se confondent en un seul.

3. *La somme des carrés des arêtes opposées est la même pour les trois couples d'arêtes.* En effet, les triangles ABC. ASB donnent

$$\overline{BC}^2 - \overline{AC}^2 = \overline{BF}^2 - \overline{AF}^2 = \overline{SB}^2 - \overline{SA}^2;$$

d'où l'on déduit

$$\overline{SA}^2 + \overline{BC}^2 = \overline{SB}^2 + \overline{AC}^2.$$

On aurait de même

$$\overline{SA}^2 + \overline{BC}^2 = \overline{AB}^2 + \overline{SC}^2.$$

4. *Les plus courtes distances des arêtes opposées se coupent au même point que les hauteurs.* En effet, menons la troisième hauteur EI du triangle ESB. Cette droite est la plus courte distance des arêtes AC et SB, car elle est évidemment perpendiculaire à SB, et elle est perpendiculaire à AC comme étant située dans un plan BSE perpendiculaire à cette droite. Ainsi une quelconque des plus courtes distances des arêtes opposées passe par le point d'intersection des hauteurs.

5. *Les produits des arêtes opposées sont en raison inverse des plus courtes de ces arêtes.* En effet, le produit de deux arêtes opposées par leur plus courte distance est un nombre constant qui mesure six fois le volume du tétraèdre.

6. *Les milieux des six arêtes et les pieds des plus courtes distances des arêtes opposées sont sur une même sphère qui a, pour centre, le centre de gravité du tétraèdre.* Prouvons d'abord que les six milieux des arêtes sont sur la sphère énoncée. A cet effet, joignons les quatre milieux D, E, F, H, deux à deux, par des droites (*fig.* 111); nous obtenons ainsi un rectangle DEFH avec ses deux diagonales DF et EH qui sont égales et se coupent mutuellement en leur milieu G. De même, en associant les milieux I et K des arêtes AB et SC aux deux milieux D et F, on prouve que la droite IK passe par le point G, et y est partagée en deux parties égales. On sait d'ailleurs que le point G est le centre de gravité du tétraèdre; on voit donc bien que les milieux des arêtes se trouvent sur une même sphère qui a pour centre le centre de gravité du tétraèdre. Cette sphère est coupée par la face ABC suivant un cercle qui passe par les milieux D, E, I des côtés du triangle ABC. Or ce même cercle, d'après un théorème connu (th. **VII**, page 147), passe par les pieds des hauteurs du triangle, c'est-à-dire par trois des pieds des plus courtes distances; il en est donc de même de la sphère. On prouve par un raisonnement semblable qu'elle passe

aussi par les trois autres pieds des plus courtes distances.

COROLLAIRE. *Si on coupe un angle trièdre trirectangle par un plan, et qu'on projette le sommet de l'angle sur ce plan, la projection tombera au point d'intersection des hauteurs du triangle de section.* En effet, le tétraèdre obtenu a ses arêtes opposées, orthogonales.

III. *Étant donné un tétraèdre, d'un point quelconque de l'espace, on abaisse des perpendiculaires sur ses quatre faces; on demande de trouver la relation qui existe entre les longueurs de ces droites et celles des hauteurs du tétraèdre* (Concours).

Il y a quatre cas à considérer, suivant que le point est dans l'intérieur du tétraèdre, à l'extérieur de ce solide, mais à l'intérieur d'un de ses angles, dans un angle opposé par le sommet à l'un des angles du tétraèdre, et enfin dans l'un des espaces compris entre les quatre faces prolongées.

1er Cas. *Le point donné O est dans l'intérieur du tétraèdre.* Soient A_1, A_2 A_3, A_4, les sommets du tétraèdre, h_1, h_2, h_3, h_4, les hauteurs correspondantes, et p_1, p_2, p_3, p_4, les perpendiculaires abaissées respectivement, du point O, sur les mêmes faces que les hauteurs précédentes. Faisons passer des plans par le point O et les arêtes du tétraèdre : ces plans décomposeront le volume V du tétraèdre en quatre tétraèdres dont nous désignerons les volumes par v_1, v_2, v_3, v_4. En comparant chaque tétraèdre partiel au tétraèdre total qui a avec lui une face commune qu'on peut prendre pour base, on a

$$\frac{p_1}{h_1} = \frac{v_1}{V} \; ; \; \frac{p_2}{h_2} = \frac{v_2}{V} \, , \; \frac{p_3}{h_3} = \frac{v_3}{V} \, , \; \frac{p_4}{h_4} = \frac{v_4}{V},$$

et en ajoutant, membre à membre, les égalités précédentes, il vient

$$(1) \qquad \frac{p_1}{h_1} + \frac{p_2}{h_2} + \frac{p_3}{h_3} + \frac{p_4}{h_4} = 1 .$$

2° Cas. *Le point O est dans l'intérieur du trièdre qui a* *pour sommet* A_1, *et il est situé hors du tétraèdre*. Alors, pour obtenir le volume V, il faut ajouter les trois volumes v_2, v_3, v_4 et en retrancher v_1 ; donc, en procédant comme tout à l'heure, on a

$$(2) \qquad -\frac{p_1}{h_1} + \frac{p_2}{h_2} + \frac{p_3}{h_3} + \frac{p_4}{h_4} = 1.$$

3e **cas**. *Le point* O *est dans l'angle opposé par le sommet au trièdre du tétraèdre qui a pour sommet* A_1. Alors la somme des trois tétraèdres v_2, v_3, v_4 doit être retranchée du tétraèdre v_1, et l'on a

$$(3) \qquad \frac{p_1}{h_1} - \frac{p_2}{h_2} - \frac{p_3}{h_3} - \frac{p_4}{h_4} = 1.$$

4e **cas**. *Le point* O *est dans l'un des espaces compris entre les quatre faces du tétraèdre prolongées*. Supposons, par exemple, que le point soit dans l'espace compris entre les faces du dièdre extérieur $A_1 A_2$ et les prolongements des faces opposées aux sommets A_1, A_2. Alors il faut ajouter les deux volumes v_1, v_2, et en retrancher la somme des deux autres : on a ainsi

$$(4) \qquad \frac{p_1}{h_1} + \frac{p_2}{h_2} - \frac{p_3}{h_3} - \frac{p_4}{h_4} = 1.$$

Nous avons obtenu quatre formules différentes; mais on peut les comprendre toutes dans une seule, la première, si l'on considère la distance du point O à une face du tétraèdre comme positive ou négative, suivant que ce point et le sommet opposé à la face considérée sont ou ne sont pas d'un même côté de cette face. La vérification n'offre aucune difficulté.

Discussion de la formule générale (1). On peut, dans la discussion, supposer que le tétraèdre prend une forme particulière, ou que le point O coïncide avec quelques points remarquables.

En nous plaçant au premier point de vue, nous ne considérerons que deux cas.

1º *Le tétraèdre a ses quatre hauteurs égales*, ou, ce qui revient au même, *ses quatre faces équivalentes.*

Alors la formule générale devient

$$p_1 + p_2 + p_3 + p_4 = h_1;$$

c'est ce qui a lieu, en particulier, quand le tétraèdre est régulier.

2º *Le tétraèdre se réduit à un prisme droit.* Supposons que le pied de la hauteur h_1, restant fixe, le sommet A_1, s'éloigne à l'infini sur cette hauteur : le tétraèdre deviendra un prisme droit dont la base sera la face $A_2 A_3 A_4$: faisant alors la hauteur h_1, infinie dans la formule générale, on obtiendra

$$\frac{p_2}{h_2} + \frac{p_3}{h_3} + \frac{p_4}{h_4} = 1;$$

on a ainsi une relation entre les hauteurs d'un triangle et les distances d'un point de son plan à ses côtés.

Faisons maintenant varier la position du point O.

On peut placer le point O sur une face, sur une arête ou en un sommet; et on a immédiatement les formules correspondantes, en faisant nulles, dans la formule générale, une, deux ou trois des longueurs p_1, p_2, p_3, p_4.

Quand le point O coïncide avec le centre de la sphère circonscrite au tétraèdre, ou avec le centre de gravité de cette figure, la formule générale ne prend aucune forme remarquable; seulement, dans le cas du centre de gravité, elle se trouve immédiatement vérifiée, puisque chacun des rapports qui y figurent est, comme on sait, égal à $\frac{1}{4}$. On peut se servir, du reste, de la formule (1) pour démontrer que le centre de gravité d'un tétraèdre est un point tel, que le produit de ses distances aux quatre faces est plus grand que le produit correspondant à tout autre point intérieur.

En effet, la question de trouver le maximum du produit $p_1 p_2 p_3 p_4$ revient à trouver le maximun de $\dfrac{p_1}{h_1} \cdot \dfrac{p_2}{h_2} \cdot \dfrac{p_3}{h_3} \cdot \dfrac{p_4}{h_4}$; et comme la somme des facteurs du dernier produit est égale à 1, le maximum demandé a lieu lorsqu'ils sont égaux. Alors, en remplaçant dans la formule générale (1) les rapports $\dfrac{p_2}{h_2}, \dfrac{p_3}{h_3}, \dfrac{p_4}{h_4}$ par $\dfrac{p_1}{h_1}$, on obtient la valeur du dernier rapport, puis celles des autres, et on a ainsi

$$p_1 = \frac{h}{4}, \; p_2 = \frac{h_2}{4}, \; p_3 = \frac{h_3}{4}, \; p_1 = \frac{h_4}{4};$$

la propriété est donc démontrée.

Nous allons maintenant, à l'aide de la formule générale, chercher à déterminer tous les points qui peuvent être à égale distance des quatre faces du tétraèdre indéfiniment prolongées ; c'est-à-dire que nous nous proposons de trouver toutes les sphères qui peuvent être tangentes aux quatre faces du tétraèdre.

Cherchons d'abord dans l'intérieur du tétraèdre un point qui soit à égale distance des quatre faces. A cet effet, dans la formule générale, donnons à p_1, p_2, p_3, p_4, la valeur positive r; on a alors

$$\frac{1}{r} = \frac{1}{h_1} + \frac{1}{h_2} + \frac{1}{h_3} + \frac{1}{h}.$$

La valeur de r donnée par la formule précédente étant toujours positive et finie, on pourra mener, à la distance r de trois des faces, et du même côté que les sommets opposés, trois plans respectivement parallèles à ces faces, et qui, comme elles, se couperont toujours en un même point O ; si l'on démontre que le point O est aussi à la distance r de la

15

quatrième face, l'existence de la sphère inscrite sera démontrée.

Or, si nous désignons par p_4 la distance du point O à la quatrième face, nous aurons par la formule générale

$$\frac{r}{h_1} + \frac{r}{h_2} + \frac{r}{h_3} + \frac{p_4}{h_4} = 1.$$

Mais, par hypothèse, on a

$$\frac{r}{h_1} + \frac{r}{h_2} + \frac{r}{h_3} + \frac{r}{h_4} = 1;$$

donc

$$p_4 = r.$$

Cherchons maintenant un point qui soit à une égale distance r_1 des quatre faces, et qui soit en même temps extérieur au tétraèdre, mais situé dans l'intérieur d'un des angles trièdres, A_1 par exemple. On devra d'abord changer dans la formule générale p_1 en $-p_1$, puis remplacer p_1, p_2, p_3, p_4 par r_1; on obtient ainsi

$$\frac{1}{r_1} = -\frac{1}{h_1} + \frac{1}{h_2} + \frac{1}{h_3} + \frac{1}{h_4}.$$

On a d'ailleurs

$$\frac{1}{h_1} < \frac{1}{h_2} + \frac{1}{h_3} + \frac{1}{h_4},$$

car en remplaçant dans cette inégalité les différents termes par les faces du tétraèdre b_1, b_2, b_3, b_4, qui leur sont proportionnelles, il vient

$$b_1 < b_2 + b_3 + b_4,$$

et l'on sait que, dans un tétraèdre, une face quelconque est plus petite que la somme des trois autres. On a donc pour r_1 une valeur positive et finie, et il en est de même pour les valeurs r_2, r_3, r_4, qui correspondent aux points pris dans une position analogue à celle du premier. Par conséquent, d'après le même raisonnement que dans le cas précédent, on peut affirmer qu'il existe toujours quatre sphères qui touchent une face du tétraèdre et les prolongements des trois autres. Nous les appellerons *sphère ex-inscrites de première espèce.*

Il peut y avoir encore, comme nous allons le voir, des points, à égale distance des quatre faces, dans les parties de l'espace comprises entre les prolongements de ces faces. En effet, le point O peut être situé à la fois dans l'intérieur d'un des angles dièdres du tétraèdre et de l'angle dièdre formé par les prolongements des faces du dièdre dont l'arête est opposée, et il peut ainsi occuper six positions nouvelles.

Il faut maintenant, dans la formule générale, donner à deux des perpendiculaires des valeurs positives et aux deux autres des valeur négatives. Alors, en appelant ρ_1, ρ_2,..., la valeur commune des perpendiculaires pour chaque position du point, on aura les relations

$$\frac{1}{\rho_1} = \frac{1}{h_1} + \frac{1}{h_2} - \frac{1}{h_3} - \frac{1}{h_4},$$

$$\frac{1}{\rho_2} = \frac{1}{h_1} + \frac{1}{h_3} - \frac{1}{h_2} - \frac{1}{h_4},$$

$$\frac{1}{\rho_4} = \frac{1}{h_1} + \frac{1}{h_4} - \frac{1}{h_2} - \frac{1}{h_3},$$

et trois autres relations semblables, dont les seconds membres se déduiraient de ceux des précédentes en changeant les signes de tous les termes. Il en résulte que, si les premières relations donnent les valeurs positives pour ρ_1, ρ_2, ρ_3, les dernières donneront des valeurs négatives pour les autres distances, et réciproquement. Par conséquent, il ne peut pas y avoir plus de trois points satisfaisant à la condition demandée.

Pour faciliter la discussion, nous supposerons d'abord les hauteurs h_1, h_2, h_3, h_4, toutes inégales et rangées par ordre de grandeur croissante. Alors les valeurs de ρ_2 et ρ_1 sont positives et finies, et celle de ρ_3 peut être positive, nulle, ou négative. Mais si le dernier cas a lieu, on prendra, pour valeur de $\dfrac{1}{\rho_3}$ la valeur de signe contraire $\dfrac{1}{h_2} + \dfrac{1}{h_3} - \dfrac{1}{h_1} - \dfrac{1}{h_4}$

donc, si on exclut le cas où les sommes $\dfrac{1}{h_1} + \dfrac{1}{h_4}$ et $\dfrac{1}{h_2} + \dfrac{1}{h_3}$, ou, ce qui revient au même, les sommes $b_1 + b_4$ et $b_2 + b_3$ seraient égales, on obtiendra trois nouvelles sphères. Nous les appellerons sphères *ex-inscrites de seconde espèce*.

La troisième sphère ex-inscrite de seconde espèce a un rayon infini, c'est-à-dire n'existe plus, lorsque la somme des deux faces correspondantes du tétraèdre est égale à la somme des deux autres.

Nous venons de supposer que les hauteurs du tétraèdre étaient inégales; mais on s'assure facilement que la conclusion est encore vraie, quand deux ou trois des hauteurs sont égales.

Supposons maintenant que deux des hauteurs soient respectivement égales aux deux autres, que, par exemple, les hauteurs h_1 et h_2 soient égales, ainsi que les hauteurs h_3 et h_4. Dans ce cas, la valeur de ρ_1 est positive, tandis que celles de ρ_2, ρ_3 sont infinies : donc, quand deux des hauteurs sont respectivement égales aux deux autres, ou quand il en est de même pour les bases, il n'y a plus qu'une sphère ex-inscrite de seconde espèce.

Enfin, supposons les quatre hauteurs égales, ou, ce qui revient au même, les quatre faces équivalentes. Les valeurs de ρ_1, ρ_2, ρ_3, sont alors infinies et les sphères disparaissent.

En résumé, le nombre des sphères ex-inscrites de seconde espèce est 3, 2, 1 ou 0; et, par suite, le nombre total des sphères tangentes à un tétraèdre est 8, 7, 6 ou 5, suivant les cas.

Remarque. Les formules qui donnent les valeurs des

rayons des huit sphères, peuvent conduire par leur combinaison à d'autres formules plus ou moins remarquables, analogues à celles que l'on donne ordinairement pour le triangle : nous n'écrirons que la suivante :

$$\frac{2}{r} = \frac{1}{r_1} + \frac{1}{r_2} + \frac{1}{r_3} + \frac{1}{r_4}.$$

188. Théorèmes relatifs anx volumes de quelques solides.

I. *Étant donné un tétraèdre* SABCD (fig. 113) *dont la base est* ABC, *on construit sur ses trois faces latérales, comme bases, trois prismes triangulaires quelconques dont on prolonge les secondes bases jusqu'à leur intersection commune* F ; *on mène la droite* SF, *et on construit, sur* ABC *comme base, un prisme triangulaire dont les arêtes latérales soient égales et parallèles à* SF : *il faut démontrer que le dernier prisme est équivalent à la somme des trois autres* (Concours).

Nous pouvons d'abord remplacer les trois prismes latéraux par trois prismes équivalents qui ont, pour bases respectives, les faces latérales du tétraèdre, et un sommet commun en F.

Cela posé, prolongeons la droite SF jusqu'à sa rencontre en E avec la base ABC, prenons une longueur EG égale à SF, et tirons EA, EB, EC. Le prisme, construit sur ABC comme base et dont les arêtes latérales sont égales et parallèles à EG, pourra être décomposé en trois prismes ayant l'arête latérale commune EG, et, pour bases respectives, les triangles EAB, EAC, EBC. Je dis que ces prismes sont respectivement équivalents aux trois prismes latéraux.

Considérons, par exemple, le prisme AEBHGI : il est équivalent au prisme ASBHFI qui remplace, comme nous l'avons dit, l'un des prismes latéraux donnés. En effet, les tétraèdres SAEB, FGHI sont superposables, comme on le voit, en faisant glisser les trois points H, G, I sur les trois parallèles

AH, GE; IB, jusqu'à ce qu'ils viennent se confondre respectivement avec A, B et E. Maintenant, si de la figure totale FHIAEB on retranche successivement les deux tétraèdres précédents, on obtient les deux prismes AEBHGI, ASBHFI; l'équivalence de ces deux solides est donc démontrée.

On prouve de même que les deux autres prismes latéraux sont équivalents aux deux derniers des trois prismes dans lesquels on a décomposé le prisme construit sur ABC · donc la somme des trois prismes latéraux est bien équivalente à ce dernier prisme

DISCUSSION.

Le point E peut occuper trois positions différentes; il peut être dans l'intérieur du triangle ABC, comme nous l'avons supposé dans la démonstration précédente, extérieur à ce triangle, mais situé dans l'un de ses angles, ou situé dans un angle opposé par le sommet à l'un des angles du triangle.

Dans le second cas, on voit facilement que le prisme construit sur ABC est égal à la somme de deux des prismes latéraux diminuée du troisième.

Dans le troisième cas, pour avoir le prisme construit sur ABC, il faut retrancher d'un des prismes latéraux la somme des deux autres.

Mais si l'on désigne par V_1, V_2 V_3 les volumes des prismes latéraux, et par V le volume du quatrième prisme, les trois cas pourront être représentés par la formule unique

$$V = V_1 + V_2 + V_3;$$

pourvu que l'on considère l'un quelconque des volumes V_1, V_2, V_3 comme positif ou négatif, suivant que la face latérale qui sert de base au prisme, étant indéfiniment prolongée, passe entre le sommet opposé et le point de concours F des secondes bases des prismes latéraux, ou bien qu'elle laisse les deux points du même côté. On fera sans peine la vérification.

REMARQUE. Si la droite SF était parallèle à la base **ABC**, le point E serait à l'infini, et le prisme construit sur **ABC** serait nul; alors, d'après la formule générale qu'on étend au cas limite, l'un des prismes latéraux est équivalent à la somme des deux autres. La démonstration directe est facile.

II. *Un tronc de pyramide de seconde espèce est équivalent à la somme de deux pyramides ayant respectivement, pour bases, ses deux bases, et, pour hauteur commune, sa hauteur, moins une troisième pyramide, qui a même hauteur que les deux premières et dont la base est la moyenne proportionnelle entre les deux bases du tronc.*

Un tronc de pyramide est dit *de seconde espèce*, lorsque les bases du tronc sont de part et d'autre du sommet de la pyramide.

Tout revient à démontrer le théorème dans le cas du tétraèdre, comme pour le tronc ordinaire. Soit alors S (fig. 114) le sommet du tétraèdre donné SABC, et A'B'C' la seconde base du tronc : tirons les droites BA', CA', CB', CA'. Le tronc donné est la somme des deux tétraèdres SABC, SA'B'C'; et le premier est la différence des deux tétraèdres ABCA', SBCA', tandis que le deuxième est la différence des tétraèdres CA'B'C', CSA'B'. Alors, si l'on désigne par T le volume cherché, on a

$$T = ABCA' + CA'B'C' - (SBCA' + CSA'B').$$

Or les deux premiers tétraèdres sont évidemment les deux premiers tétraèdres de l'énoncé, et les deux tétraèdres SBCA', CSA'B' forment par leur réunion un seul tétraèdre BCA'B'. Il reste donc à démontrer que ce dernier tétraèdre est équivalent à un tétraèdre ayant, pour hauteur, la hauteur du tronc, et, pour base, la moyenne proportionnelle entre les deux bases de ce tronc. Or, c'est ce que l'on voit sans peine en procédant comme on le fait pour le tronc ordinaire. (La construction relative à cette dernière partie de la démonstration est indiquée sur la figure.)

III. *Tout plan, qui passe par les milieux de deux arêtes opposées d'un tétraèdre, partage ce solide en deux parties équivalentes.*

Soit SABC (fig. 115) le tétraèdre donné, et D, E les milieux des arêtes opposées SA, BC. Si l'on prend d'abord le plan DBC, le théorème est évident; car les deux tétraèdres SDBC, ADBC ont même base DBC, et des hauteurs égales, puisque le point D est le milieu de SA.

Soit maintenant un plan quelconque DFEG passant par les points D et E : ce plan coupera les arêtes SC et AB dans le même rapport aux points F et G, et la droite GF sera partagée par DE en deux parties égales (th. **V**, page 200). De là on conclut immédiatement que les tétraèdres FDCE, GDEB sont équivalents, comme ayant des bases équivalentes DEC, DEB et des hauteurs égales.

Or, si du tétraèdre SDBC on retranche le tétraèdre FDCE, on obtient le solide SDFEB, et en ajoutant le tétraèdre GDEB équivalent au tétraèdre SDBC, on a le solide SDFEG. Ce dernier solide, qui est l'un des volumes déterminés par le plan DFEG, est donc équivalent au tétraèdre SDBC moitié du tétraèdre donné, et, par suite, le théorème est démontré.

IV. *Étant donné un tétraèdre à arêtes orthogonales, dont toutes les faces sont des triangles acutangles, on construit, sur ces faces comme bases, quatre tétraèdres tels, que les angles trièdres opposés aux bases soient trirectangles : la somme des carrés des volumes des quatre tétraèdres ainsi formés est équivalente au carré du volume du tétraèdre donné.*

Soit construit, sur la face ABC comme base (fig. 112), un tétraèdre dans lequel l'angle trièdre M opposé à cette face soit trirectangle. On sait (Cor., th, **II**. page 222), que le sommet M sera placé sur la hauteur SH du tétraèdre donné, et, comme le triangle BEM est rectangle en E, on aura

$$\overline{HM}^2 = BH \times EH.$$

Or, BK et SH étant deux des hauteurs du triangle SBE, les deux triangles BIH, SEH sont semblables, et donnent

$$BH \times EH = SH \times IH;$$

on a donc

$$\overline{HM}^2 = SH \times IH,$$

Or les trois tétraèdres, qui ont pour base commune ABC et pour sommets opposés à cette base M, I et S, sont entre eux comme leurs hauteurs MH, IH et SH. Si donc on représente respectivement leurs volumes par v_1, v' et V, on aura

$$v_1^2 = v' \times V.$$

En adoptant des notations semblables pour les autres tétraèdres analogues aux précédents, on obtient de même

$$v_2^2 = v'' \times V \quad , \quad v_3^2 = v''' \times V \quad , \quad v_4^2 = v^{IV} \times V,$$

et en ajoutant, membre à membre, les quatre dernières égalités, on a

$$v_1^2 + v_2^2 + v_3^2 + v_4^2 = V^2.$$

REMARQUE. On a supposé que les angles des faces du tétraèdre donné étaient tous aigus, parce que, comme on le verra dans la résolutiou des problèmes, c'est là une condition nécessaire pour que l'on puisse construire les tétraèdres, à angles trirectangles, de l'énoncé.

V. *Le volume d'un polyèdre, ayant, pour bases, deux polygones quelconques situés dans des plans parallèles et, pour faces latérales, des triangles qui unissent les deux bases, a pour expression* $\dfrac{H}{6}$ *(B+B'+4C), H étant la distance des deux plans parallèles, et B, B', C les aires des bases des polyè-*

dres et de la section faite à égale distance de ces bases par un plan qui leur est parallèle.

Décomposons le polyèdre donné en pyramides ayant, pour sommet commun, un point S pris dans le plan de la section C et, pour bases, les différentes faces des polyèdres. On voit d'abord que les pyramides ayant, pour bases, les deux bases du polyèdre ont pour mesures $\dfrac{HB}{6}$ et $\dfrac{HB'}{6}$; reste donc, à démontrer que la somme des autres pyramides pour mesure $\dfrac{2}{3} C \times H$.

A cet effet, considérons la pyramide SABD (fig. 116) ayant, pour base, le triangle ABD, qui est l'une des faces du polyèdre donné; et soit B'D' l'intersection des plans de ce triangle et de la section C. Les points B' et D' sont les milieux de AB et AD, et l'aire du triangle A'B'D' est le quart de celle du triangle ABD.

Si l'on conçoit maintenant un tétraèdre SA'B'D', le tétraèdre SABD, qu'il s'agit d'évaluer, en sera le quadruple, et, par suite, aura pour mesure $4\,S'B'D' \times \dfrac{H}{6}$. Évaluant ensuite, de la même manière, les volumes des autres tétraèdres, et faisant leur somme, on pourra mettre en facteur $\dfrac{2H}{3}$, et les triang'es tels que SB'D', s'ajouteront pour former la surface totale C : le théorème est donc démontré.

REMARQUE. Deux faces latérales consécutives pourront former un trapèze, si les côtés correspondants des bases sont parallèles; mais cette circonstance particulière ne change en rien la démonstration.

VI. *Le volume du tronc de prisme triangulaire de seconde espèce, c'est-à-dire obtenu en coupant une surface prismatique triangulaire par deux plans qui se rencontrent dans l'intérieur de la surface, est donné par la formule*

$$V = \frac{B}{3} \times \frac{h_1 \left(h_1^2 + h_2^2 + h_3^2\right) + h_2 h_3 \left(h_1 + h_2 + h_3\right)}{\left(h_1 + h_2\right)\left(h_1 + h_3\right)}.$$

Dans cette formule, V désigne le volume du tronc, B l'une des bases, h_1, h_2, h_3 les perpendiculaires abaissées sur la base B, des sommets de l'autre base. (h_1 est celle des trois hauteurs qui est seule d'un côté de la base B.)

Soit (*fig.* 117) une surface prismatique dont les arêtes sont les droites AD, BF, CE prolongées indéfiniment : si l'on coupe cette surface par les deux plans ABC, DEF qui se rencontrent suivant la droite GH, dans l'intérieur de la figure, on aura un tronc de prisme de seconde espèce ABCDEF dont il faut trouver la mesure.

Soit mené par le point D) *fig.* 117) un plan parallèle à la base ABC, qui coupe la surface prismatique suivant la section DLM : on obtient

$$V = \text{vol. DAGH} + \text{vol. GHCBFE}$$

$$= \text{vol. DAGH} + \text{vol. DLMEF} - \text{vol. DLMCBGH};$$

et, comme on a

$$\text{vol. DLMCBGH} = \text{vol. ABCDLM} - \text{vol. DAGH},$$

il vient

$$(1) \quad V = 2 \,\text{vol. DAGH} + \text{vol. DLMEF} - \text{vol. ABCDLM}.$$

Or, les volumes DAGH, ABCDLM, DLMEF étant respectivement un tétraèdre dont la base est AGH et la hauteur h_1, un prisme dont les deux bases sont égales à B, est un tronc de prisme triangulaire dont l'un des sommets D de la base inférieure DEF coïncide avec un sommet de la base supérieure DLM, on a

$$\text{vol. DAGH} = \frac{\text{AGH} \times h_1}{3}, \quad \text{vol. ABCDLM} = B h_1,$$

$$\text{vol. DLMEF} = B \times \frac{h_2 + h_3}{3}.$$

Tout revient donc à exprimer l'aire du triangle AGH en fonction des données. Or, on a

$$(2) \qquad \frac{AGH}{B} = \frac{AG}{AB} \times \frac{AH}{AC};$$

et, d'autre part, des triangles semblables donnent

$$\frac{AG}{GB} = \frac{h_1}{h_2} \,, \quad \frac{AH}{HC} = \frac{h_1}{h_3},$$

d'où l'on déduit

$$\frac{AG}{AB} = \frac{h_1}{h_1 + h_2} \,, \quad \frac{AH}{AC} = \frac{h_1}{h_1 + h_3};$$

et en substituant dans l'égalité (2) les valeurs des deux derniers rapports, on obtient

$$AGH = \frac{h_1^2 B}{(h_1 + h_2)(h_1 + h_3)}.$$

Il ne reste plus maintenant, pour obtenir la formule demandée, qu'à mettre dans le second membre de l'égalité (1) les expressions des trois volumes.

VII. *Le volume, qui est engendré par un triangle ADC exécutant une révolution complète autour d'un axe XY situé dans son plan et n'ayant avec lui aucun point commun, est égal à l'aire du triangle multipliée par la circonférence que décrit son centre de gravité.*

Soient ABC et XY (*fig.* 118) le triangle et l'axe donnés. Menons AI parallèle à XY, et prolongeons BC jusqu'à sa rencontre en I avec cette droite; puis, des quatre points A, B, C, I, abaissons sur l'axe les perpendiculaires AD, BE, CG et IF. Le volume, qu'il s'agit d'évaluer, est égal à la somme des troncs de cône engendrés par les trapèzes ABDE, BEFI diminuée de la somme des troncs engendrés par les trapèzes ACGD, CIFG. Appelant V le volume cherché, on a

$$V = \pi \cdot \frac{DF}{3} (\overline{BE}^2 + BE \times AD - CG^2 - AD \times CG),$$

puis, en remplaçant $\overline{BE}^2 - \overline{CG}^2$ par $(BE + CG)(BE - CG)$, et mettant $BE - CG$ en facteur, on obtient

$$V = 2\pi DF \times \frac{BE - CG}{2} \times \frac{AD + BE + CG}{3}.$$

Or les produits $\dfrac{BE \times DF}{2}$ et $\dfrac{CG \times DF}{2}$ mesurant respectivement les aires des triangles ABI, ACI augmentées de la moitié du rectangle AIFD, leur différence, qui est égale à $DF \times \dfrac{BE - CG}{2}$, représente l'aire du triangle donné ABC.

D'ailleurs, la perpendiculaire abaissée du centre de gravité sur l'axe de rotation est, comme on le sait, égale à $\dfrac{AD + BE + CG}{3}$; le théorème est donc démontré.

COROLLAIRE. *Le volume, qui est engendré par un polygone régulier exécutant une révolution complète autour d'un axe situé dans son plan et qui ne le coupe pas, est égal à l'aire du polygone multipliée par la circonférence que décrit le centre du cercle circonscrit.* Pour le voir il suffit de décomposer le polygone en triangles par des droites partant du centre.

VIII. *D'un point B pris hors d'un cercle OC (fig. 119), on mène les deux tangentes BA et BC et le rayon de contact OC de l'une de ces tangentes: si on suppose que la figure exécute une révolution complète autour de OC, le triangle mixtiligne, formé par les deux tangentes et l'arc qu'elles interceptent, est équivalent au cône engendré par le triangle BDC dont le sommet D est la projection du point A sur le rayon OC ou sur son prolongement.*

Soit V le volume qu'il s'agit d'évaluer : en considérant ce volume comme étant la différence entre le tronc de cône et le segment sphérique à une base engendrés respectivement par le trapèze ABDC et le triangle mixtiligne ADC, on a

$$V = \pi \frac{DC}{3}(\overline{AD}^2 + \overline{BC}^2 + AD \times BC) - \pi \frac{\overline{AD}^2 \times DC}{2} - \pi \frac{\overline{DC}^3}{6}$$

ou

$$V = \pi \frac{DC}{6}(\overline{BC}^2 + 2AD \times BC - \overline{AD}^2 - \overline{DC}^2).$$

Pour simplifier l'expression précédente, nous remarquons d'abord qu'on a

$$\overline{AD}^2 + \overline{DC}^2 = \overline{AC}^2 ;$$

et d'autre part, si l'on prolonge AD jusqu'à sa rencontre en E avec la circonférence, puis qu'on tire EC, on a deux triangles semblables ABC et ACE qui donnent

$$\overline{AC}^2 = AE \times BC = 2AD \times BC.$$

Alors en tenant compte des deux relations précédentes, on obtient finalement la formule demandée

$$V = \frac{\pi \overline{BC}^2 \times DC}{3}.$$

IX. *Un cône de révolution étant circonscrit à deux sphères tangentes extérieurement, le volume compris entre les trois surfaces est la moitié du volume compris entre la surface du cône et la sphère qui passe par les cercles de contact du cône et des deux sphères données.*

Soient (*fig.* 120) deux demi-cercles O et C tangents extérieurement en E, et AB une tangente commune extérieure. Si l'on fait exécuter une révolution complète à la figure autour de OC, le volume engendré par le triangle mixtiligne AEB sera le volume demandé.

Pour évaluer ce volume, menons la tangente commune intérieure DE, projetons les points de contact A, B sur la ligne des centres en K. I, et tirons DK, DI. D'après le théorème précédent, les volumes engendrés par les triangles mixtilignes ADE et BDE sont respectivement équivalents aux cônes engendrés par les triangles DEK et DEI. Le volume, qu'il s'agit d'évaluer et qui est égal à la somme des deux premiers volumes, sera aussi égal à la somme des deux cônes ; alors en le désignant par V, on aura

$$V = \frac{\pi \overline{DE}^2 \times IK}{3}.$$

Maintenant, élevons au milieu D de AB une perpendiculaire à cette droite, et prolongeons-la jusqu'à sa rencontre en F avec la ligne des centres. Alors, si du point F comme centre avec FA comme rayon, nous décrivons l'arc de cercle AMB, le volume engendré par le segment correspondant sera le volume compris entre le cône et la sphère extérieure.

Or ce volume a pour expression $\dfrac{\pi \overline{AB}^2 \times IK}{6}$, ou $\dfrac{2\pi \overline{DE}^2 \times IK}{3}$

puisque la tangente AB est égale à 2 DE : le théorème est donc démontré.

Application du théorème. On peut se proposer de trouver l'expression du volume V en fonction des rayons R et r des deux sphères. A cet effet, tirons les droites OA et CB, abaissons du centre C la perpendiculaire CG sur OA, puis menons, par le point B et jusqu'à la rencontre de AK, une parallèle BL à la ligne des centres OC. Les deux triangles semblables ABL, OCG, dans lesquels les droites BL et CG sont respectivement égales à IK et AB, donnent

$$IK = \frac{\overline{AB}^2}{OB} = \frac{4\,\overline{DE}^2}{OC};$$

on a donc, en remplaçant IK par sa valeur dans l'expression de V donnée plus haut,

$$V = \frac{4\pi \overline{DE}^4}{3\,OC}.$$

Si maintenant on tire les droites OD et DC, on a un triangle rectangle ODC qui donne

$$\overline{DE}^2 = Rr\,;$$

on a d'ailleurs

$$OC = R + r,$$

donc

$$V = \frac{4\,\pi\,R^2 r^2}{3\,(R + r)}.$$

X. *Si l'on désigne par V le volume d'un segment sphérique, par h sa hauteur, par c le rayon du cercle de la sphère dont le plan est parallèle aux deux bases du segment et à égale distance de chacune d'elles, on a la formule*

$$V = \pi\,c^2 h - \frac{\pi\,h^3}{12}\,;$$

c'est-à-dire que le volume d'un segment sphérique est la différence entre le volume d'un cylindre, ayant même hauteur que le segment et pour base sa section médiane, et la moitié du volume d'une sphère qui a pour diamètre la hauteur du segment.

On sait que la calotte sphérique, dont la hauteur est h et qui appartient à une sphère de rayon r, a pour expression de son volume $\pi\,h^2\left(r - \dfrac{h}{3}\right)$. Considérant alors le segment donné comme la différence entre deux calottes sphériques dont les hauteurs sont h_1 et h_2, on a

$$V = \pi\,r\,(h_1^2 - h_2^2) - \frac{\pi}{3}\,(h_1^3 - h_2^3),$$

ou en mettant en facteur la différence $h_1 - h_2$, qui est égale à h,

$$V = \pi\,h\left(r\,(h_1 + h_2) - \frac{h_1^2 + h_2^2 + h_1 h_2}{3}\right).$$

Or, comme on a identiquement

$$\frac{h_1^2 + h_2^2 + h_1 h_2}{3} = \left(\frac{h_1 + h_2}{2}\right)^2 + \frac{(h_1 - h_2)^2}{12},$$

si l'on pose

$$h_1 + h_2 = 2k,$$

on obtient

$$V = \pi h k (2r - k) - \frac{\pi h^3}{12};$$

et comme k est la distance du milieu de l'axe du segment à l'une des extrémités du diamètre dirigé suivant cet axe, on a

$$c^2 = k (2r - k);$$

La formule proposée est donc démontrée.

REMARQUE. L'expression trouvée ne dépendant pas du rayon de la sphère, il en résulte que, dans les sphères différentes, les segments sphériques ayant même hauteur et même section médiane sont équivalents.

THÉORÈMES A DÉMONTRER.

Notations et observations diverses. Le numéro, placé entre parenthèses et quelquefois accompagné du nombre indicateur de la page, renvoie à un théorème sur lequel il faut s'appuyer. La syllabe (*ex*), qui accompagne un numéro, veut dire exercice proposé.— On emploie aussi les abréviations suivantes (*p*), (*p,r*), (*a,r*), (*i*), (*tr*), (*r.h*), (*pers*) pour indiquer l'application des théories des polaires, des polaires réciproques, des axes radicaux, de l'inversion, des transversales, du rapport harmonique, de la perspective.—Si un numéro se trouve associé aux lettres précédentes, il faut appliquer la méthode recommandée au théorème auquel il renvoie. — On n'a donné qu'un très-petit nombre d'exercices où le calcul intervient, ces exercices trouvant mieux leur place en Algèbre et en Trigonométrie (*). — On trouvera aussi peu ou point d'applications des théories des polaires réciproques, du rapport anharmonique, etc., ces théo-

(*) On trouve un grand nombre d'exercices de ce genre dans les *Questions d'Algèbre et de Trigonométrie.*

ries ayant principalement leur emploi dans l'étude des coniques.

1. Dans tout triangle, la droite, qui joint un sommet, au milieu d'une médiane ne passant pas par ce sommet, divise le côté opposé dans le rapport de 1 à 2.

2. Dans tout parallélogramme, les deux droites, qui joignent un sommet aux milieux des deux côtés opposés, partagent en trois parties égales la diagonale qui ne passe pas par ce sommet. Déduire de ce théorème un moyen de partager une droite en trois parties égales.

3. Les bissectrices des quatre angles d'un parallélogramme déterminent par leur rencontre un rectangle qui jouit des propriétés suivantes : le centre du rectangle est le même que celui du parallélogramme, ses diagonales sont parallèles aux côtés de cette figure, à égale distance des côtés auxquelles elles sont parallèles, et leur longueur est égale à la différence de deux côtés adjacents du parallélogramme.

4. Si l'on mène des droites de chaque sommet d'un carré au milieu d'un des côtés opposés, de telle sorte que le quadrilatère formé par les quatre droites ait ses côtés opposés parallèles, ce quadrilatère sera un carré dont l'aire sera cinq fois plus petite que celle du carré donné.

5. Un cercle dont le centre est o étant donné, on mène un rayon oa que l'on prolonge d'une quantité égale ab ; du point b, on abaisse une perpendiculaire bd sur une tangente quelconque, et l'on tire la droite ad : l'angle oad est triple de l'angle adb.

6. Par les sommets d'un quadrilatère inscriptible, pris deux à deux, consécutivement, on fait passer quatre cercles : leurs points d'intersection, autres que les sommets du quadrilatère, sont sur un même cercle.

7. Un triangle équilatéral étant inscrit dans un cercle, la droite, qui joint les milieux de deux arcs sous-tendus par deux des côtés du triangle, est partagée en trois parties égales par ces deux côtés.

8. Dans tout triangle dont l'un des angles est égal à 60°, la droite, qui joint le point d'intersection des hauteurs au centre du cercle circonscrit, forme un triangle équilatéral avec les deux côtés du triangle donné qui comprennent l'angle égal à 60°.

9. En un point a pris sur le diamètre fg d'un cercle ou sur son prolongement, on élève une perpendiculaire pq à ce diamètre, et on mène par le même point une sécante qui coupe le cercle en deux points b et c ; si en ces points on mène les tangentes bd et ce qui rencontrent pq en d et e, les deux segments ad et ae seront égaux.

10. Si, de chaque sommet d'un quadrilatère, on abaisse des perpendiculaires sur la diagonale, qui ne passe pas par ce sommet, et sur les deux côtés opposés, les quatre triangles qui ont, respectivement, pour sommets les trois pieds des perpendiculaires correspondant à un même sommet sont semblables.

11. Si, de l'un des pieds des trois hauteurs d'un triangle, on mène quatre droites qui rencontrent les deux autres hauteurs et les côtés correspondant à ces hauteurs sous des angles égaux dont les ouvertures soient dirigées du même côté, les quatre points de rencontre seront en ligne droite.

12. Dans tout quadrilatère circonscrit à un cercle, la somme de deux côtés adjacents ou opposés suivant les cas, est égale à la somme des deux autres, et réciproquement. (On entend ici par quadrilatère le sytème de quatre droites quelconques qui se coupent, deux à deux, et le quadrilatère est circonscriptible, lorsque ses côtés ou leurs prolongements sont tangents au cercle. — Discussion.

13. Dans tout triangle, les droites qui joignent les pieds des hauteurs sont respectivement perpendiculaires aux rayons du cercle circonscrit qui passent par les sommets opposés.

14. Les projections d'un des sommets d'un triangle sur les quatre bissectrices des deux autres angles et de leurs suppléments sont en ligne droite.

15. On donne un cercle, deux tangentes ad et bc menées aux extrémités d'un diamètre ab, et un point e sur ce diamètre : f étant un point quelconque du cercle, si l'on mène ef, puis dc perpendiculaire à cette droite au point f, le produit des segments ad et bc, interceptés sur les deux tangentes par la droite mobile *dc*, est constant. (*Chasles*, Por. **194**, page 295) (*).

16. Dans un triangle *abc* on mène les trois hauteurs *ad*, *be*, *cf* qui coupent en *h*, et on circonscrit un cercle au triangle *chb* ; *g*, *k*, *i* étant les points où le cercle rencontre le prolongement de la hauteur *ad* et les côtés *ab* et *ac*, on a

$$dg = da \; , \; af = kf \; , \; ae = ie.$$

17. Ayant construit la même figure que dans le théorème précédent, on circonscrit un cercle au quadrilatère *afhc*, et si *l* est le deuxième point d'intersection de ce cercle et du cercle circonscrit au triangle *bhc*, la droite *al* sera la médiane du coté *bc*.

18. Étant donné un triangle *abc*, si l'on décrit un cercle tangent à *ac* au point *c* et au prolongement de *ab* en *d*, et coupant en *g* le côté *bc* prolongé, que l'on tire *cd*, et que du sommet *a* on abaisse *ah* et *ae* respectivement perpendiculaires sur *bc* et *cd*, on aura la relation

$$\frac{cg}{ah} = \frac{cd}{ae}.$$

19. Si par un point *p*, pris sur le diamètre *ab* d'un cercle ou sur son prolongement, on mène une transversale qui coupe le cercle en *d* et *d'*, les droites *ad*, *ad'* déterminent, sur une perpendiculaire à *ab* en un point *c*, deux segments *ce* et *ce'*, dont le produit reste constant quand la transversale tourne autour du point *p*.

20. Si l'on remplace, dans l'énoncé précédent, les droites *ad*, *ad'* par les tangentes au cercle en *d* et *d'*, et une perpendiculaire quelconque à *ab* par la tangente en *b*, le produit des segments *bf*, *bf'*, interceptés sur la dernière droite par les deux premières, est constant.

21. Étant donnés un triangle *abc* et le cercle inscrit qui touche *bc* au point *e*, par le sommet *a* on mène une droite *ad* qui partage le périmètre du triangle en deux parties égales : cette droite est parallèle à celle qui joint le centre du cercle inscrit au milieu de *bc*, et les segments *be* et *cd* sont égaux.

(*) Tous les Porismes proposés pour exercices sont tirés de l'ouvrage de M. Chasles, déjà cité page 163.

22. Un angle droit inscrit dans un cercle détermine trois arcs à chacun desquels on mène une tangente, sous la condition que le point de contact soit le milieu des segments interceptés, sur sa direction, entre les côtés de l'angle ou leurs prolongements : les trois tangentes déterminent par leur rencontre un triangle équilatéral.

23. Si dans un triangle abc on mène les bissectrices ad et bf des angles a et b, qui rencontrent les côtés opposés en d et f, et que l'on tire la droite df, la perpendiculaire abaissée d'un point de cette droite sur ab sera égale à la somme des perpendiculaires abaissées du même point sur ac et bc.

24. Deux triangles sont-ils semblables : 1° lorsqu'ils ont un angle égal, et que le côté opposé à cet angle fait avec la médiane correspondante le même angle dans les deux triangles; 2° lorsqu'ils ont un angle égal, et que les côtés opposés au même angle sont entre eux comme les périmètres des triangles?

25. Deux polygones, d'un même nombre de côtés, sont-ils semblables lorsqu'ils sont circonscriptibles, et que les distances des centres des cercles aux sommets des deux polygones sont proportionnelles et semblablement placées?

26. Un quadrilatère est-il inscriptible, lorsque le rapport de ses diagonales est égal au rapport des sommes des produits que l'on obtient en multipliant entre eux les deux côtés qui aboutissent à chacune de leurs extrémités ?

27. Une droite est-elle la bissectrice de l'angle d'un triangle, lorsque le produit des côtés qui comprennent l'angle est égal au carré de la longueur de cette droite, augmenté du produit des segments qu'elle détermine sur le troisième côté ?

28. Un triangle est rectangle ou isocèle, lorsque les carrés de deux côtés sont entre eux comme les projections de ces côtés sur le troisième. (On demande une démonstration sans calcul algébrique.)

29. Si dans un quadrilatère les sommes des côtés opposés sont égales et qu'il en soit de même des sommes des angles opposés, les sommes des perpendiculaires abaissées du milieu d'une diagonale sur deux côtés opposés sont égales.

30. m étant un point pris sur le cercle circonscrit à un triangle abc et h le point d'intersection des hauteurs de ce triangle, si l'on abaisse des perpendiculaires mp, mq sur ab, ac, et que l'on tire les droites pq, mh, le point de rencontre de ces dernières droites appartiendra au cercle des neuf points. (**XIV**, page 152.)

31. Un point c étant pris sur le diamètre ab d'un cercle o, on décrit deux cercles sur ac et bc comme diamètres, on élève cd perpendiculaire sur ab, puis on détermine deux autres cercles, tangents, tous deux, à la droite cd et au premier cercle, et tangents respectivement aux deux autres cercles de part et d'autre de cd : les deux derniers cercles obtenus ont un même rayon qui est la moitié de la moyenne harmonique entre les deux segments du diamètre.

32. Lorsque deux angles de deux triangles sont égaux et que deux autres sont supplémentaires, les côtés opposés aux angles égaux sont proportionnels aux côtés qui sont opposés aux angles supplémentaires.

33. Dans tout quadrilatère circonscrit à un cercle, les diagonales et les cordes qui joignent les points de contact des côtés opposés se coupent en un même point (ex. 32).

34. Les centres des cercles inscrits dans les quatre triangles formés par deux côtés et une diagonale d'un quadrilatère inscriptible sont les sommets d'un rectangle.

35. Si l'on décrit les quatre cercles respectivement tangents à un côté d'un quadrilatère et aux prolongements des deux côtés adjacents, les centres de ces cercles sont sur une même circonférence.

36. On donne deux cercles de rayons r, r', tangents extérieurement, orthogonaux, ou se coupant sous un angle de 60°, et on décrit les deux cercles qui les touchent ainsi que l'une de leurs tangentes communes : démontrer que, si l'on désigne les rayons des deux cercles demandés, par x, x' dans le premier cas de figure, par y, y' dans le second cas, et par z, z' dans le troisième, on a les formules suivantes :

$$\frac{1}{\sqrt{x}} = \frac{1}{\sqrt{2y}} = \frac{1}{\sqrt{4z}} = \frac{1}{\sqrt{r}} + \frac{1}{\sqrt{r'}},$$

$$\frac{1}{\sqrt{x'}} = \frac{1}{\sqrt{2\,y'}} = \frac{1}{\sqrt{4\,z'}} = \frac{1}{\sqrt{r'}} - \frac{1}{\sqrt{r}}.$$

(On suppose r plus grand que r'.)

37. Deux cercles de rayons r, r' étant tangents extérieurement, on décrit un troisième cercle qui les touche sur la ligne de leurs centres, puis un quatrième cercle tangent aux trois premiers : démontrer que le rayon x du dernier cercle est donné par la formule

$$\frac{1}{x} = \frac{1}{r} + \frac{1}{r'} - \frac{1}{r + r'}.$$

38. Lorsqu'un quadrilatère, dont les diagonales sont rectangulaires, se déforme sous la condition que ses côtés conservent la même longueur, ses diagonales restent rectangulaires.

39. Étant donné un trapèze isocèle, on mène une parallèle aux bases, qui coupe l'un des côtés non parallèles et les deux diagonales aux points e, f, g. Si l'on enlève ensuite les deux bases, et que l'on déforme le quadrilatère restant, de telle sorte que les longueurs des côtés ne changent pas : les trois points e, f, g resteront en ligne droite, et le produit $ef \times eg$ sera constant.

40. Quatre tiges de longueur invariable forment les côtés non parallèles et les diagonales d'un trapèze isocèle ; sur ces tiges comme bases on construit des triangles semblables à un triangle donné : Démontrer que, les quatre triangles étant convenablement orientés, leurs sommets non situés sur les côtés où les diagonales du trapèze sont les sommets d'un parallélogramme dont l'aire et les angles sont invariables.

41. La distance d'un point d'un cercle à une corde quelconque est la moyenne proportionnelle entre les distances de ce même point aux tangentes menées par les extrémités de la corde.

42. Si par un point pris dans le plan d'un cercle on fait passer une sécante, que l'on mène deux tangentes aux extrémités de la corde correspondante, puis qu'on abaisse des perpendiculaires du point donné sur les deux tangentes ; la somme ou la différence des inverses de ces deux perpendiculaires restera la même lorsque la sécante tournera autour du point donné.

43. Si deux cercles sont tels, que la distance de leurs centres soit la moyenne proportionnelle entre le rayon du plus grand cercle et l'excès de ce rayon sur le diamètre du plus petit cercle, on peut trouver une infinité de triangles qui soient inscrits dans le premier cercle et circonscrits au deuxième.

44. Étant donné un triangle et le cercle qui lui est inscrit, si l'on mène les tangentes au cercle inscrit, respectivement parallèles aux trois côtés du triangle, on détermine trois nouveaux triangles : le rayon du cercle inscrit dans le premier triangle est égal à la somme des rayons des cercles inscrits dans les trois autres.

45. Un quadrilatère étant à la fois inscrit dans un cercle et circonscrit à un autre, on prolonge deux côtés opposés jusqu'à leur rencontre, on inscrit un cercle dans le plus petit des triangles ainsi formés, et on détermine le cercle ex-inscrit à l'autre qui est tangent aux deux côtés opposés : le produit des rayons des cercles ainsi obtenus est égal au carré du rayon du cercle inscrit dans le quadrilatère.

46. Par les extrémités a et b d'une corde ab d'un cercle, on élève des perpendiculaires ae et bf à cette corde par un point c de l'un des arcs sous-tendus on mène une tangente ef, et l'on tire le rayon de contact oc qui coupe ab en d : on a

$$ce.cf = da.db \quad , \quad cd^2 = ae.bf.$$

47. Étant donnés un triangle abc, une droite af passant par le sommet a et rencontrant bc en f, et une parallèle de à bc, on joint le sommet b au point e, où de rencontre ac, par une droite be qui rencontre af en i, puis on tire la droite di que l'on prolonge jusqu'à son intersection g avec bc; on a

$$fb^2 = fc.fg.$$

Réciproquement, si cette dernière égalité a lieu, de est parallèle à bc (lemme VII des *Porismes*, page 89).

48. Étant donné un triangle abc, si l'on mène par le sommet a, deux droites ad et ae qui coupent bc en d et e, et deux parallèles if, gh à bc, la première rencontrant ab et ac en i, f, et la deuxième rencontrant ad et ae en g, h : si les parallèles if et gh sont telles, que les droites ig, fh se coupent en un point l de bc, on a

$$\frac{lb}{lc} = \frac{ld}{le}.$$

Réciproquement, si cette égalité a lieu, et que l'une des droites if, gh soit parallèle à bc, l'autre le sera aussi (lemme IX des *Porismes*, page 89).

49. Dans tout triangle abc on a

$$(p-a)(p-b) = rr' \quad , \quad \frac{1}{r} - \frac{1}{r'} = \frac{2}{h},$$

$$\frac{1}{r} = \frac{1}{h} + \frac{1}{k} + \frac{1}{l} \ , \ \frac{1}{r'} = \frac{1}{h} - \frac{1}{k} + \frac{1}{l}, \text{ etc}\ldots\ldots$$

$$\frac{\overline{IA}^2}{bc} + \frac{\overline{IB}^2}{ac} + \frac{\overline{IC}^2}{ab} = 1.$$

Les notations précédentes sont celles qui ont déjà été employées dans le cours de l'ouvrage. $2p$ est le périmètre du triangle, a, b, c ses trois côtés, h, k, l les trois hauteurs correspondantes, R, r les rayons des cercles circonscrit et inscrit, r', r'', r''' les rayons des cercles ex-inscrits qui touchent respectivement a, b, c.

50. Si l'on désigne par q, s, t les perpendiculaires abaissées respectivement du centre du cercle circonscrit à un triangle sur ses côtés a, b, c, on a

$$q\text{R} + st = \frac{bc}{4} \ , \ s\text{R} + qt = \frac{ac}{4} \ , \ t\text{R} + qs = \frac{ab}{4},$$

$$4(st + qt + qs) = bc + ac + ab - 4(\text{R} + r).$$

51. Si du pied h de la hauteur d'un triangle abc rectangle en a, on abaisse des perpendiculaires sur ac et bc, et qu'on désigne par m et n les projections sur ces côtés des segments bh et ch, on a

$$h^3 = amn \quad , \quad \sqrt[3]{m^2} + \sqrt[3]{n^2} = \sqrt[3]{a^2}.$$

52. Si un cercle mobile touche un cercle donné et coupe un autre orthogonalement, il est tangent à un cercle fixe.

53. Si, par les extrémités d'un diamètre d'un cercle, on mène deux droites qui se coupent, et que, par les points de rencontre de ces droites avec le cercle, on mène des tangentes, la droite, qui joindra le point d'intersection de ces tangentes à celui des deux premières droites, sera perpendiculaire au diamètre.

54. Par l'un des points d'intersection de deux cercles o et c on mène deux droites rectangulaires; l'une d'elles rencontre la ligne des centres en a et les circonférences o, c en b, d, et l'autre rencontre les mêmes lignes en a', b', d' : on a

$$\frac{ab}{ad} = \frac{a'b'}{a'd'}.$$

55. Étant donnés un triangle et un point dans son plan, si, de ce point, on abaisse des perpendiculaires sur les côtés du triangle, elles déterminent sur ces côtés six segments tels, que la somme des carrés des trois autres segments non consécutifs est égale à la somme des carrés des trois autres segments. — La réciproque est vraie. — Extension du théorème au cas d'un polygone quelconque.

56. k étant le côté d'un carré $abcd$, p, q, r, s les distances des quatre sommets a, b, c, d à une droite extérieure quelconque, on a

$$p^2 + r^2 - 2qs = k^2.$$

57. Si par un point pris dans le plan d'un cercle on mène deux sécantes rectangulaires quelconques, la somme des carrés des cordes interceptées est constante.

58. Si un trapèze, dont l'aire est t et dont les bases sont a et b, est divisé en deux trapèzes t' et t'' par une parallèle aux bases qui a pour longueur c, le premier ayant pour bases a et c et le second b et c, on a

$$c^2 t = a^2 t'' + b^2 t'.$$

59. o étant le point de rencontre des diagonales d'un trapèze *abcd* dont les bases sont *ab*, *cd*, démontrer que si l'on désigne par p^2, q^2 les aires des triangles *aob*, *doc*, on a

$$\text{aire } aod = \text{aire } boc = pq \quad , \quad \text{aire } abcd = (p + q)^2.$$

60. La même construction étant faite que dans l'exercice **44**, le produit des aires des quatre triangles est égal à la huitième puissance du rayon.

61. Deux triangles, circonscrits à un même cercle, ont leurs côtés respectivement parallèles et déterminent, par la rencontre de leurs côtés, six autres triangles : le produit des aires des huit triangles est égal à la seizième puissance du rayon (*ex.* **60**).

62. Un point fixe *a* étant donné dans un angle *yox*, par ce point on mène une transversale *bc* qui coupe les deux côtés de l'angle en *b* et *c* : la somme des inverses des triangles *oab*, *oac* est constante.

63. Trois transversales, qui se coupent en un même point dans l'intérieur d'un triangle, partagent son aire en six triangles partiels, tels, que la somme des inverses des aires des trois triangles non consécutifs est égale à la somme des aires des trois autres triangles. — Que devient l'énoncé quand le point est pris à l'extérieur du triangle ?

64. Étant donnés un polygone plan *abcd...* et une droite extérieure *xy* dans son plan, par les sommets de ce polygone on mène des droites *aa'*, *bb'*, *cc'*,... parallèles à *xy*, de même sens, et respectivement proportionnelles aux distances des sommets *a*, *b*, *c*... à cette droite : le polygone *a'b'c'd'...* est équivalent au polygone donné (*Mourgue*).

65. Si dans un quadrilatère inscriptible *abcd* on désigne par *bcd*, *abd*, *acd*, *abc* les aires des triangles formés par les côtés et les diagonales, on a (*e* étant le point de rencontre des diagonales.)

$$bcd.\overline{ae}^2 + abd.\overline{ce}^2 = acd.\overline{be}^2 + abc.\overline{de}^2.$$

66. Par le milieu de chaque diagonale d'un quadrilatère on mène une parallèle à l'autre, puis on tire les quatre droites qui joignent le point de rencontre de ces parallèles aux milieux des côtés du quadrilatère : la figure est ainsi partagée en quatre triangles équivalents.

67. Un triangle ayant ses trois angles aigus, on détermine les trois triangles rectangles qui ont, pour bases respectives, les côtés du triangle, et pour sommets opposés, les points des hauteurs d'où l'on voit les bases correspondantes sous des angles droits : la somme des carrés des aires des trois triangles rectangles est égale au carré de l'aire du triangle donné.

68. Si, sur les côtés ab et ac d'un triangle comme bases, on construit deux parallélogrammes $dbae$, $acfg$ et qu'on prolonge les côtés de, fg jusqu'à leur rencontre en h, qu'on tire la droite ah, puis que l'on construise, sur bc comme base, un parallélogramme $blck$ tel, que bl soit égal et parallèle à ah : le dernier parallélogramme sera équivalent à la somme des deux autres.

69. Lorsque deux polygones sont homothétiques et intérieurs l'un à l'autre, l'aire d'un polygone inscrit dans l'un et circonscrit à l'autre est la moyenne proportionnelle entre leurs aires.

70. Si, d'un point m pris dans le plan d'un triangle abc, on abaisse des perpendiculaires ma', mb', mc', sur les trois côtés bc, ac, ab, et qu'on tire les droites $a'b'$, $a'c'$, $b'c'$; en désignant par q la valeur absolue de la puissance du point m par rapport au cercle circonscrit au triangle abc, et par d le diamètre de ce cercle, on a

$$\frac{\text{aire}.\,a'b'c'}{\text{aire}.\,abc} = \frac{q}{d^2}.$$

On pourra, pour simplifier le calcul, se servir des égalités de l'exercice **50**.

71. Si un quadrilatère $efgh$ est circonscrit à un rectangle, et que deux de ses sommets opposés e et g soient situés sur le cercle circonscrit à cette dernière figure, la diagonale fh passera par le centre du cercle. — On démontrera que fh partage deux côtés opposés du rectangle en segments inversement proportionnels, et pour cela on comparera les aires des triangles efh, gfh.

72. Si l'on porte sur les côtés d'un polygone régulier une même longueur, à partir de chaque sommet, dans un même sens de rotation, le polygone, dont les extrémités des segments ainsi obtenus sont les sommets, est un polygone régulier tel, que les centres des cercles circonscrits aux deux polygones se confondent.

73. Deux diagonales d'un pentagone régulier, qui ne passent pas par le même sommet, se partagent en moyenne et extrême raison.

74. Un nœud simple, fait avec un ruban rectangulaire, a la forme d'un pentagone régulier. (On suppose que le ruban est infiniment mince, de telle sorte que les parties superposées puissent être considérées comme placées dans un même plan.)

75. Si, d'un point quelconque d'un cercle comme centre, avec un rayon égal au côté du carré inscrit, on décrit un second cercle, l'aire comprise entre ces deux cercles, du côté opposé au point, est égale à la moitié de l'aire du carré inscrit.

76. Si l'on désigne par c, s et n la longueur du côté d'un polygone régulier, sa surface, et le nombre de ses côtés, par r le rayon du cercle circonscrit, par m le rapport de c à r, on a

$$s = \frac{mn\sqrt{4 - m^2}.r^2}{4} \qquad , \qquad s = \frac{n\sqrt{4 - m^2}.c^2}{4m}$$

77. Quand le nombre n des côtés d'un polygone régulier est pair, si l'on désigne par p le rapport, au rayon r du cercle circonscrit, du côté du polygone régulier qui est inscrit dans le même cercle et dont le nombre de côtés est la moitié de celui du polygone donné, on a

$$S = \frac{npr^2}{4}.$$

Faire l'application de la formule au dodécagone régulier.

78. Les perpendiculaires élevées aux milieux des bissectrices des angles d'un triangle rencontrent les côtés respectivement opposés aux angles en trois points qui sont en ligne droite (*tr*).

79. Étant donné un triangle abc et un point d dans son plan, si l'on tire les droites da, db, dc, et que par le point d on mène trois droites qui leur soient respectivement perpendiculaires, les points de rencontre m, n, p de ces droites avec bc, ac et ab seront en ligne droite. (*tr.*)

80. Si dans l'énoncé précédent on suppose que le point d

soit pris sur le cercle circonscrit au triangle *abc*, la droite *mnp* passera par le centre de ce cercle.

81. Si un point *m* pris dans le plan d'un triangle *abc* est tel, que, si l'on abaisse, de ce point, les droites *mp*, *mq* *mr* respectivement perpendiculaires aux côtés *bc*, *ac*, *ab*, les droites *ap*, *bq*, *cr* se coupent en un même point; les droites *ap'*, *pq'*, *cr'*, respectivement perpendiculaires à *ma*, *mb*, *mc*, couperont *bc*, *ac*, *ab* en trois points *p'*, *q'*, *r'* en ligne droite. (*tr*). — Vérifier le théorème lorsque le point *m* est le point d'intersection des hauteurs, le centre du cercle inscrit, ou le centre du cercle circonscrit.

82. Soient un triangle *abc*, la bissectrice *bd*, et la médiane *be*. On élève en *d* une perpendiculaire *hl* à la bissectrice, qui rencontre *ab*, *bc* et *be* respectivement en *h*, *l*, *g*; du point *g* on abaisse *gk* perpendiculaire sur *ac*, et aux points *h* et *l* on élève *hp* et *lq* respectivement perpendiculaires à *ab* et *bc* : les quatre droites *bd*, *hp*, *gk*, et *lq* se coupent en un même point. (*tr*,.

83. On mène, par les sommets d'un triangle, trois droites qui se coupent en un même point, et on joint par des droites leurs points de rencontre avec les côtés. Si alors on fait passer des droites par les milieux des côtés du triangle ainsi obtenu et par les sommets du premier triangle respectivement opposés à ces côtés, ces trois droites se couperont en un même point. (*tr*.)

84. Les polaires d'un point par rapport aux trois angles d'un triangle rencontrent les côtés opposés en trois points qui sont en ligne droite. (*tr*.)

85. Des trois sommets *a*, *b*, *c* d'un triangle on abaisse des perpendiculaires *ap*, *bp*. *cr* sur une droite quelconque de son plan, puis, des points *p*, *q*, *r* des perpendiculaires sur *bc*, *ac*, *ab* : ces trois dernières droites se coupent en un même point. (*ex*. **55**)

86. Démontrer le théorème (**179**) en se servant de la théorie des transversales.

87. Soient *a'*, *b'*, *c'* les milieux des côtés *bc*, *ac*, *ab* d'un triangle *abc*, *a''*, *b''*, *c''* les pieds des hauteurs sur ces mêmes côtés, β, γ, δ les points d'intersection respectifs de côtés *a'c'* et *a''c''*

$a'b'$ et $a''b''$, $c'b''$ et $b'c''$: les quatre points α, β, γ, δ sont en ligne droite. (On a deux droites analognes passant par les sommets b et c.)

— On prouve que le rapport $\dfrac{\gamma b'}{\gamma a'}$ est égal à $\dfrac{b^2 - c^2}{a^2 - c^2}$, et si l'on prolonge les droites $a\alpha$, $a\beta$ jusqu'à leur rencontre avec $a'b'$, on vérifie que le rapport des distances de chacun des deux points de rencontre aux points a' et b' est aussi égal à $\dfrac{b^2 - c^2}{a^2 - c^2}$.

88. Après avoir construit la même figure que dans le numéro précédent, si l'on détermine aussi le point de rencontre α des deux droites $b'c'$ et $b''c''$, le triangle ayant pour sommets les trois points α, β, γ sera tel, que chacun de ces sommets sera le pôle du côté opposé par rapport au cercle des neuf points.

89. Par les sommets a, b, c d'un triangle inscrit dans un cercle on mène des parallèles aux côtés opposés, qui rencontrent ce cercle en a', b', c' ; puis on tire les cordes $a'b'$, $a'c'$, $b'c'$ qui, prolongées s'il est nécessaire, rencontrent respectivement les côtés ab, ac, bc aux points α, β, γ : le point d'intersection des hauteurs du triangle $\alpha\beta\gamma$ est le centre du cercle donné.

90. Un cercle o et une droite bc étant donnés, si l'on détermine la polaire d'un point quelconque a de bc, et qu'on la prolonge jusqu'à sa rencontre en d avec cette dernière droite, on pourra toujours trouver dans le plan du cercle deux points tels, que l'on voie, de chacun de ces points, le segment ad sous un angle droit.

91. Un diamètre ab d'un cercle dont le centre est o est divisé harmoniquement par les points c et d, et on lui élève, en ces points, des perpendiculaires que l'on prolonge jusqu'à leur rencontre en e et f avec une tangente quelconque au cercle : le rapport de oe à of est le même, quelle que soit la tangente.

92. Lorsque trois cercles ont un axe radical commun, l'un des cercles divise harmoniquement une tangente commune aux deux autres.

93. Lorsqu'un cercle mobile est tangent à deux cercles fixes, et qu'il coupe leur axe radical, les tangentes, menées au cercle mobile par les points de rencontre, forment deux groupes tels, que les droites de chaque groupe sont parallèles à l'une des tangentes communes aux deux cercles fixes. — Quel est le théorème analogue, quand le cercle mobile coupe les deux cercles fixes sous des angles constants quelconques ?

94. Les polaires d'un point quelconque de l'axe radical se coupent en un point de cet axe.

95. Si l'on mène les quatre tangentes communes à deux cercles, et les droites perpendiculaires à la ligne des centres qui joignent les points d'intersection des tangentes intérieures avec les tangentes extérieures, chacune de ces droites a pour pôle, par rapport aux deux cercles, le point où l'autre droite rencontre la ligne des centres, et l'axe radical des deux cercles est à égale distance des deux droites.

96. On mène aux extrémités d'une corde ab d'un cercle deux tangentes et une transversale quelconque qui coupe la corde, les deux tangentes et le cercle, respectivement, en g, k, c, d et h : démontrer la relation.

$$\frac{dg^2}{\overline{hg}^2} = \frac{dc.dk}{hc.hk}$$

— On s'appuiera sur l'exercice **41.**

97. Étant donnés deux cercles et un point a dans leur plan, on prend les polaires du point a par rapport aux deux cercles et on les prolonge jusqu'à leur intersection b : le milieu de la droite ab appartient à l'axe radical des deux cercles.

98. Si, dans un triangle abc, on donne un côté ab en grandeur et en position et la somme ou la différence des deux côtés ae et bc, la polaire du sommet mobile c, par rapport à un cercle déterminé dont le rayon est quelconque mais dont le centre est l'un des sommets a et b, est tangente à un cercle connu qui a son centre sur ab.

99. Étant donné un parallélogramme $abcd$ et un point quelconque m dans son plan, on tire les droites mb, mc qui rencontrent respectivement le côté ad en e et f, puis on circonscrit des cercles aux triangles amf, dme : la corde d'intersection des deux cercles est parallèle au côté ab.

100. Si un quadrilatère *efgh* est circonscrit à un autre quadrilatère inscrit dans un cercle donné, et que deux de ses sommets opposés *e* et *g* soient situés sur ce cercle, la diagonale *fh* passera par un point fixe lorsqu'on déplacera les sommets *e* et *g* sur le cercle.

101. Étant donnés un cercle et une de ses cordes *bc*, par un point quelconque *a* du cercle, on mène les droites *ad, am* qui joignent le point *a* au milieu *m* de la corde et au milieu *d* de l'arc *bcd* à l'arc *bac* : si l'on abaisse *mf* perpendiculaire sur *ad*, puis *fg* perpendiculaire sur *am*, la longueur de *fg* sera constante, quel que soit le point *a* du cercle.

102. Soit *abcde* un pentagone dont l'un des angles *acd* est rentrant et dont les côtés ont une longueur invariable : on prend sur les côtés *ae, bc* deux points *f*, *g* tels, que l'on ait

$$\frac{ef}{ed} = \frac{dc}{bc} \ , \ \ \frac{cg}{cd} = \frac{de}{ae}.$$

Alors, quand on déforme le pentagone, de telle sorte que, les deux points *a* et *b* restant fixes, les angles *aed, bcd* soient constamment égaux, la distance *fg* ne change pas (*Darboux*).

103. Un cercle étant inscrit dans un angle, si on lui mène une tangente intérieure, et que l'on circonscrive un cercle au triangle formé par la tangente et les deux côtés de l'angle, ce cercle sera tangent extérieurement à un cercle fixe inscrit dans cet angle.

104. Si l'on décrit un cercle qui soit tangent aux prolongements de deux côtés d'un triangle, et qui touche aussi extérieurement le cercle circonscrit à ce triangle, le milieu de la corde, qui joint les points de contact avec les prolongements des côtés, sera le centre du cercle ex-inscrit qui est tangent au troisième côté du triangle.

105. Étant donné un triangle *abc*, si par les sommets *b* et *c* on mène deux droites respectivement perpendiculaires à *ab* et *ac*, qui se coupent en *d* et qui rencontrent *ac* et *ab* respectivement en *e* et *f*; le cercle circonscrit au triangle *def* sera tangent au cercle qui touche les deux côtés *ab* et *ac* et, intérieurement, le cercle circonscrit au triangle *abc*, (*i*. **VII**. *page* 147.)

17

106. Si deux cercles sont tels, qu'un triangle puisse être à la fois inscrit dans l'un et circonscrit à l'autre, le cercle circonscrit au triangle formé par les tangentes au premier cercle, menées par les sommets du triangle donné, est tangent à un cercle fixe (*). (*i.* **VII**, *page* 147.)

107. Lorsque trois cercles 1, 2, 3 sont tangents à un même cercle 4, si l'on désigne par a_1, a_2, a_3 les longueurs des tangentes menées d'un point du quatrième cercle aux trois autres, et par $t_{1,2}$, $t_{1,3}$, $t_{2,3}$ les longueurs des tangentes communes aux cercles 1, 2, 3 pris deux à deux, on a

$$a_1\, t_{2,3} \pm a_2\, t_{1,3} \pm a_3\, t_{1,2} = 0.$$

— On transforme par inversion le théorème (**I, 37**), en considérant quatre cercles tangents à une même droite, et l'on s'appuie sur le théorème (**XVIII**, *page* 195.)

108. Lorsque quatre cercles 1, 2, 3, 4 sont tangents à un même cercle, en adoptant les notations analogues à celles de l'exercice précédent, on a

$$t_{1,2}\cdot t_{3,4} \pm t_{1,3}\cdot t_{2,4} \pm t_{1,4}\cdot t_{2,3} = 0.$$

— Transformez par inversion le théorème (2, **37**), en considérant quatre cercles tangents à une même droite.

109. Les trois plans bissecteurs d'un angle trièdre se coupent suivant une même droite qui fait des angles égaux avec les trois faces de ce trièdre.

110. Les trois plans, menés par chacune des arêtes d'un angle trièdre et la bissectrice de la face opposée, se coupent suivant une même droite.

111. Les trois plans, menés par chaque arête d'un angle trièdre perpendiculairement à la face opposée, se coupent suivant une même droite.

112. Si, dans chacune des faces d'un angle trièdre et par le sommet, on élève une perpendiculaire à l'arête opposée, les trois droites sont dans un même plan.

113. Trois droites étant telles, que deux d'entre elles ne

(*) Ce théorème et les deux suivants sont dues à M. Casey.

soient pas dans le même plan, on peut toujours les couper par une infinité de droites : si deux de ces dernières droites sont partagées en parties proportionnelles par les trois premières, on pourra par celles-ci faire passer trois plans parallèles entre eux, et il n'existera qu'un seul système de pareils plans.

114. Tout plan perpendiculaire à l'une des arêtes d'un angle trièdre, dont l'un des dièdres est droit, coupe cet angle suivant un triangle rectangle.

115. Si, par les milieux des arêtes d'un tétraèdre, on fait passer des plans respectivement perpendiculaires aux arêtes opposées, ces six plans se coupent en un même point.

116. Étant donnés trois droites parallèles et non situées dans un même plan, si l'on porte à volonté sur chacune d'elles une même longueur, et que l'on construise le prisme triangulaire dont les arêtes latérales sont représentées en grandeur et en position par les trois segments obtenus ; le volume de ce prisme sera constant.

117. Dans tout tétraèdre, le plan bissecteur d'un dièdre divise l'arête opposée en deux segments proportionnels aux faces du dièdre adjacentes à ces segments.

118. Dans tout tétraèdre $sabc$, la droite sd, intersection des trois plans bissecteurs du trièdre s, rencontre la face opposée abc en un point d tel, que les triangles dba, dac, dbc sont proportionnels aux faces sab, sac, sbc. Déduire ce théorème comme cas particulier du théorème **I** (**188**).

119. Dans tout tétraèdre, les droites, qui joignent chaque sommet au centre de gravité de la face opposée, se coupent en un même point, et ce point partage chacune des droites dans le rapport de 1 à 3, le plus grand segment étant compté à partir du sommet.

120. Dans tout tétraèdre, les droites, qui joignent les milieux des arêtes opposées, se coupent en un même point, et ce point est le même que le point de rencontre des quatre droites du théorème précédent.

121. Le tétraèdre qui a pour sommets les centres de gravité des faces d'un tétraèdre est semblable au symétrique de ce tétraèdre et le rapport des volumes est $\dfrac{1}{27}$.

122. Dans tout tétraèdre à arêtes orthogonales, les perpendiculaires aux quatre faces, menées respectivement par leurs centres de gravité, se coupent en un même point.

123. Dans tout tétraèdre à arêtes orthogonales, le point de concours des hauteurs, le centre de gravité du volume, le centre de la sphère circonscrite et le point de concours des perpendiculaires aux faces, menées par leurs centres de gravité, sont quatre points en ligne droite.

124. Deux prismes triangulaires sont égaux lorsqu'ils ont leurs faces latérales respectivement égales et semblablement disposées.

125. Si l'on coupe un angle trièdre trirectangle s par un plan qui détermine une section dont l'aire est abc, on a

$$\overline{abc}^2 = \overline{sab}^2 + \overline{sac}^2 + \overline{sab}^2.$$

126. Étant donné un tronc de pyramide triangulaire dont les bases sont abc, def, par le sommet e de la base supérieure on mène eg, eh respectivement parallèles à ad, cf, on les prolonge jusqu'à la rencontre en g et h avec la base inférieure, et on obtient ainsi un tétraèdre ayant pour sommet e,g,b,h : v et v' étant les volumes du tronc et du tétraèdre, et v'' le volume d'un prisme ayant pour hauteur celle du tronc et une base équivalente à la demi-somme des bases de ce tronc, on a

$$v = v'' - \frac{v'}{2}.$$

127. Si l'on coupe un angle solide s d'un octaèdre régulier par un plan qui donne la section $abcd$, sa, sc étant deux arêtes opposées, on a

$$\frac{1}{sa} + \frac{1}{sc} = \frac{1}{sb} + \frac{1}{sd}.$$

128. Par le sommet s d'un angle trièdre on mène une droite sur laquelle on prend deux points a et b, et par le point b on fait passer un plan qui, avec les faces de l'angle trièdre donné, détermine un tétraèdre. Si alors on construit quatre autres tétraèdres ayant pour bases les faces du précédent et pour sommet commun le point a, le rapport du produit des volumes des quatre derniers tétraèdres au cube du volume du premier est constant.

129. v étant le volume d'un tétraèdre à arêtes orthogonales, a, b, c les arêtes d'une même face, e l'arête opposée à a, on a

$$v = \frac{\sqrt{4b^2c^2e^2 - (e^2 + a^2)(b^2 + c^2 - a^2)^2}}{12}.$$

130. v étant le volume d'un tétraèdre dont les arêtes opposées sont égales deux à deux, et a,b,c étant les arêtes d'une même face, on a

$$v = \frac{\sqrt{2}}{12}\sqrt{(a^2 + b^2 - c^2)(c^2 + a^2 - b^2)(b^2 + c^2 - a^2)}.$$

131. Étant donné un polyèdre $abcd...$ et un plan quelconque p, par les sommets de ce polyèdre on mène des droites aa', bb', $cc'...$, parallèles entre elles et au plan p, de même sens, et respectivement proportionnelles aux distances des sommets $a,b,c,....$ à ce plan; le polyèdre $a'b'c'd'...$ est équivalent au polyèdre donné. (*Mourgue*).

132. Un plan, qui coupe trois sphères données sous des angles connus, est tangent à trois sphères respectivement concentriques aux trois premières.

133. Une sphère mobile, coupant sous des angles constants, trois sphères données, coupe aussi, sous un angle constant, toute sphère ayant un axe radical commun avec les trois premières.

134. Sur une droite donnée comme diamètre, on décrit un demi-cercle, et sur la même droite comme côté, on construit un triangle équilatéral; puis on mène une tangente au demi-cercle parallèle à la droite donnée : on détermine ainsi un trapèze dont les côtés mobiles engendrent une aire équivalente à celle de la sphère qui est engendrée par le demi-cercle.

CHAPITRE II

DES LIEUX GÉOMÉTRIQUES

MÉTHODES, EXEMPLES ET EXERCICES.

188. On appelle *lieu géométrique* la figure formée par tous les points jouissant d'une même propriété. Dans le plan, et, plus généralement, sur une surface quelconque, le lieu est composé d'une ou plusieurs lignes, et dans l'espace, d'une ou plusieurs lignes ou d'une ou plusieurs surfaces.

Pour faire voir qu'une figure est le lieu demandé, on démontre non-seulement que tout point, jouissant de la propriété énoncée, est situé sur cette figure, mais aussi que tout point de la figure jouit de la propriété énoncée, ou encore que tout point, ne jouissant pas de cette propriété, n'appartient pas à la figure.

Cependant, le plus souvent, on se contente de prouver que tous les points satisfaisant à la condition donnée se trouvent sur une figure déterminée, quand il résulte de cette condition que tous les points du lieu se succèdent d'une manière continue.

Il arrive quelquefois qu'une partie seulement de la figure satisfait à la condition énoncée. On peut alors se proposer de trouver une propriété du point dont on demande le lieu, qui soit tellement choisie, que tout point de la figure, obtenue d'abord, satisfasse à la nouvelle condition. Étant donnés, par exemple, un cercle O et un point P qui lui soit extérieur, si par le point P on mène une sécante au cercle, et qu'on détermine le milieu M de la corde interceptée, il est clair que le lieu du point M sera seulement la partie intérieure au cercle O de la circonférence décrite sur OP comme diamètre. Mais si le point M est considéré comme le pied de la perpendiculaire abaissée du centre O sur la droite passant par le point P, le lieu sera la circonférence OP tout entière.

MÉTHODES POUR LA DÉTERMINATION DES LIEUX GÉOMÉTRIQUES.

189. **Méthode des substitutions successives**.

En géométrie élémentaire, la méthode la plus générale pour la recherche des lieux est celle des *substitutions successives* dont on a déjà fait usage dans la démonstration des théorèmes.

Par cette méthode, on cherche à ramener un lieu proposé à un autre connu. Il importe donc, à mesure que l'on avance dans l'étude de la Géométrie, de fixer son attention sur les lieux géométriques qui se présentent comme conséquences des théorèmes. C'est ainsi que nous en avons déjà remarqué un certain nombre en étudiant les théories générales dans la première partie de cet ouvrage.

190. **Réduction d'un lieu à un théorème et à sa réciproque**. On pourra quelquefois être conduit par diverses considérations à supposer que tous les points d'une certaine figure jouissent de la propriété qui doit appartenir à tout point d'un lieu, et réciproquement. Tont reviendra dans ce cas à démontrer un théorème et sa réciproque.

Dans les cours de Mathématiques élémentaires, il est d'usage de ne proposer aux élèves que la recherche de lieux qui soient des droites, des circonférences, ou des figures formées de plusieurs de ces lignes. On n'a plus alors qu'à faire un choix entre des droites ou des circonférences.

Si l'on voit immédiatement que le lieu a des points à l'infini, ce lieu ne pourra être ni circonférence, ni le système de pareilles lignes, et, dans ce cas, on sera ramené à un théorème relatif à une propriété d'une droite ou d'un système de droites.

Au contraire, le lieu sera un cercle ou se composera de cercles, s'il n'a que des points à distance finie. Cependant cette conclusion ne serait pas toujours exacte, car il pourrait arriver, comme on en verra des exemples, que le lieu se composât d'une ou plusieurs droites finies. Mais quand il y aura doute, la construction de quelques points remarquables suffira ordinairement pour faire disparaître toute incertitude.

191. **Exemples de lieux géométriques plans.**

I. *Étant donnés un triangle* ABC *(fig.* 122) *et deux points* D *et* E *sur l'un de ses côtés* BC, *on mène* FG *parallèle à* BC, *on tire les droites* DG, EF : *quel est le lieu de leur point de rencontre* M?

Prenons sur le côté BC, entre D et E, un point H qui soit d'égale puissance par rapport aux deux systèmes de points B, D et C, E : alors le rapport de EH à DH est égal à celui de BH à CH. Or si l'on mène la droite MH, et qu'on la prolonge jusqu'à sa rencontre en I avec FG, le rapport de FI à IG sera égal à celui de EH à DH, et, par suite, au rapport de BH à CH : la droite HMI passe donc par le point A, et le lieu demandé est la droite AH.

II. *Dans un triangle* ABC *(fig.* 123) *l'angle* A *est donné en grandeur et en position, et le périmètre est constant; du sommet* B *on abaisse une perpendiculaire* BM *sur la bissectrice* CI' *de l'angle extérieur* BCE *qui a pour sommet le point* C : *on demande le lieu du pied* M *de la perpendiculaire.*

1re Solution. Soit tracé le cercle ex-inscrit I' qui touche le côté BC en F et les prolongements des deux autres côtés en D et E : ce cercle est déterminé, et le côté variable BC lui est toujours tangent. Je mène ensuite la droite de contact DE, et je dis que cette droite est le lieu demandé.

En effet, prolongeons la bissectrice de l'angle BCE jusqu'à ce qu'elle passe par le centre I' du cercle ex-inscrit, et tirons les droites MF, MD, ME, BI', FI' et DI' : les deux triangles FMC, CME sont évidemment égaux, et on en conclut l'égalité des angles FMC, CME. Mais, d'autre part, le cercle décrit sur BI' comme diamètre, passe par les trois points D, M, F, puisque les angles BDI', BMI', I'FB sont droits, et les deux droites BD, BF sont deux cordes égales dans ce cercle : les arcs sous-tendus par les deux cordes sont, par conséquent, égaux, et il en est de même, par suite, des angles DMB, BMF.

D'après ce qui précède, les angles BMD, CME sont respectivement égaux aux deux angles BMF, FMC complémentaires l'un de l'autre ; ils sont donc eux-mêmes complémentaires, et, dès lors, les trois points D, M, E sont en ligne droite.

2me Solution. Dans l'une quelconque des positions de BC, prenons sur le prolongement de AC une longueur CG égale à BC, et par le point G menons une tangente GK au cercle ex-inscrit : nous obtiendrons ainsi un quadrilatère BCGK, circonscrit au cercle, et dans lequel la diagonale CK sera la bissectrice de l'angle BCE, tandis que l'autre diagonale lui sera perpendiculaire. Or, d'après le théorème de *Brianchon* appliqué au quadrilatère, les deux diagonales se coupent sur la corde de contact BD ; le théorème est donc démontré.

III. *Étant donnés un cercle dont le centre est O (fig. 128) et une corde AB de ce cercle, on mène une tangente CG au cercle et la bissectrice CM de l'angle ACG formé par la corde et la tangente, puis, du centre O, on abaisse une perpendiculaire OM sur CM : quel est le lieu géométrique du point de rencontre M ?*

Abaissons, du centre, la perpendiculaire OI sur la corde AB, et prolongeons-la jusqu'à sa rencontre en E et H avec le cercle. En examinant les cas particuliers où la tangente a son point de contact en E, A et B, on trouve trois points du lieu qui sont les milieux de la flèche EI de l'arc AEB et des droites qui joignent le point E aux points A et B. Alors l'hypothèse la plus simple qu'on puisse faire sur la nature du lieu est de supposer que ce lieu est la parallèle à la corde AB, menée par le milieu de EI : nous allons voir qu'il en est effectivement ainsi.

En effet, si par le point E on mène la tangente EL, qui rencontre la tangente mobile CG au point D, et qu'on tire OD; cette dernière droite, qui est la bissectrice de l'angle EDG, sera perpendiculaire à la bissectrice CM de l'angle supplémentaire DCA. Le point M de rencontre des deux bissectrices sera donc un point du lieu, et comme ce point est à égale distance des deux droites AB et EL, le lieu demandé est la droite menée parallèlement à la corde AB par le milieu de EI.

REMARQUE I. Si l'on mène les tangentes de l'autre côté de la corde, on aura un second lieu qui sera une parallèle à la corde AB menée par le milieu de la flèche III.

IV. *Trouver le lieu des points d'intersection des diagonales des rectangles inscrits dans un triangle.*

Soient ABC (*fig*. 121) le triangle donné, et DEFG le rectangle inscrit; il s'agit de trouver le lieu du point d'intersection M des diagonales DF et GE.

Menons la hauteur AH, et soient K, I les milieux de AH et de BC; tirons les droites KI, AK, puis la droite ML qui joint le point M au point L où la droite AK rencontre la base DE du rectangle. D'après un théorème connu, le point L est le milieu de DE, et comme M est le milieu de DF, la droite LM sera parallèle à EF et égale à sa moitié. Si donc on prolonge LM jusqu'à sa rencontre en P avec BC, le point M sera le milieu de LP.

Mais, d'autre part, la droite KI doit partager en deux parties égales la droite LP parallèle à AH, et, par conséqueut, passe par le point M; le lieu du point M est donc la droite

IK qui joint les milieux de la base BC et de la hauteur correspondante AH.

REMARQUE I. La droite IK prolongée indéfiniment donne aussi le lieu des centres des rectangles, dont les bases parallèles à BC coupent les prolongements des côtés AB et AC au-delà du sommet A ou des sommets B et C.

REMARQUE II. On obtient trois droites différentes pour lieux, quand on suppose que les bases des rectangles soient successivement parallèles aux trois côtés du triangle, et on démontre facilement que les trois droites se coupent en un même point.

GÉNÉRALISATION. On peut d'abord remplacer, dans l'énoncé, le rectangle par un parallélogramme dont les côtés DG et EF soient parallèles à une direction donnée; transformant ensuite le nouvel énoncé par la perspective, on a le lieu suivant :

Étant donnés un point Q sur le prolongement d'un côté BC d'un triangle ABC, et un point quelconque R dans le plan de ce triangle ; par le point Q, on mène une transversale QDE qui coupe les côtés AB et AC en D et E, on tire les droites RD et RE qu'on prolonge jusqu'à leur rencontre en G et F avec BC, et on obtient ainsi un quadrilatère DEFG : le lieu du point d'intersection M des diagonale DF et FG est une droite.

V. *Étant donnés (fig. 124) un cercle O et un point A dans son plan, par le point A on mène deux droites rectangulaires qui coupent le cercle en B et C, on tire la corde BC et les tangentes BD et CD, on prend le milieu E de BC, et l'on abaisse AF perpendiculaire sur cette corde : on demande les lieux des trois points E, F, D.*

1° *Lieu de* E. Le triangle rectangle OEC donne

$$\overline{OE}^2 + \overline{EC}^2 = \overline{OC}^2, \quad \text{ou} \quad \overline{OE}^2 + \overline{AE}^2 = \overline{OC}^2,$$

en remplaçant la droite EC par son égale AE. Le lieu est donc une circonférence qui a pour centre le milieu I de OA.

2° *Lieu de* F. Si du point I on abaisse IH perpendiculaire sur BC, le point H sera le milieu de EF, et les deux obliques à BC, les droites IE et IF seront égales. Le lieu du point F est donc le même que celui du point E.

3° *Lieu de* D. Le triangle rectangle ODC donne

$$OE \times OD = \overline{OC}^2;$$

si alors on prend pour origine le point O, et $\overline{OC}^2$ pour puissance d'inversion, le lieu du point D sera la ligne inverse de la circonférence décrite par le point E, c'est-à-dire une circonférence qui aura son centre sur la droite OI. Les formules du n° **82** permettront ensuite de déterminer la position du centre et le rayon.

Remarque. Si le point A était à l'extérieur du cercle, on verrait facilement que les lieux précédents n'existeraient plus, dans le cas où ce point serait à l'extérieur d'un cercle qui serait concentrique au premier et qui aurait pour rayon OC $\sqrt{2}$.

VI. *Un triangle variable* ABC (*fig.* 125), *qui reste semblable à lui-même, tourne autour d'un de ses sommets* A, *tandis qu'un autre sommet* B *parcourt une ligne fixe* XY ; *on demande le lieu du troisième sommet* C.

On peut évidemment modifier l'énoncé de la manière suivante :

Étant donnés un point fixe A *et une droite fixe* XY ; *par le point* A, *on mène deux droites* AB *et* AC *faisant entre elles un angle donné ; la première rencontrant* XY *en* B, *on prend sur la deuxième un point* C *tel, que le rapport de* AC *à* AB *soit égal au rapport de deux longueurs données* M *et* N : *on demande le lieu du point* C.

Si l'on considère d'abord le cas où l'angle donné est nul, la droite AC se placera dans la direction AB, et le lieu du point C sera une parallèle, $F_1 H_1$ à XY. On a d'ailleurs un point de cette parallèle, en abaissant, du point A, une perpendiculaire AE sur XY, et en déterminant sur son prolongement un point F_1 tel, que le rapport de AF_1 à AE soit égal à celui des longueurs données M et N.

Maintenant, si l'angle devient quelconque, il est évident que le milieu ne fera que tourner, autour du point A, d'un angle égal à l'angle donné. Alors, pour avoir le lieu demandé, il suffira de faire un angle EAF égal à l'angle donné, de prendre AF égal à AF_1, et d'élever au point F la droite FH perpendiculaire à AF ; cette droite sera le lieu demandé : c'est ce qu'il est facile de vérifier.

En effet, menons, par le point A, une droite quelconque AC, qui rencontre XY en B, et F_1H_1 en C_1, puis, du même point A comme centre avec AC_1 pour rayon, décrivons un cercle qui rencontre FH en C ; les deux triangles F_1AC_1 et FAC sont égaux comme triangles rectangles ayant l'hypoténuse et un côté de l'angle droit égaux. Par conséquent, les angles FAC et F_1AC_1 sont égaux, et, par suite, il en est de même des angles BAC et FAF_1. Mais on a

$$\frac{AC_1}{AB} = \frac{M}{N} \quad \text{ou} \quad \frac{AC}{AB} = \frac{M}{N} ;$$

la droite FH est donc bien le lieu du point C.

REMARQUE I. Si on ne précise pas de quel côté de AB la droite AC doit être dirigée, il est évident que le lieu se composera de deux droites symétriques par rapport à la perpendiculaire AE sur XY.

REMARQUE II. Si on revient à l'énoncé primitif, et qu'on ne spécifie pas quel est l'angle dont le sommet est fixe, ni celui dont le sommet se meut sur XY, on voit facilement que le lieu se compose de douze droites.

VII. *Étant donnés un point* A *et une droite* XY, *par le point* A *on mène une droite* AB *qui rencontre* XY *en* B *et une autre droite* AC *faisant avec la première un angle donné;*

on détermine sur cette dernière droite un point C par la condition que le produit $AB \times AC$ soit égal au carré d'une longueur constante m : on demande le lieu du point C.

Supposons, comme dans le cas précédent, que l'angle constant soit d'abord nul, c'est-à-dire que la direction de AC se confonde avec celle de AB : le lieu du point C (*fig.* 126) sera une circonférence, dont le centre se trouvera sur la perpendiculaire AD abaissée du point A sur XY et dont l'un des diamètres AF_1, aura pour extrémité le point F_1, donné par l'égalité

$$AD \times AF_1 = m^2.$$

Si maintenant nous faisons tourner la droite AF_1, d'un angle FAF_1 égal à l'angle donné, que nous prenions AF égale à AF_1, et que, sur AF comme diamètre, nous décrivions une circonférence ; cette ligne sera le lieu demandé.

La vérification se fait comme dans l'exemple précédent.

VIII. *Étant données (fig.* 127) *deux circonférences tangentes extérieurement, par leur point de contact A on mène deux cordes AB et AD qui soient entre elles dans le rapport de deux droites données* M *et* N, *et des centres* O *et* C *on abaisse, sur les deux cordes, des perpendiculaires* OF *et* OE *qu'on prolonge jusqu'à leur rencontre en* M : *on demande le lieu du point* M. (Concours.)

Abaissant MH perpendiculaire sur la ligne des centres OC, on obtient deux triangles OMH, CMH respectivement semblables aux triangles OAF. CAE, et l'on a

$$\frac{OM}{MH} = \frac{OA}{AF} \quad , \quad \frac{MH}{MC} = \frac{AE}{CA}.$$

Si l'on multiplie les deux égalités, membre à membre, il vient

$$\frac{OM}{MC} = \frac{OA}{CA} \cdot \frac{AE}{AF} \quad \text{ou} \quad \frac{OM}{MC} = \frac{OA}{CA} \cdot \frac{N}{M}$$

en remplaçant le rapport de AE à AF par sa valeur. Le rapport de OM à MC est donc constant, et, par suite, le lieu de M est un cercle.

Quand le rapport de OA à CA est celui de M à N, le lieu est la perpendiculaire élevée sur le milieu de OC, et quand les droites M et N ont des longueurs égales, le lieu passe par les centres de similitude des deux cercles donnés, dont l'un est le point A .

IX. *Étant donnés deux points* A *et* B *(fig 126), deux nombres correspondants* m *et* n *et une longueur constante* K, *on demande de trouver le lieu du point* C *tel, qu'on ait*

$$m\overline{CA}^2 \pm n\,\overline{CB}^2 = K^2.$$

1er **cas.** *On prend le signe* + *dans l'égalité.*

Imitons la méthode que l'on suit dans le cas où m et n sont égaux à 1 ; mais remplaçons la médiane correspondant à AB dans le triangle ABC par une droite CD qui joint le sommet C à un point indéterminé D pris entre A et B.

Si l'on abaisse ME perpendiculaire sur AB, les deux triangles ACD, BCD donnent

$$\overline{CA}^2 = \overline{CD}^2 + \overline{AD} \pm 2\,AD \times DE,$$

$$\overline{CB}^2 = \overline{CD}^2 + \overline{BD}^2 \mp 2\,BD \times DE;$$

d'où l'on déduit

$$(1) \qquad K^2 = m\,\overline{CA}^2 + n\,\overline{CB}^2 =$$

$$(m+n)\,\overline{CD}^2 + m\,\overline{AD}^2 + n\,\overline{BD}^2 \pm 2\,DE\,(m\,AD - n\,BD).$$

On fait maintenant disparaître DE de l'équation (1), en déterminant le point D, de telle sorte que l'on ait

$$m\,AD - n\,BD = 0, \quad \text{ou} \quad \frac{AD}{BD} = \frac{m}{n}.$$

Alors l'équation (1) ne contient plus que CD et des constantes : le lieu géométrique demandé est donc un cercle dont le centre partage la droite AB dans le rapport inverse des nombres m et n qui correspondent aux points A et B.

Si l'on désigne par c la distance AB des deux points fixes et par x le rayon du cercle cherché, on trouve aisément la formule

$$(2) \qquad x^2 = \frac{(m+n)\,k^2 - mnc^2}{(m+n)^2}.$$

Cette formule montre que le cercle n'existe que si l'on a

$$k^2 > \frac{mnc^2}{m+n}.$$

2ᵐᵉ cas. *On prend le signe* —. La méthode est la même; seulement le point D est sur le prolongement de BA. On trouve encore que le lieu est un cercle dont le centre est à des distances des points A et B inversement proportionnelles à m et n ; mais ce centre est sur le prolongement de BA, plus près du point A que du point B si l'on suppose m plus grand grand que n.

Le rayon du cercle obtenu étant maintenant désigné par y, on a la formule

$$(3) \qquad y^2 = \frac{(m-n)\,k^2 + mnc^2}{(m-n)^2},$$

et on voit que le cercle est alors toujours réel.

X. *Étant donnés deux cercles quelconques dans un même plan, trouver le lieu des points tels, que, si on les prend pour origines, les deux cercles inverses des cercles donnés soient égaux.*

Soient P, P' les puissances d'un point du lieu par rapport aux cercles donnés, D, D' les distances de ce point à leurs centres R, R' leurs rayons, l'équation de condition est **(83)**

$$(1) \qquad \frac{P}{R} = \mp \frac{P'}{R'},$$

Si maintenant on remplace dans l'équation (1) P, P' par leurs valeurs $D^2 - R^2$, $D'^2 - R'^2$, il vient

$$(2) \qquad R' D^2 \pm R D'^2 = R R' (R \pm R') ;$$

et, d'après la question précédente (**IX**), on voit que le lieu se compose de deux cercles ayant, pour centres respectifs, les centres de similitude des deux cercles donnés.

Si l'on prend le signe — dans l'équation (2), le cercle correspondant est toujours réel ; mais, si l'on prend le signe +, la formule (2) **IX** montre que le cercle correspondant n'est réel, que si la distance des centres des circonférences données est plus petite que la somme de leurs rayons.

REMARQUE. Quand les deux cercles donnés se coupent, les deux points d'intersection satisfont à la condition qu'exprime l'équation (1) ; les deux cercles qui forment le lieu passent donc par ces deux points. On vérifie d'ailleurs très aisément que les deux derniers cercles partagent, respectivement, en deux parties égales les deux angles supplémentaires que font entre eux les cercles donnés.

XI. *Si un point mobile est tel qu'on obtient une somme constante en ajoutant entre eux les carrés de ses distances à des points fixes, multipliés respectivement par des nombres positifs ou négatifs ; lorsque tous les points sont dans un même plan, le lieu du point mobile est un cercle dont le centre est le centre des distances proportionnelles.*

En effet, si l'on résout, par rapport à $\overline{MG}^2$, l'égalité du théorème **IV** (page 217), on a

$$\overline{MG}^2 = \frac{\Sigma\, m_1\, \overline{MA_1}^2 - \Sigma\, m_1\, \overline{GA_1}^2}{\Sigma\, m_1}.$$

La distance d'un point M du lieu au centre G des distances proportionnelles est donc constante ; et comme tous les points sont dans un même plan, le lieu est un cercle dont le centre est G.

18

XII. *Si dans l'énoncé précédent, on suppose nulle la somme des multiplicateurs donnés, le lieu est une droite.*

Soient A_1, A_2,... les points auxquels correspondent des multiplicateurs positifs m_1, m_2... ; soient aussi B_1, B_2..., les autres points, et $- n_1$, $- n_2$,... les multiplicateurs négatifs correspondants; désignons, d'ailleurs, par G et H les centres des distances proportionnelles qui correspondent aux deux groupes de points : en appliquant la formule citée plus haut, on aura

$$\Sigma m_1 \, \overline{MA_1}^2 = \Sigma m_1 \times \overline{MG}^2 + \Sigma m_1 \, \overline{GA_1}^2,$$

$$\Sigma n_1 \, \overline{MB_1}^2 = \Sigma n_1 \times \overline{MH}^2 + \Sigma n_1 \, \overline{HB_1}^2.$$

Retranchons maintenant les deux égalités, membre à membre : en observant que les quantités Σm_1 et Σn_1 sont égales, par hypothèse, et que la différence entre $\Sigma m_1 \overline{MA_1}^2$ et $\Sigma n_1 \overline{MB_1}^2$ est la quantité constante K qui est donnée, il viendra

$$\Sigma m_1 \times \left(\overline{MG}^2 - \overline{MH}^2 \right) = K + \Sigma n_1 \, \overline{HB_1}^2 - \Sigma m_1 \, \overline{GA_1}^2.$$

De cette dernière égalité, on déduit que la quantité $\overline{MG}^2 - \overline{MH}^2$ est constante, et, par suite, d'après une proposition connue, le lieu demandé est une droite perpendiculaire à la droite GH qui joint les deux centres partiels.

XIII. *Étant données (fig. 129) une circonférence O et une droite BC, on demande de trouver le lieu des points tels, que, si, de l'un d'eux M, on mène une tangente MA au cercle et une perpendiculaire MP sur la droite BC, on ait toujours, en représentant par a une longueur donnée,*

$$\overline{MA}^2 = a \times MP.$$

Abaissons du centre O une perpendiculaire OE sur BC, et prolongeons-la d'une longueur égale EG; tirons aussi MG, et projetons le point M en D sur OG. Le rayon OA et la longueur OG étant représentés par R et b, les triangles MOA, MOG donnent

$$\overline{MA}^2 = \overline{MO}^2 - R^2 \ , \ \overline{MO}^2 - \overline{MG}^2 = 2b \times MP;$$

et en remplaçant, dans l'égalité de l'énoncé, $\overline{MA}^2$ et MP par les valeurs tirées des deux dernières égalités, on a

$$(2b - a)\ \overline{MO}^2 + a.\overline{MG}^2 = 2bR^2.$$

Donc (**IX**) le lieu est un cercle qui a son centre sur OG, à une distance du point O égale à $\dfrac{a}{2}$. On voit aussi aisément que le rayon r de ce cercle est égal à $\sqrt{R^2 - \dfrac{ab}{2} + \dfrac{a^2}{4}}$.

Remarque. En remplaçant, dans la formule du n° **39**, r par la valeur précédente et d par $\dfrac{a}{2}$, on voit que la distance e du centre O à l'axe radical des deux cercles R et r est égale à $\dfrac{b}{2}$, c'est-à-dire que la droite BC est elle-même cet axe radical.

XIV. *Étant données deux droites qui se coupent, trouver le lieu des points tels, que, si l'on abaisse, de l'un d'eux, des perpendiculaires sur les deux droites, et qu'on multiplie ces perpendiculaires par des nombres donnés m et n, la somme soit égale à une longueur connue a.*

Soient AOB et A'OB' (*fig.* 130) les deux droites données, et M un point du lieu; on abaisse, de ce point, MC et MC' perpendiculaires sur les deux droites, et on a l'égalité de condition

$$m\,MC + nMC' = a, \quad \text{ou} \quad MC + \frac{n}{m}\,MC' = \frac{a}{m}.$$

Prolongeons MC d'une longueur MD égale à $\dfrac{n}{m}$ MC' : le lieu du point D sera une droite connue EG, parallèle à AB et placée à une distance $\dfrac{a}{m}$ de cette droite. On est alors ramené à trouver le lieu des points M tels, que le rapport de leurs distances aux deux droites EG et A'B' soit égal au rapport donné $\dfrac{m}{n}$. Or on sait que la partie de ce lieu, située dans l'angle AOB, est une droite, et, pour la tracer, on pourra déterminer directement, d'après l'énoncé, les points où elle coupe les deux droites données.

On trouvera de même que, dans chacun des autres angles formés par les deux droites données, le lieu est une droite : alors le lieu complet sera le périmètre d'un parallélogramme. Les prolongements des côtés donnent d'ailleurs le lieu des points tels que la différence des produits est égale à a.

Mais, si l'on convient de considérer les perpendiculaires abaissées sur les deux droites comme positives ou négatives, suivant que le point M est d'un côté ou de l'autre de chacune d'elles, on pourra dire que le lieu demandé se compose des quatre droites indéfinies qui déterminent le parallélogramme.

Remarque. Si l'un des multiplicateurs donnés ou tous deux étaient négatifs, le lieu serait encore un parallélogramme.

XV. *Étant données trois droites qui se coupent deux à deux, d'un point M quelconque du plan on abaisse des perpendiculaires sur leurs directions, on multiplie les longueurs de ces perpendiculaires par des nombres donnés, positifs ou négatifs, et on fait la somme de tous les produits : quel est le lieu des points pour lesquels cette somme est constante ?*

Dans l'énoncé qui précède, on suppose que les perpendiculaires sont positives ou négatives, suivant que le point, d'où on les abaisse, est ou n'est pas, par rapport à chacun des côtés du triangle formé par les trois droites, du même côté que le sommet opposé.

Soient h_1, h_2, h_3, les distances des sommets du triangle aux côtés opposés, p_1, p_2, p_3, les distances d'un point du lieu aux mêmes côtés, m_1, m_2, m_3, les multiplicateurs des perpendiculaires, et a la somme donnée : on a, par hypothèse,

$$m_1 p_1 + m_2 p_2 + m_3 p_3 = a.$$

Mais, d'après une formule connue, relative au triangle, et qui se démontre comme celle du théorème III (page 222), on a aussi

$$\frac{p_1}{h_1} + \frac{p_2}{h_2} + \frac{p_3}{h_3} = 1;$$

alors, en éliminant p_3 entre les deux égalités, on obtient

$$\left(\frac{m_1}{h_3} - \frac{m_3}{h_1}\right) p_1 + \left(\frac{m_2}{h_3} - \frac{m_3}{h_2}\right) p_2 = \frac{a}{h_3} - m_3,$$

et l'on retombe sur le lieu précédent (**XIV**).

XVI. *Des droites en nombre quelconque concourant en un même point S (fig. 131), d'un point M on abaisse des perpendiculaires sur ces droites, et on multiplie leurs longueurs par des nombres positifs donnés : on demande quel est le lieu du point M tel, que la somme des produits ainsi obtenus soit constante.*

Soient MP, MP',... les perpendiculaires abaissées du point M sur les droites concourantes : prenons, sur la direction de ces droites, des longueurs SA, SA'... proportionnelles aux nombres donnés, et représentons par K^2 la quantité proportionnelle à la somme constante. Alors, si l'on tire AQ, A'Q'... perpendiculaires à la droite SM, on a par des triangles semblables

$$MP \times SA = AQ \times SM \ , \ MP' \times SA' = A'Q' \times SM....;$$

et, si l'on ajoute les égalités, membre à membre, il vient

$$(AQ + A'Q' + ...) \times SM = K^2.$$

Soient maintenant G le centre des moyennes distances des points A, A'..., et H la projection de G sur SM : si l'on applique le théorème des moyennes distances aux points A, A'..., l'égalité précédente devient

$$n\text{GH} \times \text{SM} = \text{K}^2.$$

Or, en abaissant ML perpendiculaire sur SG, on obtient deux triangles semblables SML, SHG qui donnent

$$\text{GH} \times \text{SM} = \text{ML} \times \text{SG},$$

et, par suite, on a

$$n\,\text{ML} \times \text{SG} = \text{K}^2;$$

la longueur ML est donc constante, et le lieu du point M est une droite parallèle à SG.

XVIII. *Un losange ABMD (fig. 135) se déforme sous la condition que ses côtés conservent la même longueur ; l'un de ses sommets A parcourt une circonférence O, et les deux sommets B et D contigus au sommets A restent à des distances constantes et égales d'un point C de la circonférence O ; quel est le lieu du quatrième sommet M du losange ?* (*Peaucellier* [*].)

Les triangles CBM, CDM étant évidemment égaux, le point C appartient à la bissectrice AM ou à son prolongement. Alors, d'après le théorème **III.** (page 168), on a

$$\text{GA} \times \text{CM} = \overline{\text{CB}}^2 - \overline{\text{AB}}^2;$$

le lieu du point M est donc la ligne inverse de la circonférence O, qui correspond à une origine C prise sur cette circonférence et à une puissance d'inversion $\overline{\text{CB}}^2 - \overline{\text{AB}}^2$, c'est-à-dire que le lieu est une droite ME perpendiculaire à OC. D'ailleurs, si l'on désigne par r, a et b le rayon du cer-

---

[*] *Nouvelles Annales*, tome XII, 2me série, page 71.

cle O, le côté du losange, et la distance CB, comme les produits CF $\times$ CE, CA $\times$ CM sont égaux, on obtiendra CE par
la formule

$$CE = \frac{b^2 - a^2}{2r}.$$

Le point C pouvait être pris entre A et M; mais la solution de la question eût été la même.

Remarque. Si l'on suppose que le losange ABDM soit
formé par l'assemblage de quatre tiges rectilignes et de
même longueur, pouvant tourner autour de leurs points de
réunion, et que les sommets B et D soient reliés au point
fixe par deux tiges CB et CD, de longueur égale, on aura un
système qui résout, à l'aide d'un parallélogramme articulé,
le problème de *Watt* : *un mouvement circulaire est transformé en un mouvement rectiligne.*

XVIII. *Les mêmes données que dans la question précédente étant conservées, avec cette seule différence que le
point C a maintenant une position quelconque dans le plan :
quel est le lieu du sommet M du losange ?* (*Peaucellier.*)

Comme dans la question précédente, la ligne décrite par
le point M est inverse de la circonférence O; mais le
point C n'étant plus sur cette circonférence, le lieu du point
M est, dans le cas actuel, une circonférence qui a son centre sur la droite indéfinie passant par les points O et C.

Adoptons maintenant toutes les notations de la question
précédente, et soient, de plus, x, y, d, I, P le rayon de la
circonférence décrite par le point M, la distance de son centre au point C, la distance OC, la puissance d'inversion, la
puissance de l'origine C par rapport à la circonférence O :
on aura

$$I = b^2 - a^2 \quad , \quad P = d^2 - r^2,$$

et, par suite, d'après les formules du n° **82**,

$$x = \pm \frac{r\,(b^2 - a^2)}{d^2 - r^2} \quad , \quad y = \frac{d\,(b^2 - a^2)}{d^2 - r^2}.$$

XIX. *Étant données deux droites indéfinies* PQ, RS *(fig.132) et deux points* A *et* B *sur ces droites, une droite mobile* CD, *qui les rencontre en* C *et en* D, *détermine sur elles deux segments* AC *et* BD *dont le rapport est constant : on demande le lieu géométrique du point* M *tel, que le rapport de* CM *à* MD *soit donné.*

Tirons AB, et par les points B et C menons BH et CE respectivement parallèles à RS et AB : menons ensuite DE et une parallèle MF à CE. Les segments AC et BE étant égaux, comme côtés opposés d'un parallélogramme, le rapport de BE à BD est constant. Il en est de même du rapport de DF à FE qni est égal au rapport donné de MD à MC : par conséquent, le point F décrit une droite BG passant par le point B.

Mais, à cause des triangles semblables MFD, CED, le rapport de MF à CE est constant : la droite MF a donc une longueur toujours la même. Si donc 'on mène une droite LM parallèle à BG, elle coupera AB en un point déterminé I. La droite ML est donc le lieu demandé.

Si les points C et D étaient de part et d'autre de AB, la démonstration serait la même.

REMARQUE, Les segments déterminés sur IL, à partir du point I, sont égaux aux segments comptés sur BG, à partir du point B; ils sont donc, comme ces derniers, proportionnels aux segments variables BD et BE ou AC.

XX. *Étant donnés un angle* HAL *(fig. 133) et un point* O *hors de cet angle, on fait tourner autour du point* O *un angle* BOC, *qui est égal à l'angle donné, et dont les côtés rencontrent ceux du premier angle en* B *et* C, *puis on tire la droite* BC : *on demande le lieu du point* M *qui partage cette droite en deux segments dont le rapport est donné.*

Si l'on fait tourner, autour du point O, un angle BOC qui soit égal à l'angle A, et dont l'un des côtés rencontre AH au point B, et que l'on prenne, sur l'autre côté de l'angle BOC, une longueur OC telle, que le rapport de OB à OC soit égal à celui des distances OD et OE du point O aux deux côtés de l'angle A, on trouve (*lieu* **VI,** page 268) que le lieu du point C est précisément la droite AL. De plus, on voit que, les triangles DOB, COE étant semblables, la droite mobile BC détermine deux segments BD et CE, comptés à partir de points fixes D et E, dont le rapport est toujours égal à celui des distances OD et OE. On est donc ramené au lieu précédent.

XXI. *D'un point D pris sur la base BC d'un triangle ABC* (fig. 137), *on mène les parallèles DE et DF à deux directions données, on tire la droite EF, et l'on partage cette droite au point M dans le rapport de deux lignes données* P *et* Q : *quel est le lieu de ce point ?*

Soient BG parallèle à DF et CH parallèle à DE : les triangles BED, CDF respectivement semblables aux triangles BCH, BCG donnent

$$\frac{BD}{BC} = \frac{BE}{BH} \quad , \quad \frac{BD}{BC} = \frac{GF}{GC},$$

d'où

$$\frac{BE}{GF} = \frac{BH}{GC}.$$

La droite mobile EF rencontre donc les droites fixes AB et BC en deux points E et F tels, que le rapport des distances de ces points à des points déterminés B et G de deux droites fixes est constant : on est ainsi encore ramené au lieu **XIX.**

XXII. *De tous les points d'une droite A, on abaisse des perpendiculaires sur trois autres droites* M, N, P, *et on construit le triangle dont les trois sommets sont les pieds de ces perpendiculaires : quel est le lieu des centres de gravité de ces triangles* (*) ?

(*) Chasles. — *Porisme* **109.**

Remarquons d'abord que les pieds mobiles des perpendiculaires déterminent sur les droites M, N, P, des segments proportionnels qui ont, pour origines respectives, les perpendiculaires abaissées, d'un point déterminé de la droite A, sur les trois autres.

Cela posé, pour obtenir le centre de gravité du triangle de l'énoncé, tirons une droite L qui joigne l'un de ses sommets au milieu du côté opposé, et partageons-la en deux segments proportionnels aux nombres 1 et 2, à partir du côté. D'après le lieu **XIX**, le milieu de ce côté décrit une droite ; cette droite et les droites M, N, P sont d'ailleurs partagées par le côté mobile en segments proportionnels. La droite L est donc telle, que ses extrémités déterminent sur deux droites fixes, et à partir de points connus, des segments proportionnels. Dès lors, le point qui la divise dans le rapport de 1 à 2, c'est-à-dire le centre de gravité du triangle, décrit une droite.

XXIII. *Un triangle isocèle BCM (fig. 134) dont les angles à la base B et C sont égaux et constants, se déforme, sous la condition que les sommets B et C se meuvent sur une circonférence donnée O, tandis que l'un des côtés égaux BM tourne autour d'un point fixe A : on demande le lieu du sommet M.*

Du point O comme centre, avec OA comme rayon, nous décrivons une circonférence qui coupe MC en deux point D et E; on sait (**III**, page 183) que celui des deux points E et D qui n'est pas le symétrique du point A, par rapport à la hauteur du triangle isocèle, c'est-à-dire le point D, est fixe. L'angle CMB étant d'ailleurs constant, on est ramené au lieu du sommet M d'un angle constant CMB, dont les côtés passent par deux points fixes A et D.

XXIV. *Un polygone d'un nombre impair de côtés, dont tous les angles, excepté un seul, égaux et donnés, ont leurs sommets sur un cercle fixe, se déforme, sous la condition que l'un des côtés de l'angle, qui fait exception, tourne autour* *d'un point fixe : on demande de trouver le lieu décrit par le sommet libre.*

Si nous appellons premier côté celui qui tourne autour du point fixe donné, et qu'à partir de ce point, nous parcourions le périmètre du polygone en nous éloignant du sommet libre, par l'application du théorème déjà cité tout à l'heure, nous trouverons que tous les côtés du rang impair, et, par suite, le dernier côté, tournent autour de points fixes. Le premier et le dernier côté tournant autour de points fixes, et l'angle compris entre eux ayant une valeur constante, en général, différente de la valeur donnée pour les autres, on est ramené au même lieu que dans l'exemple précédent.

XXV. *Deux cercles mobiles* I *et* E *touchent deux cercles fixes* O *et* C *qui se coupent et sont eux-mêmes tangents extérieurement, on demande le lieu de ce point.*

Transformons la figure par inversion en prenant, pour origine, l'un des points d'intersection A des circonférences données. Les lignes inverses de ces circonférences seront les droites DH et DF (*fig* 136) respectivement perpendiculaires aux droites AO et AC qui joignent le point A aux centres O et C des cercles fixes. D'autre part, les circonférences I et E ne passant pas, comme les précédentes, par l'origine A, auront, pour lignes inverses, deux circonférences G et K qui seront tangentes aux deux droites DH et DF, et aussi l'une à l'autre en L.

Or le point L décrit évidemment la bissectrice DP de l'angle HDF : le lieu du point M sera donc la ligne inverse de DP, c'est-à-dire une circonférence passant par le point A ; cette circonférence passe aussi, d'ailleurs, par le point B.

Remarque. Si l'on veut trouver le lieu correspondant à toutes les positions possibles des cercles mobiles, on verra que le lieu complet des points de contact des figures inverses de ces lignes est composé des bissectrices des quatre angles que forment entre elles les deux droites DH et DF indéfiniment prolongées. Le lieu complet des points de contact M se compose donc de deux cercles qui passent par les points A et B et s'y coupent à angle droit.

XXVI. *Étant donnés un cercle dont le centre est O et un point* P, *par ce point on mène deux sécantes* PAB, PA'B' (*fig. 144*), *et on circonscrit un cercle à chacun des triangles* PAA', PBB'; *on demande le lieu du second point d'intersection* M *des deux derniers cercles.* (Concours.)

En examinant le cas où, le point P étant extérieur au cercle O, l'une des sécantes se confond avec l'une ou l'autre des tangentes PH et PG à ce cercle, et aussi le cas où les deux sécantes sont symétriques par rapport à la droite PO, on voit aisément que le lieu cherché doit passer par les trois points H, G, O (*). Or le cercle décrit sur PO comme diamètre satisfaisant à cette condition, l'hypothèse la plus simple est que le lieu demandé est précisément ce dernier cercle : c'est ce que l'on va démontrer.

1ᵉʳᵉ Démonstration. Tirons (*fig. 138*) les droites AA', BB', MP, MB, MA', et prolongeons les trois dernières jusqu'à leur rencontre en C, D. E avec le cercle O. Les angles PAA' et PMA' sont égaux comme inscrits dans le même segment de cercle, et il en est de même de leurs suppléments BAA', CMA' : pour une raison semblable, les angles CMB, BB'A' sont égaux. Mais les angles BAA', BB'A' étant égaux comme inscrits dans un même segment, l'égalité des angles A'MC, CMB s'ensuit. De là on conclut que l'angle BMA' est double de A'MC ou de son égal A'AB, ou, en remplaçant les angles BMA', A'AB par leurs mesures, que les arcs EAD et BCA' sont égaux,

Menons maintenant les cordes ED et BA' qui sont égales. On obtient deux triangles EDM, BMA qui sont égaux comme

____

(*) On prouvera que le lieu passe par le point O en s'appuyant sur le lemme du théorème **III** (page 183).

ayant un côté égal adjacent à deux angles respectivement égaux, et, par conséquent, les deux côtés MD et MA' sont égaux. Alors, si l'on tire les droites OM, OD, OA', on obtient deux triangles DMO, MOA' qui sont égaux comme ayant les côtés respectivement égaux. On en conclut que OM est la bissectrice de l'angle DMA'; et comme MC est déjà celle de l'angle BMA', l'angle PMO est droit, et, par suite, le point M appartient au cercle décrit sur PO comme diamètre.

2ème Démonstration. Soient I (*fig.* 144) le point de rencontre des cordes AA', BB', et HIG la polaire du point P. qui coupe PO en K. Prenons, sur la droite indéfinie PI, un point M tel, que le produit $PI \times IM$, pris avec son signe, soit égal à la puissance du point I par rapport au cercle donné O : il en résulte évidemment que le point M appartiendra aux deux cercles circonscrits aux triangles PAA' et PBB'.

Cela posé, la démonstration doit s'appliquer, que le point P soit extérieur ou intérieur au cercle donné; mais, pour fixer les idées par une figure, admettons que le point P soit extérieur au cercle.

Soit R le rayon du cercle ; d'après la condition qui détermine le point M, on a

$$PI \times IM = \overline{R}^2 - \overline{OI}^2,$$

et, par suite,

$$PI \times PM = \overline{PI}^2 + PI \times IM = \overline{PI}^2 + \overline{R}^2 - \overline{OI}^2.$$

Mais le triangle POI donnant

$$\overline{PI}^2 - \overline{OI}^2 = \overline{PK}^2 - \overline{OK}^2,$$

il vient

$$PI \times PM = R^2 + PK^2 - OK^2 = R^2 + (OP - OK)^2 - OK^2,$$

et en développant et réduisant, on obtient

$$PI \times PM = \overline{R}^2 + \overline{OP}^2 - 2OP \times OK.$$

Or, d'après une propriété connue du pôle et de la polaire par rapport à un cercle, on a

$$OP \times OK = R^2;$$

l'égalité précédente devient donc

$$PI \times PM = \overline{OP}^2 - \overline{R}^2 = OP \times \left(OP - \frac{R^2}{OP}\right);$$

et en observant que $\frac{R^2}{OP}$ est égal à OK, il vient finalement

$$PI \times PM = OP \times PK.$$

Par conséquent, le quadrilatère KOMI est inscriptible, et, comme l'angle OKI est droit, il en est de même de l'angle M; il s'ensuit que le point M apppartient à la circonférence décrite sur PO comme diamètre : le théorème est donc démontré.

REMARQUE. Dans le cas où le point P est extérieur, la démonstration peut se faire plus simplement. En effet, le point M étant déterminé comme précédemment, et G, H étant les points où la polaire du point P coupe la circonférence O, on a

$$PI \times IM = IG \times IH;$$

les quatre points P, G, H, M, sont donc sur un même cercle qui n'est autre que le cercle décrit sur PO comme diamètre.

3ème **Démonstration.** Soient E le cercle décrit sur OP, comme diamètre, et C,C' les cercles circonscrits aux triangles PAA' PBB' : je dis, d'abord, que l'axe radical de C et C' est la droite PI. En effet, l'axe radical des cercles O et C est la droite AA', et celui des cercles O et C', la droite BB' : l'intersection I de AA' et BB' est donc le centre radical des trois circonférences O, C et C', et, par suite, PI est bien l'axe radical de C et C'. On voit de même que la droite PI est aussi l'axe radical des cercles C et E. En effet, l'axe radical de C et O est la droite AA', et l'axe radical de E et de O est (th. **VI** page 185) la polaire GH du point P : la droite PI est donc bien l'axe radical des cercles C et E.

Les trois cercles C, C' et E, ayant même radical PI et un point commun P, doivent se couper en un autre point commun M : c'est ce qu'il fallait démontrer.

4ème **Démonstration.** Prenons, pour origine, le point P et la puissance de ce point par rapport au cercle C pour puissance d'inversion. Alors les circonférences C, C' sont évidemment les lignes inverses des droites AA', BB' et la circonférence E est la ligne inverse de GH (th. **V**, page 185). Or les trois droites AA', BB', GH se coupent en un même point I : les circonférences C, C', E se coupent donc en un point M inverse du point I.

XXVII. *Trouver le lieu des points tels, que les polaires de chacun d'eux, par rapport à trois cercles donnés, se coupent en un même point.*

Prenons successivement un point sur le cercle radical ou en dehors de ce cercle.

Dans le premier cas, si l'on applique le théorème **VII** (page 185), on voit que le point, étant sur le cercle radical, a pour polaire, par rapport à chacun des trois cercles donnés, une droite passant par le point du cercle radical, diamétralement opposé, sur ce cercle, au point choisi; les trois polaires se coupent donc en un même point.

Considérons maintenant le second cas. Soit déterminé le centre radical du point, qu'on a pris, et de deux cercles donnés : le cercle décrit, de ce centre radical comme centre, avec un rayon égal à la distance de ce point au point donné, passera par ce dernier point, et coupera les deux cercles à angle droit. On trouvera de même un second cercle passant par le point donné et coupant à angle droit l'un des deux premiers cercles et le troisième. Le cercle ainsi construit sera d'ailleurs distinct du premier, puisque le point, qu'on a pris, n'est pas sur le cercle radical. Mais alors les trois polaires du point ont, sur les deux cercles auxiliaires, deux points d'intersection diamétralement opposés au point donné : elles ne peuvent donc se couper au même point.

Il résulte évidemment, des deux cas que nous venons d'examiner, que le lieu demandé est le cercle radical des trois cercles donnés.

On remarque aussi que le même cercle est le lieu des points de rencontre des trois polaires qui se coupent en un même point.

XXVIII. *Lieu des centres des cercles qui coupent trois cercles donnés sous des angles égaux.*

Considérons trois cercles d'une sphère, et, par l'une des droites qui contient les sommets des cônes correspondant aux cercles pris, deux à deux (**110**), faisons passer un plan qui coupe la sphère : ce plan rencontrera la sphère suivant un cercle qui coupera les trois premiers sous des angles égaux (Cor. II, **106**).

Mais, en faisant varier le plan, le sommet du cône circonscrit à la sphère, suivant le cercle de section, décrira une ligne droite (**32**); et, comme on peut considérer quatre droites qui contiennent les sommets des cônes primitifs (**110**), le lieu des sommets des derniers cônes se composera de quatre droites. Si maintenant on fait une projection stéréographique de la figure complète, et que l'on applique les théorèmes (**108**) et (**109**), on voit bien que le lieu demandé se compose de quatre droites.

Je vais démontrer, de plus, que les quatre droites sont les perpendiculaires abaissées du centre radical des trois cercles donnés sur les quatre axes de similitude de ces cercles.

Observons d'abord que, dans la démonstration, il n'a pas été tenu compte de la définition précise de l'angle de deux cercles. Alors, comme dans le cas des cercles tangents à trois

cercles donnés, les cercles mobiles se partagent en quatre
groupes ; car ces cercles font avec les trois cercles fixes trois
angles égaux ou deux angles supplémentaires du troisième.
Le centre radical est le centre d'un cercle qui appartient évidemment aux quatre groupes, et les huit cercles tangents aux
cercles fixes, étant associés, deux à deux, comme dans les
théorèmes **XXII** et **XXIII** (pages 205 et 207) font respectivement partie des quatre groupes. Il suit de là que les quatre
droites du lieu sont des droites, qui concourent au centre radical des trois cercles fixes, et qui contiennent respectivement deux centres des cercles tangents à ces trois cercles,
associés, deux à deux, comme il a été dit. Or les axes radicaux des cercles tangents, associés deux à deux, sont les
quatre axes de similitude des trois cercles fixes (**XXII**) et
(**XXIII**); le théorème est donc complétement démontré.

Corollaire. Parmi les cercles mobiles de l'énoncé, les
cercles d'un même groupe ont même axe radical.

XXIX. *Lieu des centres des cercles qui coupent, sous un
même angle, deux cercles et une droite donnés.*

Soient O, O' les centres des cercles donnés, r, r' leurs
rayons, d la distance OO', x, y, y', z et u le rayon du cercle mobile et les distances de son centre aux points O, O',
à la droite donnée, et à la perpendiculaire au milieu de OO'.
Soient aussi A, A' deux des points de rencontre du cercle C
avec les deux cercles O, O'.

On remarque d'abord que, si l'on projette respectivement
les rayons CA, CA' sur OA, O'A' les deux projections sont
toutes deux égales à z. Alors les triangles OAC, O'A'C donnent

$$y^2 = x^2 + r^2 \pm 2rz \quad , \quad y'^2 = x^2 + r'^2 \pm 2r'z,$$

d'où l'on déduit

$$y^2 - y'^2 = r^2 - r'^2 \pm 2 (r' - r)z.$$

On a ensuite dans le triangle OCO'

19

$$y^2 - y'^2 = 2du;$$

et en égalant les deux expressions de $y^2 - y'^2$ données par
ces deux dernières égalités, on a

$$2du \pm 2\,(r - r')\,z = r^2 - r'^2.$$

On est ainsi ramené au lieu des points tels, que la somme
des distances de ces points à deux droites fixes, multipliées
par des nombres donnés, soit constante. Le lieu est, comme
on le sait, composé de quatre droites (**XIV**, page 275).

On démontre d'ailleurs, comme dans le théorème précédent, que les quatre droites sont les perpendiculaires abaissées, du centre radical de la droite et des deux cercles donnés, sur les quatre axes de similitude relatifs à cette droite
et à ces deux cercles.

XXX. *Si tous les côtés d'un polygone variable de forme
tournent autour de points fixes en ligne droite, et que tous
les sommets, excepté un, se meuvent sur des droites fixes, le
sommet resté libre décrira une ligne droite.*

On remarque d'abord que le théorème est vrai pour un
triangle, en vertu du théorème **V** (page 6). En effet, les deux
triangles ABC, A'B'C' (*fig*. 6) peuvent être considérés
comme deux positions d'un triangle qui tourne autour des
trois points D, E, F situés en ligne droite. Si alors SA et SB
sont les droites décrites par les sommets A et B, le troisième sommet C décrira la droite SC.

Maintenant, pour étendre le théorème à un polygone, il
suffit de faire voir que, s'il est vrai pour un polygone de
$n - 1$ côtés, il est vrai pour un polygone de n côtés.

Soient ABCDEF (*fig*. 139), le polygone de n côtés dont le
sommet A est libre, et P, Q, T, R, U, S les points autour
desquels tournent les côtés : prolongeons les côtés EF et DC
jusqu'à leur rencontre en I; nous formerons ainsi un triangle EDI, dont les trois côtés tournent autour de trois points

fixes, en ligne droite, T, R, S, tandis que deux sommets E et D se meuvent sur deux lignes droites; le sommet libre **I** décrira donc une droite.

Dès lors, le polygone de $n-1$ côtés ABCIF a tous ses côtés qui tournent autour de points fixes, tandis que tous ses sommets, excepté A, décrivent des droites; par conséquent, le sommet libre A décrit lui-même une droite : c'est ce qu'il fallait démontrer.

XXXI. *On donne un losange OACB (fig. 141) que la diagonale AB partage en deux triangles équilatéraux; par le sommet C, on mène une transversale DE qui rencontre les prolongements de OA en E et D, puis on tire les droites AD et BE : quel est le lieu des points de rencontre M de ces droites ?* (Concours.)

Si la droite DE passe par le point O, les transversales AD et BE viennent s'y couper, le point O est donc un point du lieu. Il en est de même des points A et B : on le voit en supposant que le point E se confonde avec A, puis le point D avec B. Alors l'hypothèse la plus simple à admettre est que le lieu est la circonférence circonscrite au triangle ABC. Nous allons démontrer qu'il en est effectivement ainsi, en faisant voir que l'angle AMB est égal à 120°.

AC étant parallèle à OB, les deux triangles AEC, CBD sont semblables, et donnent

$$\frac{AE}{AC} = \frac{BC}{BD} \quad \text{ou} \quad \frac{AE}{AB} = \frac{AB}{BD}.$$

Mais alors les triangles AEB, ABD, ayant les deux angles égaux EAB, ABD, compris entre côtés proportionnels, sont semblables, et on en conclut que les deux angles BAM, AEB sont égaux, Dès lors, les deux triangles AMB et AEB, qui ont déjà l'angle commun B, sont équiangles, et, par suite, les angles AMB, EAB sont égaux. Or ce dernier est égal à

120°, il en est donc de même de l'angle AEB : le théorème est ainsi démontré.

Remarque. La droite ED pourrait couper l'un des côtés de l'angle AOB et le prolongement de l'autre ; mais on voit facilement que le point M décrit alors la partie du cercle qui complète celle qu'il décrivait dans le premier cas.

Généralisation. Faisons une perspective du genre de celle qui est indiqnée (**107**). La perspective du triangle AOB pourra être un triangle quelconque *aob* (*fig.* 142), et les perspectives de AC et BC seront devenues *ac* et *bc* tangentes au cercle qui est la perspective du premier ; on peut alors énoncer le lieu suivant :

Étant données deux droites oe *et* od, *et deux points fixes quelconques* a *et* b *sur ces droites, on fait passer un cercle par les trois points* o, a, b, *et l'on mène aux points* a *et* b *deux tangentes qu'on prolonge jusqu'à leur intersection* c : *si alors un triangle* med *se déforme, de manière que ses trois côtés tournent autour des trois points* a, b, c, *tandis que deux de ses sommets* e *et* d *se meuvent sur les droites fixes* oa *et* ob; *le sommet libre* m *décrit le cercle circonscrit au triangle* aob.

192. **Remarques sur les lieux géométriques dans l'espace.**

Un grand nombre de lieux dans l'espace peuvent se ramener à des lieux analogues de Géométrie plane, en faisant mouvoir un plan qui contient un lieu connu, parallèlement à lui-même, ou autour d'une droite. Quand un lieu plan est une droite, un mouvement de translation ou de rotation de cette droite peut souvent faire trouver certains lieux dans l'espace. On a vu de nombreux exemples de ces différents cas dans la première partie.

Quelques lieux, qui ont le même énoncé dans la Géométrie plane et dans l'espace lorsque, dans le premier cas, on sous-entend que toutes les lignes de la figure sont dans un même plan, se trouvent, dans les deux cas, par une méthode identique. On en verra quelques exemples dans ce qui suit.

192. Exemples de lieux géométriques dans l'espace.

I. *Une droite AB se meut dans l'intérieur d'un angle diè-*
dre parallèlement à une direction donnée : quel est le lieu
d'un point M qui partage cette droite en deux segments dont
le rapport est constant ?

Soient M et M' deux points du lieu, et AB, A'B' deux positions correspondantes de la droite mobile : faisons passer
un plan par ces droites, et soit C le point où il coupe l'arête
du dièdre. Si l'on considère l'angle ACB et les deux parallèles AB, A'B' coupées en parties proportionnelles aux points
M et M', on sait, d'après un théorème connu de Géométrie
plane, que les trois points C, M, M', sont en ligne droite. Il
résulte de là qu'un point quelconque M du lieu est situé
dans un plan déterminé par un autre point M' de ce lieu et
l'arête du dièdre donné : le lieu demandé est donc un plan.

II. *Le lieu du milieu M d'une droite AB (fig. 143), de lon-*
gueur constante et dont les extrémités s'appuient sur deux
droites orthogonales AD et BC non situées dans le même plan,
est un cercle dont le plan est parallèle aux deux droites et
dont le centre est le milieu de leur plus courte distance.

Soit DC la plus courte distance des deux droites et O son
milieu : tirons DB, DM, OM, MC. La droite AD, étant orthogonale aux droites BC et DC, est perpendiculaire à leur plan
DCB, et, par suite, à la droite BD. Alors le triangle ADB est
rectangle, et la droite DM est égale à la moitié de AB. On
prouve qu'il en est de même de la droite MC : le triangle
DMC est donc un triangle isocèle, dont les trois côtés sont
constants, et dans lequel la médiane OM est perpendiculaire
sur DC. On voit ainsi que le point M décrit bien le cercle de
l'énoncé.

III. *Étant données deux droites RS et PQ (fig. 132) situées*
d'une manière quelconque dans l'espace, et deux points A et
B sur ces droites ; une droite CD se meut, sous la condition
de déterminer, sur les droites fixes, deux segments AC et BD

dont le rapport soit donné, et un point M *partage la droite mobile en deux segments* CM *et* MD *dont le rapport est aussi donné : on demande le lieu géométrique de ce point.*

Le lieu est une droite. La démonstration est identique à celle qui a été donnée pour le théorème analogue de Géométrie plane; la seule différence, c'est que sur la nouvelle figure les droites ne sont plus toutes dans un même plan.

IV. *Étant donné un quadrilatère plan* ABCD (*fig.* 145), *on construit une pyramide quadrangulaire* SABCD *qui a ce quadrilatère pour base et qui satisfait à cette condition, que sa surface latérale peut être coupée par un plan suivant un rectangle : on demande le lieu du sommet* S.

Prolongeons les côtés opposés du quadrilatère ABCD, jusqu'à leur rencontre en E et F, puis menons EF, SF, SE. En général, on obtient un parallélogramme pour section plane d'une pyramide quadrangulaire, en menant un plan sécant, parallèle aux deux droites SE et SF, intersections des faces opposées de la surface latérale, et deux côtés adjacents du parallélogramme sont respectivement parallèles à ces droites. Par conséquent, pour que la section soit un rectangle, il faut que l'angle ESF soit droit : le lieu demandé est donc une sphère dont la droite SF est un diamètre.

V. *Étant donnés des points, en nombre quelconque* A_1, A_2,..., *des nombres correspondants* m_1, m_2,..., *positifs ou négatifs, et un nombre positif* k^2 : *on demande le lieu des points* M *tels, que l'on ait*

$$m_1 \mathrm{MA}_1^2 + m_2 \overline{\mathrm{MA}}_2^2 + \ldots = k^2.$$

Si la somme des multiplicateurs donnés n'est pas nulle, on voit par la formule du théorème **IV** (page 216) que le lieu est une sphère ayant, pour centre, le centre des distances proportionnelles qui correspond aux multiplicateurs donnés.

Si, au contraire, la somme des multiplicateurs est nulle, on voit, en employant une démonstration analogue à celle qui a été donnée (**XII**, page 274), que le lieu est un plan.

VI. *Trouver le lieu des points tels, que, si de ces points on abaisse des perpendiculaires sur des plans qui se coupent en un même point, et qu'on multiplie ces perpendiculaires par des nombres donnés, la somme des produits soit constante.*

Soient (*fig*. 131) S le point d'intersection des plans donnés SD, SD'... des droites respectivement perpendiculaires à ces plans, et M un point quelconque du lieu : abaissons de ce point des perpendiculaires MP, MP'... sur les droites SD, SD'..., et prenons sur ces droites des longueurs SA, SA'... proportionnelles aux nombres donnés. Les longueurs SP, SP', SP"... seront égales aux distances du point M aux différents plans, et si l'on désigne par k^2 le carré d'une droite donnée, on aura

$$SA \times SP + SA' \times SP' + \ldots = k^2.$$

Mais, en tirant la droite SM, et abaissant AQ, A'Q'... perpendiculaires sur cette droite, on obtient des triangles SAQ, SA'Q'... respectivement semblables à SMP, SMP'..., et l'on a

$$SA \times SP = SM \times SQ \quad , \quad SA' \times SP' = SM \times SQ' \ldots ;$$

il vient alors

$$SM \times (SQ + SQ' + \ldots) = k^2.$$

Soient maintenant G le centre des moyennes distances des points Q, Q'..., et GH une perpendiculaire abaissée de ce point sur la droite SM : les longueurs SH SQ, SQ'..., représenteront les distances des points H, Q, Q'... à un plan perpendiculaire à SM, et l'on aura, n étant le nombre des plans donnés,

$$SM \times n\,SH = k^2.$$

Tirant enfin SG, et abaissant ML perpendiculaire sur cette droite, on a deux triangles semblables SML, SHG qui donnent

$$SH \times SM = SG \times SL ;$$

on a donc

$$n\, SG \times SL = k^2,$$

et, par suite, la longueur SL est constante. Le lieu demandé est donc un plan perpendiculaire à la droite SG au point L.

VII. *Quand une sphère variable C touche constamment trois sphères fixes dont les centres sont O, O', O", le lieu des points de contact sur chaque sphère fixe est un cercle.* (*Dupuis.*)

Pour le démontrer, par les trois centres O, O', O" faisons passer un plan, et déterminons le cercle radical E des trois grands cercles de section correspondants. Transformons ensuite toute la figure par inversion, en prenant pour origine un point du cercle radical E. Les trois grands cercles situés dans le plan sécant, et le cercle radical, qui leur correspond, seront remplacés dans la figure inverse par trois cercles C, C', C," et une droite AB qui les coupera à angle droit. Donc les centres des nouveaux cercles seront en ligne droite.

Cela posé, concevons un cercle D tangent aux trois cercles C, C', C", et faisons tourner autour de AB le sytème des quatre cercles. Les trois cercles C, C', C" engendreront les sphères inverses des sphères fixes, et le cercle D, dans ses positions successives, représentera un grand cercle de la sphère mobile, qui est l'inverse de la sphère tangente aux trois sphères O, O', O". Par conséquent, les points de contact du cercle D avec les trois autres décriront, pendant la rotation, les lignes inverses des lieux demandés. Or ces lignes sont évidemment des circonférences ; il en est donc de même des lieux démandés.

LIEUX GÉOMÉTRIQUES A TROUVER.

135. Étant données deux droites parallèles *ab* et *cd* et trois points fixes *e, f, g,* en ligne droite, si autour du point *g* on fait tourner une transversale qui rencontre les deux parallèles en i et h, que l'on mène les droites eh, fi : quel est le lieu du point de rencontre de ces deux droites ?

136. Lieu des centres des cercles qui coupent en deux parties égales deux cercles donnés.

137. Lieu des centres des cercles qui coupent orthogonalement un cercle donné et qui partagent un autre cercle donné en deux partie égales.

138. Lieu des centres des cercles décrits avec un rayon donné et partageant un cercle donné en deux partie égales.

139. Étant donnés trois points a, b, c sur une droite fixe et deux points a' et b' sur une droite mobile passant par le point c, on tire les droites aa' et bb' : quel est le lieu du point de rencontre de ces droites ?

140. Une droite ab se meut dans l'intérieur d'un angle yox sous la condition qu'elle soit vue d'un point fixe c sous un angle constant : quel est le lieu du pied de la perpendiculaire abaissée de c sur ab ?

141. Étant données deux droites parallèles lm, pq et un point a de la première, par ce point on mène une droite quelconque ab, et par son point de rencontre b avec pq on élève une perpendiculaire à pq qui coupe lm en c ; par le point c on mène une droite cd qui fasse avec lm un angle acd double de l'angle bac ; et enfin du point a on abaisse une perpendiculaire ae sur cd : quel est le lieu du point e ? (Concours.)

142. Un triangle est tel, que ses côtés conservent toujours la même direction, tandis que deux des sommets se meuvent sur des droites fixes : on demande le lieu du troisième sommet.

143. Un cercle mobile roule sur un cercle fixe de rayon double auquel il est tangent intérieurement : quel est le lieu décrit par un point de la circonférence du cercle mobile.

144. OA étant un rayon fixe et OC un rayon mobile d'un cercle donné, du point C on abaisse une perpendiculaire CP sur OA : quel est le lieu du centre du cercle inscrit dans le triangle OCD ?

145. On donne un cercle et deux points fixes sur sa circonférence, et par ces deux points on mène deux cordes égales : quel est le lieu du point de rencontre des deux cordes ?

146. Lieu d'un point tel, que le carré de sa distance à un point fixe soit égal à sa distance à une droite fixe multipliée par une longueur connue.

147. Dans un triangle rectangle abc, l'hypoténuse bc a une longueur constante, le sommet c est fixe, et le sommet a se meut sur une droite fixe cd passant par le point c ; on prend sur l'hypoténuse un point m tel, que le rapport de cm à ab soit constant : quel est le lieu du point m ?

148. Par les différents points d'une circonférence on mène des droites égales et parallèles : quel est le lieu des extrémités de ces droites ?

149. Un cercle tournant autour d'un point fixe, et une tangente parallèle à une direction donnée lui étant menée dans chacune de ses positions, on demande le lieu des points de contact.

150. Des triangles dont deux côtés sont respectivement parallèles à deux droites fixes sont inscrits dans un cercle donné ; on demande le lieu des centres des cercles inscrits dans ces triangles. (Concours.)

151. Deux cercle o et o', qui se coupent, étant donnés, par l'un des points d'intersection on mène une sécante qui coupe o en b, o' en b', puis on tire les droites bo, $b'o'$: quel est le lieu du point de rencontre de ces dernières droites. (Concours.)

152. Étant donnés un cercle et une droite tangente à ce cercle en un point a, on prend sur la tangente, de part et d'autre de ce point, deux longueurs variables ab et ac telles, que leur produit soit constant ; puis par les points b et c on mène deux tangentes au cercle qui se rencontrent en m : quel est le lieu du point m ?

153. Lieu des points tels, que, si de ces points on abaisse des perpendiculaires sur les trois côtés d'un triangle, les pieds des perpendiculaires soient en ligne droite.

154. Lieu des points tels, que, si l'on joint l'un d'eux par trois droites aux sommet d'un triangle équilatéral, la longueur de l une d'elles soit égale à la somme des longueurs des deux autres.

155. Lieu d'un point pris dans l'intérieur d'un triangle isocèle et tel, que la perpendiculaire abaissée de ce point sur la base du triangle soit la moyenne proportionnelle entre les perpendiculaires abaissées du même point sur les deux autres côtés.

156. Lieu des points tels, que, de ces points, on voie, sous des angles égaux, deux segments déterminés ab et cd d'une droite fixe.

157. Lieu des points tels, que, de ces points, on voie deux cercles donnés sous des angles égaux.

158. Étant données deux circonférences qui se coupent, par un de leurs points d'intersection, on mène deux droites faisant entre elles un angle constant : B et C désignant les seconds points de rencontre de ces droites et des circonférences, on demande le lieu du point M qui partage la droite BC dans un rapport constant.

159. Lieu d'un point tel, que le carré de sa distance à un point fixe soit égal à la somme des carrés de ses distances à deux autres points fixes.

160. Par l'un des points de rencontre de deux cercles qui se coupent, on mène une sécante quelconque terminée aux deux cercles, et que l'on partage au point m dans un rapport donné : quel est le lieu du point m ?

161. Un parallélogramme $abcd$ étant donné, on mène deux droites ef, gh respectivement parallèles à bc, ab, puis on tire les droites ge, gf qu'on prolonge jusqu'à leur rencontre en m : quel est le lieu du point m ?

162. Un triangle $a'b'c'$, variable de forme et circonscrit à un triangle fixe abc, se meut en restant semblable à lui-même : on demande le lieu d'un point m tel, que le triangle $ma'b'$ reste semblable à lui-même.

163. Dans un triangle abc, on donne le côté bc en grandeur et en position et la somme des côtés ab et ac ; du sommet c, on abaisse une perpendiculaire sur la bissectrice de l'angle formé par *ab* et le prolongement de *ac*; quel est le lieu du pied de la perpendiculaire ?

164. Un point *a* et une droite *bc* sont fixes, tandis qu'une droite *de* se meut parallèlement à une direction donnée ; on détermine sur cette dernière droite deux points *d* et *e* tels, que chacun d'eux soit à égale distance de *a* et de *bc* : quel est le lieu du milieu *m* de *de* ?

165. Étant donné un triangle *abc*, trouver le lieu des points *m* tels, que, si l'on tire les droites *ma*, *mb*, *mc*, les perpendicuculaires à ces droites élevées, respectivement, par les points *a*, *b*, *c* se coupent en un même point.

166. Par un point *b* pris sur le diamètre *aa'* d'un cercle, on mène deux droites mobiles, également inclinées sur le diamètre; ces droites rencontrent, l'une en *e* la tangente en *a*, l'autre en *c'*, la tangente en *a'* ; par les points *c* et *c'* on mène deux tangentes au cercle qui se coupent en *m* : quel est le lieu du point *m*?

167. Étant donnés un triangle *abc* et deux points fixes *d* et *e* dont l'un *d* est pris le côté *bc*, par ce dernier point on mène deux droites également inclinées sur *bc*, et rencontrant respectivement *ab* et *ac* en *f* et *g* ; on tire la droite *fg*, et du point *e* on abaisse une perpendiculaire *em* sur *fg* : quel est le lieu du point *m* ?

168. Étant donnés un cercle et un point *p*, par ce point on mène une sécante *pab*, puis on décrit deux cercles passant par *p* et tangents au cercle donné, l'un en *a*, l'autre en *b* : quel est le lieu du deuxième point d'intersection des deux cercles mobiles ?

169. Étant donnés deux parallèles *ab*, *cd* et deux points *a*, *c* sur ces droites, on mène une perpendiculaire commune *bd*, et sur cette droite on prend un point *m* tel, que le produit *mb.md* soit égal au produit *ab.cd* : quel est le lieu du point *m* ?

170. L'une des bases *ab* d'un trapèze est donnée en grandeur et en position ; on connaît aussi la longueur de l'autre base *cd* et la hauteur : quel est le lieu du point de rencontre des diagonales ?

171. Étant donnés un angle *yox* et un point *p*, par ce point on mène la transversale *pa* qui rencontre *ox* en *a*, par le point *a*, la droite *ae* parallèle à une direction donnée, et par le point *c* où *ae* rencontre *oy*, une parallèle *cm* à *op* : on demande le lieu du point de rencontre *m* de cette dernière droite et de la transversale *ap* (Por. **17**, page 119).

172. Étant donnés un triangle *abc* et deux points *e* et *d*, le premier sur le côté *bc*, le deuxième sur son prolongement, on tire la transversale *dfg* qui coupe *ab* et *ac* en *f* et *g*, puis la droite *eg* et la parallèle *fm* à *bc* qui coupe *eg* en *m* : quel est le lieu du point *m* (Por. **8**, page 105).

173. Étant donnés un triangle *abc*, un point *e* pris sur le côté *bc*, et un point *d* pris sur le prolongement de telle sorte que $\overline{db}^2$ soit égal à *de.dc*, par le point *d* on mène une transversale quelconque qui coupe *ab* et *ac* en *f* et *g* ; on tire ensuite les deux droites *ef* et *bg* qui se coupent en *m* : quel est le lieu du point *m* (Por. **7**, page 104).

174. Étant donnés trois droites *oa*, *ob*, *oc* issues d'un même point *o*, et un point *d*, on mène, parallèlement à une direction donnée, une droite *ef* qui rencontre *oa* et *oc* en *e* et *f*, on joint ces points au point *d* par les droites *de* et *df* dont la première rencontre *ob* au point *g*, et par le point *g* on mène une parallèle à *ef* qui coupe *df* en *m* : quel est le lieu du point *m* ? (Por. **20**, page 120.)

175. Étant donnés un cercle et trois points en ligne droite *a*, *b*, *c*, par le point *a* on mène une droite *ae* qui coupe le cercle en *d*, sur cette droite on prend un point *e* tel, que le rapport de *de* à *ae* ait une valeur donnée, puis on tire les droites *cd*, *be* : quel est lieu du point d'intersection de ces dernières droites ?

176. Dans un triangle *abc*, on donne le côté *bc* en grandeur et en position, ainsi que la somme des côtés *ab* et *ac*, et on prolonge la hauteur *ad* d'une longueur *am* telle, que *md* soit égale à *ac* : quel est le lieu du point *m* ?

177. Une droite *ab* se meut dans l'intérieur d'un angle *yox*, de telle sorte que la somme ou la différence des segments *oa* et *ob* qu'elle intercepte sur les deux côtés de l'angle soit constante : quels sont les lieux du centre du cercle circonscrit au triangle variable *aob* et du centre de gravité de ce même triangle ?

178. Un cercle se meut en coupant, sous des angles constants, deux cercles fixes qui ne sont pas intérieurs l'un à l'autre ; par les points de rencontre du cercle mobile et de l'axe radical des deux autres cercles on mène des tangentes au premier cercle, et sur chacune d'elles on prend, à partir du point de contact, des longueurs proportionnelles à la distance de ce point à la ligne des centres des deux cercles fixes : quels sont les lieux des extrémités des tangentes appartenant à chaque groupe ?

179. Un cercle *c* et un point *a* étant donnés, quel est le lieu du point *m* tel, que, si l'on mène *ma* et la tangente *mb* au cercle, le rapport de *ma* à *mb* soit constant et donné ? — On examinera le cas particulier où le point *a* est pris sur le cercle.

180. Lieu des points *m* tels, que le rapport des tangentes, menées de ce point à deux cercles fixes *o* et *c*, soit un nombre constant et donné.

181. Si l'on augmente ou si l'on diminue, d'une même longueur variable, les rayons de trois cercles dont les centres restent fixes, quel est le lieu du centre radical des trois cercles ?

182. Lieu des points tels, que, si de chacun d'eux on mène une tangente à un cercle fixe, et qu'on le joigne par des droites à deux points fixes, le rapport du produit des longueurs de ces droites au carré de la tangente soit donné.

183. Un polygone variable de forme se meut, de manière que ses côtés soient parallèles à des directions données et que ses sommets, excepté un seul, glissent sur des droites fixes : quel est le lieu du sommet libre ? (**XXX**, page 290, pers.)

184. Un polygone plan est inscrit dans un polygone d'un même nombre de côtés, de telle sorte que les côtés, excepté un seul, soient parallèles à des droites données : quel est le lieu d'un point partageant dans un rapport constant le côté dont la direction n'est pas donnée ? (**XXI.** page 281.)

185. On prend, par rapport à un cercle fixe, la polaire d'un point qui se meut sur une droite donnée, et du centre du cercle on abaisse une perpendiculaire sur la polaire du point : quel est le lieu du pied de cette perpendiculaire ?

186. Même question en remplaçant la droite donnée par un cercle.

187. Lieux des points de rencontre des hauteurs et des centres de gravité des triangles qui sont à la fois inscrits à un cercle donné et circonscrits à un autre cercle aussi donné. (**XXI**, page 203.)

188. Étant donnés un cercle et une tangente ab à ce cercle en un point c, par les extrémités a et b de la tangente, on mène deux droites conjuguées par rapport au cercle, c'est-à-dire telles, que le pôle de chacune d'elles soit situé sur l'autre : quel est le lieu du point de rencontre de ces droites ? (**XI**, page 174.)

189. Un quadrilatère $abcd$, étant circonscrit à un cercle, on mène deux tangentes ef et gh qui rencontrent, la première, les côtés ad et ab en e et f, la deuxième cd et cb en g et h; on tire les droites eg, fh : quel est le lieu du point de rencontre de ces dernières droites ?

190. Un quadrilatère $abcd$ étant donné, on prolonge ab et cd jusqu'à leur rencontre en e, et de même ad et bc jusqu'à leur rencontre en f; par le point e on mène une droite qui coupe ad et bc en i et h; puis par le point f une droite qui coupe ab et cd en g et l; on tire il et gh : quel est le lieu du point de rencontre de ces dernières droites ? (*ex.* **161**, *pers.*)

191. Lieu des points tels, que, si de l'un de ces points m on abaisse des perpendiculaires ma', mb', mc', respectivement, sur les côtés bc, ac, ab d'un triangle donné abc, le triangle $a'b'c'$ ait une aire donnée. (*ex.* **70**.)

192. Par un point d pris sur la bissectrice d'un angle bac on mène une droite qui coupe les côtés de l'angle en b et c, puis, de ces derniers points, on abaisse les perpendiculaires be et cf, sur la bissectrice ad; g étant le milieu de ad, on décrit un cercle sur gf comme diamètre, et l'on détermine le point de rencontre m de ce cercle et de be prolongée : quel est le lieu du point m? (r, h.)

193. Un quadrilatère articulé est formée de quatre tiges ac, *bd, ad, bc* dont les deux premières ont même longueur ainsi que les deux dernières ; de plus, les tiges *ac* et *bd* se croisent ; on prend sur *ad, bd, ac* trois points *e, f, g* qui divisent ces droites dans un même rapport, et on fixe le point *e*, tandis que le point *f* est relié par une cinquième tige *fg* à un second point fixe *h* équidistant de *f* et *h* : on demande quels sont les lieux des points *f* et *g* lorsque le quadrilatère se déforme. (*ex.* 39.)

— Les lieux demandés sont un cercle et une droite ; le problème de Watt se trouve ainsi résolu avec un système de cinq tiges seulement.

194. Le pentagone de l'exercice **102** se déformant comme il a été dit, mais la condition de l'égalité des angles *aed, bcd* étant remplacée par la condition équivalente que les points *f, g* soient réunis par une tige de longueur invariable : quel est le lieu du point *d* ?

— Le lieu est en général un cercle ; mais il peut devenir une droite. Alors, comme l'a fait voir M. Hart, on a un système articulé, formé de cinq tiges *ae, ed, de, cb, fg,* qui permet de transformer le mouvement circulaire du point *e*, en un mouvement rectiligne du point *d*. En un mot, un système articulé de cinq tiges donne, comme dans le problème précédent, une nouvelle solution du problème de Watt.

195. Un quadrilatère *abcd*, circonscriptible à un cercle, se déforme de telle manière, que, les grandeurs de ses côtés restant invariables, les deux sommets *a* et *b* soient fixes, quel est le lieu du centre du cercle inscrit dans le quadrilatère ?

— Le lieu est un cercle ayant, pour diamètre, le segment qui divise harmoniquement les deux diagonales *ac, bd* du quadrilatère lorsque les sommets *c* et *d* viennent se placer sur la ligne fixe *ab* (Darboux).

196. On déforme un quadrilatère en faisant tourner chaque couple de côtés opposés autour du point de rencontre de ces côtés, de manière que trois sommets du quadrilatère glissent sur trois droites fixes concourant en un même point : quel est le lieu du quatrième sommet ? (Porisme 21, page 121).

197. Étant pris quatre points *a, b, c, d* sur un même cercle, par deux d'entre eux *a* et *b* on fait passer un cercle quelconque, et par les deux autres un cercle tangent à celui-ci : quel est le lieu des points de contact des deux derniers cercles ?

198. Lieu du centre d'un cercle mobile tel, que les tangentes communes à ce cercle et à trois cercles donnés soient égales.

199. Lieu des points équidistants des trois arêtes d'un trièdre. — On déterminera d'abord le lieu, dans l'espace, des points à égale distance de deux droites qui se coupent.

200. On coupe un tétraèdre donné $sabc$ par un plan, parallèle à la base abc, qui rencontre les arêtes latérales sa, sb, sc, respectivement, en a', b', c', puis on mène les plans $ab'c'$, $bc'a'$, $ca'b'$: quel est le lieu du point m commun à ces trois derniers plans, lorsque le plan $a'b'c'$ se déplace en restant parallèle à abc. (Concours.)

201. Lieu des sommets des cônes ayant, deux à deux, même sommet et même angle, et circonscrits à deux sphères données.

202. Lieu des centres des sphères qui coupent deux sphères données suivant des grands cercles.

203. Lieux des centres des sphères qui coupent trois sphères données orthogonalement ou suivant des grands cercles.

204. Lieu des points tels, que les tangentes menées de ces points à trois sphères données soient entre elles comme des nombres donnés.

205. Quatre sphères étant données, on augmente leurs rayons d'une même longueur variable en conservant les mêmes centres : quel est le lieu du centre radical des sphères variables ?

206. Lieu des points de contact d'une sphère fixe avec une sphère variable passant par deux points donnés. ($i.$)

207. Lieu du centre d'une sphère mobile qui coupe quatre sphères fixes sous des angles égaux.

208. Lieu du centre d'une sphère mobile telle, que les tangentes communes à cette sphère et à quatre sphères fixes soient égales.

209. Étant donnés deux plans et un point A en dehors de ces plans, on considère toutes les sphères qui passent par le point

A et qui sont tangentes aux deux plans donnés : quel est le lieu de la droite qui joint le point A au centre de la sphère variable et celui du point où cette sphère touche l'un des plans ? (Concours.)

CHAPITRE III

RÉSOLUTION DES PROBLÈMES

MÉTHODES.

194. Résoudre un problème de géométrie, c'est, en général, construire une figure qui satisfasse à des conditions déterminées.

On peut distinguer deux cas généraux : ou bien les données sont connues en grandeur et en position, et il ne s'agit plus alors que d'achever une figure déjà, en partie, construite ; ou bien les données sont seulement connues en grandeur. Nous dirons que les problèmes sont *du premier ou du second genre*, suivant qu'ils rentrent dans le premier ou le second cas. Pour faire comprendre la différence, proposons-nous les deux problèmes suivants :

Étant donnée une droite AB en position et en grandeur, trouver un point C, dont la distance à cette droite soit connue, et qui soit tel, qu'en y plaçant l'œil, on voie la droite sous un angle donné.

Construire un triangle, connaissant un côté, la hauteur correspondante, et l'angle opposé.

Le premier problème est du premier genre, car la droite AB étant connue en grandeur et en position, il restera à achever la figure en déterminant le point C ; dans le second problème, au contraire, aucune des données n'est connue en position, et on peut placer arbitrairement dans un plan, soit le côté, soit l'angle donné,

On ramène ordinairement un problème du second genre à un problème du premier genre ; mais le nombre des solutions des deux problèmes n'est pas nécessairement le même. Ainsi, dans le premier des deux problèmes énoncés, si l'on a trouvé un point C satisfaisant à la question, en prenant les points symétriques de ce point par rapport à AB et à la perpendiculaire élevée au milieu de cette droite, on a immédiatement trois autres solutions.

Le second problème se ramène, d'ailleurs, immédiatement au premier, en fixant arbitrairement la position de AB; seulement, comme il ne s'agit plus de placer d'une certaine manière le triangle dans le plan, mais de les construire avec les éléments donnés, il résulte de l'égalité des quatre triangles obtenus dans la construction précédente, que le nouveau problème n'a plus qu'une solution.

MÉTHODE DES LIEUX GÉOMÉTRIQUES.

195. La méthode la plus générale, pour la résolution des problèmes, est celle des lieux géométriques : voici en quoi elle consiste.

On suppose d'abord le problème résolu, c'est-à-dire que l'on construit une figure qui est censée être la figure demandée, et qui en contient, par conséquent, les éléments connus et inconnus. Si le problème est du second genre, on devra, de plus, fixer arbitrairement la position de certaines données. Cela fait, on essaiera de réduire, à son expression la plus simple, la difficulté de la construction. Le plus souvent, on pourrait même dire presque toujours, tout reviendra à déterminer la position d'un point par rapport à des droites connues de grandeur et de position.

Le point, à la détermination duquel tout se réduit, ayant été choisi, on prend parmi les conditions auxquelles ce point doit satisfaire, celles qui suffisent pour qu'il soit sur une figure connue ; on détermine de même une seconde figure qui le contienne : alors les points de rencontre des deux lieux trouvés satisferont à la question, et le problème proposé sera résolu.

Quelquefois le lieu du point cherché sera une ligne appartenant à la partie de la figure qui est donnée, ou, du moins, qu'on pourra immédiatement construire. Mais le plus souvent les lieux seront obtenus, parce que l'on saura que tous leurs points jouissent d'une propriété commune. C'est en raison de l'importance de l'emploi des lieux géométriques dans la résolution des problèmes que nous avons consacré un chapitre spécial à leur étude.

En géométrie élémentaire, on admet seulement la ligne droite et la circonférence comme lignes que l'on sache construire. Si donc une certaine combinaison des données amenait une ligne différente, une conique par exemple, il faudrait grouper les données d'une autre manière.

On voit quelle variété dans les modes de solution peut amener la méthode. D'abord, si le problème est du second genre, on pourra choisir de plusieurs manières les données dont on fixe arbitrairement la position ; ensuite on pourra trouver plusieurs points différents, à la détermination desquels on ramènera toute la difficulté du problème. Il ne sera même pas nécessaire que le point appartienne à la figure cherchée ; il suffira qu'il puisse s'y rattacher par une construction possible, à titre de point *auxiliaire*. Enfin, quand le choix du point sera fixé, on pourra, par différentes combinaisons des données, trouver plusieurs couples de lieux qui déterminent le point par leur rencontre.

196. Emploi de la méthode des lieux dans la discussion des problèmes.

Discuter un problème, c'est trouver le nombre de solutions correspondant aux différents cas de figure. La méthode des lieux géométriques atteint le but d'une manière immédiate ; car, en général, le problème a autant de solutions que les deux lieux ont de points de rencontre. Cependant, quand le problème est du second genre, pour qu'il en soit ainsi, il faut que les figures correspondant à chacun des points de rencontre ne soient pas égales.

Il est bon de faire observer que, même pour les problèmes du premier genre, le nombre des solutions n'est pas toujours égal au nombre des points d'intersection des deux lieux ; car il peut arriver que, le point cherché étant déterminé, la figure s'achève de plusieurs manières différentes.

197. Problèmes résolus par la méthode des lieux géométriques.

1. *Construire un triangle, connaissant un côté, la hauteur correspondante, et l'angle opposé.*

Soit ABC le triangle cherché, dans lequel on connait le côté AB, la hauteur correspondante CE et l'angle opposé C. Donnons-nous arbitrairement la positon de AB ; alors, comme nous l'avons dit en commençant ce chapitre, on est ramené au problème suivant :

Trouver un point C qui soit à distance connue CE d'une droite AB, et d'où l'on voie cette droite sous un angle donné ACB.

Si nous prenons d'abord la condition, à laquelle satisfait le point C, d'être à une distance donnée de la droite AB, nous trouvons un premier lieu composé de deux parallèles à AB, menées à la distance donnée. D'autre part, l'angle ACB étant donné, on a un second lieu du point C, qui est la figure formée de deux arcs symétriques par rapport à AB, ayant cette droite pour corde commune, et tous deux capables de l'angle donné. Le point cherché sera alors l'un des quatre points d'intersection des deux lieux.

Si maintenant nous revenons au problème primitif, il n'a, comme on l'a déjà fait observer, qu'une seule solution, à cause de l'égalité des quatre triangles correspondant aux quatre points trouvés. D'ailleurs, pour que le problème proposé soit possible, il faut que l'arc capable de l'angle C et la la parallèle à AB située du même côté de cette droite se rencontrent ; ce qui exige que la hauteur donnée du triangle ne soit pas supérieure à la flèche de l'arc.

Nota. Dans ce problème comme dans les suivants, on laisse au lecteur le soin de vérifier la solution par la synthèse.

2. *Décrire un cercle tangent à un cercle et à une droite donnés, en un point donné sur la droite.*

Ici le problème est du premier genre, mais on aura deux modes de solution, en prenant successivement, pour point à déterminer, le centre ou le point de contact des deux cercles. Nous supposerons que les deux cercles soient tangents extérieurement.

1ʳᵉ Solution. On veut déterminer le centre.

Soient (*fig.* 148) O et AB le cercle et la droite donnés, D le point connu sur la droite, C le centre du cercle cherché, et G le point de contact des deux cercles : tirons OC et CD. Le centre C se trouve d'abord sur une droite connue, la perpendiculaire à la droite AB élevée en D.

Une seconde propriété dont jouit évidemment le centre C, c'est d'être à égale distance du cercle et de la droite donnés ; mais le lieu des points ayant cette propriété commune n'est ni une droite, ni un cercle. Alors, pour lever la difficulté, on remarque que les droites CD et CG étant égales, si l'on prolonge CD d'une longueur DE égale au rayon OG du cercle donné, le point C sera à égale distance des points connus O et E.

Si donc on mène la droite OE, et qu'on lui élève FH perpendiculaire en son milieu F, cette dernière droite sera un second lieu du point C, et elle déterminera ce point par sa rencontre avec la droite DC. Le centre et le rayon CD du cercle cherché étant connus, ce cercle est déterminé.

DISCUSSION. Le problème ne peut avoir qu'une solution, puisque le point C est déterminé par l'intersection de deux droites, et qu'on ne peut construire qu'un seul cercle avec un centre et un rayon donnés. La solution est, d'ailleurs, toujours possible : car les points O et E étant de part et d'autre de AB, la droite OE coupe AB, et, par suite, les droites DE et FH, respectivement perpendiculaires à AB et OE, se coupent aussi.

2ᵐᵉ Solution. On veut déterminer le point de contact G des deux cercles. On a un premier lieu de ce point qui est le cercle donné O. Pour en trouver un second, menons la droite DG, prolongeons-la jusqu'à sa rencontre en K avec le cercle donné, puis tirons OK.

Les deux triangles GCD, OGK étant isocèles et les angles en G étant égaux, on en conclut que les angles OKG, GDC sont égaux, et, par suite, que OK et CD sont parallèles. La droite DK est donc déterminée et donne le second lieu du point G. La construction s'achève ensuite sans difficulté.

REMARQUE. Si les deux cercles avaient dû être tangents intérieurement, les deux modes de solution eussent encore été applicables.

3. *Construire un triangle* ABC (*fig.* 149), *connaissant un côté* AB, *l'angle opposé* C, *et le rapport des autres côtés.*

Le problème étant du second genre, nous pourrons faire varier le mode de solution, en prenant comme fixes des parties différentes de la figure.

Supposons, d'abord, qu'on se donne arbitrairement la position du côté dont la grandeur est déjà connue.

1ʳᵉ Solution. Ayant placé la droite AB, on aura un premier lieu du sommet C, en décrivant sur AB, comme corde, un arc capable de l'angle C. On sait, d'autre part, que le lieu du point C tel, que le rapport de ses distances à deux points connus A et B soit donné, est un cercle que l'on peut facilement construire : donc le point de rencontre de ce cercle avec l'arc capable de l'angle C donnera le point C. Il est évident d'ailleurs que le problème est toujours possible et n'a qu'une solution.

2ᵐᵉ Solution. On fixe encore arbitrairement la position de AB, et on prend toujours, pour premier lieu, l'arc capable de l'angle C décrit sur AB. Mais maintenant, achevons le cercle auquel cet arc appartient ; puis menons la bissectrice CD de l'angle C, et prolongeons-la jusqu'à sa rencontre en E avec le cercle. Les deux points E et D de la droite CE sont connus, puisque le premier est le milieu de l'arc AB, et que le second partage le côté AB en deux segments dont le rapport est égal au rapport donné. La droite CE est donc un second lieu qui, par son intersection avec le premier, fait connaître le point C.

3ᵐᵉ Solution. Soit donnée la position de l'angle C. Si l'on prend une longueur arbitraire CD sur l'un des côtés CA de l'angle C (*fig.* 150), qu'on détermine sur l'autre côté un segment CE tel, que le rapport de CD à CE soit égal au rapport donné, puis qu'on mène ED ; le côté cherché AB devra être parallèle à cette dernière droite, et l'on peut énoncer la question de la manière suivante : *Inscrire, dans l'intérieur d'un angle connu C, une droite AB, de longueur et de direction connues.*

Tout revient à déterminer l'un des points A ou B, le point A par exemple. Le côté AC de l'angle C est un premier lieu de ce point ; mais si l'on compte, parallèlement à DE, la distance du point A à la droite BC, cette distance est égale à AB, et le point se trouve sur une droite connue FG qui est parallèle à BC. Le point A où la droite FG coupe AC est le point demandé, et en menant, par ce point, la droite AB parallèle à DE, on achève la construction du triangle.

4. *Étant donnés deux cercles* O *et* C, *inscrire entre leurs circonférences, une droite de longueur donnée et qui soit tangente au cercle* O.

Soit AB la droite cherchée (*fig.* 151) : le cercle C est un premier lieu du point A. Mais, d'autre part, le lieu des extrémités des tangentes de même longueur, menées par les différents points d'une circonférence O, est un cercle connu, de même centre. Alors les points, où ce cercle rencontrera le second cercle donné, donneront deux positions du point A. En général, il y aura deux points d'intersection; mais comme, de chacun de ces points, on peut mener deux tangentes à la circonférence O, le problème proposé pourra avoir quatre solutions.

On voit, par l'exemple précédent, que, comme il a été dit, le nombre des solutions d'un problème peut surpasser le nombre des points d'intersection des deux lieux du point, à la détermination desquels on a ramené le problème.

198. Emploi du point auxiliaire. Nous allons donner quelques exemples où l'on ramène le problème à la détermination d'un point qui n'appartient pas à la figure qu'il s'agit de construire; c'est ce point que nous appelons *point auxiliaire*.

ı. *Mener une tangente à une circonférence* O *par un point extérieur* A.

Soit B le point de contact (*fig.* 152) : menons le rayon OB et prolongeons-le d'une longueur égale BC; il est clair que, si le point C était connu, en tirant OC, on aurait le point de contact B, puis la tangente AB : *le point* C *est ici le point auxiliaire.*

On a immédiatement deux lieux du point C, qui sont deux cercles ayant, pour centres, O et A, et, pour rayons, le diamètre du cercle donné et la distance OA. Les deux cercles se coupent en deux points, et le problème a deux solutions.

2. *Mener une tangente commune extérieure à deux cercles* O *et* C.

Soit AB (*fig.* 153) la tangente commune : menons les rayons des points de contact OA et CB, et par le centre O la droite OD parallèle à AB. Nous prendrons, pour point auxiliaire, le point D où cette droite rencontre OB. La droite CD étant égale à la différence des rayons des deux cercles donnés, le cercle, décrit du point O comme centre avec un rayon égal à cette différence, est un premier lieu de point D. D'autre part, l'angle CDO étant droit, le point D se trouve sur le cercle décrit sur OC comme diamètre.

Le point D étant déterminé par l'intersection des deux lieux, on mène la droite CD que l'on prolonge jusqu'à sa rencontre en B avec le cercle C, et en tirant AB perpendiculaire à OB, on a la tangente demandée.

Si l'on remarque que la construction, qui détermine le point D, est précisément celle que l'on donne pour mener une tangente à un cercle par un point donné, on peut dire qu'on a ramené le problème proposé à ce dernier problème.

Le cas où la tangente est intérieure se traite de la même manière.

3. *Décrire un cercle passant par un point donné et tangent à deux droites qui se coupent.*

Soient AH, AF et B (*fig.* 154) les deux droites et le point donnés. C étant le centre du cercle cherché, tirons la bissectrice AK de l'angle HAF et les droites AB, BC; puis, par un point quelconque E de AK, menons EF parallèle à BC, et prenons, pour point auxiliaire, le point F où les droites AB et EF se coupent. Il est clair que, le point F étant connu, la construction s'achèvera en menant EF, puis BC parallèle à EF ; le point de rencontre C de cette parallèle et de la bissectrice AK sera le centre demandé.

Cela posé, la droite AB étant un premier lieu du point F, pour en obtenir un second, on abaisse EG et CD perpendi-

culaires sur AH, et, comme les triangles AEF et ABC, AGE
et ADC sont semblables, deux à deux, on a

$$\frac{EF}{BC} = \frac{AE}{AC} \ , \quad \frac{EG}{CD} = \frac{AE}{AC} ;$$

d'où l'on déduit

$$\frac{EF}{BC} = \frac{EG}{CD}.$$

Or, comme les droites BC et CD sont égales, il en est de
même de EG et EF. Le second lieu demandé sera donc le
cercle décrit, du point E comme centre avec EG pour rayon :
ce cercle coupant la droite AB en deux points, le problème
a en général deux solutions.

4. *Par un des points d'intersection de deux cercles, mener
une droite telle, que la somme des deux cordes interceptées
soit égale à une longueur donnée : on suppose d'ailleurs
que les deux points de rencontre doivent être de part et d'autre du point donné.*

Soient O et C (*fig.* 155) les deux cercles donnés, et AB la
droite demandée qui passe par l'un des points d'intersection
A des deux cercles. Abaissons, des centres, les perpendiculaires OI et CH sur BD, et par le centre C menons CE parallèle à BD : le point de rencontre E des droites CE et OI sera
ici le point auxiliaire. Si alors on remarque que CE est égale
à HF, c'est-à-dire à la moitié de la somme donnée, et que
l'angle OEC est droit, on voit que la solution s'achève comme
celle du problème 2.

REMARQUE. Si on avait donné la différence des deux cordes, avec la condition que les deux points de rencontre de
la sécante et des cercles fussent d'un même côté du point
donné, la solution serait tout à fait la même, car la partie
de la sécante, comprise entre les pieds des perpendicular-
res abaissées des deux centres sur sa direction, serait alors
égale à la demi-différence donnée.

5. *Construire un triangle* ABC *(fig. 156), connaissant l'angle* A, *la hauteur* AD, *et le produit* m² *des segments qu'elle détermine sur le côté* BC *opposé à l'angle* A.

Nous prendrons ici, pour point auxiliaire, le centre du cercle circonscrit au triangle. Le cercle étant tracé, soit E le point où il coupe la hauteur AD prolongée : on a alors

$$AD \times DE = BD \times DC = m^2,$$

et comme la droite AD est connue en grandeur, il en est de même de DE.

Cela posé, soit donné arbitrairement la position de AD : les trois points A, **D**, E seront connus, et en élevant au milieu G de AE une perpendiculaire GO à cette droite, nous aurons un premier lieu du centre O cherché.

Pour en trouver un second, élevons BC perpendiculaire à hauteur AD au point D, puis tirons OA, OC, et GI parallèle à OC. Les triangles OCF, GDI sont évidemment égaux, et l'angle DGI est, par suite, égal à l'angle FOC ou à l'angle A. On pourra avoir, par conséquent, la longueur du rayon du cercle circonscrit, en menant par le point G une droite GI qui fasse avec GD un angle DGI égal à l'angle connu A : le second lieu du cente O sera donc un cercle décrit du point A centre avec GI pour rayon.

Quand on a obtenu le point O par l'intersection des deux lieux, la solution s'achève ensuite sans difficulté.

MÉTHODES PARTICULIÈRES.

Nous allons maintenant faire connaître quelques méthodes particulières, utiles pour certains problèmes spéciaux, mais qui le plus souvent n'interviennent que pour faciliter la mise en œuvre de la méthode des lieux géométriques.

199. Méthode par renversement. Presque toujours,

on ramène les problèmes du second genre au premier; mais quelquefois on fait aussi le contraire. On devient maître alors de construire les éléments de la figure dans tel ordre que l'on veut, par exemple, dans l'ordre inverse de celui qui est indiqué par l'énoncé : de là le nom de méthode par *renversement* donné à cette méthode. La figure étant construite dans une position quelconque, il est facile ensuite, en reportant certaines lignes sur la figure primitive, d'achever la construction.

REMARQUE. On ne doit avoir recours à la méthode par renversement qu'à défaut d'autre méthodes, ou bien lorsque l'on veut essayer de trouver de nouveaux modes de solution; car il est toujours plus élégant de faire la construction sur la figure elle même, sans avoir recours à une figure auxiliaire.

200. Exemples de la méthode par renversement.

1. *Étant donnés un cercle C (fig. 159) et deux droites CA et CB passant par son centre, mener une tangente AB au cercle telle, que la partie AB interceptée entre les deux droites fixes soit égale à une longueur donnée.*

Menons le rayon CD du point de contact D. Dans le triangle ABC, on connaît le côté AB, l'angle opposé C, et la hauteur CD : on peut alors construire ce triangle quelque part dans le plan, problème 1 (page 309); puis, quand il sera construit, on portera sur les deux droites données des longueurs CA et CB respectivement égales aux côtés de l'angle C, et en menant AB on aura la tangente demandée.

2. *Inscrire un triangle connu dans un triangle dont les côtés sont donnés en position et en grandeur.*

Proposons-nous d'obtenir les deux triangles inscrits l'un dans l'autre et dans une position quelconque sur le plan.

Ayant construit d'abord, quelque part dans le plan, un triangle AEF égal à celui qui doit être inscrit dans le triangle donné (*fig.* 160), il s'agira de circonscrire au triangle AEF un triangle égal à ce dernier triangle.

Or les points A et B sont respectivement sur deux arcs capables de deux angles donnés, décrits sur EF et FD, et le côté AB a une longueur donnée; on est donc ramené au problème 4 (page 315) qui a généralement deux solutions.

Le problème proposé lui-même a aussi généralement deux solutions, quand on précise les angles qui doivent être respectivement opposés aux côtés du triangle DEF. Mais si l'on admet que le triangle DEF peut être placé d'une manière quelconque dans le triangle ABC, on voit facilement que le problème a, en général, douze solutions.

3. *Pour un point E pris sur la bissectrice CE d'un angle DCF (fig. 161) mener une droite telle, que la partie AB, interceptée entre les côtés de l'angle, soit égale à une longueur donnée.*

Supposons que l'on veuille construire la figure dans une position quelconque; on peut dire que le problème proposé revient à celui-ci : *Construire un triangle ABC, connaissant un côté AB, l'angle opposé C, et la longueur CE de la bissectrice de cet angle.*

Donnons-nous arbitrairement la position de AB (*fig.* 162) : tout reviendra à déterminer la position du point C par rapport à cette droite.

Le point C se trouve d'abord sur un arc ABC décrit sur AB comme corde, et capable de l'angle donné.

Cherchons ensuite un autre lieu du point C. Pour cela, achevons la circonférence à laquelle appartient l'arc ACB, menons la bissectrice de l'angle C, et prolongeons-la jusqu'à sa rencontre en I avec la circonférence. Le point I étant le milieu de l'arc AIB, les angles IAE, ACI sont égaux, et, par suite, les triangles ACI, AEI, qui sont déjà l'angle commun I, sont semblables, et donnent

$$CI \times EI = \overline{AI}^2.$$

Dès lors, les deux longueur CI et EI peuvent être construites, puisqu'on connaît leur différence CE et leur produit $\overline{AI}^2$. La longueur IC étant connue, le lieu géométrique demandé est une circonférence qui a, pour rayon, cette longueur, et, pour centre, le point I.

Quand le point C est obtenu et que le triangle ABC est construit, on revient, comme à l'ordinaire, à la figure primitive.

REMARQUE. Si le point E était pris sur la bissectrice de l'angle BCG (*fig.* 161), tandis que le segment AB serait toujours compris dans l'angle BCA, on arriverait toujours à la même solution.

201. Méthode des figures symétriques. On facilite souvent la solution d'un problème en adjoignant, à certains points de la figure, d'autres points qui leur sont symétriques, par rapport à une droite ou un point. Quelquefois même on reproduit par symétrie toute une partie de la figure.

202. Exemple de la méthode des figures symétriques.

1. *Étant donnés une droite* AB *et deux cercles* O *et* C (*fig.* 163), *on demande de trouver sur la droite* AB *un point* D *tel, que les tangentes* DE *et* DF, *menées de ce point aux deux cercles, fassent avec la droite des angles* EDA, FDB *égaux entre eux.*

Décrivons le cercle C' symétrique du cercle C par rapport à AB. Si, du point D, nous menons la droite DF' tangente au cercle C', les deux angles FDB, F'DB seront égaux, et, par suite, il en sera de même des angles EDA, F'DB. Il en résulte que DF' est le prolongement de ED, et l'on est ramené au problème de la tangente commune à deux cercles.

2. *Construire un triangle* ABC (*fig.* 164), *connaissant un côté* AB, *la somme des deux autres côtés, et sachant que le sommet* C *se trouve sur une droite* LM *donnée de position.*

Pour mettre en évidence la somme donnée, prolongeons

AC d'une longueur CD égale à BC : si, alors, des points A et C, comme centres, avec des rayons respectivement égaux à AD et CB, nous décrivons des cercles, ils seront tangents intérieurement au point D.

Le premier cercle est connu, et le second est tangent intérieurement au premier, passe par le point B, et a son centre C sur la droite connue LM. Mais, si nous prenons le point E symétrique du point B par rapport à LM, il est clair que le cercle cherché devra passer par ce point, et on est ramené au problème de déterminer un cercle qui passe par deux points donnés et soit tangent à un cercle donné. (Ce problème sera résolu plus tard.) Le centre du cercle cherché sera alors le troisième sommet demandé.

Le problème aura en général deux solutions.

On traitera de même le cas où l'on donne la différence des côtés au lieu de la somme.

REMARQUE. Par le même procédé que nous venons d'employer, le problème de déterminer un cercle qui touche deux droites données et passe par un point donné, déjà résolu (3, **198**), se trouve ramené au problème de tracer un cercle passant par deux points donnés et tangent à une droite donnée. Il suffit, pour cela, d'adjoindre au point connu son symétrique par rapport à la bissectrice de l'angle des deux droites données.

3. *Construire un triangle* ABC *(fig.* 165)*, connaissant un côté* AB, *la différence des angles adjacents* A *et* B, *et sachant que le sommet opposé* C *se trouve sur une droite* FG *donnée la position.*

Prenons sur BC une longueur CD égale à AC, et tirons DA: l'angle CAD étant égal à $90° - \dfrac{C}{2}$ ou $\dfrac{A+B}{2}$, l'angle DAB est égal à $\dfrac{A-B}{2}$, et, par suite, la droite AD est connue de position.

Cela posé, construisons le point A' symétrique de A par rapport à FG, prolongeons AD jusqu'à sa rencontre en E avec FG, puis menons les droites EA' et CA'. Ces dernières droites sont évidemment symétriques de EA et CA par rapport à FG : par suite, les angles EAC, EA'C sont égaux, et l'angle EDC, supplémentaire de CDA, l'est aussi de EA'C. Le quadrilatère CDEA' est donc inscriptible, et l'angle A'CB est supplémentaire de l'angle connu AEA'.

Par conséquent, après avoir déterminé le point A' symétrique de A par rapport à FG, pour achever la construction, il suffira de mener la droite BA', et de décrire, sur cette droite comme corde, un arc capable de l'angle supplémentaire de l'angle AEA'. Le point C, où cet arc coupera FG, sera le point demandé.

4. Par un des points d'intersection de deux cercles, mener une droite telle, que la somme des deux cordes interceptées soit égale à une longueur donnée, sous la condition que les deux points d'intersection soient d'un même côté du point donné.

Voici comment on ramène ce problème au problème 4 (**195**). Conservons un cercle C' tangent extérieurement en A au cercle C, et de même rayon ; puis, FG étant la droite demandée, remplaçons le point F, où cette droite rencontre le cercle C, par le point F' où elle rencontre le cercle C', c'est-à-dire par le point symétrique de F par rapport au point A. Alors on est ramené au problème cité ; car, quelle que soit la sécante, les droites AF et AF' sont égales, et les deux points F et F' sont de part et d'autre du point A.

Si l'on donnait la différence de deux cordes, on ramènerait de même le cas où les deux points d'intersection sont de part et d'autre du point A, au cas où ils sont du même côté.

203. **Méthodes des figures semblables.** Quelquefois pour résoudre un problème on construit une figure semblable à la figure cherchée, et de la figure obtenue on déduit ensuite la figure demandée.

204. Exemples de la méthode des figures semblables.

1. *Construire un triangle, connaissant les angles et la surface ou le périmètre.*

Les angles du triangle demandé étant connus, on peut immédiatement construire un triangle qui lui soit semblable : on est alors ramené à déterminer un triangle semblable à un triangle donné, et dont le périmètre ou la surfaee sont connus.

Mais les rapports des périmètres et des surfaces de deux triangles semblables sont respectivement égaux au rapport de deux côtés homologues et au carré de ce rapport; on est donc ramené, dans un cas comme dans l'autre, à construire sur un côté donné un triangle semblable à un triangle donné.

2. *Construire un triangle, connaissant les trois hauteurs.*

Soient a, b, c les trois côtés, h, k, l les trois hauteurs correspondantes, on a

$$ah = bk = cl,$$

ou

$$\frac{a}{\frac{1}{h}} = \frac{b}{\frac{1}{k}} = \frac{c}{\frac{1}{l}}.$$

Ainsi, les trois côtés a, b, c sont proportionnels aux trois nombres $\frac{1}{h}, \frac{1}{k}, \frac{1}{l}$ et, par suite, à leurs produits par hk, c'est-à-dire à k, h et $\frac{hk}{l}$. Si donc (*fig.* 166) on construit trois droites proportionnelles à ces trois derniers nombres, et, avec les droites, un triangle A'B'C', ce triangle sera semblable au triangle cherché. Après avoir construit le triangle A'B'C', pour achever la solution du problème, on abaissera A'H' perpen-

diculaire sur B'C', on prendra sur cette droite une longueur
A'H égale à la hauteur h correspondante au côté a, puis par
le point H on mènera BC parallèle à B'C'.

3. *Construire un triangle, connaissant les rayons des trois
cercles ex-inscrits.*

Adoptant les notations ordinaire, on a

$$(p-a)\, r' = (p-b)\, r'' = (p-c)\, r''',$$

d'où

$$\frac{p-a}{\dfrac{1}{r'}} = \frac{p-b}{\dfrac{1}{r''}} = \frac{p-c}{\dfrac{1}{r'''}};$$

et en ajoutant les numérateurs et les dénominateurs des fractions prises deux à deux, on obtient

$$\frac{a}{\dfrac{1}{r''} + \dfrac{1}{r'''}} = \frac{b}{\dfrac{1}{r'} + \dfrac{1}{r'''}} = \frac{c}{\dfrac{1}{r'} + \dfrac{1}{r''}}.$$

Après avoir construit, comme dans le problème précédent,
un triangle semblable au triangle cherché, et avoir inscrit
dans l'angle connu A le cercle de rayon r', il restera à mener une tangente à ce cercle parallèle à une direction connue.

4. *Construire un triangle* ABC *(fig. 167) semblable à un
triangle connu, et dont les sommets soient situés sur trois circonférences concentriques données.*

Tirons des droites, du centre commun O des trois cercles
aux trois sommets du triangle, et par un point quelconque
A' de OA menons A'B' et A'C', respectivement parallèles à
AB et AC, dans les triangles OAB, OAC. On voit facilement
qu'en tirant B'C', on aura un triangle A'B'C' semblable à
ABC, et que les trois longueurs OA', OB', OC' sont proportionnelles aux rayons des cercles donnés.

Cela posé, contruisons un triangle A''B''C'' semblable au

triangle donné, et déterminons un point O″ dont les distances aux trois sommets A″, B″, C″ soient entre elles comme les rayons des cercles donnés (le point s'obtient facilement par la rencontre des deux lieux connus). Tirons ensuite les rayons OA, OB, OC tels, que les deux angles AOB, AOC soient respectivement égaux à A″O″B″, A″O″C″ : alors, en joignant par des droites les points A, B, C, on aura le triangle demandé.

203. **Observations diverses**. Dans l'exposé qui précède des principales méthodes, on a laissé de côté la méthode des *substitutions successives*, qui consiste à ramener la solution d'un problème à celle d'un autre déjà résolu. Mais l'emploi de cette méthode, qui a déjà servi dans la démonstration des théorèmes et dans la recherche des lieux, se comprend de lui-même, et d'ailleurs il en sera donné plusieurs exemples par la suite.

Il n'a pas été question non plus jusqu'ici des problèmes dans lesquels on se propose de déterminer les grandeurs de lignes, surfaces et volumes, ou qui se ramènent à de pareilles déterminations. En général, ces problèmes se traitent en appliquant l'Algèbre à la Géométrie : aussi ne donnera-t-on dans la suite que les solutions des problèmes de ce genre qui peuvent se résoudre par la Géométrie pure : les autres seront renvoyés à l'Algèbre (*).

PROBLÈMES DE GÉOMÉTRIE PLANE.

On va maintenant donner la solution d'un certain nombre de problèmes, en appliquant à chacun d'eux une ou plusieurs des méthodes qui viennent d'être exposées. Mais c'est la méthode des lieux géométriques qui le plus souvent conduira à la solution demandée.

______

(*) Voyez les *Questions d'Algèbre*.

Nous commencerons par les problèmes relatifs à la construction des triangles. Ces problèmes sont surtout intéressants parce qu'on les rencontre plus tard en Trigonométrie (*).

206. Problèmes sur la construction des triangles.

I. *Construire un triangle* ABC *(fig. 146), connaissant deux côtés* CB *et* AC *et la longueur d'une droite* CD, *qui est menée par le sommet* C, *et partage le troisième côté* AB *en deux segments* BD *et* DA *proportionnels à deux longueurs données* M *et* N.

Si l'on mène DF parallèle à CB, les triangles semblables ABC, DFA donnent

$$\frac{DF}{BC} = \frac{N}{M+N} \quad , \quad \frac{CF}{AC} = \frac{M}{M+N};$$

les longueurs DF et FC sont donc maintenant connues. Alors le triangle CDF, dans lequel on connaît les trois côtés, peut être construit, et on obtient ensuite facilement le triangle ABC.

REMARQUE. Le problème de construire un triangle, connaissant deux côtés et la bissectrice de leur angle ou de l'angle adjacent supplémentaire, rentre dans le problème précédent.

II. *Construire un triangle* ABC *(fig. 169), connaissant un côté* BC, *l'angle opposé* A, *et la somme ou la différence des deux autres côtés.*

Supposons que la somme soit donnée : on prolonge AB d'une longueur AD égale à AC, et on tire CD. On peut construire le triangle DBC, dans lequel on connaît l'angle D égal à la moitié de l'angle A, le côté BD égal à la somme donnée, et le côté BC qui est donné, par hypothèse.

Le triangle DBC étant construit, comme le point A est à égale distance des points D et C, on achève la construction

(*) Voyez les *Questions de Trigonométrie.*

en élevant EA perpendiculaire sur le milieu de DC, et en tirant la droite CA qui joint le point C au point A où EA rencontre BD.

DISCUSSION. Il faut d'abord pouvoir construire le **triangle auxiliaire** BDC, dans lequel l'angle D est aigu. On sait que la condition nécessaire et suffisante est que le côté BC ne soit pas plus petit que la perpendiculaire BH abaissée du sommet B sur le côté CD. Si l'on suppose que la condition soit remplie, et qu'on ait construit le triangle BDC, il **res**tera encore à déterminer le point A par la rencontre **de BD** avec la perpendiculaire élevée au milieu E de CD.

Or les deux droites se rencontrent toujours, puisque l'angle D n'est jamais droit, et pour que la rencontre ait lieu entre B et D, comme cela est évidemment nécessaire, il faut qu'on ait BC plus petit que BD; on retrouve de cette manière la condition connue : le côté donné doit être plus petit que la somme des deux autres. Ainsi, en résumé, le côté donné doit être supérieur ou égal à BH et plus petit que la somme donnée.

Quand BC est plus grand que BH, le cercle, décrit avec BC comme rayon, coupe la droite indéfinie DC en deux points C et C', et il semble qu'alors on ait deux solutions : les triangles ABC, BA'C'. Mais le problème n'a jamais qu'une solution, car nous allons voir que ces triangles sont **égaux**.

En effet, on a

$$BC = BC' \quad , \quad BAC = BA'C';$$

il reste donc à démontrer l'égalité des angles ABC, BC'**A'**; or on a

$$ABC = BCC' - BDC \quad , \quad BC'A' = BC'C - A'C'D,$$

et, à cause des triangles isocèles BCC', DA'C', on a aussi

$$BCC' = BC'C \quad , \quad BDC = A'C'D;$$

donc

$$ABC = BC'A'.$$

Quand on donne la différence des côtés, on est encore conduit à construire un triangle, connaissant deux côtés et l'angle opposé à l'un d'eux; mais ce dernier angle étant obtus, le problème auxiliaire n'a qu'une solulion, et la discussion n'offre aucuue difficulté.

III. *Construire un triangle* ABC (*fig.* 147), *connaissant un angle* C, *la hauteur* CH *partant du sommet de cet angle, et le périmètre.*

Formons le triangle auxiliaire CDE tel, que les segments AD et BE soient respectivement égaux à AC et BC : on aura

$$DCE = C + \frac{A}{2} + \frac{B}{2} = 90° + \frac{C}{2}.$$

Dans le triangle DCE, on connaît ainsi le côté DE, l'angle opposé, et la hauteur CH ; on peut donc le construire, et on obtient ensuite facilement le triangle demandé.

IV. *Construire un triangle isocèle* ABC (*fig.* 176), *connaissant les distances* GO, GI *du centre de gravité* G *de ce triangle aux centres* O *et* I *des cercles circonscrit et inscrit.*

On remarque d'abord qu'en prenant GH double de OG, on a le point de rencontre H des trois hauteurs du triangle. On sait aussi (th. **VI**, page 146) que BI est la bissectrice de de l'angle OBH. Si alors on se donne la position de la droite OH, et qu'on prenne, sur son prolongement, le point I' conjugué harmonique du point I par rapport à O et H, les sommets B et C du triangle cherché se trouveront sur le cercle décrit sur II' comme diamètre.

D'autre part, on sait (th. **IX**, page 149) que le cercle circonscrit au triangle ABC passe par le milieu L de II'; on est ainsi conduit à la construction suivante :

Déterminez le point I' conjugué harmonique du point I par rapport aux points counus O et H ; décrivez un cercle sur II' comme diamètre ; puis ayant pris le milieu L de II', décrivez un cercle du point O comme centre avec OL pour rayon : les points B, C, A où ce cercle coupera le premier cercle et la droite IO prolongée, seront les sommets du triangle demandé.

V. *Construire un triangle ABC (fig. 171), connaissant la hauteur AE, la médiane AD, et la bissectrice AF qui partent toutes trois du même sommet A.*

1re Solution. On construit d'abord, avec les deux premières droites, un triangle rectangle ADE ; la position du sommet A est alors déterminée par rapport à la droite DE prolongée indéfiniment, et il ne s'agit plus que de placer les sommets B et C sur cette droite.

A cet effet, on prend, pour point auxiliaire, le centre O du cercle circonscrit au triangle ABC. On a un premier lieu de ce point en élevant une perpendiculaire à ED au point D. Pour obtenir un second lieu, on remarque que, si l'on détermine entre D et E un point F qui soit à une distance du point A égale à la longueur de la bissectrice donnée, et qu'on tire la droite AF, les deux droites AF et OD prolongées viendront se rencontrer au milieu G de l'arc BGC du cercle circonscrit au triangle ABC. La droite AG est, par conséquent, une corde connue de ce cercle, et en élevant une perpendiculaire à AG en son milieu H, on a le second lieu demandé.

Le point O étant déterminé par la rencontre des deux lieux, de ce point comme centre avec OA comme rayon, on décrit un cercle qui coupe la droite EF prolongée en deux points B et C : ces deux points sont les sommets cherchés.

2me Solution. Le triangle DAE et la droite AF étant construits, comme plus haut, on mène AK perpendiculaire à AF ; alors les deux points F, K, et les deux sommets cherchés B, C, forment une division harmonique, et l'on a

$$\overline{DB}^2 = DF \times DK.$$

Cette égalité détermine le point B, et, par suite, le point C.

VI. *Construire un triangle ABC (fig. 69), connaissant l'an-*

gle A, *la hauteur* AH, *et la somme, la différence, le produit
ou le rapport des côtés qui comprennent l'angle donné.*

Dans l'un quelconque des quatre cas, en un point H d'une
droite indéfinie BC, on élève une perpendiculaire à cette
droite, et on prend sur sa direction une longueur AH égale
à la hauteur donnée : alors il ne s'agit plus que de trouver
la position des sommets B et C sur la droite indéfinie BC.

1° *La somme est donnée.* Prolongeons AB d'une longueur
AE égale à AC, et cherchons le lieu suivant :

Un angle constant CAE *tourne autour de son sommet* A,
et l'un de ses côtés rencontre une droite fixe BC *au point* C ;
on prend sur l'autre côté une longueur AE *égale à* AC : *on
demande quel est le lieu du point* E.

Ce lieu est un cas particulier du lieu **IX** (page 255) ; on
trouve donc une droite. Pour la déterminer, menez par le
point A une droite AL qui fasse avec AH un angle égal à
l'angle donné A, prenez AL égale à AH, et au point L élevez
PQ perpendiculaire à AL : la droite PQ sera le lieu demandé.
Cette construction est une conséquence de la construction
générale, et on la vérifie aisément.

Cela posé, le point A, étant à égale distance des droites
BC et PQ, est situé sur la bissectrice de leur angle, et on
est ramené au problème (3. **200**).

2° *La différence est donnée.* Ayant pris, sur le côté lui-
même, une longueur AK égale à AC, on trouve, comme plus
haut, que le lieu du point K est une droite, et on est encore
ramené au problème (3. **200**).

3° *Le produit est donné.* L'angle constant A tournant autour du point A, et l'un de ses côtés rencontrant la droite
fixe au point B, si on prend sur l'autre côté un point L tel,
que le produit AL $\times$ AB soit constant, on sait que le lieu
est un cercle (lieu **VII**, page 269). L'un des points de rencontre de ce cercle et de la droite indéfinie BC sera donc le
sommet C. On aura ensuite facilement le sommet B.

4. *Le rapport est donné.* En se servant du lieu **VI** (page 268), on a une solution analogue à la précédente.

REMARQUE I. Dans le troisième cas, on peut immédiatement, d'après un théorème connu, déterminer le diamètre du cercle circonscrit, et, par suite, après avoir tracé ce cercle, et y avoir inscrit un angle égal à A, on connaîtra la longueur du côté BC. On est aussi ramené au problème ɪ (page 309) : *construire un triangle connaissant un côté, l'angle opposé et la hauteur.*

REMARQUE II. Dans le cas où le rapport est connu, on peut se donner l'angle A de position : si alors on remarque que BC est parallèle à une direction donnée, on achève facilement la solution.

VII. *Construire un triangle ABC (fig. 69), connaissant la différence des angles B et C adjacents au côté BC, la hauteur AH qui correspond à ce côté, et la somme, la différence, le produit, ou le rapport des deux autres côtés.*

Prenons sur BC une longueur GH égale à HC, et tirons AG : la droite AG sera égale à AC, et l'angle BAG sera égal à la différence des angles B et C. Si alors on considère le triangle BAG comme le triangle à construire, on est ramené au problème précédent. Le triangle auxiliaire étant construit, il est ensuite facile d'obtenir le triangle ABC.

VIII. *Construire un triangle ABC (fig. 69), connaissant un côté BC, l'angle opposé A, et le produit* m² *des côtés qui comprennent cet angle.*

1ère **Solution.** L'angle A étant donné ainsi que BC, le point A se trouve sur l'arc BDC d'un cercle connu. Or, si, du point A, on abaisse AH perpendiculaire sur BC, en désignant par R le rayon du cercle circonscrit au triangle, on a

$$AB \times AC = 2R \times AH = m^2;$$

d'où l'on déduit

$$AH = \frac{m^2}{2R},$$

et l'on est ramené au problème ɪ (page 309).

2ème Solution. En appliquant le théorème **XIII** (page 152), on a, D étant le milieu de l'arc BDC,

$$AB \times AC = \overline{BD}^2 - \overline{AD}^2 = m^2,$$

d'où l'on déduit

$$AD = \sqrt{\overline{BD}^2 - m^2}.$$

Le point A sera donc déterminé par la rencontre de l'arc BDC et d'un cercle qui a, pour centre, le point D, et, pour rayon, $\sqrt{\overline{BD}^2 - m^2}$.

Pour que le problèm soit possible, la longueur m ne doit pas être plus grande que BD, et il est visible qu'il ne peut avoir qu'une solution.

IX. *Construire un triangle* ABC *(fig. 173), connaissant un côté* BC, *l'angle opposé* A, *et le rapport de la différence* AB — AC *des deux autres côtés à la hauteur* AH *partant du sommet* A.

Ce problème a été proposé par *Pascal* à *Fermat.* La solution suivante est celle que Fermat a donnée.

Le cercle circonscrit au triangle ABC étant tracé, et D étant le milieu de l'arc BAC de ce cercle, tirons DA, DB, et abaissons DF, DI respectivement perpendiculaires sur AB et BC.

D'après le théorème **XIII** (page 152), on a

$$AB \times AC = \overline{BD}^2 - \overline{AD}^2;$$

ou, en remplaçant le produit AB $\times$ AC par le produit égal AH $\times$ 2R,

$$(1) \qquad AH \times 2R = \overline{BD}^2 - \overline{AD}^2.$$

On voit aussi, par la figure 69 qui a servi à la démonstration du théorème **XIII**, que la longueur AF est égale à la demi-différence entre AB et AC; car, D étant le centre du cercle circonscrit au triangle BEC, la longueur BF est égale à la moitié de BE, et l'on a

$$AF = AB - BF = AB - \frac{AB + AC}{2} = \frac{AB - AC}{2}.$$

Cela posé, comme les angles DAB, DBI sont égaux (*fig* 173), les triangles rectangles DAF et DBI sont semblables, et donnent

$$(2) \qquad AF = \frac{BI \times AD}{BD}.$$

Divisant maintenant, membre à membre, les égalités (1) et (2), il vient

$$\frac{AF}{AH} = \frac{BI \times AD \times 2R}{BD \times (\overline{BD}^2 - \overline{AD}^2)};$$

ou encore, en remplaçant le rapport donné de AF à AH par le rapport de deux longueurs connues M et N,

$$\frac{\overline{BD}^2}{AD} - AD = \frac{2R \times BI \times N}{M \times BD}.$$

Le second membre peut être construit par des quatrièmes proportionnelles à des droites connues, et représenté par une droite P : on a donc

$$\frac{\overline{BD}^2}{AD} - AD = P.$$

On est ainsi ramené à trouver deux droites, connaissant leur produit $\overline{BD}^2$ et leur différence P. Les deux droites étant obtenues par la construction ordinaire, la plus petite sera la droite AD : alors la solution du problème proposé s'achèvera comme dans le problème précédent.

DISCUSSION. Il résulte de la construction même que le problème est toujours possible et n'a qu'une solution; mais on peut aussi le voir d'une manière directe.

En effet, si l'on suppose donnés le côté BC et l'angle A, et que l'on fixe la position de BC, le sommet A se déplacera

sur un arc connu BDC, en allant, par exemple, de C vers D.
Il est évident d'abord que la hauteur ira en croissant depuis zéro jusqu'à son maximum. Pour voir ensuite comment varie la différence AB — AC, on prend sur AB une
longueur AK égale à AC, et on tire CK. L'angle CKB, étant
égal à $90° + \dfrac{B}{2}$, est obtus, et si l'on fait passer un cercle par
les trois points B, C, K, on voit que BK est une corde de ce
cercle, qui va en s'éloignant du centre quand le point A
marche de C en D : la différence BK entre AB et AC va donc
en diminuant depuis AB jusqu'à zéro.

Il suit de là que le rapport $\dfrac{AB - AC}{AH}$ diminue, pour une
double raison, depuis l'infini jusqu'à zéro : par conséquent, il y a toujours un triangle et un seul, dans lequel les trois quantités BC, A, et $\dfrac{AB - AC}{AH}$ ont des valeurs
déterminées.

X. *Construire un triangle* ABC, *connaissant un côté* BC,
l'angle opposé A, *et la somme de la différence* AB — AC *des
deux autres côtés et de la hauteur* AH *partant du sommet de
l'angle donné.*

Fermat, en envoyant à *Pascal* la solution du problème
précédent, ajoute ces mots :

*Pour que la question ne vous paraisse pas être restée sté-
rile entre mes mains, je vous propose de construire, à votre
tour, un triangle, connaissant un côté, l'angle opposé, et la
somme, la différence, ou le produit des quantités dont vous
m'avez donné le quotient.*

Pascal n'a pas répondu à Fermat, ou du moins sa réponse,
si elle a eu lieu, n'a pas été conservée; mais on va voir que
la méthode de Fermat s'applique très bien au premier problème; nous dirons ensuite un mot des deux autres.

Comme dans le problème précédent, on a toujours les égalités

$$(1) \quad 2\,R \times AH = \overline{BD}^2 - \overline{AD}^2, \quad (2) \quad AF = \frac{BI \times AD}{BD}.$$

Divisant les deux membres de la première par 2R, doublant les deux membres de la seconde, et ajoutant membre à membre, on obtient

$$AH + 2\,AF = \frac{\overline{BD}^2 - \overline{AD}^2}{2\,R} + \frac{2\,BI \times AD}{BD}.$$

Si ensuite on représente la somme donnée $AH + 2\,AF$ par d, on peut mettre l'égalité précédente sous la forme

$$AD + \frac{2\,Rd - BD^2}{AD} = \frac{4\,R \times BI}{BD},$$

et il y a alors deux cas à distinguer, suivant que $\overline{BD}^2$ est plus petit ou plus grand que $2Rd$. (On s'assure par des considérations géométriques très-simples que les deux cas sont également possibles.)

Lorsque $\overline{BD}^2$ est plus petit que $2Rd$, on construit une droite M dont le carré soit égal à $2Rd - \overline{BD}^2$, et une droite P qui représente $\dfrac{4\,R \times BI}{BD}$; la dernière égalité devient ainsi

$$AD + \frac{M^2}{AD} = P,$$

et on est ramené à trouver deux droites connaissant leur somme et leur produit.

On prouverait de la même manière que dans le cas où BD^2 est plus grand que $2Rd$, on est ramené à trouver deux droites, connaissant leur différence et leur produit.

La droite AD étant connue, on achève la construction comme dans le problème de Pascal,

Remarque. Si l'on donnait la différence entre les quantités $AB - AC$ et AH, le problème se traiterait tout à fait de la même manière que le précédent; mais si le produit des mêmes quantités était donné, le problème ne pourrait pas être résolu avec la règle et le compas.

XI. *Construire un triangle* ABC (*fig.* 173), *connaissant un côté* BC, *l'angle opposé* A *et le rapport de la somme* AB + AC *à la hauteur* AH.

Tirons le diamètre AG du point A et la droite DG : alors les triangles semblables BDF et DGA donnent

$$BF = \frac{BD}{2R} \times DG.$$

On a d'ailleurs, comme dans le problème précédent,

$$AH \times 2R = \overline{BD}^2 - \overline{AD}^2,$$

et, en remplaçant dans cette égalité $\overline{AD}^2$ par $4R^2 - \overline{DG}^2$, on obtient

$$AH \times 2R = \overline{BD}^2 - 4R^2 + \overline{DG}^2.$$

Si ensuite on prolonge la droite DI jusqu'à sa rencontre en K avec le cercle, on a

$$4R^2 - \overline{BD}^2 = \overline{BK}^2,$$

et, par suite,

$$AH = \frac{\overline{DG}^2 - \overline{BK}^2}{2R}.$$

Maintenant, si l'on se rappelle que BF est la demi-somme des côtés, on voit que le rapport de AH à BF est connu, et peut être représenté par celui de deux longueurs M et N. Alors, en divisant, membre à membre, les égalités qui donnent AH et BF, on obtient

$$\frac{AH}{BF} = \frac{\overline{DG}^2 - \overline{BK}^2}{DG \times BD} = \frac{M}{N},$$

d'où l'on tire facilement

$$DG - \frac{\overline{BK}^2}{DG} = \frac{BD \times M}{N}.$$

On est ainsi ramené à trouver deux droites, connaissant leur différence et leur produit. La longueur DG étant connue, on aura le point G, et ensuite le point diamétralement opposé A.

REMARQUE.. Si l'on remplaçait le rapport donné par une somme ou une différence, on serait encore ramené, comme dans le problème de Pascal, à trouver deux droites, connaissant leur produit, leur somme ou leur différence.

XII. *Construire un triangle* ABC, *connaissant un côté* BC, *la hauteur correspondante* AH, *et la différence des angles* B *et* C *adjacents au côté donné.* (Concours.)

1ère **Solution.** On se donne la position de BC (*fig.* 175); on a alors un premier lieu du point A qui est une parallèle LM à BC, menée à une distance de cette droite égale à AH. Nous allons maintenant chercher un second lieu.

Mettons d'abord en évidence, sur la figure, la différence donnée des angles. A cet effet, élevons une perpendiculaire à BC en son milieu E; cette droite rencontrera AC et LM en I et F, et, si l'on tire la droite BI qui coupe LM en D, l'angle ABD sera évidemment égal à la différence des angles B et C.

Prolongeons maintenant BF d'une longueur égale FG, et tirons GA et GD : alors la figure ABDG est un parallélogramme, et l'angle GAB est supplémentaire de l'angle ABD. Le second lieu demandé sera donc l'arc qui a pour corde BG et qui est capable d'un angle égal au supplément de la différence donnée B — C, et le point A où cet arc coupera LM sera le troisième sommet demandé.

2ème **Solution.** Après avoir commencé la construction comme dans le premier cas, abaissons du point I (*fig.* 177) IN perpendiculaire sur AB. Tout revient à la détermination du point auxiliaire N, car ce point étant connu, on le join-

dra par une droite au point B, et on prolongera BN jusqu'à
sa rencontre en A avec LN. Il ne restera plus alors qu'à
mener AC pour avoir le triangle demandé.

Cela posé, tirons NF et NE : dans le quadrilatère inscriptible NIEB les angles NEI et NBI sont égaux ; l'angle NEI
est donc égal à la différence donnée, et, par suite, le point N
se trouve sur une droite connue EN ; dans le même quadrilatère, on a aussi les angles INE, IBE égaux.

D'autre part, on voit que, dans le quadrilatère inscriptible
NAFI, les angles FNI et FAI sont égaux ; mais comme on a

$$FAI = ICE = IBE,$$

les angles FNI, IBE sont aussi égaux, et, par suite, il en est
de même des angles FNI et INE. De là résulte que NI est la
bissectrice de l'angle FNE, et que la droite AB, perpendicu-
à NI, est la bissectrice de l'angle ENK formé par EN et le
prolongement NK de NF. Par conséquent, le point B est à
égale distance des droites EN et FK.

Si donc, du point B, on abaisse BP perpendiculaire sur la
droite connue EN, que, du point B comme centre avec BP
comme rayon, on décrive un cercle, que du point F on
mène une tangente FK à ce cercle ; le point N, où cette tangente rencontrera la droite EN, sera le point demandé.

3ème **Solution.** Si l'on prend le triangle ABD (*fig*. 175)
comme triangle auxiliaire à construire, la question peut être
posée ainsi : *Étant donnés une droite indéfinie LM, un point
F sur cette droite, et un point B qui lui soit extérieur, mener
par le point B deux droites AB et BD qui fassent entre elles
un angle donné, et telles, que les deux segments DF et AF
soient égaux entre eux.*

En faisant application du théorème **XIII** (page 190), on
est conduit à la construction suivante : décrivez un cercle,
du point F comme centre avec FB comme rayon, par le
point G diamétralement opposé à B, menez une tangente que

22

vous prolongez jusqu'à sa rencontre en K avec la droite LM, puis, par le point K, menez une sécante au cercle telle, que l'arc intercepté PQ, opposé au point B, corresponde à un angle inscrit, égal à l'angle donné ABD; les deux droites BP et BQ, qui coupent LM en A et D, seront les droites demandées.

Remarque. Comme, dans le triangle ABD, on connaît un angle, la médiane et la hauteur partant du sommet de cet angle, la première et la dernière solution du problème **XII** peuvent être considérées comme s'appliquant au problème suivant :

Construire un triangle, connaissant un angle, la médiane, et la hauteur partant de son sommet.

Indication sommaire de quelques autres solutions.

1° Comme on donne l'angle $\dfrac{B-C}{2}$ que la bissectrice de l'angle A fait avec la hauteur correspondante, on connaît les longueurs des bissectrices de l'angle A et de son supplément, et, par suite, la distance des pieds des bissectrices sur BC. Alors, en se servant du théorème **I** (7), on est ramené à trouver deux droites dont on connaît la différence et le produit.

2° On voit facilement que l'on connaît l'angle sous lequel la droite LM coupe le cercle circonscrit au triangle ABC. Il en résulte que, si, par le point A, on mène une tangente à ce cercle, la longueur de cette tangente, comprise entre BC et LM, est connue, etc.

3° La question étant transformée comme dans la troisième solution précédemment développée, on remarque que, l'angle ABD étant donné, on connaît le rapport de BA $\times$ BD à AD et que la différence $\overline{BD}^2 - \overline{AB}^2$ est égale à 2AD $\times$ BE. On est encore ramené à trouver deux droites, connaissant leur différence et leur produit.

XIII. *Construire un triangle ABC (fig. 171), connaissant le produit* K^2 *de deux côtés AB et AC, la différence des an-*

gles adjacents au troisième côté BC, *et la médiane* AD *qui correspond à ce côté.*

Ayant fait la même construction que pour le problème **V** (*page* 328), on remarque d'abord que l'angle DGF est égal à l'angle FAE, c'est-à-dire à la moitié de la différence donnée. Si ensuite on circonscrit au triangle DGF un cercle qui coupe en L le prolongement de la médiane AD, on voit, par la mesure de l'angle DLG, que cet angle est égal à la demi-différence donnée, augmentée de 90°; et on remarque aussi que l'on a

$$AL \times AD = AG \times AF = AB \times AC = K^2.$$

De là on déduit la construction suivante :

Sur la médiane AD, comme corde, décrivez un arc capable d'un angle à la demi-différence donnée ; prenez sur la médiane AD prolongée un point L tel, que AL soit la troisième proportionnelle à AD et K ; par le point L menez une droite LG qui fasse avec AD un angle égal à la demi-différence donnée, augmentée de 90° ; déterminez l'un des points G où cette droite coupe l'arc précédemment tracé ; puis tirez les droites AG et DG ; élevez une perpendiculaire BC à la deuxième au point D, et une perpendiculaire à la première en son milieu H ; du point d'intersection O de ces perpendiculaires, comme centre, et avec OC comme rayon, décrivez un cercle qui coupe BC aux points B et C ; et tirez AB, AC : le triangle ABC sera le triangle demandé.

On aura une deuxième solution, en prenant le second point de rencontre de IG et de l'arc capable de l'angle donné.

XIV. *Construire un triangle rectangle, connaissant la différence des carrés des deux côtés de l'angle droit, et sachant que l'un des sommets des deux angles aigus est fixe, tandis que les deux autres sommets sont situés sur des droites parallèles entre elles.*

Soient ABC, GH, KL et C (*fig.* 179) le triangle demandé, rectangle en A, les parallèles et le point donnés : en abaissant BD et CE perpendiculaires sur GH, on obtient deux triangles semblables AEC, ABD qui donnent

$$(1) \qquad AE \times AD = EC \times BD.$$

On a aussi par les mêmes triangles

$$\overline{AC}^2 = \overline{AE}^2 + \overline{CE}^2 \quad , \quad \overline{AB}^2 = \overline{AD}^2 + \overline{BD}^2,$$

d'où l'on tire en retranchant, membre à membre, les égalités précédentes,

$$(2) \qquad \overline{AE}^2 - \overline{AD}^2 = \overline{AC}^2 - \overline{AB}^2 + \overline{BD}^2 - \overline{CE}^2.$$

Or les droites BD et CE sont connues, ainsi que la différence des carrés des côtés de l'angle droit AC et AB; le second membre de l'égalité (2) est donc connu, et peut être remplacé par le carré d'une longueur connue M; on a donc

$$(3) \qquad \overline{AE}^2 - \overline{AD}^2 = \overline{M}^2.$$

Maintenant, élevons au carré les deux membres de l'égalité (1); puis divisons ses deux membres par M^2 et les deux membres de l'égalité (2) par M, il vient

$$\frac{\overline{AE}^2}{M} - \frac{\overline{AD}^2}{M} = M,$$

$$\frac{\overline{AE}^2}{M} \times \frac{\overline{AD}^2}{M} = \frac{\overline{EC}^2 \times \overline{BD}^2}{M^2};$$

et en posant

$$\frac{\overline{AE}^2}{M} = P \quad , \quad \frac{\overline{AD}^2}{M} = Q \quad , \quad \frac{\overline{EC}^2 \times \overline{BD}^2}{M^2} = N^2,$$

on a

$$P - Q = M \quad , \quad PQ = N^2.$$

On est ainsi ramené à trouver deux droites P et Q. connaissant leur différence et leur produit.

Les droites P et Q étant connues, on aura AE et AD en prenant les moyennes proportionnelles entre P et M, et entre M et Q. Portant ensuite la longueur AE sur GH de E en A, on a le sommet A, et, par suite, le sommet B.

XV. *Construire un triangle* ABC, *connaissant l'angle* A *et les sommes qu'on obtient en ajoutant le côté* BC *opposé à l'angle donné, successivement, aux deux autres côtés.*

1ère **Solution**. Prolongeons AB et AC (*fig.* 181) de longueurs BD et CE égales à BC, tirons DE, et menons par les points B et E deux droites BH et EH respectivement parallèles à AE et BC : nous obtiendrons ainsi un losange BCEH. Tirons ensuite la droite DH que nous prolongeons jusqu'à sa rencontre en F avec AE, et menons une parallèle FG à EH. Alors les triangles semblables DFG, DEH donnent

$$\frac{FG}{EH} = \frac{DF}{DH},$$

et on a aussi, par les triangles semblables AFD, BDH,

$$\frac{AF}{BH} = \frac{DF}{DH}.$$

Mais, comme les droites EH et BH sont égales, on conclut des égalités précédentes qu'il en est de même de FG et AF. D'ailleurs la droite AF est égale à AD, puisque le triangle ADF est isocèle comme le triangle BDH auquel il est semblable; on arrive ainsi à la solution suivante :

Ayant d'abord construit le triangle ADE dans lequel les deux côtés AD et AE représentent les deux sommes données, prenez, sur le plus grand des deux côtés qui comprennent l'angle A, une longueur AF égale à l'autre côté AD, et tirez DF : alors, du point F comme centre et avec AF comme rayon, décrivez un cercle, et déterminez le point G, à droite de E, où il coupe le prolongement de DE ; tirez FG ; puis menez, par le point E, la droite EH parallèle à FG, par le point H, la droite HB parallèle à AE, et enfin, par le point B, la droite BC parallèle à EH.

DISCUSSION. Pour que le problème soit possible, il faut et il suffit que l'on ait

$$FG > FE, \quad \text{ou} \quad AD > AE - AD,$$

ou encore

$$AE < 2AD.$$

2ème Solution. Ayant d'abord construit le triangle ADE, comme dans la première solution, abaissons des points D et E (*fig.*182) les droites DP, EQ, DH et EK respectivement perpendiculaires, les deux premières sur BC, les deux autres sur AE et AD. Formons ensuite deux expressions de la surface du quadrilatère DBCE, en décomposant successivement en deux triangles par les diagonales DC et BE. Alors, en observant que les trois longueurs BD, CE, BC sont égales, on a

$$BC \times (DP + DH) = BC \times (EQ + EK),$$

d'où l'on déduit

$$DP - EQ = EK - DH.$$

Cela posé, menant par le point E la droite EI parallèle à BC, et la prolongeant jusqu'à sa rencontre en I avec DP, on obtient

$$DI = DP - EQ = EK - DH.$$

Par conséquent, si, du point D comme centre avec la différence EK — DH comme rayon, on décrit un cercle, et que du point E, on lui mène une tangente EI, on connaîtra la direction de BC. Alors, si par le point A on mène une parallèle à EI, qu'on prenne sur cette droite une longueur AL égale à AD, et que l'on tire DL, le point de rencontre des droites DL et AE sera le sommet C, et on achèvera le triangle en menant CB parallèle à EI.

XVI. *Construire un triangle* ABC, *connaissant un côté* BC, *la médiane* AM *correspondant à ce côté, et la différence des angles adjacents* B *et* C.

Considérons la circonférence circonscrite au triangle ABC (*fig.* 168), et prolongeons jusqu'à leur rencontre avec elle en E et D la médiane AM et une parallèle à BC menée par le point A. Si l'on tire DE et MD, on forme ainsi un triangle DME qui est connu. En effet, comme on le voit par la mesure des angles au moyen des arcs, l'angle DEA est égal à la différence donnée des angles B et C, le côté DM est égal à la médiane AM, et d'après la propriété des cordes qui se coupent dans le cercle, ME est la troisième proportionnelle à AM et CM. Le triangle DME étant construit, on prolonge EM d'une longueur MA égale à la médiane, on mène AD, puis par le point M une parallèle BC à AD sur laquelle on prend $MC = MB = \dfrac{BC}{2}$. Il ne reste plus alors qu'à tirer les droites AC et AB pour achever le triangle.

DISCUSSION. Soient a le côté BC, m la médiane AM et β la différence donnée : alors le côté EM et la perpendiculaire MH sur DE sont respectivement égales à $\dfrac{a^2}{4m}$ et $\dfrac{a^2}{4m} \sin \beta$.

On sait, d'après une discussion bien connue, que le problème de construire le triangle DEM, auquel se ramène le problème proposé, a toujours une solution et une seule lorsque l'on a DM > ME, et qu'il en a deux lorsque l'on a MH < DM < ME.

Si maintenant dans les inégalités précédentes on remplace DM, ME, MH par leurs expressions, on trouve que le problème auxiliaire a une solution et une seule lorsque l'on a $a > 2m$, et qu'il a deux solutions lorqu'on a $a > 2m$ et $\sin\beta < \dfrac{4m^2}{a^2}$.

Indication d'une autre solution. On s'appuie sur le Porisme suivant, facile à démontrer : *Au milieu* M *de* BC *(fig.* 172), *on élève une perpendiculaire que l'on prolonge jusqu'à sa rencontre en* E *et* D *avec le cercle circonscrit; on tire* AM, AD, *du point* M, *on abaisse* MF *perpendiculaire sur* AD, *et du point* F *la perpendiculaire* FG *sur* AM : *la longueur* FG *ainsi construite est connue, lorsque, dans le triangle* ABC, *le côté* BC, *la médiane* AM, *et la différence des angles* B *et* C *sont donnés.*

La longueur de FG étant déterminée, on pourra construire le triangle rectangle AMF, et, par suite, le triangle ABC.

207. Construction de quadrilatères.

I. *Inscrire dans un cercle donné (fig.* 183) *un quadrilatère* ABCD, *connaissant ses diagonales* AC, BD, *et la somme* m² *des produits des côtés qui aboutissent aux extrémités de l'une des diagonales* BD.

Abaissons des sommets B et D des perpendiculaires BH et DK sur la diagonale AC, et prolongeons BH jusqu'à sa rencontre en L avec une parallèle DL à AC.

R étant le diamètre du cercle donné, on a

$$AB \times BC = {}_2R \times BH \quad , \quad AD \times CD = {}_2R \times DK;$$

et si l'on ajoute, membre à membre, les deux dernières égalités, il vient

$$_2R \times BL = m^2;$$

la droite BL est, par suite, connue, et l'on peut construire le triangle rectangle BDL. L'angle BDL et son égal BIC sont donc connus. On est alors ramené à ce problème qui n'offre aucune difficulté : *Inscrire dans un cercle donné un quadrilatère, connaissant ses diagonales et leur angle.*

II. *Construire un quadrilatère, connaissant ses côtés et sa surface. (Matthew-Collins.)*

Soit ABCD *(fig.* 186) le quadrilatère donné. Tirons la

diagonale AC, et du point C abaissons CP et CQ respectivement perpendiculaires sur AD et AB. En égalant entre elles deux expressions du carré de AC dans les triangles ABC, ADC, on a

$$\overline{AB}^2 + \overline{BC}^2 - \overline{AD}^2 - \overline{DC}^2 = 2 \times (AD \times DP - AB \times BQ).$$

Le premier membre de cette égalité est connu : si on le suppose positif, et qu'on le représente par $2AD \times DE$, la longueur DE sera connue. On aura alors

$$AD \times DE = AD \times DP - AB \times BQ;$$

et, si l'on porte DE de D en E sur le prolongement de AD, il viendra

$$(1) \qquad AD \times EP = AB \times BQ.$$

Cela posé, soit m une droite dont le carré est équivalent à la surface connue du quadrilatère : portons sur PC, que l'on prolonge, une longueur PG déterminée par l'égalité

$$AD \times PG = 2\,m^2,$$

c'est-à-dire en prenant la quatrième proportionnelle aux droites AD, m et $2m$.

Mais on a aussi

$$AD \times PC = 2 \times \text{aire. ADC};$$

et en retranchant, membre à membre, les deux dernières égalités, on obtient

$$AD \times CG = 2 \times \text{aire.ABC},$$

ou encore, en remplaçant l'aire ABC par sa mesure,

$$(2) \qquad AD \times CG = AB \times CQ.$$

Si l'on divise ensuite, membre à membre, les égalités (1) et (2), il vient

$$\frac{EP}{CG} = \frac{BQ}{CQ}.$$

Construisons maintenant le rectangle EPGF et tirons CF : les triangles CFG, CBQ seront semblables à cause de l'égalité précédente, et ils donneront

$$\frac{CF}{BC} = \frac{FG}{BQ}.$$

Mais en tenant compte de l'égalité (1), dans laquelle on remplace EP par FG, on a

$$\frac{CF}{BC} = \frac{AB}{AD},$$

et, par suite, la longueur CF est la quatrième proportionnelle aux longueurs connues AD, AB et BC.

On peut maintenant donner la construction suivante : portez les longueurs connues AD et DE sur une droite indéfinie ; au point E élevez une perpendiculaire EF à cette dernière droite, et portez sur sa direction une longueur EF égale à la longueur connue PG ; des points D et F comme centres avec des rayons DC et CF, décrivez deux arcs de cercles qui se coupent en C ; tirez AC, et enfin construisez le triangle ABC dont les trois côtés sont connus.

III. *Construire un quadrilatère inscriptible* ABCD *(fig. 184), connaissant ses côtés. (Sturm.)*

Prenons, sur le prolongement d'un des côtés AB, un point E tel, que l'on ait

$$\frac{BE}{BC} = \frac{AD}{DC},$$

et tirons les deux droites AC et CE. Le quadrilatère étant inscriptible, les angles ADC, CBE sont égaux, et les deux triangles CBE, ADC sont semblables comme ayant un angle égal compris entre côtés proportionnels : on a donc

$$\frac{AC}{CE} = \frac{DC}{BC}.$$

Cela posé, donnons-nous AB de position, et proposons-nous de déterminer le sommet C. La circonférence décrite, de B comme centre avec BC pour rayon, est un premier lieu du point : on en a aussi un second qui est encore une circonférence, puisque le rapport des distances du point C aux deux points A et E est égal au rapport des côtés DC et BC. Le point C est, par conséquent, à la rencontre de deux cercles connus. Ce point étant déterminé, on achèvera la construction de la manière suivante :

On tirera les droites CA et CE, on fera l'angle DCA égal à l'angle BCE, puis on prendra, sur la dernière droite qu'on vient de déterminer, à partir du point C, une longueur égale au côté DC, et enfin on tirera AD.

Discussion. Ayant décrit la demi-circonférence FCG qui est le second lieu que nous avons déterminé plus haut, tout revient à exprimer que le rayon BC de l'autre circonférence est compris entre BF et BG ; car, s'il en est ainsi, les deux lieux se couperont, et, une fois le point C déterminé, la construction peut toujours s'achever.

Soient a, b, c, d les quatres côtés AD, DC, CB, AB : nous allons exprimer BF et BG en fonction des quantités a, b, c, d. Dans le cas de la figure, on a

$$\frac{AF}{FE} = \frac{b}{c} \ , \quad \frac{AE}{FE} = \frac{b+c}{c} \ , \quad \frac{AB + BE}{BF + BE} = \frac{b+c}{c},$$

et, d'après la proportion qui a servi à déterminer la position du point E, on a aussi

$$BE = \frac{ac}{b}.$$

Alors, en mettant cette valeur de BE dans l'égalité précédente, et la résolvant par rapport à BF, on obtient

$$BF = \frac{c\,(d-a)}{b+c};$$

et un calcul analogue donne

$$BG = \frac{c\,(d+a)}{b-c}.$$

On voit d'abord que la distance BF est plus petite que BG, et si l'on exprime que le côté c est plus grand que BF, mais plus petit que BG, on arrive aux deux conditions suivantes :

$$d < a+b+c \quad , \quad b < a+c+d.$$

Le cas de figure supposait que a et c étaient respectivement plus petits que d et b ; mais en examinant les autres hypothèses que l'on peut faire sur l'ordre de grandeur des quantités a, b, c, d, on serait conduit aux nouvelles conditions

$$a < b+c+d \quad , \quad d < a+b+c.$$

Donc, en résumé, pour que l'on puisse construire, avec quatre côtés donnés, un quadrilatère inscriptible et convexe, il faut et il suffit que chacun des côtés soit plus petit que la somme des trois autres, ou, plus simplement, que le plus grand côté soit plus petit que la somme des trois autres côtés.

IV. *Construire un quadrilatère, connaissant ses angles et ses diagonales.*

Soit ADBC (*fig.* 191) le quadrilatère demandé : circonscrivons un cercle au triangle ABC, et prolongeons les côtés AD et BD jusqu'à leur rencontre en E et F avec le cercle; tirons ensuite les droites AB, CD, EF, CE, et la tangente GH au point C. Comme la diagonale AB et l'angle ACB sont donnés, on connaît le cercle circonscrit au triangle ABC. On remarque aussi que les angles HCE, GCF, respectivement égaux aux angles DAC, DBC, sont donnés. De là on déduit la construction suivante :

Sur AB comme corde, décrivez un arc capable de l'angle

ACB et achevez le cercle; en un point C quelconque de ce cercle, menez une tangente GH, puis les deux cordes CE et CF faisant avec GH les angles HCE, GCF respectivement égaux aux angles DAC, DBC; tirez la droite EF, et, sur cette droite comme corde, décrivez un arc capable de l'angle ADB; du point C comme centre avec CD pour rayon, décrivez un arc de cercle qui coupe l'arc précédent en D, et tirez les droites FDB, EDA, CA et CB : le quadrilatère ABCD sera le quadrilatère demandé.

Comme les deux derniers arcs de cercle se coupent généralement en deux points, le problème peut avoir deux solutions.

V. *Inscrire dans un cercle donné un quadrilatère, connaissant ses deux diagonales et la droite qui joint les points de rencontre de ses côtés opposés (Mulcahy).*

Soient ABCD (*fig* 187) le quadrilatère donné, AC, BD, EF les deux diagonales et la droite qui joint les points de rencontre E et F des côtés opposés, m, n, p, les milieux des trois dernières droites, et o le centre du cercle donné. Tirons op et les droites om, on que nous prolongeons jusqu'à leur rencontre en H et L avec EF. Les longueurs des deux cordes AC et BD étant données, on connaît les distances om, on de ces cordes au centre, et la droite HF étant la polaire du point d'intersection des diagonales, les points H et L sont respectivement les pôles des cordes AC et BD, et, par suite, les longueurs oH et oL sont connues. La longueur de op est aussi déterminée, car, d'après le théorème **XII** (page 175), Ep étant égale à la tangente menée du point p au cercle, la droite op est l'hypoténuse d'un triangle rectangle qui a pour côtés de l'angle droit Ep et le rayon du cercle donné.

D'autre part, on sait que les trois points m, n, p sont en ligne droite ; alors en appliquant, au triangle oHL coupé par la transversale mnp, le théorème connu, on a

$$\frac{p\text{L}}{p\text{H}} = \frac{mo}{m\text{H}} \times \frac{n\text{L}}{no},$$

et l'on voit que le rapport de pL à pH est déterminé.

Il suit de là que l'on connaît les deux côtés oH et oL du triangle oHL et la longueur op d'une droite, menée par le sommet o, et telle, que le rapport de pL à pH est connu : on peut donc construire le triangle oHL d'après le problème **I** (page 325).

Ce triangle étant construit de manière que son sommet o soit au centre du cercle donné, on prendra sur oH et oL les longueurs connues om et on, et aux points m et n on élèvera les cordes AC et BD respectivement perpendiculaires sur oH et oL : les quatre points A, B, C, D seront les sommets du quadrilatère demandé.

208. **Problèmes dans lesquels les cercles figurent parmi les données ou sont demandés.**

I. *Étant donné un cercle dont le centre est O (fig. 77) et deux tangentes en D et E qui se coupent en A, on propose de mener une troisième tangente BC qui coupe les deux premières en B et C, et satisfasse à l'une des conditions suivantes : la longueur de BC est donnée, ou bien on connaît la somme, la différence, le produit ou le quotient des deux segments AB et AC.*

$1°$ *On donne BC.*

1re **Solution.** Le périmètre du triangle ABC est, comme on sait, égal à 2AD ; on est donc ramené à construire un triangle, connaissant un côté, l'angle opposé, et la somme des deux autres côtés. (Pr. **II**, page 325.)

2me **Solution.** Si l'on suppose tracé le cercle inscrit au triangle ABC, et que K et L soient ses points de contact avec AD et AC, on sait que les segments DK et EL sont égaux à BC. Le cercle inscrit au triangle ABC peut donc être construit, et on voit que le problème revient à mener une tangente commune à deux cercles connus.

2° *On donne la somme de* AB *et de* AC. En retranchant cette somme du périmètre 2AD du triangle ABC, on connaît BC, et l'on est ramené au premier cas.

3° *On donne le quotient de* AB *par* AC. Le triangle ABC est semblable à un triangle connu ; on peut donc construire l'angle ABC, et l'on est ramené au problème de tracer une trangente BC parallèle à une direction donnée.

4° *On donne le produit* K² *des côtés.*

1re **Solution.** Désignons par M le côté du carré équivalent à l'aire du triangle AED : alors, observant que le cercle donné est ex-inscrit par rapport au triangle ABC, et adoptant les notations ordinaires, on a

$$\frac{\text{aire . ABC}}{\text{aire . ADE}} = \frac{(p-a)\, r'}{M^2} = \frac{K^2}{\overline{AD}^2},$$

d'où

$$p - a = \frac{M^2 K^2}{\overline{AD}^2 \times r'}.$$

On pourra construire la longueur $p - a$, et en la retranchant de p, on aura a, c'est-à-dire BC ; on est donc encore ramené au premier cas.

2me **Solution.** Menons par le centre O la droite FG parallèle à DE ; en appliquant le théorème **I** (page 162), on aura

$$BF \times CG = \overline{OF}^2,$$

et en remarquant que les droites BF et CG sont respectivement égales à AF — AB et AF — BC, on obtient

$$\overline{AF}^2 - (AB + AC) \times AF + K^2 = OF^2.$$

Cette dernière égalité fait connaître une droite égale à AB + AC ; on est donc ramené à trouver deux droites AB et AC, connaissant leur somme et leur produit.

5° *On donne la différence* M *des côtés* AC *et* AB.

On a évidemment

$$BF - CG = AC - AB = M.$$

En appliquant le même théorème que plus haut, on est ramené à trouver deux droites, connaissant leur différence et leur produit.

II. *Inscrire dans un cercle donné un triangle dont les côtés passent par trois points donnés quelconques.*

1er Cas. *L'un des points est à l'infini, c'est-à-dire que l'un des côtés du triangle demandé doit être parallèle à une direction donnée.* Soit ABC (*fig.* 188) le triangle demandé : les deux côtés AB et AC passent par les deux points donnés F et E, et le côté BC est parallèle à la direction FL. Par le point B, menons la droite BH parallèle à EF, et H étant le point de rencontre de BH avec le cercle, tirons HC que nous prolongeons jusqu'à sa rencontre en G avec EF ; puis enfin, du point E, menons EK tangente au cercle.

Les deux triangles ECG, EAF qui ont l'angle E commun et les deux angles EGC, EAF égaux, sont semblables et donnent

$$EA \times EC = EG \times EF.$$

Or on a

$$EA \times EC = \overline{EK}^2,$$

donc

$$EG = \frac{\overline{EK}^2}{EF} ;$$

on peut donc construire EG, et, par suite, connaître le point G.

Remarquons maintenant que la droite HC est la corde d'un arc HC qui est intercepté entre les côtés d'un angle HBC égal à l'angle connu EFL ; on aura, par suite, la longueur de HC, en menant, d'un point quelconque du cercle, deux cordes faisant entre elles un angle égal à EFL, et on tirant une droite par les deuxièmes extrémités de ces deux cordes.

Cela posé, on pourra déterminer le point C en menant, du point G, une sécante GCH telle, que la partie CH comprise dans le cercle soit égale à une longueur donnée : le point C étant connu, on construit facilement le triangle demandé.

REMARQUE. Si la direction de BC se confondait avec EF, le point H se confondrait lui- même avec le point C, et on serait conduit à mener une tangente au cercle par le point G déterminé comme il a été fait plus haut : c'est ce qu'on établit facilement d'une manière directe.

2ème **Cas.** *Les trois points sont quelconques.* Nous allons voir que ce cas se ramène au précédent.

Soit ABC (*fig.* 188) le triangle donné, et D, E, F les trois points par lesquels les côtés doivent passer. Menons la droite EF qui joint deux des points, et, par le point B, la droite BH parallèle à EF. Si l'on tire ensuite la droite CH, et qu'on la prolonge jusqu'à sa rencontre en G avec EF, on pourra déterminer le point G comme plus haut : on a alors un triangle HCB dont les côtés HC et BC passent par deux points fixes G et D, tandis que le troisième côté BH est parallèle à une droite donnée.

On peut construire le triangle HGB d'après le cas précédent, et il ne reste plus ensuite qu'à déterminer le sommet A : c'est ce que l'on fait, en menant la droite EC et en la prolongeant jusqu'à sa rencontre en A avec le cercle.

III. *Inscrire dans un cercle donné un polygone dont les côtés passent par des points donnés.*

1er **Cas.** *Tous les points, excepté un, sont à l'infini. (En d'autres termes, tous les côtés sont parallèles à des directions données, excepté un seul côté qui passe par un point donné.)*

Démontrons d'abord le lemme suivant : *Si dans un même cercle on inscrit deux lignes brisées d'un nombre de côtés pair et dont les côtés soient respectivement parallèles, les arcs interceptés entre les extrémités de chaque brisée sont égaux.*

En effet, si l'on a, par exemple, les deux brisées ABCDE, A'B'C'D'E', en appliquant plusieurs fois le théorème relatif aux arcs égaux compris entre des cordes parallèles, on a

$$AA' = BB' = CC' = DD' = EE',$$

et de là résulte l'égalité des arcs AE et A'E'.

Revenons maintenant au problème proposé : il y a deux cas à distinguer, suivant que le nombre des côtés du polygone est impair ou pair.

1° *Le nombre des côtés est impair.* On construit une brisée dont les côtés soient respectivement parallèles aux directions données, en commençant par la direction d'un des deux côtés du polygone qui est adjacent au côté passant par le point fixe. Alors, si l'on tire la droite qui ferme la brisée, comme cette droite, en vertu du lemme, est la corde d'un arc égal à l'arc sous-tendu par le côté du polygone qui passe par le point donné, la longueur de ce dernier côté est déterminée, et l'on est ramené à ce problème connu : *Par un point donné, mener une corde d'un cercle, dont la longueur soit donnée.*

2° *Le nombre des côtés est pair.* Soient ABC... KL le polygone cherché et AL le côté qui passe par le point donné : on construit comme précédemment la brisée A'B'C'...K' dont les côtés ont des directions connues. Comme la brisée A'B'C'...K' a un nombre de côtés pair, les arcs AK et A'K' sont égaux, et, par suite, il en est de même des angles ALK, A'L'K'. Or, comme KL et K'L' sont parallèles, les droites AL et A'L' doivent l'être aussi. On connaît donc la direction du dernier côté AL du polygone cherché, et comme ce côté doit passer par un point fixe, la solution s'achève sans difficulté.

2ème Cas. *Les points donnés sont tous à des distances finies.* Ce cas se ramène facilement au précédent.

En effet, considérons (*fig.* 190) deux côtés consécutifs AB et BC d'un polygone ABCD… inscrit dans un cercle; L et M étant les points fixes par lesquels passent ces deux côtés, tirons la droite LM, menons, par le point C, la corde CB' parallèle à cette dernière droite, puis faisons passer par les points A et B' une droite AB' que nous prolongeons jusqu'à sa rencontre en P avec LM.

Cela posé, les angles LPA, LBM étant égaux entre eux, comme égaux respectivement à l'angle B', les triangles LAP, BLM sont semblables et donnent

$$LP \times LM = LA \times LB;$$

et, comme le produit $LA \times LB$ est la puissance connue du point L, le point P est déterminé.

Au polygone proposé, on peut maintenant substituer un polygone dans lequel les côtés CB' et AB', l'un parallèle à une direction donnée, l'autre passant par le point fixe P, remplacent les côtés AB et BC. Dans le nouveau polygone, on pourra faire la même transformation, et en continuant toujours de même, on finira par tomber sur un polygone dont tous les côtés seront parallèles à des droites données, excepté un seul qui passera par un point fixe : on sera donc ramené au premier cas.

IV. *Étant donnés sur un cercle deux points A et B, et une corde CD dont le milieu est I, trouver sur l'un des arcs soustendus par la corde un point G tel, que, si l'on tire les droites GA et GB, les segments IK et IH, que déterminent ces droites sur la corde CD, soient égaux entre eux.*

1ère **Solution**. Menez la droite AI (*fig.* 192), et prolongez-la d'une longueur égale IF; tirez ensuite HF et BF. Les triangles IHF, AIK étant évidemment égaux, HF est parallèle à AG, et, par suite, l'angle BHF est supplémentaire de l'angle connu AGB.

De là on déduit la construction suivante : tirez BF, AI,

prolongez cette dernière droite d'une longueur IF égale
à AI, décrivez sur BF comme corde, un arc capable du
supplément de l'angle AGB; déterminez le point de rencontre H de cette corde et de DG; puis tirez les droites BHG
et GA.

REMARQUE, Le lieu géométrique des points tels, que, de
ces points, on voit une droite donnée sous un angle connu,
se compose de deux arcs symétriques par rapport à la
droite. Or il est clair ici qu'au point d'intersection du second arc avec la corde CD correspond une solution telle,
que le point G est situé sur l'arc ALB.

2me **Solution**. Elle est immédiatement donnée par le
théorème **XIII** (*page* 190).

V. *Étant donnés un demi-cercle terminé par le diamètre
AB et un point P (fig. 185), mener par ce point une transversale PCD telle, que la projection EF de la corde CD sur AB
soit égale à une longueur donnée.*

Soit HG la polaire du point P qui rencontre CD en I et AB
en G : le point G est connu. Si l'on observe ensuite que le
point I, étant situé sur la polaire du point P, est conjugué
harmonique de ce point par rapport à C et D, et que les
droites PD et PB sont divisées en parties proportionnelles
par les parallèles CE, HG et DF, on aura

$$\frac{CI}{ID} = \frac{PC}{PD} \ , \quad \frac{GE}{GF} = \frac{CI}{ID} \ , \quad \frac{PE}{PF} = \frac{PC}{PD},$$

d'où l'on déduit

$$\frac{GE}{GF} = \frac{PE}{PF}.$$

K étant le milieu de PG, on aura donc

$$KE \times KF = \overline{PK}^2 ;$$

et, comme la différence entre KF et KE est connue, par hypothèse, on est ramené à construire deux droites connaissant leur différence et leur produit.

VI. *Décrire deux cercles* O *et* C *dont les rayons aient un rapport donné, et qui soient tangents extérieurement, tandis qu'ils touchent eux-mêmes en deux points donnés* E *et* F *deux droites fixes* AB *et* AD.

Soit I (*fig*. 193) le point de contact des deux cercles; tirons les droites OC, OE, CF, IF, EI, et prolongeons la dernière jusqu'à sa rencontre en H avec le cercle C; puis tirons CH et FH.

A cause des triangles isocèles EOI, ICH qui ont les angles en I égaux, la droite CH est parallèle à EO, et, par suite perpendiculaire à AB; l'angle FCH est, par conséquent, égal à l'angle A, et l'angle EIF est le supplément de sa moitié FIH. Le point I est donc sur l'arc capable du supplément de l'angle $\dfrac{A}{2}$ décrit sur EF comme corde.

Menons maintenant IK parallèle à FH : comme l'angle HFD est égal à $\dfrac{A}{2}$, IK sera parallèle à la bissectrice de l'angle A D'autre part, les triangles semblables EOI, ICH donnent

$$\frac{EI}{IH} = \frac{OE}{CH};$$

et comme IK est parallèle à FH, il vient

$$\frac{EK}{KF} = \frac{EI}{IH} = \frac{OE}{CH}.$$

Le rapport de EK à KF est donc égal au rapport donné des rayons. On arrive ainsi à la solution suivante :

Décrivez, sur EF comme corde, un arc capable de l'angle qui est le supplément de la moitié de l'angle des deux droites fixes; partagez EF au point K en deux segments dont le rapport soit égal à celui des rayons OE et CF; puis, par le point

K, menez une parallèle à la bissectrice de l'angle des deux droites : le point I, où l'arc précédemment décrit sera rencontré par cette parallèle, sera le point de contact des deux cercles cherchés. On achève ensuite facilement la construction.

209. Lorsqu'un cercle demandé devra passer par deux points donnés comme dans quelques-uns des problèmes qui vont suivre, on pourra toujours admettre que ces deux points sont déterminés par la rencontre d'un cercle C et d'une droite XY connus, c'est-à-dire que XY sera l'axe radical du cercle C et du cercle demandé. Seulement, alors XY et C se coupent ; mais on peut écarter cette restriction. Lorsque XY et C seront extérieurs l'un à l'autre, empruntant le langage de la Géométrie Analytique, nous dirons que le cercle demandé passe par deux points imaginaires conjugués.

Dans les six problèmes qui vont suivre, nous adopterons des notations uniformes : O et D désigneront un cercle donné et le cercle demandé, XY sera l'axe radical du cercle D et d'un cercle connu C, extérieur à ces deux cercles — Un cercle et son centre seront d'ailleurs représentés par la même lettre.

Problème I. *Faire passer un cercle* D *par trois points donnés* A, B, E.

Le seul cas à examiner ici est celui où deux des points B et E sont imaginaires conjugués. Comme on donne la droite XY et le cercle C, si l'on fait passer par le point A un cercle F qui coupe le cercle C, on pourra déterminer le centre radical R des trois cercles C, D, F. Alors le point G, où la droite RA coupera le cercle F, sera un second point réel par lequel le cercle D devra passer. On aura ensuite le centre D par la rencontre de la perpendiculaire au milieu de AG et de la perpendiculaire abaissée du centre C sur XY.

Problème II. *Décrire un cercle passant par deux points donnés et tangent à une droite donnée.*

1° *Les deux points donnés sont réels.* Soient (*fig.* 157) A, B et PK les deux points et la droite donnés. Par les deux points, faites passer une droite AB et un cercle quelconque I, prolongez les droites AB et PK jusqu'à leur rencontre en F; de ce dernier point, menez une tangente FG au cercle I, puis, du même point comme centre avec un rayon égal à FG, décrivez un cercle qui coupe PK en H et K ; les points H et K seront les points de contact avec la droite PK de deux cercles satisfaisant à la question.

En effet, le point F étant sur l'axe radical commun au cercle I et aux deux cercles cherchés, les trois tangentes FG, FH, FK doivent être égales.

2° *Les deux points donnés sont imaginaires conjugués.* Alors le point F est déterminé par la rencontre de XY avec la droite donnée, et le cercle C remplace le cercle I. La solution s'achève ensuite comme dans le premier cas.

Problème III. *Décrire un cercle passant par deux points donnés et tangent à un cercle donné.*

1° *Les deux points donnés sont réels.* Soient L, M, O les deux points et le cercle donnés (*fig.* 157). Faites passer par les deux points L et M un cercle I qui coupe le cercle donné O en deux points A et B ; tirez la corde AB, prolongez-la jusqu'à sa rencontre en F avec la droite LM qui joint les deux points donnés, puis, du point F, menez les tangentes FE, FH au cercle donné O : les deux cercles passant par les points L, M, E ou L, M, H sont les deux cercles demandés.

En effet, le point F étant le centre radical des deux cercles O, I et de l'un des cercles cherchés, les points E et H sont les points de contact de ces derniers cercles avec le cercle donné O.

2° *Les deux points donnés sont imaginaires conjugués.* Par un point A quelconque du cercle donné O on fait d'abord passer un cercle I tel, que l'axe radical de I et C soit la droite XY (Pr. L), et l'on détermine le centre radical F des trois cercles.

On mène ensuite les deux tangentes FH et FK au cercle O, et par chacun des points H et K on fait passer un cercle tel, que l'axe radical de chacun d'eux et du cercle C soit sur la droite XY (Pr. I) : les deux cercles ainsi obtenus sont les deux cercles demandés.

Problème IV. *Décrire un cercle qui passe par deux points donnés A et B et qui coupe, sous un angle connu, une droite donnée L ou un cercle donné O.*

1° *Les deux points donnés sont réels* On emploie la méthode d'inversion. Prenant pour origine l'un des points donnés A, et $\overline{AB}^2$ pour puissance d'inversion, on remplace le cercle cherché par une droite passant par le point B, et la droite L ou le cercle O est remplacé par un cercle connu I. On est ainsi ramené à faire passer par un point donné une droite qui coupe un cercle donné sous un angle connu, ce qui n'offre aucune difficulté. On revient ensuite au problème primitif en remplaçant la droite obtenue par la circonférence inverse.

2° *Les deux points donnés sont imaginaires conjugués.* On détermine d'abord un cercle I qui passe par un point arbitraire A et tel, que l'axe radical de ce cercle et du cercle C soit la droite XY (Pr. I), puis on construit les points limites E, E'.

Alors, en prenant un de ces points pour origine dans l'inversion, le cercle C et le cercle demandé D sont remplacés (**IX**, page 188) par deux cercle C' et D' ayant, pour centre, commun un point connu G. Quant à la circonférence O ou la droite L, elle est remplacée par une circonférence O' ayant pour centre un point connu H. Maintenant, K étant l'un des points d'intersection de D' et O', on voit que, dans le triangle GHK, on connait deux côtés GH, HK et l'angle GKH, opposé à GH. On connait donc le centre G et le rayon GK du cercle D', et, par suite, le cercle D lui-même.

Problème V. *Décrire un cercle passant par deux points donnés A et B, et orthogonal à une droite donnée L.*

1° *Les deux points donnés sont réels.* Élevez une perpendiculaire sur le milieu de AB, prolongez-la jusqu'à sa rencontre en F avec la droite L, puis, du point F comme centre avec FA comme rayon, décrivez un cercle : ce cercle sera le cercle demandé.

2° *Les deux points donnés sont imaginaires conjugués.* On a d'abord le centre D du cercle cherché qui est à la rencontre de la droite L et de la perpendiculaire abaissée du centre C sur XY (*). Le rayon du cercle D est aussi connu, car il est l'un des côtés de l'angle droit d'un triangle rectangle qui a, pour hypoténuse, la distance du centre D au pied de l'axe radical XY, et, pour l'autre côté de l'angle droit, la tangente menée de ce point au cercle C.

Problème VI. *Décrire un cercle passant par deux points donnés A et B, et orthogonal à un cercle donné O.*

1° *Les deux points donnés sont réels.* Tirez OA, déterminez sur cette droite un point G tel, que le produit $OG \times OA$ soit égal au carré du rayon du cercle O, et faites passer un cercle par les trois points A, B, G : vous aurez ainsi le cercle demandé.

Cette construction se justifie en remarquant que, si E est l'un des points de rencontre des deux cercles et G le point où OA coupe le cercle cherché, le rayon OE est tangent à ce dernier cercle, et que, par suite, le produit $OG \times OA$ est égal à $\overline{OE}^2$.

2° *Les deux points donnés sont imaginaires conjugués.* Menons du pied H de l'axe radical XY (*fig.* 172) une tangente HK au cercle cherché D, et tirons les droites DK, DE DO, EO, OH. Les deux triangles rectangles DEO, HDK donnent

$$\overline{DO}^2 - \overline{ED}^2 = \overline{EO}^2 \quad , \quad \overline{HD}^2 - \overline{DK}^2 = \overline{HK}^2 ;$$

d'où l'on déduit

$$\overline{DO}^2 - \overline{HD}^2 = \overline{EO}^2 - \overline{HK}^2 = M^2,$$

(*) Voyez (page 358) la définition de XY.

M désignant une longueur connue. Or le lieu des points tels, que la différence des carrés de leurs distances à deux points fixes H et O est égal à un carré donné, étant une droite connue perpendiculaire à OH, le point de rencontre de cette droite et de CH prolongée donnera le centre D. Quant au rayon de ce cercle, il est égal à la tangente menée du point D au cercle O.

REMARQUE. Les problèmes V et VI sont des cas particuliers du problème IV, mais nous avons voulu en donner des solutions directes.

VII. *Décrire un cercle d'un rayon donné qui coupe, sous des angles connus, deux droites, une droite et un cercle, ou deux cercles donnés,*

1° *Deux droites sont données.* On sait (**XIV**, page 192) que le lieu des centres des cercles cherchés est une droite. D'ailleurs, la distance d'un de ces centres à l'une des droites données est connue, puisque cette distance est le côté de l'angle droit d'un triangle rectangle, dont le rayon du cercle demandé est l'hypoténuse, et dont l'un des angles aigus est l'angle donné ou son supplément. Le problème peut donc être considéré comme résolu.

2° *Un cercle et une droite sont donnés.* Soient AB et O la droite et le cercle donnés, qui sont coupés, respectivement, par le cercle cherché D sous des angles α et β. Par un point E de AB, menez une droite EF qui fasse avec elle un angle α; prenez sur cette droite une longueur EF égale au rayon du cercle donné, et par le point F menez une droite FM parallèle à AB : la droite FM sera un premier lieu du centre du cercle D.

Si ensuite on construit un triangle dans lequel deux des côtés soient égaux aux rayons des cercles O et D et l'angle compris soit égal à l'angle β, et qu'on décrive un cercle du centre O comme centre avec un rayon égal au troisième côté du triangle que l'on a construit, on aura un second lieu du centre du cercle cherché. Le centre et le rayon de ce dernier cercle étant déterminés, le problème est résolu.

3° *Deux cercles sont donnés* On construit deux triangles analogues à ceux de la construction précédente, et le centre du cercle cherché est déterminé par l'intersection des deux cercles.

REMARQUE. On a supposé ici tacitement qu'on à tenu compte de la définition précise de l'angle de deux cercles (rem. I, th. **XVI**, page 193), définition que l'on peut étendre à l'angle d'une droite et d'un cercle. Autrement, les lieux considérés dans la solution du problème précédent se composeraient de deux cercles et de deux droites.

VIII *Décrire un cercle qui passe par un point donné et qui coupe, sous des angles connus, deux droites, une droite et un cercle ou deux cercles connus.*

Employons la méthode d'inversion en prenant pour origine le point donné. Alors les deux lignes données sont, dans tous les cas, remplacées par deux cercles, et le cercle demandé par une droite faisant avec ces derniers cercles des angles connus. Or une droite faisant des angles connus avec deux cercles donnés est tangente à deux autres cercles connus (**XV**, page 192). On est ainsi ramené au problème de mener une tangente commune à deux cercles donnés.

IX *Décrire un cercle qui passe par un point donné, et qui soit tangent à deux droites, à une droite et à un cercle, ou à deux cercles donnés.*

Ce problème est un cas particulier du précédent; mais on peut en donner aussi des solutions directes. C'est ce que l'on a déjà vu pour le cas de deux droites (3, page 314), et ce que l'on va vérifier dans les deux autres cas.

1° *Un cercle et une droite sont donnés.* Soient (fig. 148) O, I et AB le cercle, le point, et la droite donnés. Du centre O du cercle donné on abaisse OL perpendiculaire sur AB: soient P et K les points où cette droite et son prolongement rencontre le cercle donné. C étant le cercle cherché qui est tangent au cercle O en G et à la droite AB en D, on tire les droites KI, KD, PG, dont la première prolongée rencontre le cercle C en M. Le point K étant l'un des centres de similitude du cercle O et de la droite AB, les trois points K, G, D sont en ligne droite, et comme d'ailleurs le quadrilatère PCDL est inscriptible, on a

$$KI \times KM = KG \times KD = KP \times KL.$$

Le premier et le dernier produit étant égaux, la distance KM est connue, et l'on est ramené à décrire un cercle, qui passe par deux points donnés I et M, et qui soit tangent à une droite donnée AB. On obtient ainsi deux solutions; mais on en aurait deux autres en employant le second centre de similitude P, comme le premier K.

2° *Deux cercles sont donnés.* Si l'on fait usage des centres de similitude des deux cercles donnés, comme on l'a fait des points K et P dans le cas précédent, on voit que la solution du problème est la même dans les deux cas.

REMARQUE. Le problème dont l'énoncé se déduirait du précédent en remplaçant le point donné par un cercle se ramène facilement à celui-ci. Il suffit pour cela de se proposer de déterminer le centre d'un cercle concentrique au cercle demandé et passant par le centre d'un des cercles donnés. Mais nous n'insisterons pas sur ce point, la solution de ces problèmes étant donnée plus simplement au problème **XIII**.

X. *Décrire un cercle qui coupe un cercle et une droite donnés sous des angles connus, l'un des points de rencontre du cercle demandé et de la droite étant donné.*

La condition que le cercle demandé coupe une droite donnée, sous un angle connu, en un point donné, peut d'abord être remplacée par la condition que ce cercle soit tangent à une droite donnée, au point donné; car pour obtenir cette dernière droite, il suffit évidemment de mener, par le point donné, une droite qui fasse, avec la droite donnée, un angle égal à l'angle connu.

Cela posé, soient (*fig.* 170) O, A et AB le cercle, le point et la nouvelle droite donnés (cette dernière devant être tangente au cercle cherché, au point A); soient aussi D l'un des points de rencontre du cercle O et du cercle cherché C, DF la tangente au cercle C au point D, et OE la distance de cette droite au centre O. Comme la longueur de OE est connue (th. **XV**, page 192), la droite DF est tangente à un cercle connu qui a pour centre le point O et pour rayon OE, et la tangente commune DE au cercle OE et au cercle C a une longueur connue.

Prenons maintenant sur AB, à partir du point A, une longueur AG égale à la longueur connue DE, tirons la droite EG, et prolongeons-la jusqu'à sa rencontre en H avec le cercle OE. Soient aussi prolongées les droites ED et OH jusqu'à leur rencontre en B et L avec la droite AB. Les triangles EBG, HOE sont isocèles, et comme l'angle OEB est droit, les angles OEH, BEG sont complémentaires, ainsi que les angles H et G, et, par suite, l'angle L est droit. On est alors conduit à la construction suivante :

Déterminez d'abord, comme il a été dit, le cercle auxiliaire OE, et la longueur d'une corde du cercle donné tangente au cercle auxiliaire; abaissez, du point O, la perpendiculaire OL sur AB, et prolongez-la jusqu'à sa rencontre en H avec le cercle OE; prenez sur AB, à partir du point A, une longueur AG égale à la moitié de la corde précédemment déterminée, tirez HG qui rencontre le cercle auxiliaire en E, et menez la tangente DEF à ce cercle : le point D, où cette dernière droite rencontre le cercle donné O, est le point de contact du cercle demandé avec cette droite elle-même. La construction s'achève ensuite facilement.

XI. *Décrire un cercle qui coupe deux droites et un cercle donnés sous des angles connus.*

Soient (*fig.* 170) OD le cercle donné et CD' le cercle demandé. On pourra, comme dans le problème précédent, déterminer le cercle auxiliaire OE, la tangente FED, et substituer aux deux droites données deux tangentes au cercle CD. Si AB est l'une de ces tangentes, quoique sa direction soit seulement connue dans le problème actuel, on aura encore le point H comme dans le problème précédent. On obtiendra ensuite, de la même manière, un point M analogue au point H et correspondant à la seconde droite donnée. Si alors on tire les droites HE, ME, il est facile de voir que l'angle HEM est connu.

En effet, la même construction que dans le problème précédent étant faite, on voit que l'angle HEF est égal à $90° - \dfrac{EBA}{2}$; et, de même, si l'on désigne par B' le point de rencontre de DF' et de la seconde tangente A'B', l'angle MEF sera égal à $90° - \dfrac{EB'A'}{2}$. L'angle HEM sera donc égal à la demi-différence des angles EBA, EB"A', et, par suite, à la moitié de l'angle des droites AB, A'B'.

Or ces droites faisant des angles connus avec des droites données, leur angle est déterminé. On aura donc le point E par la rencontre du cercle OE et de l'arc capable d'un angle donné, décrit sur MH comme corde, et, par suite, la tangente FED et le point D seront connus. On sait ainsi que le cercle demandé est tangent à une droite donnée FD en un point donné D.

D'ailleurs le cercle demandé, coupant deux droites données sous des angles connus, a son centre sur une droite connue ; il est donc bien facile d'achever la solution.

XII. *Décrire un cercle, qui soit tangent à deux cercles donnés, et qui coupe une droite donnée sous un angle connu.*

Soient (*fig.* 158) O, O', LM les deux cercles et la droite

donnés, et F, F', A les points où le cercle demandé touche les cercles donnés et l'un des points où il rencontre LM. Des centres O et O' on abaisse les perpendiculaires OD, O'D' sur la tangente DD' au point A, on les prolonge jusqu'à leur rencontre avec les cercles O et O' en B et B', puis on tire les droites AB, AB', BB', la dernière étant prolongée jusqu'à sa deuxième rencontre en H avec le cercle O.

Les points B et B' étant deux centres de similitude de la droite DD' et de chacun des deux cercles O et O' qu'on lui associe successivement, les trois points A, F, B sont en ligne droite, et il en est de même des points A, F', B'. D'ailleurs les points B et B' sont déterminés, puisque, l'angle DAM étant donné, la direction de la tangente DD' est connue.

Cela posé, tirons la droite FH que nous prolongeons jusqu'à sa rencontre en G avec AB'. Le point G, étant le point d'intersection de deux droites HF, F'B' qui joignent deux points anti-homologues de deux cercles, appartient à l'axe radical R de ces deux cercles. Alors le triangle GAF satisfait aux conditions suivantes: ses trois côtés passent respectivement par trois points connus B, B', H en ligne droite, et deux de ses sommets A et G se meuvent sur deux droites fixes LM et R. Le troisième sommet F du triangle décrit donc une droite.

On pourra facilement construire cette droite, et l'un des points où elle rencontrera le cercle C sera le point F. Le problème est alors résolu.

Remarque. Comme on peut, par la méthode d'inversion, remplacer un système de trois cercles dans un plan par deux cercles et une droite, le problème de décrire un cercle tangent à deux cercles donnés et coupant un troisième cercle sous un angle connu est ramené au précédent.

XIII. *Décrire un cercle tangent à trois cercles donnés.*

Quelques cas particuliers du problème des cercles tangents ont déjà été traités, mais nous allons faire connaître une solution générale, qui est encore applicable lorsqu'un ou plusieurs des cercles donnés sont remplacés par des droites ou des points.

Plusieurs cas de figure peuvent se présenter : le cercle demandé peut être tangent, intérieurement ou extérieurement, aux trois cercles donnés ; envelopper un ou deux des cercles donnés, et toucher extérieurement les deux autres ou le troisième.

Si l'on veut déterminer les deux cercles dont l'un touche extérieurement les cercles donnés O, O' O'' et l'autre enveloppe ces trois cercles, le théorème **XXII** conduit à la solution suivante :

Déterminez le centre radical T et l'axe de similitude directe SS'S'' des trois cercles donnés ; prenez, par rapport à chacun d'eux, les pôles e, e',e'' de cet axe; puis menez les droites Te, Te',Te'' qui coupent les trois cercles o,o',o'' en a,b,a',b' a'', b'' : le cercle qui passe par les trois points a,a',a'', et celui qui passe par les trois autres points b,b',b'' seront les deux cercles demandés.

On trouverait de même deux solutions qui correspondraient à chaque axe de similitude inverse : le problème a donc, en général, huit solutions.

Cas particuliers.

1. *On donne deux cercles et une droite,* — Un cercle et une droite ont deux centres de similitude (**67**); il y aura donc, comme dans le cas de trois cercles, quatre axes de similitude.

L'axe radical d'un cercle et d'une droite, étant cette droite elle-même (**8**), on aura le centre radical T par l'intersection de la droite avec l'axe radical des deux cercles.

Maintenant le pôle d'une droite, par rapport à une autre droite, est un point à l'infini sur la première droite (**28**), et, par suite, la droite qui joint ce point au centre radical T est parallèle à la droite donnée, et même est confondue avec elle, puisque le point T lui appartient. On en conclut seulement, ce qu'on savait d'avance, que les points de contact des cercles cherchés avec la droite donnée sont sur cette droite ; mais on peut déterminer les pôles de chaque axe de similitude par rapport aux deux cercles donnés, et en tirant des droites qui joignent ces pôles au centre radical T, on connaîtra les points de contact des cercles cherchés avec les deux cercles donnés, ce qui suffira évidemment pour que l'on puisse achever la construction.

Le problème a, en général, huit solutions, puisqu'il y a quatre axes de similitude.

2. *On donne un cercle et deux droites.* — Les centres de similitude du cercle et des deux droites seront aux extrémités f, f', g, g' des diamètres du cercle, perpendiculaires aux deux droites. Il y aura donc encore quatre axes de similitude qui seront les quatre droites fg, $f'g'$, fg', gf' ; les centres de similitude des deux droites seront alors considérés comme étant à l'infini sur les quatres droites précédentes, ou placés à leur rencontre avec les droites données **(69)**. Le centre radical T sera d'ailleurs le point d'intersection des deux droites données **(48)**.

Pour achever la construction relative à l'un des axes de similitude, on prendra le pôle de cet axe, par rapport au cercle donné, et on tirera la droite qui joint ce pôle au centre radical : on obtiendra ainsi les deux points de contact a et b de deux des cercles cherchés avec le cercle donné o. Tirant alors les droites oa et ob, et les prolongeant jusqu'à leur rencontre avec les bissectrices des angles des deux droites, on aura les centres des cercles, et, par suite, leurs rayons : les deux cercles sont donc déterminés.

A chacun des trois autres axes correspondent deux cercles qu'on détermine de la même manière que les précédents, et le problème a encore, en général, huit solutions.

3. *On donne deux cercles et un point.* — Les deux cercles ont deux centres de similitude ; mais, un point et un cercle n'ayant qu'un seul centre de similitude **(65)**, il n'y aura que deux axes de similitude, et, par suite, seulement quatre solutions. qu'on trouvera comme dans les cas précédents.

4. *On donne un cercle, une droite et un point.*—Les centres de similitude d'un point et d'un cercle ou d'une droite étant confondus avec ce point lui-même, il n'y a que deux axes de similitude, et, par suite, quatre solutions seulement. Le centre radical étant déterminé sans difficulté, on prendra ensuite les pôles des deux axes de similitude par rapport au cercle donné; ce qui suffira pour déterminer les cercles demandés.

5. *Un cercle et deux points.* — Les centres de similitude d'un point et d'un cercle se réduisent à ce point lui-même ; il n'y a donc qu'un seul axe de similitude qui est la droite joignant les deux points donnés, et le problème n'a plus que deux solutions qu'on trouve encore comme précédemment.

Il ne reste plus à considérer que les quatre cas où, parmi les données, ne figure aucun cercle; mais ces cas échappent à la méthode, et on les traite *directement* sans difficulté.

XIV. *Décrire un cercle qui coupe trois cercles donnés* O, O', O'' *sous des angles connus* α, α', α''.

1ère Solution. On déterminera d'abord les axes radicaux R, R', R'' des cercles associés deux à deux, O' à O'', O à O'', O à O'. On décrit ensuite (pr. **VII**, page 362) un cercle C, de rayon arbitraire, qui coupe les deux cercles O' et O'' sous les angles α' et α'', et, de même, on détermine les deux cercles analogues C' et C'' : cela fait, on considère trois cas.

1er Cas. *Les trois cercles* C, C', C'' *sont respectivement extérieurs aux axes radicaux qui leur correspondent.* On déterminera (pr. **II**, page 358) un cercle D qui ait avec O' et O'' l'axe radical commun R, et qui soit tangent au cercle C.

On obtiendra de même deux cercles D' et D'' analogues à D. Les trois cercles D, D', D'' sont d'ailleurs réels, car lorsque la droite donnée est extérieure au cercle, le problème II est toujours possible. Or le cercle C coupant les cercles O', O'' sous des angles α', α'', et étant tangent au cercle D, le cercle cherché est aussi tangent à ce dernier cercle (**XVII**, page 194). On voit de même qu'il est tangent à D' D''; on est donc ramené au problème **XII**.

2ème **Cas.** *Deux des cercles C et C' sont respectivement extérieurs aux axes radicaux correspondants R et R', tandis que le troisième cercle C'' coupe R''.* Le cercle demandé doit faire avec R'' le même angle que fait C'' avec cette droite (cor. th. **XVII**, page 195); et comme on peut déterminer les cercles D et D' d'après la construction du cas précédent, on est encore ramené au problème **XII**.

3ème **Cas.** *Deux des cercles C et C' coupent respectivement les axes radicaux R et R', le cercle C'' étant ou non extérieur à R''.* Comme les angles que font respectivement C et C' avec R et R' sont connus, on est immédiatement ramené au problème XI.

2ème **Solution.** On distingue deux cas.

1er **Cas.** *Deux des trois cercles se coupent.* Alors, si l'on prend, pour origine, l'un des points de rencontre des deux cercles, la puissance d'inversion étant d'ailleurs quelconque, les deux cercles qui se coupent sont remplacés par deux droites, et l'on est ramené au problème **XI**.

2ème **Cas.** *Les trois cercles sont extérieurs.* On détermine d'abord les points limites E, E' correspondant à deux des cercles O, O' par exemple. Alors, en prenant, pour origine, l'un des points limites, les deux cercles O, O' ont, pour inverses, deux cercles concentriques ayant pour centre commun un point connu G, et le cercle O'' a pour inverse un cercle dont le centre K et le rayon son aussi connus.

Cela posé, soient H le centre du cercle demandé et L l'un des points où il coupe le cercle K : tirons les droites HG, HK HL, LK. D'après la remarque II (th. **XVI**, page 193), on connaît GH, HL, et comme, dans le triangle HLK, deux côtés et l'angle compris sont connus, on peut obtenir le côté HK. Alors, les distances HK, HG étant connues, le point H est déterminé. On connaît donc le centre et le rayon du cercle inverse du cercle demandé, et, par suite, ce cercle lui-même.

XV. *Étant donné un triangle, décrire trois cercles tels, que chacun d'eux soit tangent aux deux autres et à deux côtés du triangle. (Malfatti.)*

On démontre d'abord deux lemmes.

Lemme I. *Étant donnés trois cercles dans un même plan, si les tangentes communes extérieures à deux couples de cercles et une tangente commune intérieure, qui correspond au troisième couple, se rencontrent en un même point, il en est de même des deux tangentes extérieures et de la tangente intérieure associées respectivement aux trois premières tangentes.*

Soient (*fig.* 196) a, b, c les trois cercles donnés que nous désignons par les mêmes lettres que leurs centres, df, dg deux tangentes communes extérieures, la première à c et a, la deuxième à b et a, et dh une tangente commune intérieure à b et c. Les trois dernières tangentes se coupant en un même point d, il faut démontrer que les trois tangentes fe, ge, el, qui leur sont respectivement associées, se coupent aussi en un même point.

Soit e le point d'intersection des deux tangentes extérieures ef, eg. Si du point e on mène la deuxième tangente au cercle b, il suffira de démontrer que cette droite est tangente au cercle c. Or, h étant le point où la dernière tangente et la tangente intérieure donnée se rencontrent, les quadrilatères $dgef$, $dheg$ sont respectivement circonscrits aux cercles a et b, et on a (ex. **12**, page 243)

$$dg + df = eg + eg \ , \ dg + eh = dh + ej.$$

Or, en retranchant, membre à membre, les égalités précédentes, on obtient

$$df + dh = ef + eh.$$

Donc (ex. **12**) le quadrilatère *dfeh* est inscriptible à un cercle, et comme trois des côtés sont tangents au cercle *c*, le quatrième côté *eh* est tangent au même cercle : c'est ce qu'il fallait démontrer.

Remarque. On démontrerait d'une manière toute semblable que, si trois tangentes intérieures correspondant à trois cercles pris deux à deux, se coupent en un même point, il en est de même des trois autres tangentes intérieures.

Lemme II. *Étant donnés (fig. 199) deux cercles O et C, si on les coupe par une transversale AE telle, que les cordes AB et DE soient égales, et qu'on mène des tangentes AM et EM aux cercles O et C par les extrémités A et E de la transversale : du point de rencontre M de ces tangentes, on verra les deux cercles sous des angles égaux.*

En effet, en abaissant OF, CG, MP perpendiculaires sur AE, on obtient les triangles AMP, MPE respectivement semblables aux triangles AOF, CGE, et on a

$$\frac{AM}{MP} = \frac{AO}{AF} \quad , \quad \frac{MP}{EM} = \frac{EG}{EC};$$

d'où, en multipliant, membre à membre, on déduit

$$\frac{AM}{EM} = \frac{AO}{EC}.$$

Si alors on tire OM et CM, on voit que les deux triangles AOM, CEM, sont semblables, et, par suite. on en conclut l'égalité des angles AMO, EMC qui sont les moitiés des angles sous lesquels on voit les deux cercles O et C du point M.

Remarque. La puissance du point A par rapport au cercle C étant évidemment égale à celle du point E par rapport au cercle O, si des points A et E on mène des droites AK, EL respectivement tangentes aux cercles C et O, ces droites seront égales, et, réciproquement, si une sécante AE est telle, que les tangentes AK et EL soient égales, les cordes AC et DE le seront aussi.

Je reviens maintenant au problème de Malfatti.

Soient (*fig*. 202) ABC le triangle donné, a, b, c les trois cercles demandés, inscrits respectivement dans les angles A, B, C du triangle.

Par les trois points D. E, F où les trois cercles se touchent, deux à deux, menons les tangentes communes MS, PQ, RN qui se coupent au centre radical L des trois cercles. Soient aussi G et H les points de contact de BC et des cercles b et c : on a évidemment

$$MQ - MR = GQ - RH = QE - RF = LQ - LR.$$

Le point M est donc tel, que la différence de ses distances aux sommets Q et R du triangle RLQ est égale à la différence des côtés LQ et LR, et, par suite, ce point est le point de contact du côté RQ et du cercle inscrit dans le triangle RLQ. Nous désignerons par a' ce dernier cercle, et de même par b' et c' les deux cercles analogues qui toucheront respectivement AC et AB en N et P.

Cela posé, on voit que, si l'on considère le système des trois cercles a', b', c', les droites RN, SM seront deux tangentes communes extérieures et PQ une tangente commune intérieure. Or, comme ces trois tangentes se coupent en un même point L, d'après le lemme I la deuxième tangente commune intérieure aux cercle a' et b' passera par le sommet C où concourent les tangentes communes extérieures BC et AC.

Je dis maintenant que la tangente commune intérieure aux deux cercles a' et b', qui passe par le point C, est la bissectrice de l'angle C du triangle donné. En effet, on a

$$MD = MH = TF \quad , \quad DU = NK = NF,$$

et, par suite,

$$MD + DU = TF + NF, \quad \text{ou} \quad MU = TN.$$

Donc, d'après la remarque du lemme II appliquée aux cercles a' et b', si l'on tire la droite MN, les segments interceptés sur cette droite par les cercles a' et b' seront égaux, et, par conséquent, d'après le lemme II lui-même, la deuxième tangente commune intérieure aux cercles a' et b' sera la bissectrice de l'angle C.

On peut maintenant considérer comme justifiée la construction suivante que *Steiner* a donnée sans démonstration :

Menez les bissectrices des trois angles du triangle ABC qui se coupent au centre I du cercle inscrit; inscrivez un cercle dans chacun des triangles IBC, IAC, IAB, puis menez les deuxièmes tangentes intérieures communes qui correspondent aux trois cercles pris deux à deux; vous obtiendrez ainsi des triangles ayant, pour côtés, une de ces tangentes et deux des côtés du triangle donné : les cercles inscrits dans les nouveaux triangles seront les cercles demandés.

La démonstration du lemme I est due à *M. Mannheim*, et la solution du problème de Malfatti a été rédigée d'après une note du docteur *Hart*. (*Quaterly Journal*, t. I, page 219).

210. Problèmes dans lesquels on propose de déterminer des longueurs de droites, principalement, lorsqu'on donne les aires de certaines figures.

On va traiter quelques problèmes du genre indiqué, parce qu'il sera intéressant ensuite de comparer les solutions obtenues avec celles qui fournirait l'Algèbre.

I. *Étant donnés deux points* A *et* B *(fig. 95), déterminer sur la droite indéfinie* XY, *qui passe par ces deux points, un point* C *tel, que sa distance au point* A *soit la moyenne* *proportionnelle entre sa distance au point B et une longueur donnée M.*

A et B étant les deux points donnés, sur la droite indéfinie XY élevez au point A une perpendiculaire à cette droite, portez sur sa direction une longueur AF égale à M, et sur AF comme diamètre décrivez un cercle; menez par le point F une parallèle à AB et prenez sur cette droite, à partir du point F et dans les deux sens, deux longueurs FE et FG égales à M; tirez les droites BE, BG qui couperont, en général, le cercle en quatre points M, N, M', N', puis les droites FM, FN, FM', FN' que vous prolongez jusqu'à leur point de rencontre avec XY : les quatre points ainsi obtenus donneront les solutions du problème. La construction est une conséquence immédiate du théorème **IV** (page 184).

Discussion. Il est d'abord évident que la droite EB coupe toujours le cercle en deux points M et N, et qu'à ces deux points en correspondent deux autres, l'un C entre A et B, l'autre C' à gauche de A, et qu'on a ainsi toujours deux solutions du problème.

La deuxième transversale BG, au contraire, peut ne pas couper le cercle : il faut, pour que la rencontre ait lieu, que AB ne dépasse pas une certaine limite AI que l'on obtient en menant par le point G une tangente au cercle. On a alors, d'après un théorème connu,

$$FG \times AI = \frac{\overline{AF}^2}{4} = \frac{\overline{M}^2}{4},$$

et comme FG est égale à M, la longueur de AI est égale au quart de M. Ainsi les deux dernières solutions n'existeront; que si la distance AB est plus petite que le quart de M; et ces deux solutions se réduiront à une seule quand AB sera égal au quart de la même longueur. Les deux positions du point C, qui correspondent à la transversale BG, sont d'ailleurs toutes deux à droite de B.

Remarque I. Si l'on suppose la droite AB égale à M, le problème devient celui du partage d'une droite en moyenne et extrême raison, et on voit bien, par la discussion précédente, que ce problème particulier ne doit avoir que deux solutions.

Remarque II. Le problème qu'on vient de résoudre peut quelquefois être employé dans la résolution d'autres problèmes.

Soit proposé, par exemple, de donner une nouvelle solution du problème **IV** (page 355). D'après le théorème **I** (page 180), en désignant par M une droite connue, on a (*fig.* 99)

$$\frac{CK \times DH}{HK} = M.$$

Or, comme le point I est le milieu de la corde BC, l'égalité précédente devient

$$\overline{DH}^2 = 2\, M \times HI,$$

et l'on est ramené au problème précédent.

II. *Par un point C pris dans l'intérieur d'un angle O (fig. 178), menez une droite AB telle, que l'aire du triangle AOB soit équivalente à celle d'un carré qui a pour côté une droite donnée M.*

Soient menée une droite DC parallèle à OB, qui coupe OA en D, et sur OD, comme base, construisons un parallélogramme ODEF équivalent au carré donné : on a évidemment

$$\text{aire . CEI} = \text{aire . ADC} + \text{aire . IFB}.$$

Or les triangles CEI, ADC, IFB étant semblables, leurs aires sont proportionnelles aux carrés des côtés homologues CE, DC, FB ; on a donc

$$(1) \qquad \overline{FB}^2 = \overline{CE}^2 - \overline{DC}^2.$$

La longueur de FB étant connue d'après l'égalité précédente, on la porte de F en B, et la droite ACB qui joint le point B au point C répond à la question.

Discussion. On voit facilement, en faisant une nouvelle figure, que, si l'on porte la distance FB à gauche du point F, on obtiendra une deuxième solution. Le problème a donc, en général, deux solutions; mais, pour qu'elles existent, d'après la dernière égalité, CE doit être supérieure à DC. Quand CE est égale à DC, le problème n'a plus qu'une solution; et on voit facilement que, dans ce cas, la droite AB est partagée au point C en deux parties égales. Le problème est impossible lorsque la droite CE est plus petite que DC.

REMARQUE. Comme l'aire du parallélogramme diminue en même temps que CE, ou, d'après l'égalité (1), en même temps que FB, il en résulte que le minimum de l'aire du triangle correspondra au cas ou le segment FB est nul, c'est-à-dire au cas où la transversale est partagée au point C en deux parties égales: c'est ce qui a déjà été établi d'une autre manière (page 118).

III. *Partager un triangle ABC (fig. 189) par une parallèle DE à la base BC, de manière que le trapèze BDEC soit la moyenne proportionnelle entre les triangles ADE et ABC.*

Le trapèze BDCE étant la différence des triangles ABC, ADE, on a d'abord

$$(ABC - ADE)^2 = ABC \times ADE.$$

Mais les deux triangles ABC et ADE étant semblables, et l'égalité précédente étant homogène par rapport à ABC et ADE, on peut y remplacer ABC et ADE par les quantités proportionnelles $\overline{AB}^2$ et $\overline{AD}^2$: il vient alors

$$\left(\overline{AB}^2 - \overline{AD}^2\right)^2 = \overline{AB}^2 \times AD^2, \quad \text{ou} \quad \overline{AB}^2 - \overline{AD}^2 = AB \times AD.$$

Or la dernière égalité peut évidemment s'écrire ainsi :

$$\overline{AD}^2 = AB \times (AB - AD) = AB \times DB,$$

et elle exprime que AD est le plus grand segment du côté AB partagé en moyenne et extrême raison : le problème est donc résolu.

IV. *Partager un trapèze ABCD (fig. 180), par une parallèle EF aux bases AB et CD, en deux parties ABFE, EFCD qui soient entre elles comme deux longueurs données M et N.*

Prolongeant les deux côtés non parallèles AD et BC jusqu'à leur rencontre en G, et considérant les trapèzes ABFE, EFCD comme différences de deux triangles, on a d'abord

$$(1) \qquad \frac{GAB - GEF}{GEF - GDC} = \frac{M}{N}.$$

Si l'on remplace ensuite, dans l'égalité précédente, les triangles GAB, GEF, GEC par les quantités proportionnelles $\overline{GA}^2$, $\overline{GE}^2$, $\overline{GD}^2$, il vient

$$(2) \qquad \frac{\overline{GA}^2 - \overline{GE}^2}{\overline{GE}^2 - \overline{GD}^2} = \frac{M}{N}.$$

Mais les quantités GA, GE et GD peuvent être remplacées, à leur tour, par des longueurs proportionnelles. A cet effet, sur GA comme diamètre, décrivons un demi-cercle, du point G comme centre avec GD et GE pour rayons, traçons deux cercles qui coupent le premier en I et H, puis projetons ces derniers points en L et K sur GA. Tirant alors GI et GH, on obtient

$$\frac{\overline{GH}^2}{\overline{GA}^2} = \frac{GK}{GA} \quad , \quad \frac{\overline{GI}^2}{\overline{GA}^2} = \frac{GL}{GA},$$

ou

$$\frac{\overline{GH}^2}{GK} = \frac{\overline{GI}^2}{GL} = \frac{\overline{GA}^2}{GA},$$

Si l'on remarque maintenant que les droites GH et GI sont

respectivement égales à GD et GE, on voit que les longueurs GK, GL et GA sont proportionnelles aux carrés $\overline{GD}^2$, $\overline{GE}^2$, et $\overline{GA}^2$, et qu'elles peuvent, par conséquent, les remplacer dans l'égalité (2) : on a ainsi

$$\frac{GA - GL}{GL - GK} = \frac{M}{N}, \quad \text{ou} \quad \frac{AL}{LK} = \frac{M}{N}.$$

Or, K étant un point connu, on voit que le problème est ramené à partager la droite AK, au point L, en deux segments dont le rapport est donné. Le point L étant obtenu, on achèvera ensuite facilement la construction.

Partager un quadrilatère ABCD (*fig.* 194), *par une droite* EF *de direction donnée, en deux parties* EFCD, ABFE *qui soient entre elles comme deux longueurs, données* M *et* N.

Prolongeant les côtés DA et BC jusqu'à leur rencontre en I, *et* considérant chaque quadrilatère partiel comme la différence de deux triangles, on remarque que ces triangles, ayant un angle égal I, sont entre eux comme les produits des côtés qui le comprennent, et l'on a

$$\frac{ID \times IC - IE \times IF}{IE \times IF - IA \times IB} = \frac{M}{N}.$$

Soient maintenant Q une droite moyenne proportionnelle entre IA, IB, et P une droite moyenne proportionnelle entre ID, IC : si l'on prend pour inconnue une droite T moyenne proportionnelle entre IE est IF, il viendra

$$\frac{P^2 - T^2}{T^2 - Q^2} = \frac{M}{N}.$$

Or, si l'on remarque que cette dernière égalité est toute semblable à l'égalité (2) du problème précédent, on voit qu'en prenant (*fig.* 180) GA égale à P et GD égale à Q, on obtiendra, comme dans ce problème, la droite GI qui sera égale à T. La longueur T étant connue, on a

$$IE \times IF = T^2.$$

Or, si l'on tire DH parallèle à la direction donnée, on a aussi

$$\frac{IE}{IF} = \frac{ID}{IH},$$

et, en multipliant les deux égalités précédentes, membre à membre. on obtient

$$\frac{\overline{IE}^2}{T^2} = \frac{ID}{IH}.$$

La dernière égalité détermine la longueur de IE; par suite, on connaît le point E, et, comme la direction de EF est donnée, le problème est résolu.

211. **Problèmes de Géométrie dans l'espace**.

Les problèmes de Géométrie dans l'espace n'ont, le plus souvent, leur solution effective qu'en Géométrie descriptive, et les autres, pour la plupart, ne sont intéressants qu'au point de vue de l'Algèbre à laquelle ils fournissent d'utiles exercices : nous ne donnerons donc ici qu'un petit nombre de problèmes.

I. *Étant donné un triangle, trouver hors de son plan un point tel, que, de ce point, on puisse voir les trois côtés sous des angles droits.*

Soient (*fig.* 195) ABC le triangle donné, les trois hauteurs AD, BE, CF qui se coupent en H, et S le point cherché. On sait que ce point, qui est le sommet d'un angle trièdre trirectangle SABC, se projette au point d'intersection H des hauteurs du triangle ABC. Il en résulte que, si du point S, on abaisse une perpendiculaire sur l'un des côtés AB du triangle donné, le pied de cette perpendiculaire se confondra avec le pied F de la hauteur CF.

Cela posé, pour résoudre le problème, rabattons le triangle rectangle SAB sur le plan du triangle ABC, en le faisant tourner autour de AB; le point S tombera en S_1 sur la hauteur CF. Ce dernier point sera d'ailleurs déterminé par la rencontre de la hauteur CF et du demi-cercle décrit sur AB comme diamètre. Menant alors par le point H la droite HG parallèle à AB, et décrivant, du point F comme centre avec FS_1 comme rayon, une circonférence qui coupe FG en S_2, on obtiendra la distance HS_2 du sommet S au plan du triangle. Or la projection H du point S étant connue, le point lui-même peut être considéré comme déterminé.

Pour que le problème soit possible, la droite FH doit être plus petite que FS ou FS_1 : ce qui exige, puisque l'angle AS_1B est droit, que l'angle AHB soit obtus, et, par suite, que l'angle C soit aigu. Donc, pour que le problème soit possible, il faut et il suffit que le triangle donné ait ses trois angles aigus.

II. *Étant donnée une pyramide quadrangulaire dont la base est un parallélogramme, on propose de la partager en deux parties équivalentes par un plan mené par un des côtés de sa base.*

Soient (*fig.* 197) SABCD la pyramide donnée, et ABF le plan qui satisfait à la question. Ce plan coupe la face SCD suivant une droite EF parallèle à CD, et tout revient à déterminer l'un des points E et F.

Tirons les diagonales AC et AE de la base et de la section ABEF, et faisons passer un plan par les deux arêtes SA et SC; nous décomposerons ainsi les deux pyramides quadrangulaires SABCD, SABEF en deux tétraèdres.

Cela posé, comparons les deux tétraèdres SCDA, SEFA. Ces tétraèdres peuvent être considérés comme ayant, pour bases, les triangles SCD, SEF, et, pour sommet commun, le point A : ils sont, par suite, entre eux, comme leurs bases. On a donc

$$\frac{\text{SEFA}}{\text{SCDA}} = \frac{\text{SEF}}{\text{SCD}}.$$

Or les triangles SEF, SCD, étant semblables, sont, entre eux, comme les carrés des côtés homologues, et il vient

$$(1) \qquad \frac{\text{SEFA}}{\text{SCDA}} = \frac{\overline{\text{SE}}^2}{\overline{\text{SC}}^2}.$$

D'autre part, les deux tétraèdres ESBA, CSBA, ayant même base SBA, sont entre eux comme leurs hauteurs, et, par conséquent, comme les droites SE et SC : on obtient ainsi

$$(2) \qquad \frac{\text{ESBA}}{\text{CSBA}} = \frac{\text{SE}}{\text{SC}}.$$

Or, par hypothèse, on a

$$\text{SEFA} + \text{ESBA} = \text{SCDA}, \quad \text{ou} \quad \frac{\text{SEFA}}{\text{SCDA}} + \frac{\text{ESBA}}{\text{SCDA}} = 1.$$

Donc, si l'on ajoute, membre à membre, les égalités (1) et (2), et qu'on tienne compte de la dernière égalité il viendra

$$1 = \frac{\overline{\text{SE}}^2}{\overline{\text{SC}}^2} + \frac{\text{SE}}{\text{SC}},$$

ou

$$\overline{\text{SE}}^2 = \text{SC} \times (\text{SC} - \text{SE}) = \text{SC} \times \text{CE}.$$

Le point E partage donc l'arête SE en moyenne et extrême raison, et, par suite, il est déterminé.

III. *Couper un prisme triangulaire par un plan de manière que la section soit un triangle semblable à un triangle donné.*

Remarquons d'abord que l'on peut obtenir avec un compas les distances des arêtes du prisme, et, par conséquent, connaître les trois côtés de la section droite.

Cette première construction étant faite, prenons arbitrairement, sur l'une des arêtes, un point A par lequel nous supposerons menés les plans de la section droite et de la section demandée; puis fendons le prisme suivant l'arête qui contient le point A. Si alors on étend la surface latérale du prisme sur un plan quelconque passant par cette arête, la section droite deviendra une ligne droite ABCD (*fig.* 201), et les arêtes latérales, qui passent par les sommets B et C de cette section, se placeront sur des perpendiculaires BP et CQ à la droite ABCD. Quant à la section cherchée, son développement sera une ligne brisée AEFD.

Les points A, D et les droites BP, CQ peuvent être construits; et, si l'on pouvait déterminer les points E et F sur ces dernières droites, on connaîtrait les distances entre les sommets E, F de la section cherchée AEF et le plan de la section droite : dès lors le problème serait résolu.

Cela posé, décrivons deux cercles, des points E et F comme centres avec EA et FD comme rayons; ces cercles se couperont en deux points G, H, et couperont la droite AD aux deux points A', D' respectivement symétriques de A et D, par rapport à BP et CQ. Menons aussi la corde commune GH qui est perpendiculaire en L sur la ligne des centres EF, puis tirons les droites GE et GF.

Le triangle GEF est égal au triangle demandé, et la droite GL est la hauteur correspondant à la base EF. Il résulte, de là, que les rapports de EL et LG à LF sont connus; et par suite, si l'on prend sur FE une longueur LM égale à LG, et que, par les points L et M, on mène les droites SI et UT parallèles à BP, les rapports de BI et TI à IC seront déterminés. On peut donc dire que les points J et M se trouvent sur deux droites connues SI et UT.

Je remarque maintenant qu'on peut déterminer le point de rencontre K des deux droites AD et GH. En effet, le point K, étant sur l'axe radical des deux cercles de la figure, est d'égale puissance par rapport aux deux couples de points (A, A'), (D, D') : si donc on mène un cercle quelconque par les deux points de chaque couple, et qu'on détermine le point K où la corde d'intersection des deux cercles coupe AD, ce point sera le point demandé.

D'autre part, en formant deux expressions différentes de la puissance du point K, par rapport aux deux cercles de la figure, on a

$$\overline{LG}^2 - \overline{LK}^2 = \overline{BA}^2 - \overline{BK}^2,$$

ou, en remplaçant LG par LM,

$$\overline{LM}^2 - \overline{LK}^2 = \overline{BA}^2 - \overline{BK}^2$$

Enfin, si l'on tire MK, on a un triangle rectangle LMK qui satisfait aux conditions suivantes :

Un des sommets des angles aigus passe par un point fixe K, les deux autres sommets sont sur les droites donnés UT et IS parallèles entre elles, et la différence des carrés des côtés de l'angle droit est connue.

Or ce problème n'est autre que le problème **XIV** résolu (page 339).

IV. *Décrire une sphère tangente à quatre sphères données.*

Supposons que l'on veuille déterminer, par exemple, les deux sphères dont l'une est tangente extérieurement aux sphères données et dont l'autre les enveloppe. On démontre d'abord les trois théorèmes suivants, qui sont les analogues des théorèmes compris dans l'énoncé XXII, page 205.

1. *Le centre radical des quatre sphères données est le centre de similitude inverse des deux sphères cherchées, et en ce point viennent concourir les cordes qui joignent les points de contact des deux sphères cherchées avec chacune des quatre sphères données.*

2. *Le plan de similitude directe des quatre sphères données est le plan radical des deux sphères cherchées.*

3. La corde, qui passe par les points de contact d'une des sphères données avec les deux sphères cherchées, contient le pôle du plan de similitude directe des quatre sphères données par rapport à celle des sphères données que l'on considère.

Les théorèmes précédents se démontrent comme leurs analogues de Géométrie plane.

On peut maintenant donner la solution suivante du problème proposé :

Déterminez le centre radical T *et le plan de similitude directe des quatre sphères données; prenez les pôles* e, e', e'', e''' *de ce plan par rapport à chacune d'elles; puis tirez les droites* Te, Te', Te'', Te''' *qui coupent les sphères données en* a, b, a', b', a'', b'', a''', b''' (*Deux de ces dernières lettres marquées du même accent se rapportent à une même sphère*): *la sphère qui passe par les quatre points* a, a', a'', a''', *et celle qui passe par les autres points* b, b', b'', b''' *seront les deux sphères demandées.*

On trouvera de même deux solutions correspondant à chacun des sept autres plans de similitude : le problème a donc, en général, seize solutions.

Les cas particuliers, où une ou plusieurs sphères seraient remplacées par des points ou des plans, se traiteraient comme les cas particuliers analogues du problème du cercle tangent à trois cercles donnés.

PROBLÈMES A RÉSOUDRE.

Notation et observation diverses. Les notations de la page 241 seront encore employées ici, ainsi que celles dont on a fait usage dans le cours de l'ouvrage, pour représenter les angles, les côtés d'un triangle, et les rayons des cercles circonscrit, inscrit et ex-inscrits. De plus, on désignera toujours par d

la bissectrice de l'angle A, par h, k, l les hauteurs correspondant respectivement aux côtés a, b, c et par m. m', m'' les médianes correspondant aux mêmes côtés. — On ne donnera pas de problèmes conduisant à des calculs algébriques et des résolutions d'équations, ces problèmes trouvant mieux leur place dans l'Algèbre, à laquelle ils fournissent les meilleurs exercices (*). —

210. Étant donné un triangle abc, mener une parallèle à ab qui intercepte sur ac et bc deux segments ad et be dont la somme soit égale à sa longueur.

211. Diviser un angle droit en trois parties égales.

212 à 253. Construire un triangle, connaissant :

h, A, B, C ; $B, a, b \pm c$; A, h, d ; A, h, m ; A, h, k ;
B, b, m ; a, m, m' ; m, m', m'' ; $A-B, a, b$; $a, b-c, B-C$;
A, B, C, R ; A, B, C, r ; A, B, C, r' ; A, a, r ; a, B, r ;
a, A, r' ; B, a, r' ; $a, b+c, r$; $a, b+c, r'$; $a, b-c, r$;
$a, b-c, r'$; A, r, h ; A, r', h ; B, r, h ; $B, r', h,$; $a, R, b \pm c$;
$R, A, 2p$; $r, A, 2p$; $r', A, p-a$; a, R, r ; a, R, r' ;
A, R, r ; A, R, r' ; $a, b+c, B-C$; $a, \dfrac{b}{c}, B-C$; d, a, A ;
$d, a, B-C$; A, k, l ; R, h, A : $b+c, m', l$; $b+c, m', k,$
A, m', m''.

254. Construire un triangle, connaissant les milieux des côtés ou les pieds des hauteurs.

255. Construire un triangle dont les angles sont donnés, sachant que les sommets de ces angles sont respectivement sur trois parallèles données.

256. Construire un triangle dont les trois angles sont donnés, sachant que deux sommets sont sur une circonférence donnée, et le troisième sommet sur une circonférence aussi donnée, concentrique à la première.

257. Construire un quadrilatère, connaissant les quatre côtés et la droite qui joint les milieux de deux côtés opposés.

258. Construire un trapèze, connaissant la hauteur, les côtés

(*) Voyez *Questions d'Algèbre*.

non parallèles, et la somme, le produit ou le rapport des bases.

259. Construire un trapèze, connaissant les quatre côtés.

260. Construire un trapèze, connaissant les deux bases et les diagonales.

261. Construire un losange, connaissant un côté et la somme ou la différence de ses diagonales.

262. Construire un carré, connaissant la somme ou la différence de la diagonale et du côté.

263. Étant donnés deux points et deux parallèles, mener par les deux points deux droites parallèles entre elles et telles, que la figure formée par les quatre droites soit un losange.

264. Circonscrire à un cercle donné un trapèze dont on connaît deux côtés consécutifs ou les deux côtés non parallèles.

265. Construire un carré, connaissant quatre points en ligne droite par lesquels passent les côtés du carré, prolongés s'il est nécessaire.

266. Construire un pentagone, connaissant les milieux de ses côtés.

267. Étant donnés cinq carrés en papier égaux entre eux, on découpe les cinq feuilles de manière à détacher de chacune d'elles un triangle rectangle dont l'un des côtés de l'angle droit soit égal au côté du carré et l'autre à sa moitié; on demande de former un seul carré avec les cinq triangles et les cinq trapèzes ainsi obtenus. (*ex.* 4.)

268. Faire un carré avec vingt feuilles de papier ayant la forme de triangles rectangles égaux dont l'un des côtés de l'angle droit est double de l'autre. (*ex.* 267).

269. Étant donnés un angle et un point dans son plan, mener par ce point une droite qui, avec les deux côtés de l'angle, détermine un triangle dont le périmètre soit donné.

270. Trois points a, b, c étant donnés, mener par l'un des points une droite telle, que la somme ou la différence des perpendiculaires abaissées des deux autres points sur cette droite soit égale à une longueur donnée.

271. Étant donnés trois points a, b, c dont les deux premiers sont sur deux parallèles fixes ad, bc et le troisième en dehors, mener par le point c une droite qui coupe les parallèles en deux points *d* et *e* tels, que la somme *ad+be* ou la différence *ad—be* soit égale à une longueur connue.

272. Deux parallèles et un point hors de ces parallèles étant donnés, décrire, du point donné comme centre un cercle tel, que la somme ou la différence des cordes interceptées soit égale à une longueur donnée.

273. Étant donnés une droite et un cercle avec deux points sur sa circonférence, trouver sur cette circonférence un troisième point tel, que, si l'on joint ce point aux deux autres par des droites, celles-ci interceptent sur la première droite un segment de longueur donnée.

274. Étant donnés un angle et deux points dans son plan, mener par l'un deux une droite telle, que le segment intercepté entre les deux côtés de l'angle soit vu, du deuxième point, sous un angle donné.

275. Étant donnés un triangle équilatéral et le cercle circonscrit, on décrit trois cercles tangents au cercle circonscrit dont le premier est aussi tangent à deux côtés du triangle, le second tangent à leurs prolongements dans l'intérieur de l'angle qu'ils forment, et le troisième tangent encore aux prolongements de deux côtés mais dans l'angle supplémentaire de l'angle qu'ils forment : on demande quels sont les rapports des rayons des trois cercles au rayon du cercle circonscrit.

— On obtient $\frac{2}{3}$, 2, et 6 pour valeurs de ces rapports.

276. Étant donnés un triangle équilatéral et le cercle inscrit, on décrit un cercle tangent au cercle inscrit et à deux côtés du triangle : quel est le rapport du rayon du cercle ainsi obtenu au rayon du cercle inscrit ?

— Le rapport est $\frac{1}{3}$.

277. Étant donnés un triangle équilatéral et l'un des cercles ex-inscrits, dans l'un des angles extérieurs du triangle on décrit deux cercles tangents au cercle ex-inscrit; quels sont les rapports des rayons de ces cercles au rayon du cercle ex-inscrit ?

278. Étant donnés deux cercles tangents extérieurement,

mener par le point de contact deux cordes rectangulaires et égales.

279. Un point étant donné sur chacun des côtés d'un angle, décrire deux cercles égaux, tangents entre eux et qui touchent chacun des côtés de l'angle au point donné.

280. Décrire un cercle passant par deux points donnés et tel, que les tangentes menées de deux autres points donnés aient des longueurs égales.

281. Quatre points dont trois ne sont pas en ligne droite étant donnés sur une carte, tracer sur cette carte une route circulaire qui passe à égale distance des quatre points donnés. (*Concours.*)

282. Deux cercles concentriques et un point étant donnés, décrire, du point donné comme centre, un cercle tel, que, si 'on mène la corde passant par deux des points d'intersection des deux premiers cercles avec le troisième, cette corde soit parallèle à une direction donnée ou passe par le centre commun des cercles donnés.

283. Deux cercles étant donnés, les couper par une transversale parallèle à une direction connue et telle, que l'un des segments interceptés sur elle par les deux cercles ait une longueur connue.

284. Étant donnés deux cercles, les couper par une transversale qui les rencontre sous des angles connus, ou qui soit telle, que les cordes interceptées aient des longueurs connues.

285. Étant donnés une droite *ab* et deux points *c* et *d* d'un même côté de cette droite, trouver sur *ab* un point *f* tel, que l'angle *cfa* soit double de l'angle *dfb*.

286. On modifie l'énoncé précédent en supposant que la différence entre les angles *cfa*, *dfb* soit donnée.

287. Par deux points donnés sur un cercle mener deux cordes parallèles dont la somme ou la différence soit donnée.

288. Étant donné un triangle *abc*, décrire, de ses sommets comme centres, trois cercles tangents deux à deux.

289. Trouver un point tel, que, si de ce point on mène des tangentes à deux cercles donnés, ces tangentes soient égales et fassent entre elles un angle connu. (*Concours.*)

290. Étant donnés un angle et un point, décrire, du point donné comme centre, un cercle tel, que la droite, qui joint deux des points d'intersection du cercle et des côtés de l'angle, soit parallèle à une direction connue.

291 à 309. Construire un triangle, connaissant : $h, d, b \pm c$; $h, B - C, b \pm c$; $h, d, \dfrac{b}{c}$; $h, B - C, \dfrac{b}{c}$; h, d, bc ; $h, B - C, bc$; $S, A, a^2 + b^2 + c^2$; $S, A, b^2 - c^2$; $a, h, b + c$; $r, 2p, h$; $r, h, p - a$; r, r', A ; r', r'', A ; $b + c, A, S$; $b - c, A, S$; $a, B - C, \dfrac{b}{c}$; $a, B - C, bc$; $d, p, B - C$; r, r', R ; r', r'', R : r, R, h ; r', R, h ; S, r, r' ; S, r', r'' ; h, k, r ; h, k, r'.

309. Étant donnés trois points, mener par l'un d'eux une droite telle, que le rapport ou le produit des perpendiculaires abaissées des deux autres points sur cette droite soit connu. — Pour la seconde partie, on s'appuiera sur le théorème **XXI** (page 161).

310. Dans l'énoncé précédent, remplacez le rapport ou le produit par la somme des carrés. (*ex.* **59** et **309**.)

311. Donner une nouvelle solution du premier cas du problème **VI** (page 328) en s'appuyant sur l'exercice **48**.

812. Construire un triangle dont un côté est connu en grandeur et en position, sachant que le sommet opposé se trouve sur une droite donnée et que la médiane est la moyenne proportionnelle entre les deux autres côtés. (2, page 319).

313. Étant donnés deux cercles qui se coupent, mener, par l'un des points a d'intersection, une sécante bac qui soit partagée par ce point dans un rapport donné.

314. m et n étant des nombres donnés, supposez, dans l'énoncé précédent, que la sécante bac doit être telle, que la somme $m.ab + n.ac$ soit égale à une longueur connue.

315. Par un des points d'intersection a de deux cercles mener une sécante bac telle, que le produit $ab.bc$ soit connu.

316. Par un des points d'intersection a de deux cercles mener une sécante bac telle, que la différence des carrés des cordes ab et ac soit égale au carré d'une longueur donnée. — On prouve facilement que le point d milieu de bc a, par rapport aux deux cercles donnés, des puissances égales et de signes contraires, et que, dans le problème actuel, la valeur absolue de la puissance du point d, par rapport à l'un des cercles donnés, est connue.

317. Par l'un des points d'intersection de deux cercles, mener une sécante telle, que, si l'on appelle a, a' les longueurs des cordes interceptées, m, m', k des nombres et une longueur donnés, on ait

$$m^2 a^2 - m'^2 a'^2 = k^2.$$

318. Étant donnés trois points, mener par l'un d'eux une droite telle, que la différence des carrés des perpendiculaires abaissées des deux autres points sur cette droite soit égale à un carré donné (*ex.* **314**.

319. Étant donnés deux cercles et un point dans leur plan, mener, par le point donné, une sécante telle, que le produit des distances de ce point à deux des points de rencontre pris sur les deux cercles soit égal au carré d'une longueur connue.

320. Étant donnés deux cercles et un point dans leur plan, mener par le point donné une sécante telle, que les deux cordes interceptées par les deux cercles soient égales.

321. Étant donnés un cercle o, l'une de ses cordes ab et deux points c et d pris sur sa circonférence, trouver sur cette même ligne un point f tel, que, si l'on tire les droites fc, fd rencontrant respectivement ab en g et h, le produit $ag.bh$ soit donné.

322. Étant données deux circonférences concentriques, déterminer un rectangle, semblable à un rectangle donné, dont deux sommets se trouvent sur l'une des circonférences et les deux autres sur la deuxième circonférence. (*Concours.*)

323. Construire un quadrilatère $abcd$, connaissant sa surface, le côté ab en grandeur et en position, le côté opposé cd en grandeur et en direction, et sachant que le sommet d se trouve sur une droite donnée.

324. Construire un quadrilatère qui soit tel, que le point de rencontre de ses diagonales soit situé sur une droite donnée, et qui, de plus, satisfasse aux trois premières conditions de l'énoncé précédent.

325. Construire un trapèze, connaissant les diagonales et les angles, ou encore, la hauteur, les deux bases, et le rapport des deux autres côtés.

326. Construire un trapèze isocèle dont on connaît la plus grande base, sachant que les deux diagonales sont égales à cette base et que la plus petite base est égale à chacun des côtés non parallèles.

327. Construire un trapèze, connaissant les deux côtés non parallèles et les diagonales.

328. Construire un trapèze, connaissant la différence des bases, la somme ou la différence des côtés non parallèles, et l'angle de ces deux derniers côtés.

329. Circonscrire à un cercle donné un trapèze dont les bases sont connues.

330 Partager un trapèze donné en deux trapèzes semblables entre eux, par une parallèle aux bases.

331. Construire un parallélogramme qui soit semblable à un parallélogramme donné et dont les côtés, prolongés s'il est nécessaire, passent par quatre points donnés en ligne droite.

332 Inscrire, dans un triangle donné, un carré ou un rectangle dont le rapport des côtés est donné.

333. Même question pour un segment de cercle.

334. Décrire un cercle qui soit tangent à deux cercles donnés et qui ait son centre sur une droite donnée.

335. Étant donnés un cercle, une corde et sa flèche, mener une tangente au cercle telle, que le point de contact soit le milieu du segment de cette tangente compris entre la corde et la flèche.

— Soient r le rayon du cercle, a le point où la tangente rencontre la flèche de l'arc, et ob la perpendiculaire abaissée du centre o sur la corde; on trouve aisément que $oa\,(oa + ob)$ est égal à $2r^2$, et l'on est ramené à trouver deux droites, connaissant leur différence et leur produit.

336. Par un point pris dans le plan d'un cercle, mener une droite telle, que le rapport des distances du point donné aux points où la droite coupe le cercle soit connu. — Cas particulier où le rapport donné est égal au rapport du plus grand segment d'une droite partagée en moyenne et extrême raison à la droite entière.

337. Étant donnés deux cercles dans un même plan, a un point sur le premier, b un point sur le second, trouver sur l'axe radical de ces deux cercles un point c tel, que, si l'on tire les droites ca, cb, elles coupent les cercles en deux points d et e, de manière que la droite de soit perpendiculaire à l'axe radical.

338. Étant donnés quatre cercles a, b, c, d, décrire un cinquième cercle, dont le centre soit sur le cercle a, qui touche le cercle b, et tel, que les deux axes radicaux des deux systèmes qu'il forme avec b et c se coupent en un point du cercle d.

339. Étant donnés trois cercles, déterminer un triangle semblable à un triangle donné dont les trois sommets soient sur les trois cercles donnés (**VI**, page 268).

340. Étant donnés trois cercles, trouver un point tel, que les tangentes menées de ce point aux trois cercles soient entre elles comme trois longueurs données.

341. Étant donnés une droite et trois points sur cette droite, décrire trois cercles tangents, deux à deux, et respectivement tangents à la droite aux points donnés.

342. Même question en remplaçant la droite par un cercle donné. (*i.*)

343. Décrire deux cercles tangents l'un à l'autre et tangents respectivement à une droite donnée en deux points donnés, connaissant la somme, la différence, ou le rapport de leurs rayons.

344. Décrire un cercle qui soit vu, de trois points donnés, sous des angles connus.

345. Décrire un cercle qui divise trois cercles donnés en deux parties égales, qui divise deux des cercles en deux parties égales et qui soit orthogonal au troisième, ou qui soit orthogonal à deux des cercles et divise le troisième en deux parties égales.

346 à **348.** Étant donnés un cercle, un point a sur ce cercle, et la tangente bd en un point b diamétralement opposé, on mène par le point a une sécante ad qui rencontre le cercle en c et la tangente bd en d; on propose de mener la sécante ad de manière que $ad + ac$, $ad - ac$, ou $ad.ac$ soient connues.

349. Décrire un cercle qui coupe, sous des angles égaux, quatre cercles donnés. — Remplacer un ou plusieurs cercles par des droites. (**XXVIII**, page 288.)

350. Étant donnés trois cercles, décrire un quatrième cercle tel, que les tangentes communes à ces cercles et à chacun des cercles donnés aient des longueurs connues.

351. Étant donnés quatre cercles, décrire un cercle tel, que les tangentes communes à ce cercle et à chacun des quatre cercles donnés soient égales.

— En se servant du lieu énoncé (*ex.* 185), on aura le centre du cercle demandé par la rencontre de deux systèmes de droites; on obtiendra ensuite facilement le rayon.

352. Inscrire un trapèze dans un cercle donné, connaissant sa hauteur et son aire.

353. Circonscrire un trapèze à un cercle donné, connaissant son aire et l'un des côtés non parallèles.

354 Par l'un des sommets d'un quadrilatère, mener une droite qui divise son aire en parties proportionnelles à des longueurs données.

355. Trouver, sur l'un des côtés d'un triangle donné, un point qui soit tel, que des parallèles aux deux autres côtés, menées par ce point, déterminent un parallélogramme dont l'aire soit connue.

356. Inscrire dans un carré donné un rectangle dont l'aire soit connue.

357. Inscrire un carré dans un parallélogramme donné.

358. Étant donné un cercle, construire sept hexagones réguliers égaux dont l'un soit concentrique au cercle donné, et dont les six autres aient chacun un côté commun avec le premier hexagone et les deux sommets opposés sur le cercle donné.

359. Question analogue pour six pentagones réguliers égaux, les cinq pentagones, autres que le pentagone central, n'ayant plus chacun qu'un seul sommet commun avec le cercle donné.

360. Étant données deux droites quelconques dans l'espace, mener par un point donné une droite qui les rencontre.

361. Étant données deux droites quelconques dans l'espace, les couper par une droite parallèle à une direction donnée.

362. Étant données trois droites telles, que deux d'entre elles ne soient pas dans un même plan, les couper par une droite qu'elles partagent en parties proportionnelles à des longueurs données.

363. Étant donnés un quadrilatère gauche et une droite qui partage deux de ses côtés opposés en parties proportionnelles, déterminer une droite qui soit perpendiculaire à la première et qui divise en parties proportionnelles les deux autres côtés du quadrilatère

364. Étant donné un angle trièdre qui a deux faces égales, le couper par un plan de manière que la section soit égale à un triangle équilatéral donné. (*Concours.*)

365. Couper un angle trièdre trirectangle par un plan qui détermine une section égale à un triangle donné.

366. Trouver sur un plan donné un point tel, que le rapport de ses distances à deux points donnés, soit connu.

367 à 368. Même question quand la somme ou la différence des carrés des mêmes distances est donnée.

369. Couper un cube par un plan tel, que la section soit un hexagone régulier.

370 à 371. Partager la surface ou le volume d'une pyramide, dans le rapport de deux longueurs données, par un plan parallèle à la base.

372. Partager un tronc de pyramide triangulaire en deux parties équivalentes par un plan mené par l'une des arêtes de la plus petite base. (*Concours.*)

373. Partager un tronc de pyramide triangulaire en deux troncs de pyramide semblables par un plan parallèle aux bases.

374. Construire un tétraèdre à arêtes orthogonales, connaissant les longueurs des trois arêtes d'une même face et une quatrième arête.

375. Étant données trois droites telles, que deux d'entre elles ne soient pas parallèles, construire un parallélipipède dont ces trois droites soient des arêtes.

376. On donne le côté de la base d'une pyramide régulière, à base hexagonale, et l'on sait que cette pyramide est telle,

que les centres des sphères inscrite et circonscrite coïncident :
trouver la longueur de l'arête latérale, la hauteur et les rayons
des deux sphères. On fera voir *géométriquement* que l'arête latérale est égale au côté du dodécagone régulier étoilé qui est
inscrit dans le cercle circonscrit à la base.

377. Partager un tronc de prisme triangulaire en deux parties équivalentes par un plan parallèle à un plan donné.

378. Étant donnés un prisme triangulaire et un point, mener par ce point un plan qui partage, à la fois, le volume et la
surface latérale du prisme en deux parties équivalentes.

379. Décrire une sphère tangente à deux droites données
en un point donné sur chacune d'elles,

380. Résoudre tous les cas particuliers du problème **IV**
(page 385), en remplaçant une ou plusieurs sphères par des
points ou des plans.

381 à **384**. Décrire, avec un rayon donné, une sphère tangente à trois plans donnés, à deux plans et une sphère, à deux
sphères et un plan, ou à trois sphères.

385 à **388**. Questions analogues, en supposant que la sphère
cherchée fasse des angles connus avec les sphères ou les plans
donnés.

389. Décrire une sphère qui coupe sous des angles égaux
cinq sphères données.

390. Décrire une sphère, sachant qu'elle a avec cinq sphères
données cinq tangentes communes de même longueur.

CHAPITRE IV

MAXIMA ET MINIMA EN GÉOMÉTRIE. — MÉTHODES
POUR LES DÉTERMINER.

Les principales méthodes que l'on peut employer en géométrie élémentaire pour la recherche des maxima et minima
sont les suivantes.

212. 1ʳᵉ Méthode. — Par la discussion d'un problème ordinaire de Géométrie. On donne une valeur arbitraire, mais déterminée, à la grandeur géométrique dont on demande le maximum ou le minimum, puis on résout et on discute le problème de Géométrie ordinaire qui se trouve ainsi substitué à la question proposée. En général, pour que le nouveau problème soit possible, il faut que la quantité, que l'on a considérée comme constante dans l'énoncé, et à laquelle on restitue son caractère de variable dans la discussion, soit plus petite ou plus grande que certaines quantités données : de là alors on conclut le maximum ou le minimum demandé.

213. 2ᵉᵐᵉ Méthode. — Par substitutions successives. Cette méthode, applicable comme on l'a déjà vu, à toute question de raisonnement, n'a pas besoin ici d'explication.

214. 3ᵉᵐᵉ Méthode. — Par la considération de valeurs fixes attribuées successivement à chacune des variables indépendantes. Quand la grandeur géométrique dont on demande le maximum ou le minimum dépend de plusieurs variables, on peut souvent résoudre la question en considérant successivement chaque variable comme constante.

215. 4ᵉᵐᵉ Méthode. — Par renversement. Cette méthode, qui ramène une question de maximum à une question de minimum et réciproquement, est fondée sur le théorème suivant :

Lorsque deux variables u *et* v *sont liées entre elles de telle sorte que, si la première prend une valeur* a, *la deuxième passe par une suite de valeurs dont la plus grande est* b ; *réciproquement, quand* v *prendra la valeur déterminée* b, *la valeur minima correspondante de* u *sera* a, *pourvu que la valeur maxima* b *de* v *diminue en même temps que la valeur donnée* a *de la variable* u.

Ce théorème est facile à démontrer. En effet, quand v prend la valeur déterminée b, u ne peut prendre une valeur a' plus petite que a, puisque par hypothèse, la plus grande des valeurs de v, qui correspondrait à a', serait une valeurs b' puis petite que b.

216. **5**ème **Méthode**. — **Par les infiniment petits.** Cette méthode, qui a été exposée dans la première partie, s'appuie sur le théorème **I** (**161**). Nous ajouterons seulement ici que les applications 3 et 4 du théorème général (pages 121 et 123) peuvent elles-mêmes servir de point de départ pour la solution de plusieurs problèmes.

217. **Application des méthodes précédentes à plusieurs problèmes.**

I. *Trouver sur un arc de cercle* AB *(fig. 200) un point* C *tel, que la somme de ses distances aux extrémités de l'arc soit maxima.*

Résolvons d'abord le problème par lequel on se propose de déterminer un point C tel, que la somme de ses distances aux deux points A et B soit égale à une longueur donnée.

A cet effet, prolongeons AC d'une longueur CD égale à BC et tirons BD. Le triangle BCD étant isocèle, l'angle D est la moitié de l'angle constant ACB, et le point D se trouve sur un arc capable de la moitié de l'angle ACB et ayant AB pour corde. Le même point se trouve, d'ailleurs, sur un cercle ayant A pour centre et, pour rayon, la somme donnée; le point D, et, par suite, le point C sont donc déterminés, et le problème est résolu.

Pour que le problème soit possible, il faut évidemment que la somme donnée soit inférieure ou égale au diamètre du cercle auquel l'arc ADB appartient. Or ce diamètre est la droite AF qui passe par le milieu E de l'arc AEB; le maximum est donc AF ou la somme de AE et EB, et, par suite, le milieu E de l'arc AB est le point demandé.

II. *Trouver sur une droite donnée* EF *un point tel, que, de*

ce point, on voie la droite joignant deux points fixes A *et* B
sous un angle qui soit un maximum ou un minimum.

Supposons que l'angle soit donné. Le point demandé sera
à la rencontre de la droite EF et de l'arc capable de l'angle
donné, décrit sur la droite AB ; et comme l'arc pourra rencontrer EF en deux points C et D, le problème pourra avoir
deux solutions. Or on voit, par la mesure des angles sur le
cercle ABCD, que, suivant qu'un point est pris, sur la droite
indéfinie EF, entre les deux points C et D ou en dehors,
l'angle sous lequel on voit, de ce point, la droite AB, est
plus grand ou plus petit que l'angle donné. Si donc l'angle
donné augmente, les points C et D se rapprocheront l'un de
l'autre, et l'angle atteindra son maximum lorsque les points
C et D seront confondus, c'est-à-dire lorsque le cercle sera
tangent à la droite donnée.

Comme par deux points on peut mener, en général, deux
cercles tangents à une droite, il y a aura deux maxima. Ils
seront d'ailleurs séparés par un minimum, puisque, du point
de rencontre des deux droites AB et EF, on voit la droite AB
sous un angle nul.

III. *Trouver sur un cercle donné* AB *un point tel, que, de
ce point, on voie la droite* AB *qui joint deux point fixes* A *et*
B *sous un angle qui soit un maximum ou un minimum.*

Par des considérations toutes semblables à celles qui ont
été employées dans le problème précédent, on voit que les
points demandés seront les points de contact du cercle donné
et d'un autre cercle qui lui est tangent et passe par les deux
points donnés. On distinguera plusieurs cas dans la discussion.

1er Cas. *La droite* AB *qui joint les deux points donnés,
étant prolongée indéfiniment, ne rencontre pas le cercle.*
Alors à l'un des points de contact des deux cercles correspond un maximum, et à l'autre un minimum.

2ème Cas. *La droite* AB *est tangente au cercle.* Ce cas se subdivise en plusieurs cas secondaires, suivant que les deux points A et B sont d'un même côté du point de contact, de part et d'autre de ce point, ou que l'un des deux est confondu avec le point de contact lui-même; mais on trouve toujours un maximum et un minimum.

La droite AB joue, d'ailleurs, ici le rôle de cercle tangent extérieurement ou intérieurement : seulement, quand l'un des points fixes est confondu avec le point de contact, la droite AB représente à la fois les deux cercles tangents au cercle donné, et à son point de contact avec ce cercle correspondent à la fois un maximum et un minimum.

3ème **Cas.** *La droite* AB *prolongée indéfiniment rencontre le cercle en deux points.* Ce cas se subdivise en plusieurs autres, suivant que les points donnés sont tous deux extérieurs ou intérieurs au cercle donné, l'un extérieur et l'autre intérieur, ou tous deux confondus avec les points de rencontre de la droite indéfinie et du cercle.

Dans les deux premières positions, on peut décrire deux cercles tangents tous deux extérieurement ou intérieurement au cercle donné. Il y a alors deux mixima ou deux minima, mais qui sont séparés par deux minima ou maxima correspondant aux points de rencontre de la droite et du cercle. Quand l'un des deux points A et B est extérieur au cercle, et l'autre intérieur, on ne peut plus décrire des cercles tangents; mais il y a alors un maximum et un minimum qui correspondent aux points de rencontre de la droite et du cercle.

Les autres cas secondaires du troisième cas principal se traitent sans dificulté.

IV. *Par l'un des points d'intersection* A *de deux cercles* O *et* C *qui se coupent (fig. 203), mener une sécante telle, que le produit des cordes interceptées dans les deux cercles soit un maximum.*

On suppose que le produit des deux cordes soit égal au carré d'une longueur donnée M, et l'on distingue deux cas.

1er **Cas.** *Les deux points de rencontre B et D de la sécante BAD avec le cercle sont de part et d'autre du point A.*

Tirons AE, et faisons passer un cercle par les trois points B, E, D : ce cercle coupera le prolongement de AE en un point F tel, qu'on aura

$$AE \times AF = AB \times AD = M^2.$$

De là on déduit

$$AF = \frac{M^2}{AE},$$

et le point F est déterminé.

D'autre part, si l'on tire BF et ED, et que l'on mène la tangente AH au cercle CD, on voit que l'angle BFE est égal à l'angle BDE, et, par suite, à l'angle EAH : les droites BF et AH sont donc parallèles. On arrive ainsi à la solution suivante :

Déterminez, sur le prolongement de la corde d'intersection AE des deux cercles, un point F dont la distance au point A soit la troisième proportionnelle à AE et M; menez la tangente AH à l'un des deux cercles C; tirez la parallèle FB à cette tangente; et enfin faites passer deux droites par le point A et les deux points de rencontre de FB avec le second cercle : les deux sécantes ainsi obtenues satisferont aux conditions données.

Discussion. On voit que le problème a deux solutions, lorsque la droite BF coupe le cercle OA. Il n'en a plus qu'une, lorsque la droite BF devient tangente au même cercle, et il est impossible lorsqu'elle lui est extérieure. Il résulte évidemment de là que la plus grande valeur qui puisse prendre AF et, par suite, M^2, est obtenue, lorsque les tangentes en B et A aux cercles O et C sont parallèles, ou, ce qui revient au-même, lorsque les rayons des points de contact sont eux-mêmes parallèles. On aura donc la sécante à laquelle correspond le maximum demandé, en tirant une droite du point A au centre de similitude externe des deux cercles.

2ᵉᵐᵉ **Cas.** *Les deux points de rencontre de la sécante avec les cercles sont d'un même côté du point* A. On voit. par une discussion toute semblable à la précédente, qu'on obtient la sécante à laquelle correspond le maximum, en menant une droite par le point A et le centre de similitude interne des cercles donnés.

Remarque. Quand on fait tourner la sécante autour du point A, les deux maxima sont séparés, comme cela doit avoir lieu, par deux minima qui correspondent aux deux positions où la sécante est tangente à l'un ou l'autre des deux cercles.

V. *Inscrire dans un cercle donné un triangle isocèle tel, que la somme ou la différence de la base et de la hauteur soit maxima.*

Supposons d'abord que la somme de la base et de la hauteur soit connue.

Soient O le cercle donné, et ABC le triangle isocèle demandé (*fig.* 204). Le diamètre AD pouvant être supposé connu de position, si on prolonge la hauteur AH d'une longueur EH égale à BC, la droite AE sera connue de longueur et de position.

Mais le triangle isocèle ABC serait évidemment déterminé si l'on connaissait le point B; et comme ce point se trouve sur le cercle. tout revient à en déterminer un nouveau lieu géométrique.

Or BH étant la moitié de EH, le point B appartient au lieu des points tels, que, si, de l'un d'eux, on abaisse une perpendiculaire sur une droite fixe AE, cette perpendiculaire soit la moitié de la distance de son pied à un point E fixe sur la droite. Le point E appartient d'ailleurs au lieu, et on en a un deuxième point F, en prenant, sur la tangente AN au point A, une longueur AF égale à la moitié de AE.

On voit ensuite facilement que le lieu demandé est la droite EF elle-même. En effet, B étant supposé un point quelconque de cette droite, les deux triangles semblables EHB, EAF montrent que BH est la moitié de EH, et, par suite, on a

$$AH + BC = AH + 2HB = AH + EH = AE.$$

Ainsi le point B est déterminé par l'intersection du cercle donné et de la droite LF facile à construire.

Supposons maintenant que, la hauteur étant plus grande que la base, on donne la différence entre ces deux droites.

AB'C' étant le triangle demandé, on porte, à partir du pied H de la hauteur AH, et du côté du point A, une longueur H'E' égale à B'C'. Alors la différence se trouve représentée par AE', et si l'on prend, sur la tangente AN, une longueur AF', égale à la moitié de la différence donnée, puis qu'on mène la droite E'F', cette droite sera un lieu du point C', et, par sa rencontre avec le cercle, elle donnera ce point.

Enfin, la base étant plus grande que la hauteur, la différence donnée entre ces deux droites se trouve portée de A en E″ sur le prolongement de AD, au-dessus de A. Ici, le lieu analogue aux précédents s'obtient en prenant AF″ égale à la moitié de AE″, sur le prolongement de la tangente AN à gauche du point A.

Discussion. Lorsqu'on fait varier la somme ou la différence donnée, la droite EF se transporte parallèlement à elle-même ; car AF étant toujours la moitié de AE, les triangles tels que AEF sont semblables,

Cela posé, admettons d'abord que la droite AF soit tangente au demi-cercle BA, et qu'elle coupe, au point L, le diamètre AD prolongé ; alors le problème proposé n'a qu'une solution, et la somme atteint son maximum AL qu'on trouve facilement être égal à R. $(1 + \sqrt{5}.)$

Le point de rencontre de la droite mobile allant ensuite du point L au point D, c'est-à-dire la somme donnée variant depuis son maximum jusqu'à 2R, le problème a deux solutions.

Lorsque le point de rencontre est en D, on peut dire encore qu'il y a deux solutions; seulement un des triangles est nul.

La droite mobile EF, s'avançant toujours dans le même sens, coupera le diamètre AD entre D et A, et le cercle en deux points, l'un à droite du diamètre AD, l'autre à sa gauche. Au point qui est à droite correspond un triangle isocèle, dans lequel la somme de la base et de la hauteur est égale à la longueur donnée ; mais à l'autre point correspond un triangle dans lequel cette longueur est la différence entre la hauteur et la base.

Quand le point mobile E est arrivé en A, c'est-à-dre quand la longueur donnée est nulle, la seconde solution subsiste toujours ; seulement la base et la hauteur du triangle sont alors égales. On peut dire aussi que la première a encore lieu, puisque que le triangle étant nul, la somme de la base et de la hauteur est elle-même nulle.

Supposons enfin que la sécante mobile rencontre le prolongement de AD au-dessus de A. Il y alors deux solutions, mais qui se rapporteront au cas où, la base étant plus grande que la hauteur, on donne la différence entre ces deux droites.

Les deux dernières solutions existeront toujours, tant que la droite mobile ne sera pas tangente au cercle. Mais dans ce dernier cas, il n'y aura plus qu'une solution ; et si la droite continue son mouvement, le problème deviendra impossible. Le maximum de la différence entre la base et la hauteur a donc lieu quand la droite mobile devient de nouveau tangente au cercle. On trouve d'ailleurs facilement que ce maximum est égal à R. $(\sqrt{5} - 1.)$

VI. *Étant donnés deux points* A *et* B *une droite* XY (*fig.* 205) *trouver sur cette droite un point M tel, que le rapport des distances MA et MB soit un maximum ou un minimum.*

Supposons que le rapport ait une valeur donnée, et déterminons sur la droite AB deux points C et D qui soient les conjugués harmoniques de A et B correspondant à ce rapport ; si l'on décrit un cercle O sur CD comme diamètre, les points M et M' où ce cercle coupera XY, seront tels, que les rapports $\dfrac{MA}{MB}$, $\dfrac{M'A}{M'B}$ seront égaux au rapport $\dfrac{CA}{CB}$.

Cela posé, faisons croître le rapport $\dfrac{CA}{CB}$ depuis zéro jusqu'à l'infini. Quand le rapport est nul, les points C et D se confondent avec le point A et le cercle O est nul. Le rapport commençant ensuite à croître, le cercle O est d'abord trop petit pour qu'il puisse rencontrer XY ; mais, lorsqu'il est suffisamment grand, il devient tangent à cette droite, puis il la rencontre en deux points. Il existe donc un certain point H sur la droite XY tel, que le rapport $\dfrac{HA}{HB}$ est un minimum.

Le rapport continue ensuite de croître, mais dès qu'il a atteint une certaine valeur, il n'existe plus de point correspondant sur la droite XY.

En effet, si l'on suppose que le rapport $\dfrac{CA}{CB}$ soit d'abord infini, puis décroisse, les points C et D sont d'abord confondus avec B, et s'en éloignent ensuite : le cercle O ne rencontre donc pas d'abord la droite XY. C'est seulement lorsque le diamètre CD a atteint une certaine grandeur que le cercle O est tangent à la droite XY, puis la rencontre. Si donc I est le point de contact de XY et d'un second cercle passant par les points C et D et tangent à cette droite, le rapport $\dfrac{IA}{IB}$ sera un maximum.

Considérons maintenant le cercle passant par les deux

pointsA et B et l'un des points I et H, le point I, par exemple : on a

$$OA \times OB = \overline{OC}^2 = \overline{OI}^2.$$

Le cercle qui passe par A, B, I est donc tangent à la droite OI, et coupe, par suite, orthogonalement la droite XY. On prouverait qu'il en est de même du cercle circonscrit au triangle ABH. Le problème proposé est donc ramené au problème **V** (page 360).

Cas particulier. Si la droite XY était perpendiculaire à AB, le cercle orthogonal à XY deviendrait évidemment la droite AB elle-même.

Or cette droite, considérée comme *cercle limite*, coupant XY (*fig.* 207) au point E et en un point à l'infini, à ces deux points correspondent respectivement le maximum et le minimun du rapport : c'est ce qu'on peut aisément vérifier.

En effet, on a (*fig.* 207)

$$\frac{\overline{MA}^2}{\overline{MB}^2} = \frac{\overline{ME}^2 + \overline{AE}^2}{\overline{ME}^2 + \overline{BE}^2} = 1 + \frac{\overline{AE}^2 - \overline{BE}^2}{\overline{ME}^2 + \overline{BE}^2}$$

et l'on voit bien que le maximum et le minimum du rapport correspondent à ME nulle ou infinie.

VII. *Trouver sur un cercle G* (fig. 206) *un point tel, que le rapport de ses distances à deux points donnés A et B de son plan soit un maximum ou un minimum.*

Par les mêmes considérations que dans le problème précédent, on voit qu'il y a deux points I et H sur le cercle G auxquels correspondent un maximum et un minimum, et que ces points sont les points de contact du cercle G et de deux cercles qui lui sont tangents et qui coupent la droite AB en deux points conjugués harmoniques de A et B. Soit CID l'un de ces cercles : faisons passer un autre cercle par A, B, I ; on a

$$OA \times OB = \overline{OC}^2 = \overline{OI}^2.$$

Le cercle circonscrit au triangle ABI est donc tangent à la droite OIG, et, par suite, il coupe orthogonalement le cercle G ; on voit qu'il en est de même du cercle circonscrit au triangle ABH. On est donc ramené au problème **VI** (page 361).

On a vu que, pour résoudre ce problème, il suffit de déterminer un point E par la condition que GE soit la troisième proportionnelle à GA et à GI, puis de faire passer un cercle par les trois points A, B, E. Les points, où ce cercle coupe le cercle donné, sont alors les points qui correspondent au maximum ou au minimum.

Discussion. La condition, qui détermine le point E, montre que l'un des points A et E est toujours intérieur et l'autre extérieur au cercle G, à moins que l'un d'eux ne soit sur le cercle, auquel cas l'autre s'y trouve également. Par conséquent, quand aucun des points A et B n'est situé sur le cercle G, le cercle cherché coupera le cercle en deux points, et il y aura à la fois un maximum et un minimum.

Cas particuliers.

$1°$ *L'un des points donnés, A par exemple, est sur le cercle* G. Alors le point E se confond avec le point A et le cercle de construction devient tangent en A au rayon GA : le point A est donc l'un des points demandés, et c'est évidemment celui auquel correspond le minimum du rapport $\dfrac{MA}{MB}$.

$2°$ *Les deux points donnés sont sur le cercle.* Alors les deux points A et B eux-mêmes sont ceux auxquels correspondent le maximum et le minimum.

$3°$ *Le centre G du cercle donné se trouve sur* AB. Dans ce cas, le cercle qui passe par les deux points A et B, et qui coupe orthogonalement le cercle G, devient la droite AB, et les deux points C et D, où cette droite coupe le cercle G, sont les points demandés.

Cependant si les points C et D étaient conjugués harmo

niques de A et B, à ces points ne correspondraient plus ni maximum ni minimum, puisque le rapport $\dfrac{MA}{MB}$ serait constant pour un point quelconque M du cercle donné. C'est ce qui pouvait aussi être déduit de la construction générale ; car le cercle auxiliaire de construction, qui doit être tangent au cercle donné, se confond dans le cas actuel avec ce cercle lui-même.

VIII. *Étant donnés (fig. 208) un cercle OA, deux tangentes parallèles AE, BD, et un point C sur le diamètre AB qui joint leurs points de contact, une tangente mobile ED coupe les deux premières en E et D : quel est le minimum de l'angle sous lequel on peut voir, du point C, la tangente mobile?*

D'abord il y a un minimum. En effet, l'angle est droit lorsque le point E est confondu avec A ou s'éloigne à l'infini sur AE, et, pour toute autre position du point E, l'angle ECD est aigu puisque le point C est extérieur au cercle, décrit sur ED comme diamètre, qui touche AB en O.

Cela posé, abaissons, du centre O, les perpendiculaires OL et OM sur CE et CD ; l'angle LOM sera égal à l'angle ECD dont on demande le minimum. Je dis maintenant que, si l'on mène la droite LM, son point de rencontre H avec le diamètre AB est fixe.

En effet, les deux triangles OLM, LCM, pouvant être considérés comme ayant même base LM, sont entre eux comme les hauteurs correspondantes, ou comme OH est à CH : mais ils ont aussi les angles supplémentaires LOM, LCM, et sont, par suite, entre eux, comme les produits $OL \times OM$ et $LC \times CM$. On a donc

$$\frac{OH}{CH} = \frac{OL \times OM}{CL \times CM} = \frac{OL}{CL} \times \frac{OM}{CM}.$$

Or les deux triangles OLC et AEC, OMC et BCD sont semblables deux à deux, et donnent

$$\frac{OL}{CL} = \frac{AE}{AC} \ , \ \frac{OM}{CM} = \frac{BD}{BC};$$

donc, en substituant dans la première égalité les valeurs des rapports $\frac{OL}{CL}$ et $\frac{OM}{CM}$ qu'on vient de trouver, on obtient

$$\frac{OH}{CH} = \frac{AE \times BD}{AC \times BC};$$

ou encore, en remplaçant $AE \times BD$ par $\overline{AO}^2$,

$$\frac{OH}{CH} = \frac{\overline{AO}^2}{AC \times BC};$$

ainsi le point H est fixe, comme il a été dit.

On voit maintenant que, si l'on décrit un cercle sur OC comme diamètre, ce cercle sera circonscrit au quadrilatère OLCM, et le minimum de l'angle LOM aura lieu en même temps que celui de la corde LM passant par le point fixe H, c'est-à-dire lorsque cette corde sera perpendiculaire au diamètre OC. On a alors, dans le triangle rectangle OLC dont LH devient la hauteur,

$$\frac{\overline{OL}^2}{\overline{CL}^2} = \frac{OH}{CH};$$

et si l'on remplace dans cette égalité les rapports de OL à CL et de OH à CH par les valeurs précédemment trouvées, il vient

$$\frac{\overline{AE}^2}{\overline{AC}^2} = \frac{AE \times BD}{AC \times BC} \ \text{ou} \ \frac{AC}{BC} = \frac{AE}{BD} = \frac{EF}{FD}.$$

Delà on conclut que le point de contact de la tangente mobile, à laquelle correspond le minimum demandé, est le point de rencontre de demi-cercle AFB avec une perpendiculaire à AB, élevée en C.

IX. *Trouver le maximum de l'angle de deux diamètres conjugués daus l'ellipse. (Concours.)*

Soient (*fig.* 209) OA et OB les demi-axes de l'ellipse : du point O comme centre, avec ces droites comme rayons, décrivons deux demi-cercles; menons, dans le plus grand, les deux rayons rectangulaires OC et OD; et, des points D et C, abaissons DP et CQ perpendiculaires sur le diamètre AA'.

Si ensuite, par les points E et F où OC et OD rencontrent le plus petit cercle, on mène des parallèles EH et FG à AA', jusqu'à la rencontre de DP et CQ, en G et H, et que l'on tire OG et OH, l'angle GOH sera l'angle des diamètres conjugués de l'ellipse, c'est-à-dire celui dont on demande le maximum.

Cela posé, si de l'angle GOH on retranche l'angle droit DOC, il reste la somme des angles GOD, COH dont il revient au même de trouver le maximum. Pour que ces deux angles se trouvent ajoutés, de manière à n'en former qu'un seul, faisons tourner le triangle OCQ autour du centre O jusqu'à ce que OC vienne coïncider avec OD; alors ce triangle, qui est évidemment égal au triangle DOP, se fixera dans la position DOM où il formera avec le triangle DOP un rectangle DMOP, et la droite EH se placera suivant une droite FK située de telle manière, que la figure DKFG sera aussi un rectangle; enfin la droite OH prendra une certaine position OK.

La question est maintenant ramenée à trouver le maximum de l'angle GOK. Or, si l'on mène la diagonale GK du rectangle DKFG, on a

$$GK = DF = OD - OF,$$

et on a aussi

$$OL = \frac{OD + OF}{2}.$$

Dès lors, la droite GK étant considérée comme fixe, le point O est sur un cercle qui a, pour centre, le point d'intersection L des diagonales du rectangle DKFG, et, pour rayon, la demi-somme des demi-axes de l'ellipse ; on est donc ramené au problème **III** (*page* 400).

Dans le cas particulier, qui se présente ici, où le centre L du cercle se trouve au milieu de la droite GK, on voit facilement, par la discussion du problème cité, que le triangle GOK doit être isocèle ; alors la figure DKFG devient un carré, et l'angle GDF ou son égal COA est un angle de 45°. Cette condition suffit pour déterminer la position du rayon OC, et, par suite, les diamètres conjugués dont l'angle est un maximum. Ces diamètres conjugués feront d'ailleurs, comme il est facile de le voir, des angles supplémentaires avec le demi-axe OA.

X. *Un triangle rectangle ABC, dont le périmètre est donné, exécute une révolution complète autour de son hypoténuse ; on demande le maximum du volume engendré.*

a représentant l'hypoténuse et $2p$ le périmètre, on trouve facilement, pour expression du volume, $\dfrac{4\,\pi\,p^2(p-a)^2}{3a}$, et, sous cette forme, on voit qu'au minimun de l'hypoténuse correspond le maximum de volume ; on est alors ramené à la question suivante :

Parmi tous les triangles rectangles de même périmètre, quel est celui qui a la plus petite hypoténuse ?

Nous allons maintenant ramener ce problème lui-même à cet autre :

Parmi tous les triangles rectangles de même périmètre, quel est celui dans lequel la bissectrice de l'angle droit est maxima ?

Pour cela, cherchons une relation entre $2p$, a et la bissectrice que nous désignerons par d. En décomposant le triangle rectangle ABC en deux triangles, par la bissectrice de l'angle droit, et en écrivant que la surface totale est égale à la somme des surfaces partielles, on obtient pour expression de la surface du triangle rectangle $\dfrac{(2p-a)\,d}{2\sqrt{2}}$. Or la surface

du triangle ABC étant aussi égale à $p\,(p-a)$, on a

$$d = \frac{2\,p\,(p-a)\sqrt{2}}{2\,p-a},$$

ou

$$\frac{d}{2\,p\sqrt{2}} = \frac{p-a}{2p-a} = \frac{2p-a-p}{2\,p-a} = 1 - \frac{p}{2\,p-a};$$

donc le maximum de d correspond au minimum de a.

Pour résoudre maintenant le dernier problème, il suffit de remarquer que si l'on trace (*fig.* 210) celui des cercles ex-inscrits au triangle ABC qui touche l'hypoténuse BC, ce cercle est déterminé. puisque l'on a

$$AE = AF = p.$$

L'hypoténuse BC sera donc toujours tangente à l'arc EIF, et la longueur de la bissectrice AD sera plus petite que la longueur AI comprise, sur la bissectrice, entre le point A et l'arc du cercle. Il n'y a d'exception que pour le cas, où le point de contact de la tangente serait le point I lui-même ; alors la bissectrice atteint son maximum AI et le triangle ABC est isocèle.

Il suit de là que le triangle rectangle qui engendre le plus grand volume est aussi isocèle ; ce qui suffit pour le déterminer.

REMARQUE. La solution précédente est une application de la méthode des *substitutions successives*.

XI. *Parmi tous les triangles ABC inscrits dans un cercle donné, quel est celui qui a la plus grande surface ?*

La quantité dont on demande le maximum dépend de trois variables qui sont les côtés du triangle. Supposons que le côté BC reste fixe, on aura encore deux variables AB et AC, mais qui dépendent l'une de l'autre, puisque le point A doit rester sur le cercle donné.

Quand le point A se déplace sur l'arc BAC, la base BC du triangle restant constante, l'aire de ce triangle sera maxima, lorsque la hauteur correspondante AH le sera elle-même, c'est-à-dire quand le point A sera au milieu D de l'arc ; alors le triangle est isocèle. Mais comme le côté, qu'on a laissé constant, est l'un quelconque des trois côtés du triangle, on conclut, de ce qui précède, que deux côtés quelconques du triangle dont l'aire est maxima doivent être égaux, et, par suite, que le triangle est équilatéral.

XII. *Parmi tous les polygones, dont le nombre des côtés est donné et que l'on peut inscrire dans un cercle, quel est celui qui a le plus grand périmètre ou la plus grande surface ?*

Soit inscrit dans le cercle donné un polygone quelconque de n côtés. Si on change seulement deux côtés, la somme des deux côtés sera maxima, lorsque ces côtés seront égaux I (page 399) : donc le polygone, dont le périmètre est le plus grand, doit avoir tous ses côtés égaux, et, par suite, il est le polygone régulier de n côtés inscrit dans le cercle.

On démontrerait d'une manière analogue que le polygone régulier de n côtés a la plus grande surface.

XIII. *Trouver un point tel, que la somme de ses distances aux trois sommets d'un triangle donné soit minima.*

Soit ABC le triangle donné (*fig.* **211**), et D le point cherché : il faut trouver le minimum de la somme AD+BD+CD. Laissons la longueur AD constante ; alors le point D se déplace sur un cercle qui a pour centre le point A et, pour rayon, AD, et il s'agit de trouver sur ce cercle un point tel, que la somme de ses distances aux points B et C soit minima.

Supposons que le point D soit choisi sur le cercle, de manière que la tangente GH en ce point fasse des angles égaux

GDB, HDC avec les droites BD et DC ; puis, ayant pris un point quelconque F de la tangente GH, tirons les droites FB, FC : d'après un théorème bien connu, on aura

$$BD + DC < BF + FC.$$

Or, si l'on prolonge BF jusqu'à sa rencontre en E avec le cercle, et qu'on tire EC, on a

$$BF + FC < BE + EC,$$

et, par suite,

$$BD + DC < BE + EC.$$

Ainsi le point D correspondant au minimum demandé doit être tel, que les angles GDB, HDC soit égaux, ou, ce qui revient au même, tel, que le prolongement de la droite AD soit la bissectrice de l'angle BDC. Comme la droite, qu'on a laissée constante, est l'une quelconque des trois distances du points D aux trois sommets du triangle, il en résulte que, si on prolonge chacune des trois droites, ces droites et leurs prolongements feront six angles consécutifs, égaux entre eux et, par suite, égaux chacun à 6o°. Le point D correspondant au maximum est donc tel, que, de ce point, on voit les trois côtés du triangle sous des angles de 12o°, et il sera déterminé par la rencontre de deux arcs capables de l'angle de 12o° et décrits sur deux côtés du triangle comme cordes.

Discussion. Si l'un des angles du triangle était égal à 12o°, les deux arcs capables seraient tangents au sommet de cet angle, et à ce dernier point correspondrait le minimum demandé.

Si l'un des angles du triangle était plus grand que 12o°, les deux arcs capables de l'angle de 12o°, décrits sur les côtés de l'angle obtus du triangle comme cordes, ne se couperaient pas, mais les arcs supplémentaires se couperaient hors de ce triangle, et, du point de rencontre, on verrait, sous des angles de 6o°, les deux côtés dont l'angle est plus grand que 120°, tandis que le troisième côté serait vu sous un angle de 120°.

Or, comme la condition que, du point donné, on voie les trois côtés du triangle sous des angles égaux, a été montrée nécessaire, du moins quand le point D ne se confond pas avec un sommet du triangle donné, il en résulte que, dans le cas actuel, aucun point du plan, excepté les sommets du triangle, ne peut correspondre au minimum demandé. Comme, d'ailleurs, il y a toujours nécessairement un minimum, on peut affirmer qu'il a lieu lorsque le point D se confond avec l'un des sommets du triangle, et ce sommet est évidemment celui de l'angle obtus.

XIV. *Trouver parmi les quadrilatères convexes, dont trois côtés sont donnés, celui qui a la plus grande surface.*

Soit ABCD (*fig.* 212) l'un des quadrilatères dans lequel on donne AB, AD et BC. Tirons la diagonale AC, et supposons que le triangle ABC reste fixe ; alors le triangle ACD aura évidemment la plus grande surface quand l'angle DAC sera droit. De même, si l'on tire la diagonale BD, on voit que l'angle DBC doit être droit : le quadrilatère dont l'aire est maxima est donc un quadrilatère inscriptible dans un demi-cercle, et le côté inconnu doit être le diamètre du cercle dans lequel le quadrilatère est inscrit. Nous allons voir que cette condition détermine la figure.

En effet, désignons par a, b, c les côtés AB, AD et BC, par x et y les diagonales BD et AC, par z le côté inconnu DC : les triangles DAC, BCD donnent

$$z^2 - y^2 = b^2 \quad , \quad z^2 - x^2 = c^2 ;$$

et comme le quadrilatère ABCD est inscriptible, on a

$$bc + az = xy.$$

En éliminant x et y entre les trois équations, on a une équation du troisième degré qu'on ne peut pas, en général, abaisser à un degré moindre ; mais si l'on suppose deux des côtés égaux, par exemple, les côtés opposés b et c, le problème peut être résolu avec la règle et le compas.

En effet, le quadrilatère ABCD, étant inscriptible et ayant ses côtés opposés égaux, devient un trapèze isocèle dans lequel les diagonales sont égales : alors, en appliquant le théorème du quadrilatère inscrit, on a

$$az^2 + b^2 = x^2,$$

et l'un des triangles rectangles donne

$$x^2 = z^2 - b^2.$$

Or, en éliminant x entre les deux équations, on obtient

$$z^2 - az - 2b^2 = o, \quad \text{ou} \quad z - \frac{2b^2}{z} = a ;$$

on est donc ramené à trouver deux droites, connaissant leur différence a et leur produit $2b^2$: la plus grande sera le diamètre du cercle circonscrit au trapèze isocèle. Ayant décrit le demi-cercle, on achève ensuite facilement la construction de la figure.

REMARQUE. Le trapèze isocèle que nous avons trouvé est le plus grand des quadrilatères que l'on peut former avec trois côtés, quand les deux côtés opposés sont égaux : il est donc, en particulier, le plus grand trapèze parmi tous les trapèzes isocèles que l'on peut former avec les mêmes côtés.

GÉNÉRALISATION. Le raisonnement, que nous venons de faire pour un quadrilatère, s'étend évidemment à un polygone quelconque dont on donne tous les côtés, excepté un seul : le plus grand des polygones doit être tel, qu'il soit inscrit dans un demi-cercle dont le côté inconnu est le diamè- qui le termine.

La condition précédente suffit d'ailleurs pour déterminer le polygone, lorsqu'on fait connaître l'ordre dans lequel les côtés donnés se succèdent.

Avant de démontrer cette dernière proposition, remarquons d'abord que, si deux arcs ont une corde commune,

27

des deux angles au centre appuyés sur cette corde, le plus grand correspondra au plus petit cercle ; car le centre de ce dernier cercle étant plus près de la corde, l'angle correspondant est enveloppé par l'autre.

Cela posé, admettons qu'on ait trouvé un demi-cercle qui satisfasse à la question. Si l'on prend un cercle plus grand, les côtés donnés du polygone, qui sont des cordes, répondront à des angles au centre plus petits : la somme de ces angles au centre sera donc moindre que deux angles droits, et, par suite, le polygone sera inscrit dans un arc plus petit qu'une demi-circonférence. Le contraire aurait lieu, si l'on prenait un cercle plus petit ; donc le polygone dont il s'agit ne peut être inscrit que dans un seul demi-cercle, et, quand on donne l'ordre des côtés, il est parfaitement déterminé.

REMARQUE. Le maximum serait encore le même, si l'ordre des côtés avoit été laissé arbitraire. En effet, le diamètre du cercle circonscrit resterait évidemment le même ; et l'aire du polygone ne changerait pas, puisqu'elle serait toujours égale à la différence entre le demi-cercle et la somme des segments qui est indépendante de l'ordre des côtés.

XV. *Parmi tous les triangles de même surface, quel est celui auquel est circonscrit le plus petit cercle ?*

Nous savons que le triangle inscrit dans un cercle, dont l'aire est maxima, est le triangle équilatéral Il est évident d'ailleurs que, lorsque la surface du cercle décroit, il en est de même de celle du triangle équilatéral qui est représentée par $\dfrac{3R^2\sqrt{3}}{4}$: donc (**215**), dans la question inverse, le triangle demandé est aussi équilatéral.

XVI. *Parmi tous les triangles rectangles qui, en tournant autour de leurs hypoténuses, engendrent un volume donné, quel est celui qui a le plus petit périmètre ?*

Dans la question inverse (problème **X**, page 412), le triangle rectangle, satisfaisant à la condition du maximum, est isocèle. D'ailleurs on s'assure que, lorsque le périmètre diminue, le volume engendré diminue lui-même; donc (**215**) le minimum demandé a lieu aussi quand le triangle rectangle est isocèle.

XVII. *Trouver, parmi tous les cylindres que l'on peut inscrire dans une sphère donnée, celui dont la surface totale est maxima.*

Soient OBAC et OB'A'C' (*fig.*216) les rectangles qui engendrent les moitiés de deux cylindres inscrits dans la sphère O et qui sont infiniment voisins, l'un de l'autre. Quand on passe du premier au second, la diminution des deux bases est $2\pi\left(\overline{OC}^2 - \overline{OC'}^2\right)$, et l'augmentation de la surface latérale, si toutefois elle augmente, est égale à

$$4\,\pi\,(OC' \times IA' - AC \times IA).$$

(On trouve ce dernier résultat, en prenant pour terme de comparaison la surface convexe du cylindre engendré par le rectangle double du rectangle OBIC'.)

Or on a

$$\overline{OC}^2 - \overline{OC'}^2 = IA \times (OC + OC');$$

on obtient donc pour l'expression du rapport de l'augmentation à la diminution

$$\frac{4 \times (OC' \times IA' - AC \times IA)}{2\,IA \times (OC + OC')}, \quad \text{ou} \quad \frac{OC' \times \dfrac{IA'}{IA} - AC}{\dfrac{OC + OC'}{2}}.$$

Passant maintenant aux limites, et remarquant qu'ici, comme dans le problème 2 (page 119), on a

$$\lim.\ \frac{IA'}{IA} = \frac{OC}{AC},$$

on trouve pour la limite du rapport de l'augmentation à la diminution

$$\frac{\dfrac{\overline{OC}^2}{AC} - AC}{OC}, \quad \text{ou} \quad \frac{\overline{OC}^2 - \overline{AC}^2}{OC \times AC}.$$

On voit d'abord que, lorsque OC est plus petit que AC, la surface latérale diminue au lieu d'augmenter : alors la surface totale diminue, pour une double raison, jusqu'à ce qu'elle devienne nulle au moment où le sommet A du rectangle générateur est à l'extrémité du rayon OF perpendiculaire au diamètre ED.

Quand le sommet A, au contraire, se confond avec le point D, l'expression du rapport limite devient infinie, et, par suite, la surface totale du cylindre commence par croître, quand le sommet A part du point D : il y a donc nécessairement un maximum. Pour le déterminer, on pose, suivant la règle (**161**),

$$\frac{\overline{OC}^2 - \overline{AC}^2}{OC \times AC} = \mathrm{I},$$

d'où l'on tire

$$\overline{AC}^2 = OC \times (OC - AC).$$

Il résulte de là que, si l'on prenait sur le rayon OD une longueur OH égale à AC, on aurait

$$\overline{OH}^2 = OC \times HC,$$

et, par suite, le rapport de AC à OC est égal à celui du plus grand segment d'une droite, partagée en moyenne et extrême raison, à la droite entière. On arrive ainsi à la construction suivante :

Portez sur la tangente en D, à partir du point de contact, une longueur DL égale au côté du décagone régulier inscrit dans le grand cercle OD, et tirez la droite OL passant par le centre O de la sphère ; le point où cette droite rencontrera le cercle sera le sommet A correspondant au rectangle qui engendre le cylindre dont la surface totale est maxima.

XVIII. *Étant données deux sphères extérieures l'une à l'autre, trouver, sur la ligne de leurs centres et dans l'intervalle qui les sépare, un point tel, que, si on le prend pour sommet commun de deux cônes de révolution tangents aux* *sphères, la somme des deux zones comprises dans l'intérieur des deux cônes soit maxima.*

Soient r et r' les rayons de la plus grande et de la plus petite sphère, x et x' les distances de leurs centres au sommet des deux cônes, d la distance de ces centres : on trouve facilement pour expression de la somme des deux zones $2\pi\left(r^2 + r'^2 - \dfrac{r^3}{x} - \dfrac{r'^3}{x'}\right)$. En laissant de côté le multiplicateur 2π et la somme $r^2 + r'^2$, on voit qu'on est ramené à étudier la variation de la quantité $\dfrac{r^3}{x} + \dfrac{r'^3}{x'}$.

Supposons que x prenne un accroissement h ; comme la somme de x et x' est constante, x' diminuera de h ; la première quantité $\dfrac{r^3}{x}$ diminuera de $\dfrac{hr^3}{(x+h)x}$, et la seconde augmentera de $\dfrac{hr'^3}{x'(x'-h)}$; le rapport de l'augmentation à la diminution sera donc $\dfrac{r'^3 x}{r^3 x'} \times \dfrac{x+h}{x'-h}$, et sa limite sera $\dfrac{r'^3 x^2}{r^3 x'^2}$.

Supposons d'abord que le sommet du cône soit le point où la ligne des centres rencontre la plus grande sphère, le rapport limite devient alors $\dfrac{r'}{r} \times \left(\dfrac{r'}{d-r}\right)^2$. Or la fraction $\dfrac{r'}{r}$ est évidemment plus petite que 1, et il en est de même de la fraction $\dfrac{r'}{d-r}$, puisque les deux sphères étant extérieures, d est plus grand que $r + r'$; la limite du rapport commence donc par être plus petite que 1, et la quantité $\dfrac{r^3}{x} + \dfrac{r'^3}{x'}$ commence par décroître.

Si l'on fait maintenant coïncider le sommet du cône avec le point où la ligne des centres rencontre la plus petite sphère, la limite du rapport devient égale à son maximum $r' \dfrac{(d-r')^2}{r^2}$, et elle sera plus petite ou plus grande que 1, suivant que d sera plus petit ou plus grand que $r' + r\sqrt{\dfrac{r}{r'}}$: considérons successivement les deux cas.

1er Cas. On a

$$d < r' + r\sqrt{\dfrac{r}{r'}}.$$

Alors le maximum du rapport $\dfrac{r'^3 x^2}{r^3 x'^2}$ est plus petite que 1, et, par suite, le rapport de l'augmentation à la diminution est toujours plus petit que l'unité. La quantité $\dfrac{r^3}{x} + \dfrac{r'^3}{x'}$ va donc constamment en diminuant, et, par suite, la somme des deux zones augmente, quand le sommet des deux cônes marche de la plus grande sphère à la plus petite.

2ème Cas. On a

$$d < r' + r\sqrt{\dfrac{r}{r'}}.$$

Comme, dans ce cas, la fonction commence par décroître, et finit par croître puisque $\dfrac{r'\,(d-r')^2}{r^3}$ est plus grand que 1, on a évidemment un minimum pour la quantité $\dfrac{r^3}{x} + \dfrac{r'^3}{x'}$, et, par suite, un maximum pour la somme des zones. Le minimum s'obtient d'ailleurs en écrivant que le rapport limite $\dfrac{r'^3 x^2}{r^3 x'^2}$ est égal à 1; d'où l'on déduit

$$\frac{x}{x'} = \frac{\sqrt{r^3}}{\sqrt{r'^3}}, \quad \text{ou} \quad x = \frac{d\sqrt{r^3}}{\sqrt{r^3} + \sqrt{r'^3}}.$$

Pour que la valeur de x soit admissible, il faut qu'elle soit comprise entre r et $d-r'$: en écrivant qu'il en est ainsi, on retrouve la condition

$$d > r' + r\sqrt{\dfrac{r}{r'}}.$$

XIX. *Étant donnée une feuille de papier rectangulaire, on enlève des carrés égaux aux quatre coins, et on relève les quatre rectangles, qui font alors saillie par rapport à la partie centrale de la figure, jusqu'à ce que leurs plans soient perpendiculaires à celui de la feuille de papier : on demande quel doit être le côté des carrés pour que le volume de la boîte ainsi formée soit le plus grand possible.*

Soient EFGH (*fig.* 217) le rectangle donné, et EI le côté du carré auquel correspond le maximum demandé. Menons des parallèles aux quatre côtés du rectangle donné, à des distances égales à EI; ces droites détermineront par leurs intersections un rectangle ABCD qui sera la base du parallélipipède rectangle demandé, tandis que AI ou son égale EI en sera la hauteur.

Considérons maintenant un parallélipipède rectangle infiniment peu différent du premier et dont la base A'B'C'D' ait ses côtés respectivement parallèles à ceux de la base ABCD et à une même distance II'.

Quand on passe du premier parallélipipèle à un second qui a, pour base, le rectangle A'B'C'D', mais même hauteur que le premier, il y a une diminution qui est représentée par $(AB \times AD - A'B' \times A'D') \times EI$; et quand on passe de celui-ci au parallélipipède qui a, pour base, A'B'C'D' et, pour hauteur, EI', il y a une augmentation qui est représentée par $A'B' \times A'D' \times II'$. On a ainsi pour valeur du rapport de l'augmentation à la diminution

$$\frac{A'B' \times A'D' \times II'}{(AB \times AD - A'B' \times A'D') \times EI}.$$

Or la quantité entre parenthèses au dénominateur peut s'écrire sous cette forme : $(AB - A'B') \times AD + (AD - A'D') \times A'B'$; et en observant qu'on a

$$AB - A'B' = AD - A'D' = 2II',$$

le dénominateur devient $2II' \times (AD + A'B')$. Le rapport est donc égal à $\dfrac{A'B' \times A'D'}{(AD + A'B') \times 2EI}$, et en écrivant que sa limite est égale à 1, on a

$$EI = \frac{AB \times AD}{2\,(AB + AD)}.$$

On voit ainsi que le plus grand parallélipipède est tel, que le quadruple de sa hauteur est la moyenne harmonique entre les dimensions de la base. Cette propriété conduira ensuite facilement à l'équation qui donne le côté du carré cherché.

XX. *Étant donnés un demi-cercle terminé par le diamètre IH (fig. 215) et une tangente IB à l'extrémité de ce diamètre, on propose de mener une tangente BC au cercle telle, que la somme des segments IB et IC qu'elle intercepte sur la tangente IB et le diamètre IH soit minima.*

Soient une tangente B'C' infiniment voisine de la première et la coupant en D. Il est bien évident qu'il y a un minimum, et, pour l'obtenir, il suffit d'évaluer la limite du rapport $\dfrac{CC'}{BB'}$ puis d'écrire que cette limite est égale à l'unité.

A cet effet, abaissons DQ et DP respectivement perpendiculaires sur IH et IB, et formons deux expressions différentes du rapport des aires des triangles CDC', BDB' : il viendra

$$\frac{CC' \times DQ}{BB' \times DP} = \frac{DC \times DC'}{DB \times DB'},$$

d'où, en observant que le point de contact A de BC est la limite du point D, on déduit

$$(1) \qquad \lim.\frac{CC'}{BB'} = \frac{\overline{AC}^2}{\overline{AB}^2} \times \lim.\frac{DP}{DQ}.$$

Or les triangles semblables QDC, PDB, IBC donnent

$$\frac{DP}{IC} = \frac{DB}{BC} \;,\; \frac{IB}{DQ} = \frac{BC}{DC},$$

et si l'on multiplie, membre à membre, ces égalités, il vient

$$\frac{DP}{DQ} \times \frac{IB}{IC} = \frac{DB}{DC},$$

et, par suite,

$$\lim. \frac{DP}{PQ} = \frac{AB}{AC} \times \frac{IC}{IB}.$$

Remplaçant maintenant, dans l'égalité (1), la limite de $\frac{DP}{DQ}$ par sa valeur, on a

$$\lim. \frac{CC'}{BB'} = \frac{AC}{AB} \times \frac{IC}{IB},$$

et en écrivant que cette dernière limite est égale à 1, on obtient

$$\frac{AC}{AB} = \frac{IB}{IC}.$$

c'est-à--dire que le point A partage BC dans le rapport inverse des côtés IB et IC du triangle BIC.

Or, si l'on menait la bissectrice de l'angle droit BIC, cette droite partagerait BC dans le rapport de IB à IC : donc la droite BC est telle, que le segment AC, compris entre le diamètre IH et le point de contact A, est égal au segment compris sur sa direction entre la tangente IB et la bissectrice de l'angle droit BIC. Mais une droite jouissant de la propriété précédente ne peut pas être construite avec la règle et le compas.

XXI. *Étant donnés, comme dans le problème précédent, un demi-cercle, le diamètre IH qui le termine, et la tangente IB (fig. 215), on propose de mener une tangente BC au cercle telle, que la longueur BC de cette tangente soit minima.*

Il résulte immédiatement du théorème 6 (page 126) que, si l'on élève aux points B et C deux droites respectivement perpendiculaires à IB et IC, et qu'on joigne par une droite leur point d'intersection F au point de contact A, cette droite sera normale au cercle donné, et, par suite, passera par son centre O. Or le triangle AFC est évidemment égal au triangle IBE que l'on obtient en projetant le point I sur BC.

Donc la tangente minima BC est telle, que le segment AC, compris entre le point de contact et le diamètre HI, est égal à la projection de IB sur sa direction.

On verra plus loin (pr. **IX**, page 435) que la droite satisfaisant à la condition précédente peut être construite très-simplement avec la règle et le compas.

XXII. Alvéole des abeilles. *Étant donné (fig. 219) un prisme droit dont les deux bases sont des hexagones réguliers, on mène les diagonales AE, EC, AC de la base supérieure ABCD, et on prolonge l'axe du prisme d'une certaine longueur OH au-dessus de cette base ; si alors par le point H et les trois diagonales on mène des plans que l'on prolonge jusqu'à leur rencontre avec la surface latérale du prisme, on obtiendra un volume terminé par ces trois plans, la surface prismatique et la base inférieure du prisme : on demande le minimum de la surface totale de ce volume, lorsque le point H se déplace sur OH.*

On voit facilement que la surface totale se compose de la base inférieure du prisme, de six trapèzes égaux, et de trois losanges, aussi égaux, qui se coupent en H.

Si l'on désigne l'arête latérale du prisme par l, le côté de l'hexagone par a, la droite OH par x, et la perpendiculaire HI abaissée du point H sur AC par y, on aura, pour expression de la surface de chaque trapèze, $\dfrac{(2\,l - x)\,a}{2}$, et pour celle de la surface de chaque losange, $ay\sqrt{3}$. Si on laisse de côté la base inférieure dont la surface est constante, on peut dire qu'on est ramené à trouver le minimum de la quantité $3\,a\,(2\,l + y\sqrt{3} - x)$, ou, tout simplement, de la quantité $y\sqrt{3} - x$.

Or, si l'on tire OI, on voit que y et x sont l'hypoténuse et le côté d'un triangle rectangle dont le côté OI, égal à $\dfrac{a}{2}$, est constant, et, dans l'expression $y\sqrt{3}-x$, le multiplicateur de y est plus grand que celui de x : on peut donc appliquer le théorème 3 (*page* 121), et le minimum aura lieu quand on aura

$$\frac{y}{x}=\sqrt{3}.$$

Si l'on veut calculer x, de l'égalité précédente on déduira

$$\frac{y^2}{x^2}=3 \quad , \quad \frac{y^2-x^2}{x^2}=2 \quad , \quad \frac{a^2}{4x^2}=2 ;$$

d'où

$$x=\frac{a\sqrt{2}}{4}.$$

XXIII. *Une ville* B (*fig.* 227) *est située à une distance* BC *d'une voie de chemin de fer* DE; *on demande qu'une gare soit placée en* F *sur le bord de la voie, de telle sorte qu'un voyageur, qui se rendrait à une ville* E *sur le parcours du train en allant, à pied, de* B *en* F, *puis en chemin de fer, de* F *en* E, *arrivât à destination dans le temps le plus court possible.*

Soient v et v' les vitesses du voyageur et du train, et t la durée de l'arrêt en gare; la quantité dont il faut trouver le minimum a pour expression

$$\frac{BF}{v}+t+\frac{EC}{v'}-\frac{FC}{v'};$$

mais comme $t+\dfrac{EC}{v'}$ est constant, tout revient à trouver le minimum de $\dfrac{BF}{v}-\dfrac{FC}{v'}$.

Or le triangle BCF étant un triangle rectangle dans lequel un côté de l'angle droit BC est constant, et $\dfrac{1}{v}$ étant plus grand que $\dfrac{1}{v'}$, on peut appliquer le théorème 3 (page 121), et on a

$$\frac{BF}{FC}=\frac{v'}{v}.$$

Par un calcul semblable à celui du problème précédent, on déduit de là

$$FC = BC \times \frac{r'}{\sqrt{r'^2 - r^2}},$$

ou en représentant $\dfrac{v'}{v} = m$,

$$FC = \frac{BC}{\sqrt{m^2 - 1}}.$$

La dernière formule montre que, lorsque la vitesse du train croit par rapport à la vitesse du voyageur, FC diminue, mais ne peut jamais devenir nulle.

XXIV. *Trouver, sur la ligne des centres de deux cercles* O *et* C (*fig.* 220), *un point* A *tel, que, si de ce point on mène les tangentes* AB *et* AD *aux cercles donnés, leur somme soit maxima.*

Désignons par m et n des constantes indéterminées : la question de trouver le maximum de AB + AD revient à celle de trouver le maximum de mOC — n (AB + AD), ou de (mOA — nAB) + (mCA — nAD).

Si l'on peut déterminer le point A et les constantes m et n, de telle sorte que les deux quantités mOA — nAB et mCA — nAD atteignent en même temps leur minimum, le problème sera résolu. Or, en supposant m plus grand que n, on peut appliquer le théorème 3 (*page* 121) aux deux expressions, et on a

$$\frac{OA}{AB} = \frac{m}{n} \ , \quad \frac{CA}{AD} = \frac{m}{n}.$$

De là on déduit

$$\frac{OA}{AB} = \frac{CA}{AD};$$

les triangles OAB, CAD sont donc semblables et, par suite, les angles OAB, CAD égaux.

Si maintenant on mène la droite AE tangente au cercle C, l'angle EAC est égal à l'angle DAC, et, par conséquent, à l'angle OAB. Les droites AB et AE sont donc le prolongement l'un de l'autre, et le point A est le point où la tangente commune BE aux deux cercles rencontre la ligne des centres. On voit bien, d'aileurs, que le point A, déterminé comme il vient d'être dit, est tel, que les quantités $m\,OA - n\,AB$ et $m\,CA - n\,AD$ atteignent leur minimum en même temps quand on prend pour m et n des constantes dont le rapport soit égal à celui de la distance des centres à la longueur de la tangente commune.

XXV. *Trouver dans l'intérieur d'un triangle un point tel, que la somme des carrés de ses distances à ses trois côtés soit minima.*

Le théorème 4 (page 123) peut s'énoncer ainsi :

Lorsque la somme des carrés de deux quantités variables x *et* y *est constante, le maximum de* mx + ny *a lieu quand le rapport de* x *à* y *est égal au rapport des constantes* m *et* n.

En *renversant* ce théorème (**215**), on en conclut que, réciproquement, quand la quantité $mx + ny$ est donnée, la somme $x^2 + y^2$ est minima, si l'on a

$$\frac{x}{y} = \frac{m}{n}.$$

Cela posé, soient ABC le triangle donné (*fig.* 223), D un point pris dans son intérieur, et DE, DF, DG les distance de ce point aux trois côtés.

En désignant par $2S$ la surface du triangle ABC, on a

$$BC \times DE + AC \times DF + AB \times DG = 2S;$$

et il s'agit de trouver le minimum de $\overline{DE}^2 + \overline{DF}^2 + \overline{DG}^2$.

Supposons d'abord que le point D se meuve sur une parallèle IK à BC ; le produit $BC \times DE$ étant constant, on sera ramené à trouver le minimum de $\overline{DF}^2 + \overline{DG}^2$, la quantité $AC \times DF + AB \times DG$ étant constante : donc, le minimum aura lieu quand on aura

$$\frac{DF}{DG} = \frac{AC}{AB}.$$

Maintenant, comme on peut laisser constantes, à leur tour,

les distances DF et DG, il en résulte que le point D devra être tel, que l'on ait

$$\frac{DE}{BC} = \frac{DF}{AC} = \frac{DG}{AB}.$$

Si alors on multiplie les deux termes de chaque rapport, respectivement, par BC, AC, et AB, et qu'on ajoute ensuite les rapports, terme à terme, on a

$$\frac{DE}{BC} = \frac{DF}{AC} = \frac{DG}{AB} = \frac{2S}{\overline{BC}^2 + \overline{AC}^2 + \overline{AB}^2};$$

d'où l'on déduit DE, DF, DG, et, par suite, la position du point D.

218. Démonstrations synthétiques. Lorsque l'on connaît d'avance quel est le maximum ou le minimum demandé, on peut quelquefois donner des démonstrations synthétiques plus élémentaires que celles auxquelles l'analyse a conduit. On a réuni ici les démonstrations qui ont paru les plus remarquables sous le rapport de l'élégance et de la simplicité.

I. *Parmi tous les triangles, qui ont un côté et le périmètre constant, celui dont l'aire est maxima est le triangle isocèle.*

Soient (*fig.* 213) ABC et CDB le triangle isocèle et un triangle non isocèle qui ont même périmètre et le côté BC commun : AE et DF étant les hauteurs de ces triangles, il faut démontrer que la première droite est plus grande que la deuxième.

A cet effet, prolongeons AC d'une longueur AG égale à AC, tirons BG, du point D comme centre avec DB pour rayon, décrivons un arc de cercle qui coupe BG en H, puis menons les droites DH et CH : les droites AB, AC et AG étant égales, l'angle CBG est droit. Or la somme CD + DH étant égale à CD + DB ou à CG, l'oblique CG est plus grande que l'oblique CH, et, par suite, la hauteur AE moitié de BG est plus grande que la hauteur DF moitié de BH. Le triangle isocèle a donc l'aire la plus grande.

II. *Parmi tous les polygones isopérimètres, d'un nombre* *de côtés donné, celui dont l'aire est maxima a tous ses côtés égaux.*

En effet, si deux côtés consécutifs étaient inégaux, on pourrait, en vertu du théorème précédent, substituer, au triangle formé par ces deux côtés et la diagonale correspondante, un triangle isocèle dont l'aire serait plus grande.

III. *Parmi tous les polygones dont tous les côtés sont donnés, celui dont l'aire est maxima est inscriptible dans un cercle.*

En effet, soient ABCDEF, A'B'C'D'E'F' deux polygones formés avec les mêmes côtés, mais dont le premier seul est inscriptible. (Les côtés égaux sont désignés par les mêmes lettres accentuées et sans accent.) Si l'on mène le diamètre **EM** du cercle circonscrit au premier polygone, dont l'extrémité M tombe, par exemple, entre A et B, que l'on tire les droites MA, BM, que l'on construise un triangle M'A'B' égal au triangle MAB et extérieur au deuxième polygone, puis que l'on mène la droite M'E' : les polygones MAFE, MBCDE inscrits chacun dans un demi-cercle seront respectivement plus grands que les polygones M'A'F'E', M'B'C'D'E' ayant les mêmes côtés. (Pr. **XIV**, page 416.) De là on conclut évidemment que l'aire du polygone inscrit ABCDEF est la plus grande.

IV. *De tous les polygones isopérimètres, d'un nombre de côtés donné, celui qui a la plus grande aire est un polygone régulier.*

Ce théorème résulte immédiatement des deux théorèmes précédents.

V. *L'aire d'un cercle est plus grande que celle de toute figure plane terminée par une ligne de même longueur.*

Il est d'abord évident que l'aire maxima doit être comprise dans une ligne convexe. En effet, si la ligne était concave, on pourrait la couper par une droite, de telle sorte que deux portions de l'aire comprises entre la droite et le périmètre ussent intérieures l'une et l'autre. Mais alors en faisant tourner l'une d'elles autour de la droite, d'un angle égal à 180°, on augmenterait l'aire sans changer le périmètre.

On remarque aussi que toute droite AB, qui partage en deux parties égales le périmètre de la figure qui est un maximum, doit partager l'aire en deux parties équivalentes. En effet, s'il n'en était pas ainsi, en faisant tourner, de 180° autour de AB, la partie de la figure qui est la plus grande, et en remplaçant, par cette partie dans sa nouvelle position, la plus petite aire, tandis que l'autre resterait la même, on obtiendrait une aire plus grande que l'aire donnée, mais dont le périmètre serait le même.

Dans la nouvelle figure que l'on a construite, la droite AB est un axe de symétrie. Cette condition, il est vrai, n'est pas nécessaire ; mais si la droite partageait à la fois le périmètre et l'aire en deux parties équivalentes sans être un axe de symétrie, on pourrait, sans changer l'aire totale ni le périmètre, remplacer la moitié de cette aire par celle qu'on obtient en faisant tourner l'autre moitié, de 180° autour de AB : alors cette droite deviendrait un axe de symétrie. Ainsi on peut admettre, dans tous les cas, que la courbe est symétrique par rapport à AB.

Cela posé, soient M et M' (*fig.* 218) deux points symétriques par rapport à AB ; je dis que les angles AMB, AM'B doivent être droits. En effet, s'ils le ne sont pas, construisons avec les côtés MA, MB, MA', MB' deux triangles AMB, AM'B rectangles, en M et en M'. Ces triangles seront plus grands que les triangles primitifs. (Voyez la démonstration du théorème **XIV**, *page* 416.) L'aire du quadrilatère AMBM' a donc augmentée, et si l'on conserve les mêmes segments de l'aire primitive, qui ont pour cordes MA, MB, M'A', M'B', on obtiendra une aire plus grande que celle qu'on avait d'abord, tout en conservant le même périmètre. Donc la courbe, qui termine l'aire la plus grande, est le lieu du sommet d'un angle droit

AMB dont les côtés passant par A et B, c'est-à-dire un cercle.

VI. *De toutes les figures planes qui ont même aire, le cercle a le plus petit périmètre.*

C'est ce que l'on voit immédiatement en appliquant la méthode de renversement.

VII. *Nouvelle solution du problème* **XXV** *(page 429).* (*Poudra.*)

Soient ABC (*fig.* 224) le triangle donné, et D le point qui est tel, que la somme des carrés des perpendiculaires DE, DF, DG abaissées de ce point sur les trois côtés, est un minimum. Je dis que le point D est le centre de gravité du triangle EFG formé en joignant par des droites les pieds des trois perpendiculaires.

En effet, le point D, par hypothèse, est tel, que la somme des carrés de ses distances aux trois points E, F, G est moindre que la somme des carrés des distances d'un autre point D' aux trois côtés du triangle ABC, et, à plus forte raison, moindre que la somme des carrés des distances ED', FD' et GD'. Or on sait que le point D jouissant de cette propriété est le centre de gravité du triangle formée par les trois points E, F, G. (Rem. th. **II,** *page* 215.)

Pour déterminer maintenant le point D, nous allons démontrer que ce point est à la rencontre des trois droites qui partent des trois sommets du triangle donné et qui partagent les côtés opposés dans le rapport des carrés des côtés adjacents. A cet effet, on observe que les trois triangles obtenus en joignaut le centre de gravité d'un triangle à ses trois sommets sont équivalents. On peut alors écrire

$$\frac{GDF}{ABC} = \frac{GDE}{ABC} = \frac{DEF}{ABC}.$$

Mais comme les trois angles en D sont respectivement supplémentaires des angles du triangle donné, et que deux triangles qui ont deux angles supplémentaires sont, entre

28

eux, comme les produits des côtés qui comprennent ces angles, on aura

$$\frac{GD \times DF}{AB \times AC} = \frac{GD \times DE}{AB \times BC} = \frac{DE \times DF}{AC \times BC},$$

ou, comme nous l'avons trouvé précédemment d'une autre manière,

$$\frac{DE}{BC} = \frac{DF}{AC} = \frac{DG}{AB}.$$

Menons maintenant la droite AD que nous prolongeons jusqu'à sa rencontre en I avec BC ; tout revient à prouver l'égalité

$$\frac{BI}{CI} = \frac{\overline{AB}^2}{\overline{AC}^2}.$$

Soient AH la hauteur correspondante à la base BC, et IK, IL les perpendiculaires abaissées du point I sur AB et AC ; les triangles semblables BIK et ABH, ILC et AHC donneront

$$\frac{BI}{AB} = \frac{IK}{AH} , \quad \frac{AC}{IC} = \frac{AH}{IL},$$

et en multipliant, membre à membre, les égalités précédentes, en aura

$$\frac{BI}{IC} = \frac{IK}{IL} \times \frac{AB}{AC}.$$

Or on a aussi

$$\frac{IK}{IL} = \frac{DG}{DF} = \frac{AB}{AC};$$

donc

$$\frac{BI}{IC} = \frac{\overline{AB}^2}{\overline{AC}^2}.$$

VIII. *Par un point* D *pris dans l'intérieur d'un angle* C *(fig. 225), on mène une droite* AB *telle, que, si l'on abaisse du sommet de l'angle une perpendiculaire* CE *sur cette droite, le segment* EB *soit égal à* AD : *il faut démontrer que la droite* AB *est la plus petite de toutes celles qui passent par le point* D. *(Matthew-Collins.)*

Soit FG une seconde droite quelconque passant par le point

D : je dis qu'elle est plus grande que AB. A cet effet, par les points A et B menons AH et BH respectivement parallèles à BC et AC, de leur point d'intersection H abaissons HK perpendiculaire sur FG, puis tirons les droites HF, HD, HG et AG.

Les deux triangles ADH, CBE sont égaux, parce qu'ils ont les angles alternes-internes HAB, CBA égaux, les côtés AH et BC égaux, comme côtés opposés d'un parallélogramme, et les côtés AD et BE égaux, par hypothése. La droite HD est donc perpendiculaire sur AB, et, par suite, oblique sur FG ; elle est donc plus grande que HK.

Cela posé, nous remarquons que le triangle AFH est plus petit que le triangle AFG qui a même base AF et une hauteur plus grande. Si donc, du quadrilatère AFGH, on retranche successivement les deux triangles AFH, AFG, il restera le triangle FHG plus grand que le triangle AHG ou que son équivalent le triangle AHB qui a même base AH et même hauteur. Or la hauteur HK du triangle FHG étant plus petite que la hauteur HD du triangle AHB, il faut bien que la base FG du premier triangle soit plus grande que la base AB du second.

REMARQUE I. Lorsque le point D est quelconque, le problème du minimum ne peut être résolu avec la règle et le compas.

REMARQUE. II. Le théorème démontré (6, *page* 126) aurait immédiatement conduit à la propriété énoncée. Il résulte, d'ailleurs, de la démonstration précédente, puisque les droites respectivement perpendiculaires à AC, BC, AB aux points A, B, D, étant les trois hauteurs du triangle ABH, se coupent en un même point.

IX. *Étant donnés (fig.* 221) *deux droites indéfinies AC et BK, et un point A sur la première ; trouver sur la deuxième un point M tel, que de ce point on voie, sous un angle donné, le plus petit segment compté, à partir du point A, sur la première droite.*

Menons, par le point A, une droite AE faisant avec AC un angle EAC égal à l'angle donné, et prolongeons-la jusqu'à sa rencontre en F avec BC : je dis que, si l'on prend sur cette dernière droite, à partir du point F, une longueur FM égale à AF, le point M ainsi obtenu sera le point demandé.

En effet, concevons un arc de cercle qui touche les deux droites EF et BC aux points A et M, et soit D le second point où cet arc coupe AC ; si l'on mène les droites MA et MD, l'angle AMD sera égal à l'angle EAC et, par suite, à l'angle donné.

Mais, si l'on prend sur la droite BK un point N quelconque autre que M, comme ce point est extérieur au cercle, l'angle AND sera plus petit que l'angle donné. Donc une droite NH, qui ferait avec AN un angle ANH égal à l'angle donné, devrait intercepter sur AC un segment AH plus grand que AD. Le point M est donc bien le point demandé.

Le problème précédent est intéressant parce l'on y ramène aisément un problème de mécaniqne dont voici l'énoncé :

Étant donnés une droite BK et un point A dans un même plan vertical, par le point A on mène une infinité de plans perpendiculaires au premier plan, puis en ce point et sur chacun des plans on pose successivement un point matériel pesant : on demande, en admettant que le frottement soit le même sur tous les plans, quel est celui sur lequel le mobile doit descendre pour arriver à la droite dans le temps le plus court possible.

(L'angle constant du problème précédent étant égal à l'angle du frottement augmenté de 90°, et AC étant la verticale du point A, on peut voir que le minimum du temps revient à celui de AD.)

X. *On se propose de donner une solution synthétique du problème* **XXI** *(page 425).*

Soient BC (*fig.* 215) la tangente au demi-cercle O qui est telle, que AC soit égale à la projection BE de IB sur sa direction ; il faut démontrer que cette tangente est un minimum.

En effet, B'C' étant une autre tangente quelconque, concevons que par le point A on mène une parallèle LM à cette tangente : la droite BC sera plus petite que LM (**VIII**, page 434), et, à plus forte raison, plus petite que B'C'.

Je dis maintenant que la droite BC, satisfaisant à la condition indiquée, est partagée au point A en moyenne et extrême raison, AB étant le plus grand segment. En effet, le triangle rectangle IBC donne

$$\overline{ID}^2 = BC \times BE, \quad \text{ou} \quad \overline{AB}^2 = BC \times AC;$$

le point de contact A partage donc BC en moyenne et extrême raison.

De là on déduit facilement que l'on obtiendra le point A par la rencontre de la demi-circonférence donnée et d'une perpendiculaire au diamètre IH menée par le point K qui partage le rayon OH en moyenne et extrême raison, de telle sorte que OK soit le plus grand segment.

En effet, les deux triangles OAK, IBC étant semblables, on a

$$\frac{OK}{OA} = \frac{IB}{BC} = \frac{BA}{BC};$$

par conséquent, le rapport de OK au rayon est égal à celui du plus grand segment d'une droite, partagée en moyenne et extrême raison, à la droite entière. Le rayon OA est donc partagé en moyenne et extrême raison au point K.

XI. *On se propose de donner une nouvelle démonstration du théorème démontré* (5, *page* 124).

Il s'agit de prouver que le triangle EIF (*fig.* 58) est le plus grand des triangles définis dans l'énoncé, lorsque les parallèles EG et FG, menées respectivement aux côtés AC et AB du triangle, coupent le troisième côté BC au même point G.

Comme on l'a vu (*page* 124), le point G est un point déterminé de BC, et il est évident que les triangles EGF, EIF atteignent leur maximum en même temps. La question est donc ramenée à prouver que le triangle EGF est plus grand qu'un autre triangle E'GF' correspondant à une autre position de la transversale menée par le point D.

On remarque d'abord que le triangle EGF peut être remplacé par le triangle équivalent E'GF. Or ce dernier est évidemment plus grand que le triangle E'GF', qui a même base GE', et une hauteur plus petite puisque la droite GE', comprise entre les parallèles GE et AC, rencontre nécessairement, au-delà du sommet A, la droite AC prolongée. On a supposé la droite D' F' au-dessus de DF; mais si elle était au-dessous, la démonstration serait analogue.

On peut évidemment conclure de ce qui précède que le triangle EGF est un maximum, et, par suite, qu'il en est de même du triangle EIF.

XII. *Étant donnés un cercle* O *(fig. 214) et un point* B *pris sur une tangente* AB *à ce cercle, par ce point on mène une transversale* BD *qui coupe le cercle en* C *et* D, *puis on tire les droites* AC *et* AD : *on demande de trouver la position de la transversale à laquelle correspond l'aire maxima du triangle* CAD.

Menons aux points C et D deux tangentes au cercle HCK, HDG, et deux parallèles à ces droites CE et DE qui se rencontrent en E : on formera ainsi un losange HCED. Or, si la transversale passe de la position BF, où elle est tangente au cercle à une position très-voisine de BC, le sommet E du losange qui est d'abord à droite de BG, passera à gauche ; il existera donc une position de la sécante comprise entre BF et BO, et telle, que le sommet E du losange se trouvera sur la tangente BA. La figure 214 a été construite en supposant que la sécante BD remplisse la condition précédente : je dis que CAD est alors le triangle dont l'aire est maxima.

En effet, le point E étant évidemment un point déterminé

de BA, les triangles CAE et CDE atteignent leur maximum en même temps. Or, si l'on mène une transversale B'D' qui coupe le cercle aux deux points C' et D' et les tangentes HK et HG en C" et D", d'après le théorème précédent, le triangle CED sera plus grand que C"ED" et, à plus forte raison, que C'ED'. Le triangle CED est un maximum entre ceux qui ont leur sommet en E, et, par suite, le triangle CAD est le maximum demandé.

Il faut maintenant déduire de ce qui précède un moyen de construire la sécante BCD. A cet effet, remarquons que, la droite CD étant la polaire du point H, les quatre droites BH, BF, BC, BA forment un faisceau harmonique, et divisent, par suite, harmoniquement, aux points H, L, I, E, la diagonale EH du losange : on a donc

$$\frac{LI}{LH} = \frac{EI}{EH}.$$

Or, comme EI est la moitié de EH, la longueur LI est la moitié de LH, et le tiers de IH ou de son égale IE. Dès lors, on peut construire un triangle semblable au triangle LBE, puisque l'on connaît l'angle LBE et le rapport des segments IE et LI que la hauteur BI détermine sur la base EL. On connaît ainsi que l'angle DBE, et, par suite, la transversale BD, à laquelle correspond le maximum, est déterminée.

XIII. *Étant donnés un demi-cercle O terminé par le diamètre AB (fig. 226) et un point C pris sur le prolongement de ce diamètre, on propose de mener par ce point une sécante CE telle, que, si l'on joint ses points D et E d'intersection avec le cercle aux points A et B par les droites AD et BE, l'aire du qaadrilatère ABED ainsi obtenu soit maxima.*

Menons la diagonale BD et la parallèle AD' à cette droite : la question sera ramenée à trouver le maximum du triangle EBD' qui est équivalent au quadrilatère ABED. On remarque aussi que le rapport de CD' à CD étant égal à celui de

CA à CB, le lieu du point D', quand la sécante CE tourne autour du point C, est un demi-cercle AD'A' ayant son centre sur le prolongement AC de AB.

Pour que ce cercle soit connu, il suffira de déterminer le point A'; et comme les points A, A' du deuxième cercle sont respectivement homologues des points B et A du premier, on obtiendra le point A' par l'égalité

$$\overline{CA}^2 = CB \times CA'.$$

Cela posé, menons les tangentes à chacun des cercles aux points anti-homologues D' et E : ces deux tangentes couperont au même point F la tangente commune AF aux deux cercles. Si alors, on considère la transversale CE et le triangle formé par la droite BC et les deux tangentes FE, FD', en raisonnant comme dans le problème précédent, on voit que le triangle BED' est un maximum lorsque la sécante CE est telle, que les parallèles EG et D'G aux tangentes FD' et FE se coupent en un point G du diamètre AB. Or, la figure FEGD' étant un losange, la corde ED est la bissectrice de l'angle FEG : donc, d'après le théorème **II** (*page* 182), la projection de DE sur AB est égale au rayon du cercle donné. On est alors ramené au problème **V** (*page* 356).

Les solutions des quatre derniers problèmes sont dus à M. Mulcahy.

EXERCICES SUR LES MAXIMA ET MINIMA.

Notations et observations diverses. Pour recommander la méthode infinitésimale, la méthode par renversement, ou la synthèse, on se servira des notations (*inf.*), (*renv.*), (*syn.*).

— Les questions qui suivent doivent toutes être traitées par la Géométrie, sans résolution d'équations algébriques. Aussi retrouvera-t-on ici quelques problèmes déjà traités dans les *Questions d'Algèbre*. Quand les méthodes de la Géométrie élémentaire ne paraîtront pas pouvoir conduire au maximum ou au minimum demandé, on aura recours à la méthode infinitésimale, sauf à vérifier ensuite par la synthèse le résultat obtenu.

391 Trouver la plus courte de toutes les brisées formées de deux côtés, dont les extrémités sont deux points donnés, et qui se rencontrent sur une droite donnée.

392. Généraliser la question précédente, en supposant que la brisée, terminée à deux points donnés, est composée d'un nombre quelconque de côtés, et a ses sommets sur des droites données.

393. Trouver la plus courte de toutes les brisées formées de trois côtés dont les extrêmes sont terminés à deux points donnés tandis que le côté intermédiaire, de direction donnée, a ses extrémités sur deux parallèles données.

394. Étant donnés une droite et deux points, trouver sur la droite un point tel, que la différence de ses distances aux deux points donnés soit maxima. — Plus généralement, étudier la variation de la différence de ces distances quand le point mobile se déplace sur la droite.

395 à 396· Étant donnés une droite et deux points, trouver sur la droite un point tel, que la somme des carrés de ses distances aux deux points donnés soit minima. — Même question en remplaçant la droite donnée par un cercle.

397. Partager une droite en deux parties telles, que le produit de ces parties soit le plus grand possible.

398. La somme des carrés de deux droites étant donnée, trouver dans quel cas la somme des deux droites est maxima. (I, page 399)

399. Réciproquement, partager une droite en deux parties telles, que la somme des carrés de ses parties soit minima. (*renv.*)

400. Étant donnés un angle et un point sur la bissectrice de l'angle. mener par le point donné la plus petite droite possible. (*inf.*, *syn.*)

401. Une cheminée a la forme d'un parallélipipède rectangle vertical, et sa profondeur est égale à la hauteur de l'ouverture du foyer, qui est un rectangle percé dans la face antérieure du parallélipipède : quelle est la plus grande longueur de tuyau cylindrique que l'on puisse introduire dans la cheminée par l'ouverture de son foyer. (*ex.* **400**.)

402. Étant données trois droites dans un même plan, étudier la variation de la somme des carrés des deux segments qu'elles déterminent sur une sécante mobile de direction donnée. (*inf.*)

403. Sur les côtés d'un polygone régulier, on prend, à partir des sommets et dans un même sens de rotation, des longueurs égales ; on joint les points consécutifs ainsi obtenus, deux à deux, par des droites, et l'on forme ainsi un polygone régulier inscrit dans le polygone donné : quel est de tous les polygones ainsi construits celui qui a la plus petite surface

404. Mener une droite parallèle à une direction donnée, sous la condition qu'un segment de cette droite compris entre deux cercles donnés soit un maximum ou un minimum.

405. Étant donné un point sur le prolongement d'un des côtés d'un triangle, mener par ce point une droite qui coupe les deux autres côtés en deux points tels, que la différence des perpendiculaires abaissées de ces points sur le premier côté soit maxima.

406. Mener, par un point pris dans l'intérieur d'un angle, une droite qui forme avec les côtés de l'angle un triangle dont le périmètre soit un minimum.

407. Étant donnés un cercle et un point dans son plan, mener par le point deux sécantes rectangulaires telles, que la corde, qui joint deux de leurs extrémités, soit maxima ou minima.

408. Étant donnés une droite, et un cercle avec deux points de sa circonférence, trouver sur cette même circonférence un point tel, que les droites, qui joignent ce point aux deux autres, déterminent sur la droite donnée un segment qui soit un maximum.

— *a*, *b* et *cd* (*fig.* 99) étant les deux points et la droite donnés, on sera conduit à déterminer le point demandé *g* par la construction qu'on a faite dans la première solution du problème **IV** (page 355). — On peut encore arriver à la construction suivante : par le point *a*, menez la corde *an* parallèle à *cd*, tirez *nb* que vous prolongez jusqu'à sa rencontre en *q* avec la droite donnée *cd*; prenez la moyenne proportionnelle entre *qn* et *qb* que vous portez de *q* en *h* sur *cd*; tirez enfin *bh* : cette droite rencontre le cercle au point demandé *g*. (*ex.* **271**.)

409. Parmi tous les triangles rectangles de même périmètre, quel est celui qui a la plus grande bissectrice de l'angle droit, la plus petite hypoténuse, ou la plus grande surface?

410. Parmi tous les triangles rectangles, dans lesquels la différence entre la somme des deux côtés de l'angle droit et l'hypoténuse est constante, quel est celui qui a la plus petite hypoténuse, la plus petite bissectrice de l'angle droit, ou la petite surface?

411. Étant données deux droites rectangulaires, déterminer les rayons de deux cercles qui touchent respectivement les deux droites en deux points donnés, et qui soient eux-même tangents intérieurement, de telle sorte que la différence des rayons soit minima.

412. Parmi tous les rectangles inscrits dans un cercle donné, qnel est celui qui a plus petit périmètre ?

413. Par un point fixe pris dans l'intérieur d'un cercle donné, on mène une corde et les tangentes à ses extrémités, puis du point donné on abaisse des perpendiculaires sur ces tangentes : trouver la position de la corde à laquelle correspond le minimum du produit des perpendiculaires.

414. Si l'on fait la construction indiquée (ex. **31**), quel doit être le point *c* pour que le rayon des deux cercles égaux soit le plus grand possible?

415. Étant donnés les centres de deux cercles variables tangents extérieurement, quelle doit être la position du point de contact sur la ligne des centres, pour qu'un cercle, qui les touche ainsi qu'une de leurs tangentes communes extérieures, dans l'espace compris entre les deux cercles et la tangente, ait la plus grande aire possible ?

416. Trouver un point, dans l'intérieur d'un triangle, tel, que le produit des perpendiculaires abaissées de ce point sur les trois côtés soit le plus grand possible.

417. Étant données trois droites *ab*, *ac*, *bd*, dont les deux dernières sont perpendiculaires à la première, et un point *e* dans l'espace *cabd*, mener par le point donné une droite *feg* qui coupe *ac* et *bd* en deux points *f* et *g*, de telle sorte que le produit *af.bg* soit un maximum.

418. Parmi tous les triangles qui ont un côté fixe et dont les deux autres ont une somme constante, quel est celui qui est tel, que la somme des perpendiculaires abaissées des deux sommets fixes sur la bissectrice de l'angle extérieur, qui a, pour sommet, le sommet mobile, soit minima?

419. Parmi tous les parallélogrammes que l'on obtient en menant par un point pris sur l'un des côtés d'un triangle des parallèles aux deux autres côtés, quel est celui dont l'aire est maxima ?

420. Quel est, parmi tous les rectangles inscrits dans un triangle donné, celui dont l'aire est maxima ?

421. Quel est le maximum de l'aire des triangles qui ont, pour sommet fixe, un point pris sur l'un des côtés d'un triangle donné, et, pour base, une droite parallèle à ce côté et terminée aux deux autres côtés ?

422. Trouver, parmi tous les triangles semblables à un triangle donné et circonscrits à un triangle fixe, celui dont l'aire est maxima.

423. De tous les triangles inscrits dans un triangle fixe et semblables à un triangle donné, quel est celui dont l'aire est minima ? (*renv.*)

424. Un angle étant donné, mener dans son intérieur la plus petite droite qui fasse avec les deux côtés de l'angle un triangle dont l'aire est donnée.

425. Quel est le maximum de l'aire des triangles dans lesquels la somme des médianes est donnée ?

426. Quel est, parmi tous les triangles ayant deux côtés donnés en longueur, celui dont l'aire est maxima ?

427. Quel est, parmi tous les triangles de même périmètre, celui dont l'aire est maxima ?

428. Parmi tous les triangle de même surface, quel est celui dont le périmètre est le plus petit ?

429. Parmi tous les triangles de même surface, quel est celui pour lequel le rayon du cercle inscrit est le plus grand possible ?

430. Parmi tous les triangles circonscrits à un cercle donné, quel est celui dont l'aire est minima ? (*renv.*)

431. Étant donnés trois points a, b, c, et m, n représentant des constantes positives, par l'un des points a on mène une droite de, et des points b, c on abaisse des perpendiculaires bf, ch à cette droite : on demande de mener la droite de, de telle sorte que $m.bf + n.ch$ soit un maximum ou un minimum.

432. Par les trois sommets a, b, c d'un triangle donné, on mène les droites aa', bb', cc' parallèles, de même sens, et de longueurs connues : quelle direction faut-il leur donner pour que l'aire du triangle $a'b'c'$ soit maxima ou minima? (*Mourgue.*)

433. Parmi tous les rectangles que l'on peut inscrire dans un secteur circulaire donné, quel est celui dont l'aire est maxima ?

434. Même question en remplaçant le secteur par un segment de cercle (*ex.* **335.**)

435. Étant donnés un cercle et un point dans son plan, on forme un triangle, dont un sommet fixe soit le point donné, et qui ait, pour base, une corde mobile parallèle à une direction donnée : quel est le triangle dont l'aire est maxima ?

436. Étant donnés une circonférence, une droite indéfinie et un point sur cette droite, un angle de grandeur constante a son sommet sur la circonférence, et l'un de ses côtés passe par le point fixe : déterminer le sommet de l'angle, de telle sorte que le segment intercepté, sur la droite donnée, entre les deux côtés de l'angle, soit un maximum ou un minimum.

437. Étant donnés un cercle et un point dans son plan, trouver le maximum de l'angle sous lequel on voit, du point donné, un diamètre du cercle.

438. Étant donnés deux parallèles et un point en dehors, une droite de direction donnée se meut entre les parallèles, quelle doit être sa position pour que l'angle, sous lequel on la voit du point donné, soit le plus grand possible ?

439 à **442.** Parmi les quadrilatères, dans lesquels les deux diagonales et deux côtés ou deux angles sont donnés, quel est celui dont l'aire est maxima ?

443. Étant données deux parallèles *ab* et *cd* qui sont coupées par une transversale *ef* aux points *e* et *f*, et un point *g* sur l'une des parallèles *cd*, on mène par ce point une transversale *gkh* qui coupe *fe* et *ab* respectivement en *h* et *k* : on demande d'étudier la variation de la somme des triangles *ehk*, *fgh* lorsque le point *h* occupe toutes les positions possibles sur la transversale *ef* indéfiniment prolongée. (inf.)

444. Étant donnés deux points et un plan, trouver sur le plan un point tel, que la différence de ses distances aux deux points donnés soit maxima.

445. Couper un octaèdre régulier par un plan parallèle à deux faces opposées, de telle sorte que la section soit maxima.

446. Parmi tous les prismes ayant leurs surfaces latérales équivalentes et la même hauteur, quel est celui qui a le plus grand volume ?

447. Couper un tétraèdre par un plan, qui soit parallèle à deux arêtes opposées et qui détermine une section dont l'aire soit maxima.

448. Étant donnés deux droites et deux points *a* et *b* sur l'une d'elles, déterminer sur la seconde droite, et à une distance donnée l'un de l'autre, deux points *c* et *d*, de telle sorte que l'aire totale de la pyramide *abcd* soit minima.

449. Partager le volume ou la surface latérale d'un prisme triangulaire en deux parties équivalentes par un plan tel, que la section correspondante soit minima.

450. Parmi tous les tétraèdres qui ont quatre arêtes données, opposées deux à deux, quel est celui qui a le plus grand volume ? — Faire le calcul de ce volume quand les arêtes opposées ou adjacentes sont, deux à deux, égales. (*Concours.*)

451. Étant donnés un demi cercle terminé par le diamètre *ab*, les tangentes *ac* et *bd* à ses extrémités et un point *e* sur le diamètre, on mène une troisième tangente *cd* qui coupe les deux premières en *c* et *d*, puis on tire *ed*, *ec* : quel est le minimum du volume engendré par le triangle *ced* exécutant une révolution complète autour de *ab*?

452. Parmi tous les troncs de cône de révolution dont la hauteur et le volume sont donnés, quel est celui dont la surface latérale est maxima?

453. On inscrit dans une même sphère des prismes droits dont les bases sont des triangles équilatéraux : trouver celui dont le volume est le plus grand.

454. Étant donnés une sphère et le cylindre de révolution circonscrit, on prend, sur l'axe de cylindre et à égale distance du centre, deux points a et b comme sommets de deux cônes de révolution tangents à la sphère et prolongés jusqu'à leur rencontre avec la surface du cylindre : on demande de déterminer les deux points a et b, de manière que la surface totale du volume ainsi formé soit minima.

— On ramènera la question à trouver le minimum de la longueur d'une parallèle à l'axe du cylindre, terminée aux deux cônes, et menée à une distance de l'axe égale aux deux tiers du rayon de la sphère.

455. Trouver parmi tous les segments d'une même sphère, dont la hauteur est la même, celui qui a le plus grand volume. (Th. **X**, page 240.)

456. On coupe une sphère donnée par deux plans parallèles dont la distance est connue, et on inscrit un cône de révolution dans chacune des calottes sphériques extérieures aux deux plans : quel est le maximum du volume formé par le segment sphérique et les deux cônes ?

457. Étant donnée une sphère, et m représentant un nombre positif connu, on propose de trouver à quelle distance du centre il faut mener un plan sécant, pour que la surface du cône de révolution tangent à la surface le long de la section, augmentée de m fois la surface de la zone extérieure au cône, soit minima. (*inf.*)

Ti

In
Fa
P

Pe
i

En
c

Ax

Pro
Des
n

Pro
The
pl

TABLE DES MATIÈRES

PREMIÈRE PARTIE
THÉORIES GÉNÉRALES

ERRATA.

Page 104, ligne 5. *au lieu de* AD *lisez* DE.

Page 169, ligne 10, *au lieu de* OI,OE *lisez* OI.OE.

Page 200, ligne 19, au lieu de *ot* au dénominateur, lisez *os*.

Page 250, ligne 17, *au lieu* des trois autres *lisez* de trois.

Page 343, au commencement de la ligne 2, en remontant,
    au lieu de < lisez >.

Page 422, ligne 12, au lieu de < lisez >

Paris. — Imprimerie LOUIS CELLARIUS, rue de l'Hôtel-Colbert, 22.

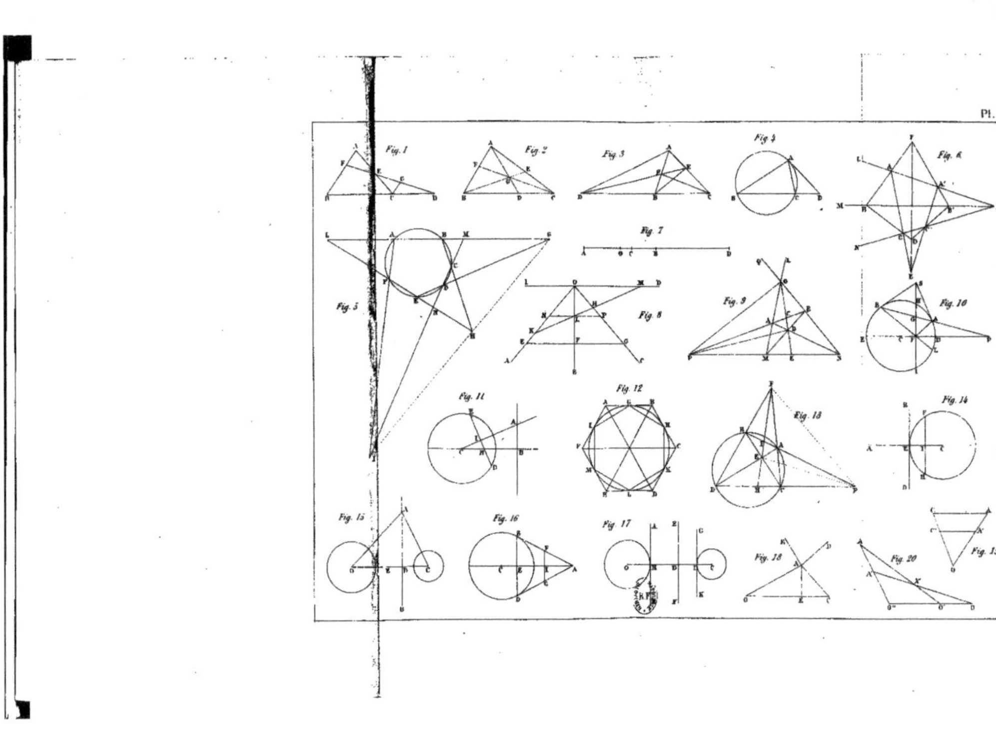
Fig. 1
Fig. 2
Fig. 3
Fig. 4
Fig. 6
Fig. 5
Fig. 7
Fig. 8
Fig. 9
Fig. 10
Fig. 11
Fig. 12
Fig. 13
Fig. 14
Fig. 15
Fig. 16
Fig. 17
Fig. 18
Fig. 20
Fig. 19

Fig. 2
F
B
A
F
H
C
a
Midi 4.hie

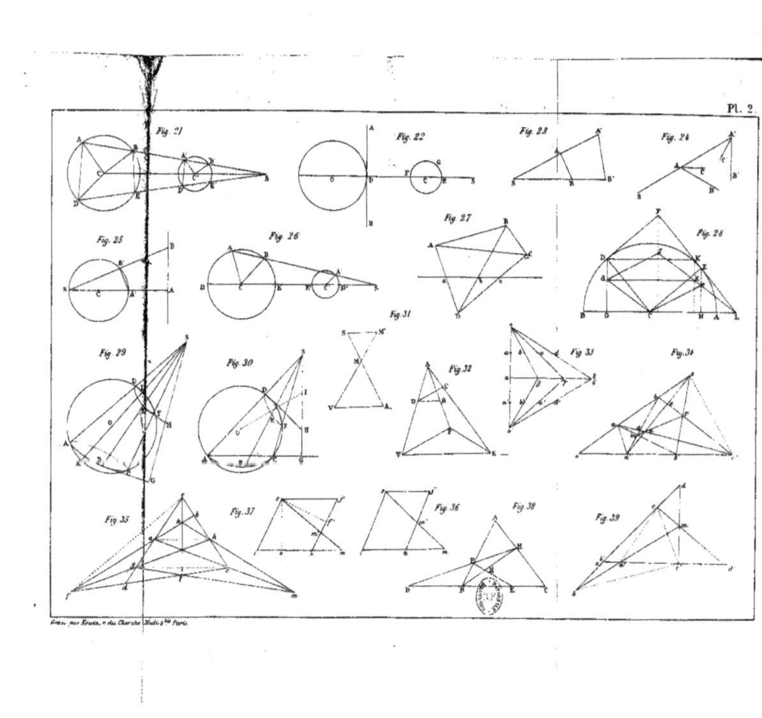

Fig. 21
Fig. 22
Fig. 23
Fig. 24
Fig. 25
Fig. 26
Fig. 27
Fig. 28
Fig. 29
Fig. 30
Fig. 31
Fig. 32
Fig. 33
Fig. 34
Fig. 35
Fig. 37
Fig. 36
Fig. 38
Fig. 39

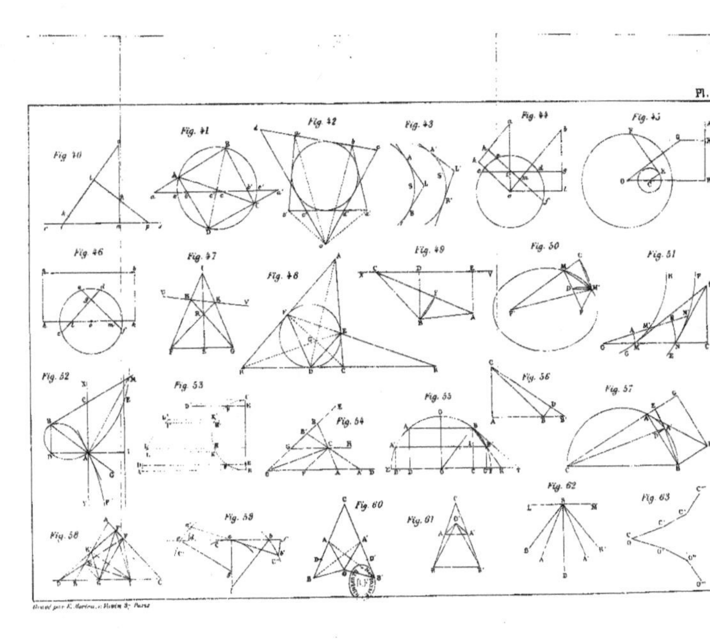
Fig. 40
Fig. 41
Fig. 42
Fig. 43
Fig. 44
Fig. 45
Fig. 46
Fig. 47
Fig. 48
Fig. 49
Fig. 50
Fig. 51
Fig. 52
Fig. 53
Fig. 54
Fig. 55
Fig. 56
Fig. 57
Fig. 58
Fig. 59
Fig. 60
Fig. 61
Fig. 62
Fig. 63

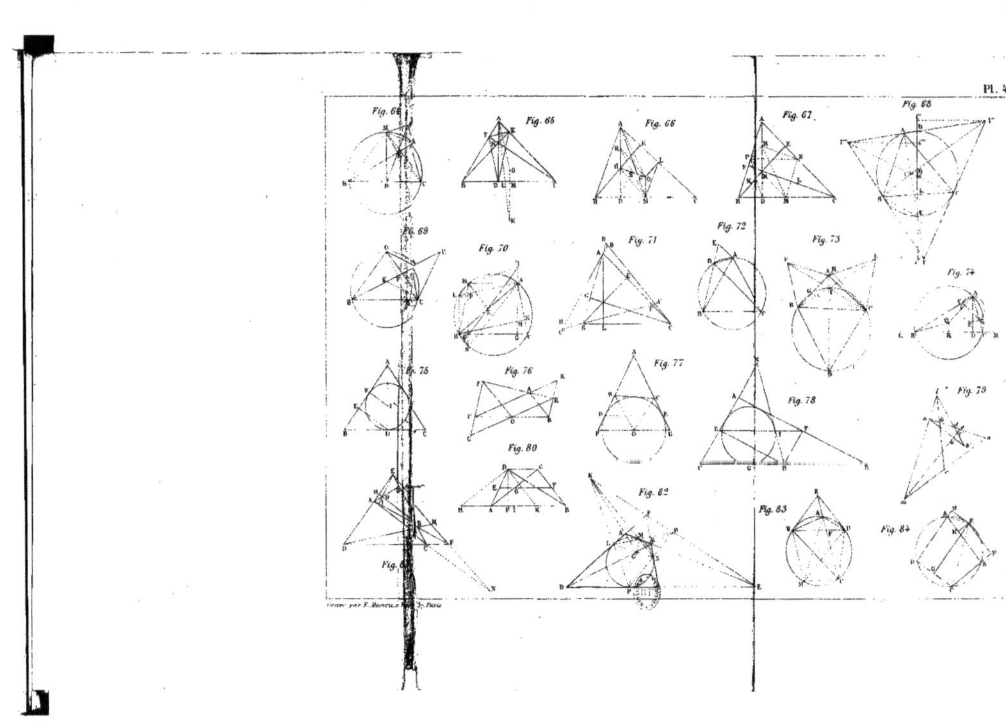

Fig. 64
Fig. 65
Fig. 66
Fig. 67
Fig. 68
Fig. 69
Fig. 70
Fig. 71
Fig. 72
Fig. 73
Fig. 74
Fig. 75
Fig. 76
Fig. 77
Fig. 78
Fig. 79
Fig. 80
Fig. 81
Fig. 82
Fig. 83
Fig. 84

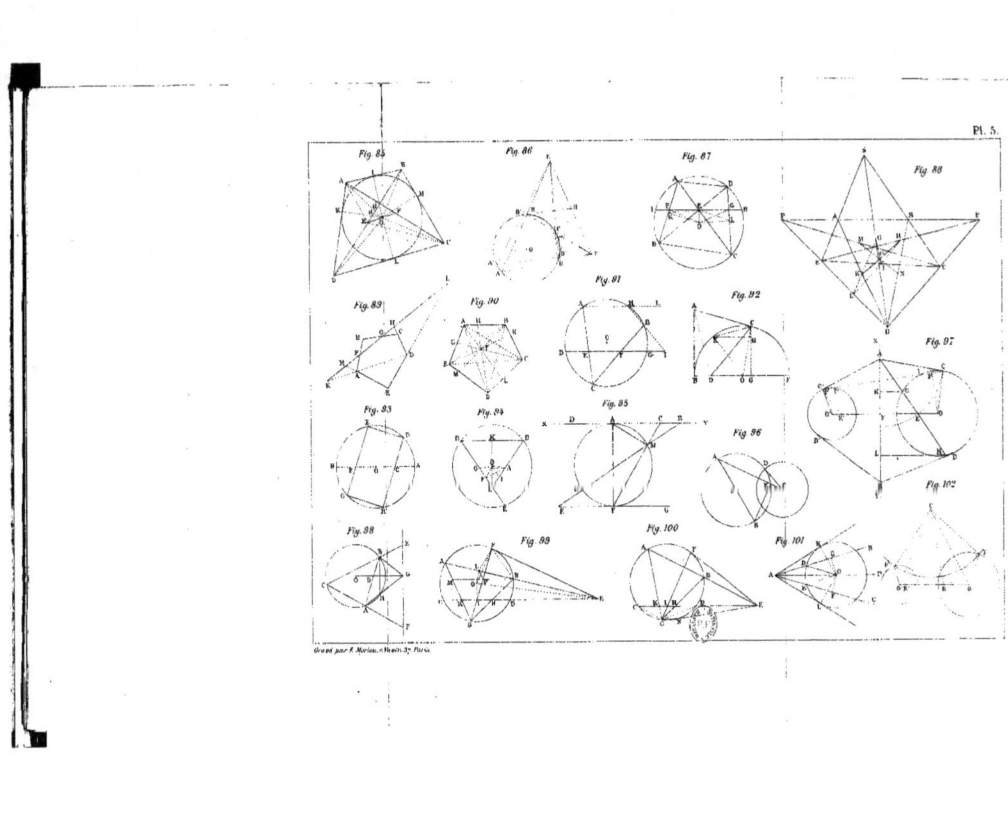

Fig. 85
Fig. 86
Fig. 87
Fig. 88
Fig. 89
Fig. 90
Fig. 91
Fig. 92
Fig. 97
Fig. 93
Fig. 94
Fig. 95
Fig. 96
Fig. 102
Fig. 98
Fig. 99
Fig. 100
Fig. 101

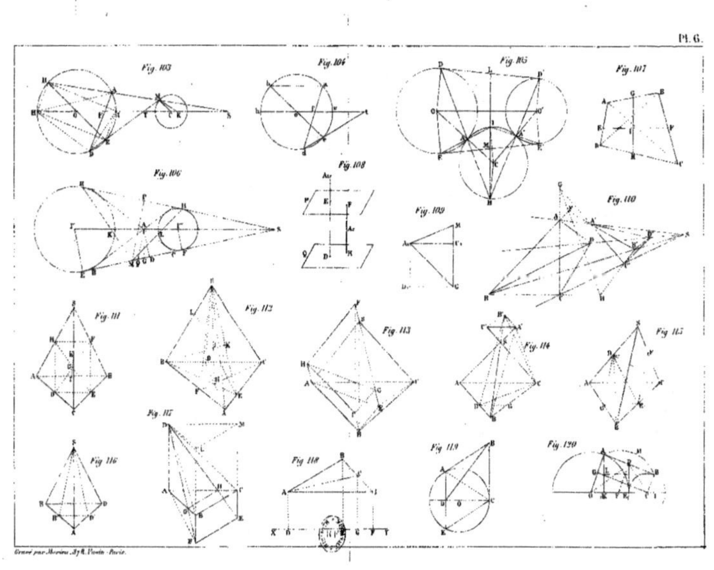

Fig. 103
Fig. 104
Fig. 105
Fig. 107
Fig. 106
Fig. 108
Fig. 109
Fig. 110
Fig. 111
Fig. 112
Fig. 113
Fig. 114
Fig. 115
Fig. 116
Fig. 117
Fig. 118
Fig. 119
Fig. 120

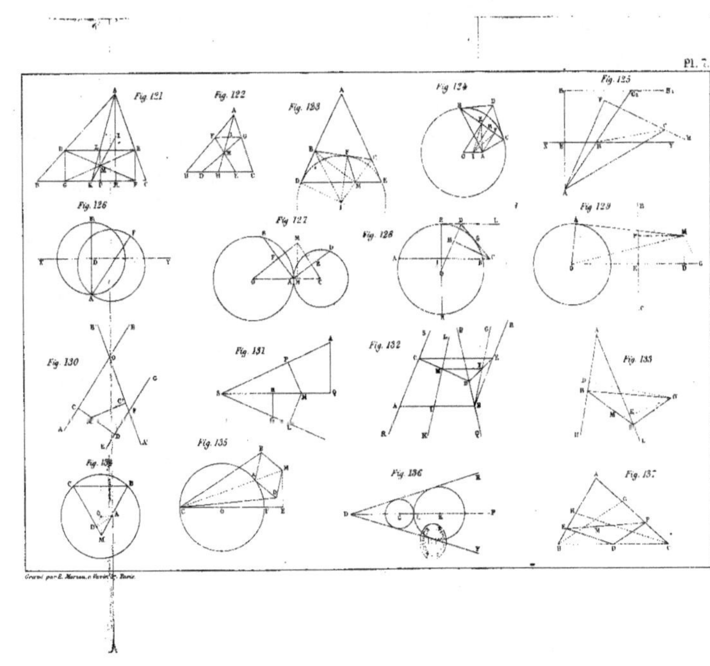

Gravé par E. Marion, e Vavin Gr. Paris.

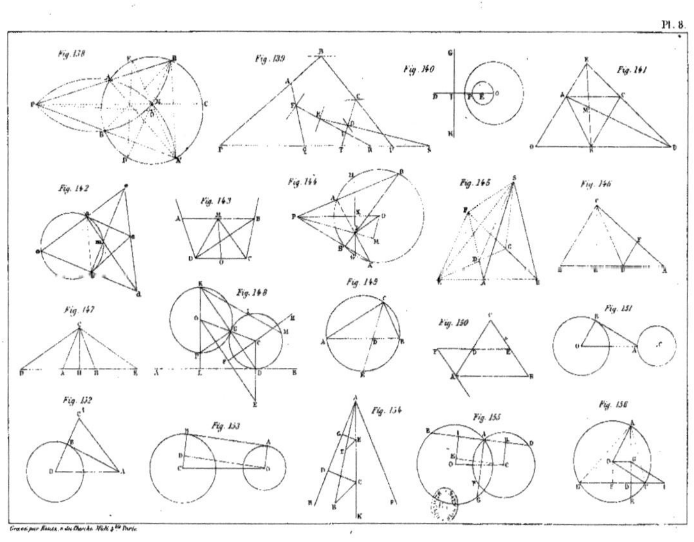

Fig. 138
Fig. 139
Fig. 160
Fig. 161
Fig. 162
Fig. 163
Fig. 164
Fig. 165
Fig. 166
Fig. 147
Fig. 148
Fig. 149
Fig. 150
Fig. 151
Fig. 152
Fig. 153
Fig. 154
Fig. 155
Fig. 156

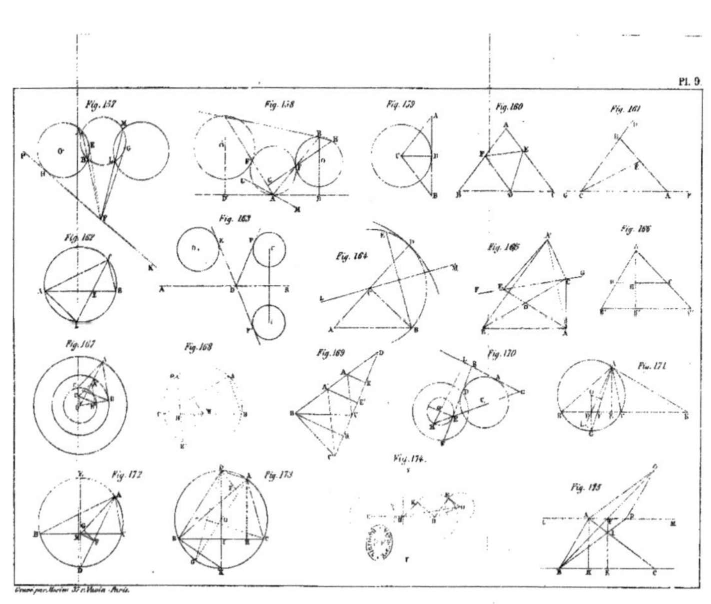

Fig. 157
Fig. 158
Fig. 159
Fig. 160
Fig. 161
Fig. 162
Fig. 163
Fig. 164
Fig. 165
Fig. 166
Fig. 167
Fig. 168
Fig. 169
Fig. 170
Fig. 171
Fig. 172
Fig. 173
Fig. 174
Fig. 175

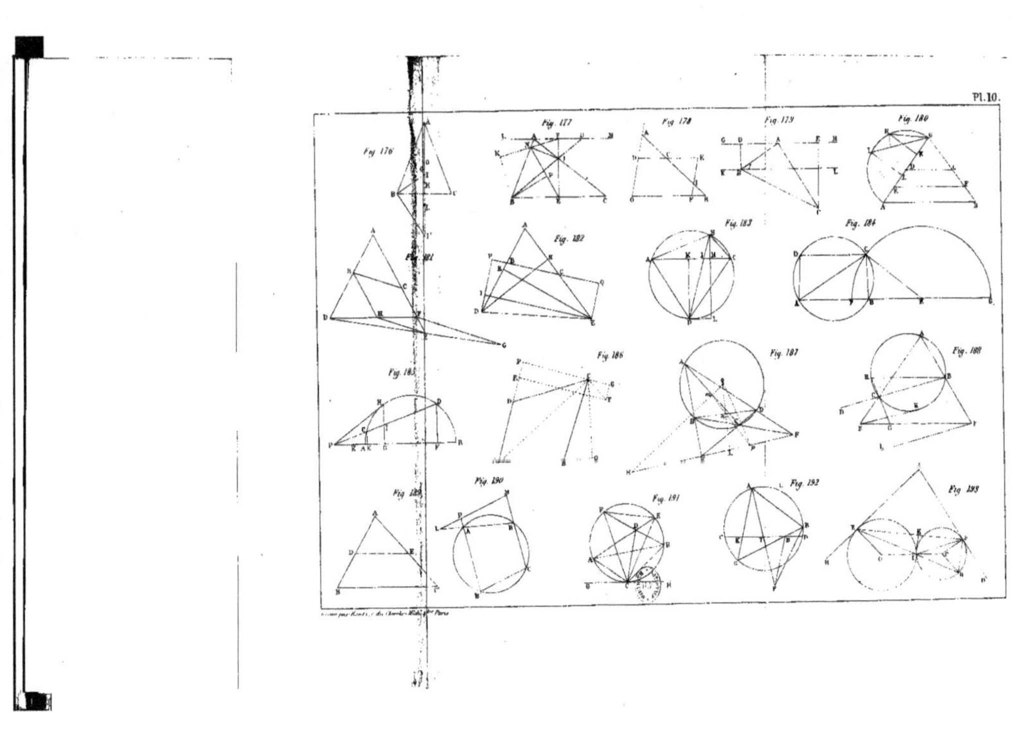

Fig. 176
Fig. 177
Fig. 178
Fig. 179
Fig. 180
Fig. 181
Fig. 182
Fig. 183
Fig. 184
Fig. 185
Fig. 186
Fig. 187
Fig. 188
Fig. 189
Fig. 190
Fig. 191
Fig. 192
Fig. 193

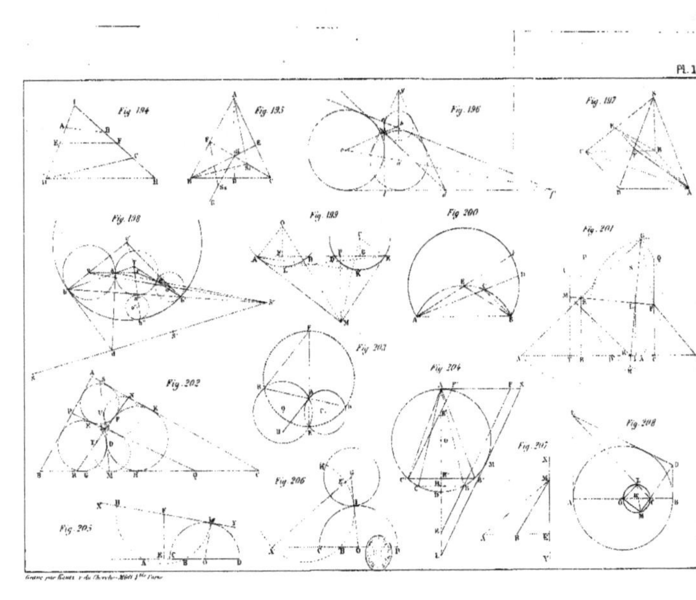

Fig. 194
Fig. 195
Fig. 196
Fig. 197
Fig. 198
Fig. 199
Fig. 200
Fig. 201
Fig. 202
Fig. 203
Fig. 204
Fig. 205
Fig. 206
Fig. 207
Fig. 208

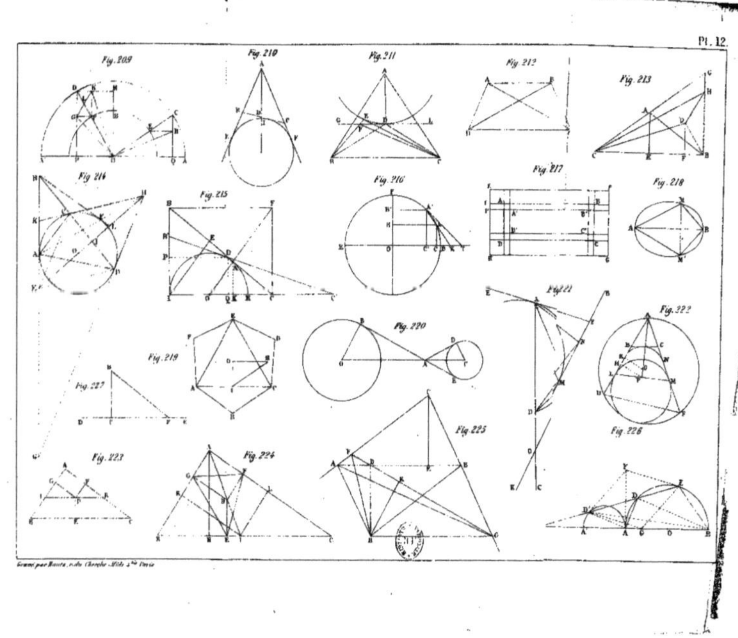

Pt. 12.
Fig. 209
Fig. 210
Fig. 211
Fig. 212
Fig. 213
Fig. 214
Fig. 215
Fig. 216
Fig. 217
Fig. 218
Fig. 219
Fig. 220
Fig. 221
Fig. 222
Fig. 223
Fig. 224
Fig. 225
Fig. 226
Fig. 227

www.ingramcontent.com/pod-product-compliance
Lightning Source LLC
LaVergne TN
LVHW020552180726
843502LV00002B/216